材 料 力 学(Ⅰ)

主编　刘德华　黄　超

参编　程光均　余　茜

主审　张祥东

重庆大学出版社

内 容 提 要

本套教材是按照教育部高等学校力学教育委员会力学基础课程教学分委员会最新制订的"材料力学课程基本要求(A类)"，以及土木工程专业委员会制订的"材料力学知识单元及知识点要求"编写的。该书共分Ⅰ，Ⅱ两册：《材料力学(Ⅰ)》包含了材料力学的基本内容，可供50~72学时的材料力学课程选用；《材料力学(Ⅱ)》包含了材料力学较为深入的内容，为有兴趣的读者留有深入学习的空间。

本书为《材料力学(Ⅰ)》，共13章，内容包括绪论、轴向拉伸和压缩、扭转、梁的内力、平面图形的几何性质、梁的应力、梁的变形、应力状态及应变状态分析、强度理论、组合变形、压杆稳定、能量方法、动荷载。各章均配有适量的思考题、习题及参考答案。书末有附录，内容为附录A简单荷载作用下梁的转角和挠度，附录B型钢表。

《材料力学(Ⅱ)》共6章，内容包括疲劳强度、扭转及弯曲问题的进一步研究、超过弹性极限时材料的变形与强度、平面曲杆、开口薄壁杆件、弹性地基梁。

本书可作为高等工科院校土建、水利及机械类各专业的材料力学教材，也可供其他专业及有关工程技术人员参考。

图书在版编目(CIP)数据

材料力学.Ⅰ/刘德华,黄超主编.—重庆:重庆
大学出版社,2011.1(2023.7重印)
土木工程专业本科系列教材
ISBN 978-7-5624-5773-2

Ⅰ.①材…　Ⅱ.①刘…　②黄…　Ⅲ.①材料力学—高
等学校—教材　Ⅳ.①TB301

中国版本图书馆 CIP 数据核字(2010)第 215176 号

材料力学(Ⅰ)

主　编　刘德华　黄　超
参　编　程光均　余　茜
主　审　张祥东
策划编辑:鲁　黎
责任编辑:李定群　高鸿宽　版式设计:鲁　黎
责任校对:任卓惠　责任印制:张　策

*

重庆大学出版社出版发行
出版人:饶帮华
社址:重庆市沙坪坝区大学城西路 21 号
邮编:401331
电话:(023) 88617190　88617185(中小学)
传真:(023) 88617186　88617166
网址:http://www.cqup.com.cn
邮箱:fxk@ cqup.com.cn (营销中心)
全国新华书店经销
POD:重庆新生代彩印技术有限公司

*

开本:787mm×1092mm　1/16　印张:22.25　字数:555 千
2011 年 1 月第 1 版　2023 年 7 月第 12 次印刷
ISBN 978-7-5624-5773-2　定价:49.80 元

前 言

本书是高等院校土木工程专业系列教材之一,也是重庆大学"十一五"规划教材。本书是根据教育部高等学校力学教育委员会力学基础课程教学分委员会最新制订的"材料力学课程基本要求(A类)",以及土木工程专业委员会制订的"材料力学知识单元及知识点要求"编写的。本书将材料力学课程中的基本内容汇集为《材料力学(Ⅰ)》;将供选修用的加深内容汇集为《材料力学(Ⅱ)》。

本书可作为高等工科院校土建、水利及机械类各专业的材料力学教材,也可供其他专业及有关工程技术人员参考。

本书在编写过程中,力求做到:准确阐述基本概念,透彻论证基本原理,详细介绍基本方法,注重学生基本能力的培养。并适当引入新的科研成果以充实和更新教材内容。例如,为满足新的《钢结构设计规范》的要求,将Q235钢的柱子曲线由原来的3条改为现在的4条,使力学原理和计算更贴近和反映工程实际,提高学生解决实际工程问题的能力。本书除有大量基础的例题和习题之外,还选用了一些难度较大的例题和习题,以供有兴趣的读者参考。

本书的编者均为长期工作在教学第一线的教师,有丰富教学经验,教材内容与教学实践联系紧密,具有很好的可操作性。

本书由刘德华、黄超主编,编写分工为刘德华(第1,10,12,13章)、黄超(第3,5,6,7章)、程光均(第8,9,11章)、余茜(第2,4章及附录)。全书经传阅、讨论、修改、互校后由主编统纂修改定稿。

本书由重庆大学张祥东审阅,提出了许多宝贵意见,对提高本书的质量起了重要作用。郑猛为本书绘制了部分插图,在此,一并致以衷心的谢忱。

限于编者水平,本书难免存在缺点和不妥之处,希望教师和读者提出宝贵意见,以便今后改进。

编 者
2010年9月

目录

3

第1章 绪论

1.1 材料力学的任务

力学是研究力对物体作用效应的学科。在自然中,一切固体在力的作用下都会发生变形,甚至破坏。材料力学是一门专业基础课,主要研究力对固体的变形、破坏的效应。它为许多工科学科和专业奠定固体力学知识基础。通过材料力学课程的学习,一方面为后续课程的学习打下基础;另一方面让学生逐步学会用力学的观点、原理、方法去观察、分析生活中和工程中的力学现象或力学问题,为最终解决工程实际中的力学问题打下基础。

任何结构物和机械都是由一些部件或零件所组成的,这些部件和零件统称为**构件**(member)。组成结构物或机械的各个构件通常都要受到各种外力的作用,工程构件在外力作用下丧失正常功能的现象称为**失效**(failure)或**破坏**。工程构件的失效形式主要分为3类:**强度失效**(failure by lost strength)、**刚度失效**(failure by lost rigidity)和**稳定失效**(failure by lost stability)。要使结构或机械正常工作,组成结构或机械的每一构件,必须满足以下3个方面的要求:

(1)强度要求

强度(strength)是指材料或构件抵抗破坏的能力。即要求构件在规定荷载作用下不应发生破坏。如提升重物的钢绳不应被重物拉断;再如机床主轴受外力后若出现了过大的永久变形,即使轴没有断裂,机床也不能正常工作。这里所指的破坏,不仅指外力作用后构件的断裂,还指构件产生过大的永久变形。

(2)刚度要求

刚度(rigidity)是指材料或构件抵抗变形的能力。在荷载作用下,构件即使有足够的强度,但若变形太大,仍不能正常工作。例如,楼板梁在荷载作用下产生过大变形时,下层屋顶的抹灰层就会开裂、脱落;齿轮轴的变形过大,将造成齿轮与轴承的不均匀磨损,引起噪声,等等。可见,在一定外力作用下,构件的变形应在工程上允许的范围内,也就是要求构件有足够的刚度。

(3) 稳定性要求

稳定性(stability)是指构件保持原有平衡形态的能力。受压的细长直杆,当压力增大到某一数值后会突然变弯,失去原有的直线平衡形态,这种现象称为**失稳**。如果静定桁架中的受压杆件发生失稳,桁架就会变成几何形状可变的机构而倒塌。构件失稳往往会造成灾难性的事故,工程上要求构件在规定的荷载作用下,决不发生失稳现象,即要求构件具有足够的稳定性。

工程上,一般说,构件都应具有足够的强度、刚度和稳定性,但对具体构件又往往有所侧重。例如,储气罐应主要是保证强度,车床主轴主要是要具备一定的刚度,而受压的细长杆则应保证稳定性。此外,对某些特殊构件还可能有相反的要求。例如,跳水运动中使用的跳板有较大的弹性变形能力。

设计构件时,不仅要满足上述强度、刚度和稳定性这3方面的要求,以达到安全的目的;还应尽可能合理地选用材料和降低材料的消耗量,以节约资源或减轻构件的自重。前者往往要求多用材料而后者则要求少用材料,两者之间存在着矛盾。材料力学的任务就是合理地解决这种矛盾,即研究工程构件在外力作用时的变形和破坏规律,为设计工程构件的形状、尺寸和选用合适的材料提供计算依据,力求使设计出的构件,既安全又经济。

构件的强度、刚度和稳定性均与所用材料的力学性能有关,这些力学性能都需要通过实验测定。因此,实验研究和理论分析同样都是完成材料力学任务所必需的重要手段。

1.2 变形固体的假设

构件一般由固体材料制成,不能将制成构件的材料看成不能变形也不产生破坏的刚体,必须如实地把制成构件的材料看成是可变形固体。固体有多方面的属性,研究的角度不同,侧重面也不一样。为了研究方便,必须忽略与所研究问题无关的或次要的属性,因此,有必要对变形固体作某些假设。材料力学对变形固体作了3个基本假设:

①连续性假设。认为组成物体的物质不留空隙地充满了固体的体积。这样,在外力作用下,物体内的物理量(如应力、应变、位移等)才可能是连续的,因而才可能用坐标的连续函数来表示它们的变化规律。实际上,一切物体都是微粒组成的,严格来说,都不符合上述假定。但是,只要微粒的尺寸以及相邻微粒之间的距离都比物体的尺寸小得很多,那么关于变形固体连续性的假设就不会引起显著的误差。

②均匀性假设。认为变形固体在其整个体积内充满着同种材料,即认为各点处的力学性能完全相同。这样,如果从固体中取出一部分,不论大小,也不论从何处取出,力学性能总是相同的。就工程中使用最多的金属材料来说,组成金属的各晶粒的力学性能并不完全相同。但因构件或构件的任一部分中都包含了为数极多的晶粒,而且无规则的排列,固体的力学性能是各晶粒的力学性能的统计平均值,所以可以认为各部分的力学性能是均匀的。

③各向同性假设。认为变形固体材料在各个方向上的力学性能完全相同。实际上,如前所述的金属材料,其单个晶粒呈结晶各向异性,但当它们形成多晶聚集体的金属时,呈随机取向,因而在宏观上表现为各向同性。如果材料在不同方向上具有不同的力学性能,则称这类材料为**各向异性**(anisotropy)材料。如木材、胶合板、复合材料等就属于这种类型。

如上所述,在材料力学的理论分析中,以连续、均匀、各向同性的变形固体作为构件材料的力学模型,这种理想化的力学模型代表了各种工程材料的基本属性,从而使理论研究成为可行。为了解决问题的需要,在材料力学中对变形固体还作了一些工作假设,如:

①小变形假设。在实际工程中大多数构件在荷载作用下产生的变形与杆件的原始尺寸相比是极其微小的。根据这个假设,在研究杆件的平衡和运动时可以不考虑外力作用点在构件变形后发生的微小的位置改变,而按其变形前的原始尺寸进行计算。这样做不但引起的误差很小,而且使实际计算大为简化。例如,如图 1.1 所示的结构,若杆 AB,杆 AC 是刚体,则杆 AB,杆 AC 受的力为

$$F_{AB} = F_{AC} = \frac{F}{2\cos\alpha}$$

若杆 AB,AC 是变形体,因变形,A 点移到 A' 点,α 角变为 α' 角,则

$$F'_{AB} = F'_{AC} = \frac{F}{2\cos\alpha'}$$

这里的 α' 取决于 A' 点位置,而 A' 的位置取决于杆 AB,AC 的变形量,变形量又决定于杆 AB,AC 受到的力 F'_{AB},F'_{AC} 的大小,成为一个复杂的非线性问题。在小变形前提下,位移 $\overline{AA'}$ 很小,$\alpha' \approx \alpha$,于是 F'_{AB} 可用 F_{AB} 代替,把问题简化了,且误差很小。

②线弹性假设。工程上所用的材料,当荷载不超过一定的范围时,构件在卸去荷载后可以恢复原状。但当荷载过大时,则在荷载卸去后只能部分地复原,而残留一部分不能消失的变形。在卸去荷载后能完全消失的那一部分变形称为**弹性变形**(elastic deformation),不能消失而残留下来的那一部分变形则称为**塑性变形**(ductile deformation)。**线弹性**(linear elasticity)是指作用于物体上的外力与弹性变形始终成正比。许多构件在正常工作条件下其材料均处于线弹

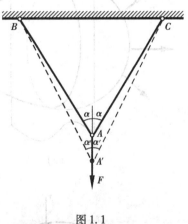

图 1.1

性变形状态。因此,在材料力学中所研究的大部分问题都是局限在线弹性范围内。

综上所述,在材料力学中是把材料看成连续、均匀、各向同性的可变形固体,且在多数情况下局限在线弹性变形范围内和小变形条件下进行研究。

1.3 外力、内力及截面法

1.3.1 外力

在研究某一构件时,可以设想把这一构件从周围物体中单独取出,并用力来代替周围各物体对构件的作用。这些力称为外力。按外力的作用方式可分为体积力和表面力。体积力是分布在物体体积内的力,例如重力和惯性力等,通常用体荷载集度来度量其大小 ,其量纲为 [力]/[长度]³。表面力是直接作用于构件表面的力。表面力又可分为分布力和集中力。连续作用于构件表面面积上的力为分布力,如流体压力,楼面的使用活荷载等,通常用面荷载集

度来度量其大小,其量纲为[力]/[长度]²。有些分布力是沿杆件的轴线作用的,如楼板对相应梁的作用力,这类分布力常用线荷载集度 q 来度量其大小,其量纲为[力]/[长度]。有些分布力的作用面积远小于物体的表面尺寸,如火车车轮对钢轨的压力,这些分布力就可看成集中力。

1.3.2　内力　截面法

在外力作用下,构件内部各质点间产生相对位移,即构件发生变形,从而,各质点间的相互作用力也发生了改变。这种因外力作用而引起的上述相互作用力的改变量,称为**内力**（internal force）,它实际上是外力引起的"附加内力"。因此,也可以称内力为构件内部阻止变形发展的抗力。

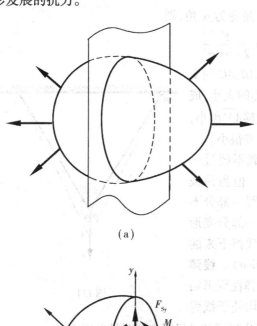

（a）

（b）

图1.2

弹性构件在外力作用下若保持平衡,则从其上截取的任意部分也必然保持平衡。前者称为**整体平衡**（overall equilibrium）;后者称为**局部平衡**（local equilibrium）。局部可以是用一截面将构件截成的两部分中的任一部分,也可以是从中截出的任意部分,甚至还可以是围绕某一点截取的微元或微元的局部,等等。这种整体平衡与局部平衡的关系,称为弹性体平**衡原理**（equilibrium principle for elastic body）。

在研究构件的强度、刚度等问题时,均与内力这个因素有关,经常需要知道构件在已知外力作用下某一截面（如杆件的横截面）上的内力值。任一截面上内力值的确定,通常是采用下述的**截面法**（method of section）。

如图1.2（a）所示受力体代表任一受力构件。为了显示和计算某一截面上的内力,可在该截面处用一假想的平面将构件截成两部分并弃掉一部分。用内力代替弃掉部分对留下部分的作用。根据连续、均匀性假设,内力在截面上也是连续分布的并称为分布内力。通常是将截面上的分布内力向截面形心处简化,得到主矢和主矩,然后进行分解,可用6个内力分量 F_{Nx}, F_{Sy}, F_{Sz} 与 M_x, M_y, M_z 来表示（见图1.2（b））。根据弹性体的平衡原理,留下部分保持平衡。由空间力系的平衡方程

$$\begin{cases} \sum F_x = 0 \\ \sum F_y = 0 \\ \sum F_z = 0 \end{cases} \qquad \begin{cases} \sum M_x(F) = 0 \\ \sum M_y(F) = 0 \\ \sum M_z(F) = 0 \end{cases}$$

便可求出 F_{Nx}, F_{Sy}, F_{Sz} 与 M_x, M_y, M_z 各内力分量。应该注意,若无特别声明,今后所谈内力分量

都是分布内力向截面形心简化的结果。

综上所述,用截面法求内力的步骤是:

①截开。在需求内力的截面处,用假想的截面将构件截为两部分。

②分离。留下一部分为分离体,弃去另一部分。

③代替。以内力代替弃去部分对留下部分的作用,绘分离体受力图(包括作用于分离体上的荷载、约束反力、待求内力)。

④平衡。由平衡方程来确定内力值。

在第2步进行弃留时,保留哪一部分都可以。因为截面上的内力就是物体被该截面所分离而成的两部分之间的相互作用力。

这里需指明一点:在研究内力与变形时,对刚体的**等效力系**(equivalent force system)的应用应该慎重,不能机械地不加分析地任意应用。一个力(或力系)用别的等效力系来代替,虽然对整体平衡没有影响,但对构件的内力与变形来说,则有很大差别。例如,图1.3(a)所示的悬臂杆中的外力 F 用如图1.3(b)所示的等效力系代替时,杆件变形显然不同。

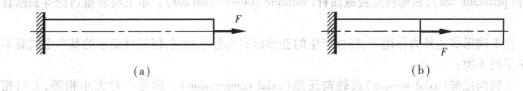

图1.3

1.3.3　杆件横截面上内力的分类

在如图1.2(b)所示的6种内力分量中,对杆件来说,横截面上不同的内力使杆件产生不同的变形。通常将它们分为以下4类:

①**轴向内力** F_N(normal force)。通过横截面形心,且与横截面正交的内力,简称轴力。轴向内力使杆件产生**轴向变形**(axial deformation)。

②**剪力** F_{Sy},F_{Sz}(shear force)。与横截面相切的内力。剪力使杆件产生**剪切变形**(shear deformation)。

③**扭矩** M_T(torsional moment)。力偶矩矢垂直于横截面,与杆轴重合。扭矩使杆件产生**扭转变形**(torsional deformation)。

④**弯矩** M_y、M_z(bending moment)。力偶矩矢与截面相切,与杆轴正交。弯矩使杆件产生**弯曲变形**(bending deformation)。

截面上的内力并不一定都同时存在上述6个分量,可能只存在其中的一个或几个。

1.4　构件的分类　杆件变形的基本形式

构件的几何形状是多种多样的,但根据其几何特征,可把构件分为**杆件**(bar)、**板**(plane)与**壳**(shells)、**块体**(body)3类。所谓杆件,是指纵向尺寸远远大于横向尺寸的构件,如图1.4所示。杆件是材料力学的主要研究对象。

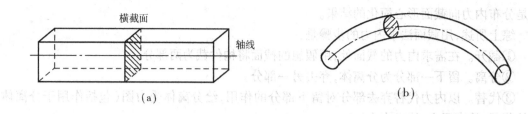

图 1.4

板与壳是指一个方向的尺寸(厚度)远远小于其他两个方向尺寸的构件。板的形状扁平而无曲度,而壳体则呈曲面形状。块体则是指 3 个相互垂直方向的尺寸均属同一量级的构件。

杆件的形状可由**横截面**(normal cross section)和**轴线**(axis of the bar)两个几何特征来描述。所谓横截面,就是垂直于杆件长度方向的截面;而轴线则是各个横截面形心的连线。因此,轴线垂直于横截面且通过横截面的形心。杆件的轴线是直线的称为**直杆**(straight bar);轴线是曲线的称为**曲杆**(curved bar)。沿轴线各处横截面的形状和大小完全相同的杆称为**等截面杆**(prismatic bar);否则就是**变截面杆**(variable cross-section bar)。本书将着重讨论等截面直杆。

在不同形式的外力作用下,杆件产生的变形形式也各不相同,但杆件变形的基本形式总不外乎下列 4 类:

①**轴向拉伸**(axial tension)或**轴向压缩**(axial compression)。即在一对大小相等、方向相反、作用线与杆轴线重合的外力作用下,杆的两相邻横截面沿杆轴线切向产生相对移动,而杆件的长度发生改变(伸长或缩短),如图 1.5(a)、图 1.5(b)所示。

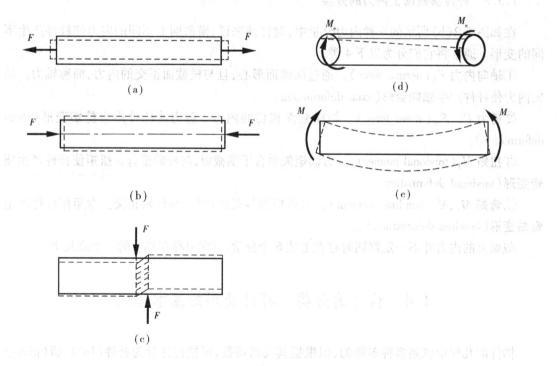

图 1.5

②**剪切**(shear)。即在一对大小相等、相距很近、方向相反的横向外力作用下,杆的两力作

用线之间的横截面沿力的方向发生相对错动,如图1.5(c)所示。

③**扭转**(torsion)。即在一对大小相等、转向相反、位于垂直于轴线的两平面的力偶作用下,杆的两相邻横截面绕杆的轴线产生相对转动,如图1.5(d)所示。

④**弯曲**(bending)。即在一对大小相等、转向相反、位于杆的纵向平面内的力偶作用下,杆的两相邻横截面绕垂直于杆轴线的直线产生相对转动,截面间的夹角发生改变,如图1.5(e)所示。

工程实际中的杆件可能同时承受不同形式的外力,变形情况可能比较复杂。但不论怎样复杂,其变形均是由基本变形组成的。

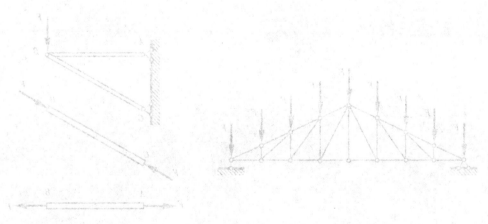

第**2**章
轴向拉伸和压缩

2.1 概　述

轴向拉伸变形或轴向压缩变形,简称拉伸或压缩,是杆件基本变形形式之一。在工程实际中,发生拉伸或压缩变形的构件是很常见的,例如,屋架(见图2.1)在屋面板传来的节点荷载作用下,其上、下弦杆及腹杆均产生拉伸或压缩变形;三角支架ABC(见图2.2)的AB杆产生拉伸变形,BC杆产生压缩变形;其他如桁架中各杆、内燃机的活塞连杆、起重机用的钢索、千斤顶杆等都是产生拉伸或压缩变形的实例。

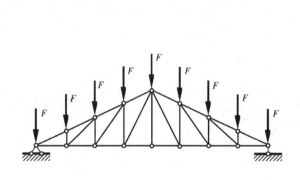

图2.1　　　　　　　　　　　　　　　　图2.2

上述杆件虽然形状、加力方式等各有不同,但是它们具有共同的受力和变形特点:外力(或外力的合力)的作用线与杆件的轴线重合,杆的两相邻横截面沿杆轴线切向产生相对移动,而杆件的长度伸长或缩短,同时横向尺寸相应的缩短或伸长。

本章主要研究杆件拉伸或压缩时的内力、应力、变形,通过试验分析由不同材料制成的杆件在产生拉伸或压缩变形时的力学性质,建立杆件在拉伸或压缩时的强度条件。

2.2 轴力 轴力图

无论对受力杆件作强度或刚度计算时,都需首先求出杆件的内力。关于内力的概念及计算方法,已在上一章中阐述。

现以图 2.3(a)所示拉杆为例来讨论拉伸(压缩)杆件横截面上的内力。运用截面法求横截面 m-m 上的内力:

①截开 —— 在 m-m 截面处,用假想的截面将杆件截为左、右两部分。

②分离 —— 留下左段为分离体。

③代替 —— 以内力代替右段对左段的作用,绘分离体受力图(见图 2.3(b))。由于杆件是平衡的,因此,截取的分离体也必然是平衡的,那么 m-m 截面上内力的作用线必定与外力 F 的作用线重合,即内力的作用线与轴线重合,故称此内力为横截面上的**轴力**,记为 F_N。

④平衡 —— 由平衡方程来确定轴力值。

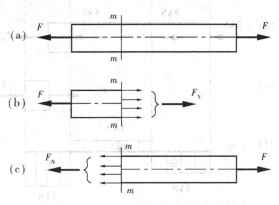

图 2.3

$$\sum F_x = 0, \quad F_N = F$$

若选取右段为分离体求轴力时,结果是一样的(见图 2.3(c))。因此,求轴力时可取受力简单的一段分离体来计算。

为了研究方便,工程上约定:轴力方向以使所作用的杆微段拉伸为正;反之,使所作用的杆微段压缩为负。如图 2.3(b)、图 2.3(c)所示为 F_N 的正方向,从图形上看,正号轴力的指向是背离截面的,负号轴力的指向则是指向截面的。

在一般情况下,杆件各横截面上的轴力将发生变化。为了形象地表明各横截面的轴力沿杆长的变化情况,通常将其绘成轴力图。表示轴力沿杆件横截面位置变化的图形,称为**轴力图**(diagram of normal force)。作法是:以平行于杆轴线的横坐标(称为基线)表示横截面的位置;以垂直于杆轴线方向的纵坐标表示相应横截面上的轴力值,绘制各横截面上的轴力变化曲线。正、负轴力各绘在基线的一侧,对于水平杆件,一般约定正的轴力绘在基线的上方,负的轴力绘在基线的下方,并标注⊕、⊖号,各控制截面处 $|F_N|$ 及单位。

例 2.1 一杆所受外力如图 2.4(a)所示,试绘制该杆的轴力图。

解 杆件受到 4 个轴向外力的作用,不同杆段内横截面上的轴力不同,故应分段求解,分别设为 Ⅰ,Ⅱ,Ⅲ 3 段。

1)在第 Ⅰ 段内任意横截面处截开,取该截面以左的杆段为分离体,如图 2.4(b)所示,以杆轴为 x 轴,由平衡条件

$$\sum F_x = 0, \quad 2 \text{ kN} + F_{NI} = 0$$

得

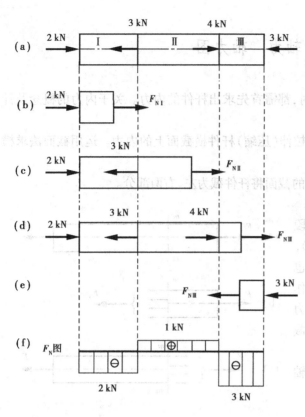

图 2.4

$$F_{NⅠ} = -2 \text{ kN}(压)$$

轴力 $F_{NⅠ}$ 的负号表明该轴力的方向与所假设的方向相反,即实际轴力为压力。一般绘分离体受力图时轴力均按拉力方向假设,若求得的值为正(负),即表明该杆段受拉伸长(受压缩短),也符合该轴力的实际正负号。因此,可不必在值后再注(压)或(拉)字。此外,截面的内力与截面在该杆段内的位置无关,该段内的轴力为常数。

2)第Ⅱ段:取分离体如图 2.4(c)所示,由平衡条件

$$\sum F_x = 0, \ 2 \text{ kN} - 3 \text{ kN} + F_{NⅡ} = 0$$

得　$F_{NⅡ} = -2 \text{ kN} + 3 \text{ kN} = 1 \text{ kN}$

3)第Ⅲ段:取分离体如图 2.4(d)所示,由平衡条件

$$\sum F_x = 0, \ 2 \text{ kN} - 3 \text{ kN} + 4 \text{ kN} + F_{NⅢ} = 0$$

得

$$F_{NⅢ} = -2 \text{ kN} + 3 \text{ kN} - 4 \text{ kN} = -3 \text{ kN}$$

由图 2.4(d)可知,在求第Ⅲ段杆的轴力时,若取左段为分离体,其上的作用力较多,计算较繁,而取右段为分离体时,如图 2.4(e)所示,则受力情况简单,即

$$F_{NⅢ} = -3 \text{ kN}$$

当全杆的轴力都求出后,即可根据各截面上 F_N 的大小及正负号绘出轴力图,如图 2.4(f)所示。

由上例分析可知,**轴向拉伸(压缩)杆件任一横截面的轴力,等于该横截面任意一侧杆段上所有外力在轴线方向上投影的代数和**。利用这一结论,不必绘出分离体的受力图即可直接求出任一截面的轴力,因而称为**直接法**。

2.3　拉(压)杆截面上的应力

内力是由外力引起的,仅表示某截面上分布内力向截面形心简化的结果。而构件的变形和强度不仅取决于内力,还取决于构件截面的形状和大小以及内力在截面上的分布情况。为此,需引入**应力**(stress)的概念。

2.3.1　应力的概念

所谓应力,是指截面上某点处单位面积内的分布内力,即内力集度。

若考察受力杆 m-m 截面上 M 点处的应力,如图 2.5(a)所示,则围绕 M 点在该面上取一

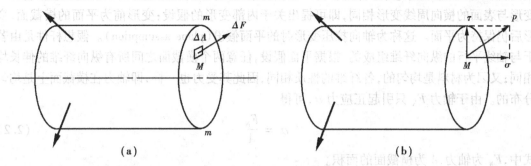

图 2.5

微小的面积 ΔA,设 ΔA 面积上分布内力的合力为 ΔF。于是,ΔA 上内力的平均集度为

$$p_m = \frac{\Delta F}{\Delta A}$$

式中,p_m 称为面积 ΔA 上的平均应力。一般而言,m-m 截面上的分布内力并不是均匀的,因此,平均应力 p_m 的大小和方向将随着面积 ΔA 的大小的改变而改变,面积 ΔA 越小,平均应力 p_m 的值越接近 M 点处的应力值。当 ΔA 趋于零时,p_m 的极限值

$$p = \lim_{\Delta A \to 0} \frac{\Delta F}{\Delta A} \tag{2.1}$$

p 即为 M 点处的内力集度,也称为 m-m 截面上 M 点处的总应力。由于 ΔF 是矢量,因此,总应力 p 也是矢量,其方向是当 $\Delta A \to 0$ 时,内力 ΔF 的极限方向。一般而言,一点的总应力 p 既不与截面垂直,也不与截面相切。习惯上将 p 分解为一个与截面垂直的法向分量和一个与截面相切的切向分量(见图 2.5(b))。法向分量称为**正应力**(normal stress),用 σ 表示;切向分量称为**切应力**(shear stress),用 τ 表示。

应力的正、负号约定:正应力 σ 以拉应力为正,压应力为负;切应力 τ 以使所作用的微段绕其内部任意点有顺时针方向转动趋势者为正,反之为负。

应力的量纲是[力]/[长度]^2,国际标准单位是 Pa(帕斯卡),1 Pa = 1 N/m^2。常用单位还有 kPa(千帕),MPa(兆帕),GPa(吉帕),1 GPa = 10^3 MPa = 10^6 kPa = 10^9 Pa,工程上常用 MPa 或 GPa(1 MPa = 10^6 Pa = 1 N/mm^2)。

2.3.2 拉(压)杆横截面上的应力

拉(压)杆横截面上的内力是轴力,其方向垂直于横截面,因此,与轴力相应的只可能是垂直于截面的正应力,即拉(压)杆横截面上只有正应力,没有切应力。

应力是内力的集度,内力或应力均产生在杆件内部,是看不到的。而应力与变形有关,所以研究应力还得从观察变形出发。取一等直杆,如图 2.6 所示,先在杆侧面画垂直于杆轴线的周线 ab 和 cd,然后施加轴向拉力 F,使杆件发生拉伸变形。可观察到:杆件被拉长,周线 ab 和 cd 分别平移到了 $a'b'$ 和 $c'd'$ 的位置,但仍保持为垂直于轴线的直线。实际上沿各横

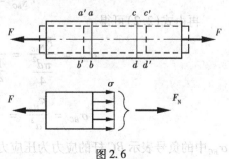

图 2.6

截面所画周线都发生平移,且保持平行。根据观察到的杆件表面现象,由表及里推断横截面的变形与表面的横向周线变形相同,即可提出关于内部变形的假设:变形前为平面的横截面,变形后仍保持为平面。这称为轴向拉压变形时的**平面假设**(plane assumption)。假想杆件是由若干与轴线平行的纵向纤维组成的,根据平面假设,任意两个横截面之间所有纵向纤维的伸长均相同;又因为材料是均匀的,各纤维的性质相同,因此其受力也一样,即轴力在横截面上是均匀分布的。由于轴力 F_N 只引起正应力 σ,可得

$$\sigma = \frac{F_N}{A} \tag{2.2}$$

式中,F_N 为轴力,A 为横截面的面积。

式(2.2)即为轴向拉(压)杆件横截面上各点正应力 σ 的计算公式。

应当指出,杆端集中力作用点附近区域内的应力分布比较复杂,并非均匀分布,式(2.2)只能计算该区域内横截面上的平均应力,而不是应力的真实情况。实际上,外荷载作用方式有各种可能,引起的变形规律比较复杂,从而应力分布规律及其计算公式亦较复杂,其研究已经超出材料力学范围。研究表明,弹性杆件横截面上的应力分布规律在距外荷载作用区域一定距离后,不因外荷载作用方式而改变。这一结论称为**圣维南原理**(St. Venant principal)。今后假定,在未要求精确计算杆上外力作用点附近截面内的应力时,轴向拉(压)杆在全长范围内,式(2.2)均适用。

例2.2 如图 2.7(a)所示三角托架中,AB 杆为圆截面钢杆,直径 $d = 30$ mm;BC 杆为正方形截面木杆,截面边长 $a = 100$ mm。已知 $F = 50$ kN,试求各杆的应力。

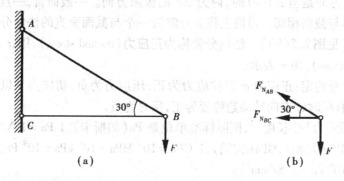

图 2.7

解 取结点 B 为分离体,其受力如图 2.7(b)所示,由平衡条件可得

$$F_{N_{AB}} = 2F = 100 \text{ kN}$$

$$F_{N_{BC}} = -\sqrt{3}F = -86.6 \text{ kN}$$

再由式(2.2)可得

$$\sigma_{AB} = \frac{F_{N_{AB}}}{\frac{\pi d^2}{4}} = \frac{100 \times 10^3 \text{ N}}{\frac{1}{4} \times \pi \times 30^2 \text{ mm}^2} = 141.5 \text{ MPa}$$

$$\sigma_{BC} = \frac{F_{N_{BC}}}{a^2} = \frac{-86.6 \times 10^3 \text{ N}}{100^2 \text{ mm}^2} = -8.66 \text{ MPa}$$

σ_{BC} 中的负号表示 BC 杆的应力为压应力,即 BC 杆为压杆。

例 2.3　如图 2.8(a)所示杆 AB,上端固定、下端自由,长为 l,横截面面积为 A,材料密度为 ρ,试分析该杆由自重引起的轴力及横截面上的应力沿杆长的分布规律。

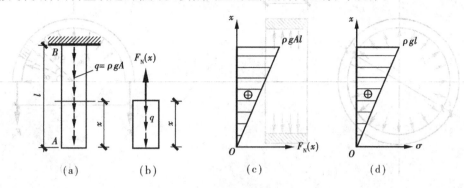

图 2.8

解　由截面法,在距下端为 x 截面上的轴力为

$$F_N(x) = \rho g A x$$

表明该杆不同横截面处的轴力 F_N 是不相同的,F_N 是截面位置 x 的连续函数,F_N 的表达式 $F_N = F_N(x)$ 称为**轴力方程**(Axial force equation)。该轴力方程表明 F_N 是关于截面位置 x 的一次函数,由此只用计算出两个端截面的轴力值就能画出轴力图。

$$\left. \begin{array}{l} x = 0 \text{ 时}, F_N(0) = F_{NA} = 0 \\ x = l \text{ 时}, F_N(l) = F_{NB} = F_{Nmax} = \rho g A l \end{array} \right\}$$

F_N 沿杆长的分布规律如图 2.8(c)所示。

再由式(2.2)可得

$$\sigma(x) = \frac{F_N(x)}{A} = \rho g x$$

可见横截面上的正应力沿杆长呈线性分布。

$$\left. \begin{array}{l} x = 0 \text{ 时}, \sigma(0) = \sigma_A = 0 \\ x = l \text{ 时}, \sigma(l) = \sigma_B = \sigma_{max} = \rho g l \end{array} \right\}$$

σ 沿杆长的分布规律如图 2.8(d)所示。

例 2.4　如图 2.9(a)所示长 b、内直径 $d = 200$ mm、壁厚 $t = 5$ mm 的薄壁圆环形容器,承受 $p = 2$ MPa 的内压力作用,试求通过圆环轴线的纵向截面上的应力。

解　1)纵向截面上的内力。

薄壁圆环在内压力作用下要均匀胀大,故在包含圆环轴线的任一纵向截面上,作用有相同的法向拉力 F_N。为求该拉力,可假想地用一直径平面将圆环截分为二,并研究留下的半环(见图 2.9(b))的平衡。半环上的内压力沿 y 方向的合力为

$$F_R = \int_0^\pi \left(pb \frac{d}{2} \mathrm{d}\alpha \right) \sin\alpha = \frac{pbd}{2} \int_0^\pi \sin\alpha \mathrm{d}\alpha = pbd$$

其作用线与 y 轴重合。

由对称关系可知,如图 2.9(b)所示两侧截面上的拉力 F_N 相等。于是,由平衡方程

$$\sum F_y = 0 \quad , \quad F_N = \frac{F_R}{2} = \frac{pbd}{2}$$

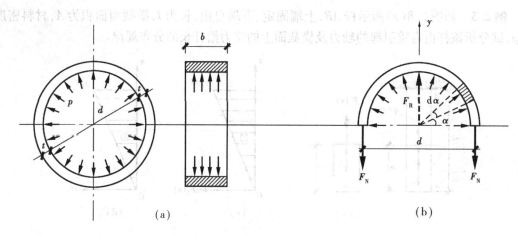

图 2.9

2) 纵向截面上的应力。

由于圆环的壁厚 t 远小于内直径 d，故可近似地认为纵向截面上的正应力均匀分布（当 $t \leqslant d/20$ 时，这种近似是足够精确的）。于是，可得纵向截面上的正应力为

$$\sigma = \frac{F_N}{A} = \frac{pbd}{2bt} = \frac{pd}{2t}$$

$$= \frac{2 \times 10^6 \, \text{Pa} \times 0.2 \, \text{m}}{2 \times 5 \times 10^{-3} \, \text{m}} = 40 \times 10^6 \, \text{Pa} = 40 \, \text{MPa}$$

2.3.3 拉(压)杆斜截面上的应力

在 2.5 节拉伸与压缩试验中会看到，铸铁试件压缩时，其断面并非横截面，而是斜截面。这说明仅计算拉压杆横截面上的应力是不够的，为了全面分析解决杆件的强度问题，还需研究斜截面上的应力。

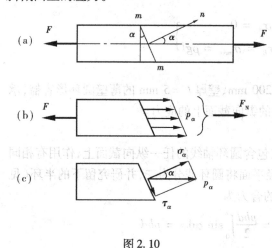

图 2.10

如图 2.10(a) 所示一等直杆，其横截面面积为 A，下面来研究与横截面成 α 角的斜截面 m-m 上的应力。此处 α 角以从横截面外法线到斜截面外法线逆时针方向转动为正。沿 m-m 截面处假想地将杆截成两段，研究左边部分，如图 2.10(b) 所示，可得 m-m 截面上的内力为

$$F_N = F$$

与横截面上正应力分布规律的研究方法相似，同样可以得出斜截面上的总应力 p_α 也是均匀分布的，故

$$p_\alpha = \frac{F_N}{A_\alpha}$$

式中，A_α 为斜截面 m-m 的面积。因为 $A_\alpha = A/\cos \alpha$，所以

$$p_\alpha = \frac{F}{A}\cos\alpha = \sigma\cos\alpha \tag{2.3}$$

式中,$\sigma = F/A$ 为杆件横截面上的正应力。

将总应力 p_α 分解为两个分量:$m\text{-}m$ 截面法线方向的正应力 σ_α 和切线方向的切应力 τ_α（见图 2.10(c)）,并利用式(2.3)可得

$$\left.\begin{array}{l} \sigma_\alpha = p_\alpha\cos\alpha = \sigma\cos^2\alpha = \dfrac{\sigma}{2}(1 + \cos 2\alpha) \\[2mm] \tau_\alpha = p_\alpha\sin\alpha = \sigma\sin\alpha\cos\alpha = \dfrac{\sigma}{2}\sin 2\alpha \end{array}\right\} \tag{2.4}$$

由式(2.4)可知,σ_α 和 τ_α 都是 α 的函数,随 α 角的变化而变化,它们的极值及其所在截面的方位为

①当 $\alpha = 0°$ 时,即横截面上,σ_α 达到极值 σ;当 $\alpha = 90°$ 时,即纵截面上,σ_α 达到极值零。在正应力的极值面上切应力为零。

②绝对值最大的切应力发生在 $\alpha = \pm 45°$ 的斜截面上,$|\tau|_{\max} = |\tau_{\pm 45°}| = \dfrac{\sigma}{2}$ 且 $\pm 45°$ 斜截面上的正应力 $\sigma_{\pm 45°} = \dfrac{\sigma}{2}$。

2.3.4　应力集中的概念

由 2.3.2 节知,对于等截面直杆在轴向拉伸或者压缩时,除两端受力的局部区域外,截面上的应力是均匀分布的。但在实际工程中,由于构造上的要求,有些构件需要开孔或挖槽（如油孔、沟槽、轴肩或螺纹的部位）,其横截面上的正应力不再是均匀分布的。如图 2.11(a)所示一板条,中部有一小圆孔。板条受拉时,圆孔直径所在横截面上的应力分布由试验或弹性力学结果可绘出,如图 2.11(b)所示,其特点是:在小孔附近的局部区域内,应力急剧增大,但在稍远处,应力迅速降低且趋于均匀。这种由于杆件形状或截面尺寸突然改变而引起局部区域的应力急剧增大的现象称为**应力集中**（stress concentration）。

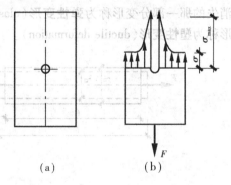

(a)　　　(b)

图 2.11

设产生应力集中现象的截面上最大应力为 $\sigma_{\max}$,同一截面视作均匀分布按净面积 A_0 计算的名义应力为 σ_0,即 $\sigma_0 = F_N/A_0$,则比值

$$K_t = \frac{\sigma_{\max}}{\sigma_0} \tag{2.5}$$

称为**应力集中因数**（stress-concentration factor）。它反映了应力集中的程度,是一个大于 1 的因数。

值得注意的是,应力集中并不是由于洞口直径所在的横截面削弱使得该面上的应力有所增加而引起的,杆件外形的骤然变化,是造成应力集中的主要原因。试验结果表明,截面尺寸改变得越急剧、角越尖,应力集中的程度就越严重。因此,零件上应尽可能地避免带尖角的孔

和槽,在阶梯轴的轴肩处要用圆弧过渡,而且应尽量使圆弧半径大一些。

　　各种材料对应力集中的敏感程度并不相同。由2.5节可知,由于塑性材料一般存在屈服阶段,当局部的最大应力达到材料的屈服极限时,该处材料的变形可以继续增长,而应力却不再加大。当外力继续增加,增加的力就由截面上尚未屈服的材料来承担,使截面上其他点的应力相继增大到屈服极限,直至整个截面上各点处的应力都趋于屈服极限时,杆件才因屈服而丧失正常的工作能力。因此,由塑性材料制成的杆件,在静荷载作用下通常不考虑应力集中的影响。脆性材料没有屈服阶段,当荷载增加时,应力集中处的最大应力首先达到强度极限,该处将首先产生裂纹。所以与塑性材料制成的杆件相比,脆性材料制成的杆件应力集中的危害性更为严重,即使在静荷载作用下,也应考虑应力集中对杆件承载能力的削弱。不过脆性材料中的铸铁,由于其内部的不均匀性和缺陷往往是产生应力集中的主要因素,而杆件外形改变所引起的应力集中就可能成为次要因素,所以可不考虑应力集中的影响。但在动荷载作用下,不论是塑性材料、还是脆性材料制成的杆件,都应考虑应力集中的影响。

2.4　拉(压)杆的变形　胡克定律　泊松比

　　工程构件受力后,其几何形状和几何尺寸都要发生改变,这种改变称为**变形**(deformation)。当荷载不超过一定的范围时,构件在卸去荷载后可以恢复原状。但当荷载过大时,则在荷载卸去后只能部分地复原,而残留一部分不能消失的变形。在卸去荷载后能完全消失的那一部分变形称为**弹性变形**(elastic deformation),不能消失而残留下来的那一部分变形称为**塑性变形**(ductile deformation)。

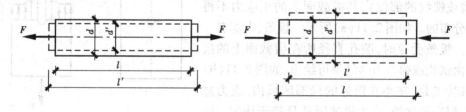

图2.12

　　现以图2.12所示等截面杆为例来研究轴向拉(压)杆的变形。在轴向外力 F 的作用下,杆件的轴向、横向的尺寸均会发生改变。设杆件变形前原长为 l,横向尺寸为 d,变形后长度为 l',横向尺寸为 d',称

$$\Delta l = l' - l \tag{2.6}$$

为轴向变形,称

$$\Delta d = d' - d \tag{2.7}$$

为横向变形,Δl,Δd 分别表示杆件轴向、横向的绝对变形量,量纲均为[长度]。由于绝对变形量不能全面反映杆件的变形程度,为解决此问题,引入**线应变**(linear strain)的概念。线应变是指单位长度的长度改变量,用 ε 表示,量纲为1。称

$$\varepsilon = \frac{\Delta l}{l} \tag{2.8}$$

为**轴向线应变**(axial linear strain),简称线应变。而称

$$\varepsilon' = \frac{d' - d}{d} \tag{2.9}$$

为**横向线应变**(lateral linear strain)。如图 2.12 所示杆件,拉伸时,$\Delta l > 0, \Delta d < 0, \varepsilon > 0, \varepsilon' < 0$;压缩时,$\Delta l < 0, \Delta d > 0, \varepsilon < 0, \varepsilon' > 0$。显然,$\varepsilon'$ 与 ε 是反号的,而且根据试验表明:当拉(压)杆内的应力不超过材料的比例极限时,横向线应变 ε' 与轴向线应变 ε 的比值为一常数,即

$$\varepsilon' = -\mu\varepsilon \tag{2.10}$$

式中,μ 称为**泊松比**(Poisson ratio),量纲为 1,其值随材料而异,可通过试验测定。

必须指出,式(2.8)计算出的 ε 是轴向纤维在全长 l 内的平均线应变,当沿杆长度均匀变形(所有截面的正应力 σ 都相等)时,它也代表 l 长度范围内任一点处沿轴线方向的线应变。当沿杆长度非均匀变形时(如一等直杆在自重作用下的变形),式(2.8)并不反映沿长度各点处的轴向线应变。

为研究轴向拉(压)杆沿轴线方向的线应变,可沿轴线方向在 x 截面处任取微段 Δx(见图 2.13),微段变形后其长度的改变量为 Δu,比值 $\frac{\Delta u}{\Delta x}$ 为微段 Δx 的平均线应变。当 Δx 无限缩短而趋于零时,其极限值

$$\varepsilon_x = \lim_{\Delta x \to 0} \frac{\Delta u}{\Delta x} = \frac{\mathrm{d}u}{\mathrm{d}x} \tag{2.11}$$

称为 x 截面处沿轴线方向的线应变。

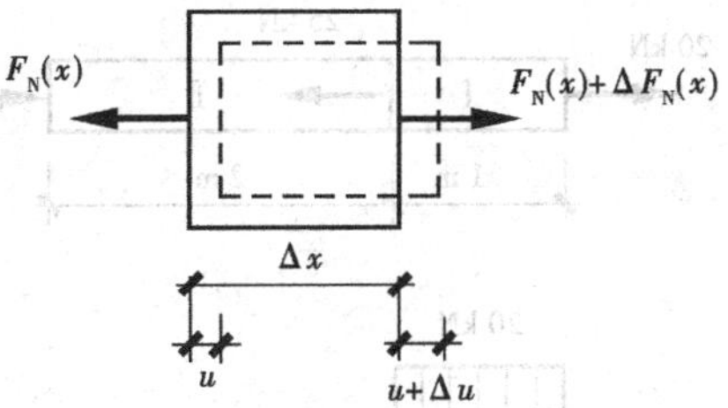

图 2.13

拉(压)杆的变形与材料的性能有关,只能通过试验来获得。试验表明,在弹性变形范围内,杆件的变形 Δl 与轴力 F_N 及杆长 l 成正比,与横截面面积 A 成反比,即

$$\Delta l \propto \frac{F_N l}{A}$$

引入比例系数 E,把上式写成

$$\Delta l = \frac{F_N l}{EA} \tag{2.12}$$

式中,E 为**弹性模量**(modulus of elasticity),表示材料抵抗弹性变形的能力,是一个只与材料有关的物理量,其值可以通过试验测得,量纲与应力量纲相同。弹性模量 E 和泊松比 μ 都是材料的弹性常数。表 2.1 给出了一些材料的 E 和 μ 的约值。

表 2.1　几种常用材料的 E 和 μ 的约值

材料名称	E/GPa	μ
低碳钢	196 ~ 216	0.24 ~ 0.28
合金钢	186 ~ 206	0.25 ~ 0.30
灰铸铁	78.5 ~ 157	0.23 ~ 0.27
铜及其合金	72.6 ~ 128	0.31 ~ 0.42
铝合金	70	0.33

式(2.12)表明,轴向拉(压)杆件的变形 Δl 与 EA 成反比。EA 称为轴向拉(压)杆的**抗拉(压)刚度**(axial rigidity),表示杆件抵抗拉伸(压缩)的能力。对于长度相等且受力相同的杆

件,其抗拉(压)刚度越大则杆件的变形越小。

把式(2.2)、式(2.8)代入式(2.12),可得

$$\varepsilon = \frac{\sigma}{E} \quad 或 \quad \sigma = E\varepsilon \qquad (2.13)$$

式(2.13)表明,在弹性变形范围内,应力与应变成正比。

式(2.12)、式(2.13)均称为**胡克定律**(Hooke law)。它是由英国科学家 Hooke 于 1678 年率先提出的。

在计算轴向拉(压)杆变形时需注意,式(2.12)的适用条件是:线弹性条件下,杆件在 l 长范围内 EA 和 F_N 均为常数,即杆件的变形是均匀的,沿杆长 ε 为常数。

若杆件的轴力 F_N 及抗拉(压)刚度 EA 沿杆长分段为常数,则

$$\Delta l = \sum_i \frac{F_{Ni}l_i}{(EA)_i} \qquad (2.14)$$

式中,F_{Ni},$(EA)_i$ 和 l_i 为杆件第 i 段的轴力、抗拉(压)刚度和长度。

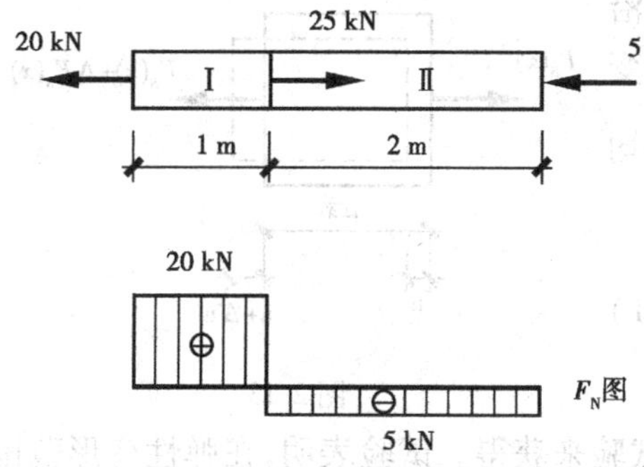

若杆件的轴力和抗拉(压)刚度沿杆长为连续变化时,则

$$\Delta l = \int_l \frac{F_N(x)}{EA(x)}dx \qquad (2.15)$$

图 2.14

例 2.5 如图 2.14 所示一等直钢杆,横截面为 $b \times h = 10 \text{ mm} \times 20 \text{ mm}$ 的矩形,材料的弹性模量 $E = 200 \text{ GPa}$。试计算:1)每段的轴向线变形;2)每段的线应变;3)全杆的总伸长。

解 1)设左、右两段分别为Ⅰ,Ⅱ段,由轴力图 $F_{N1} = 20 \text{ kN}$,$F_{N2} = -5 \text{ kN}$。根据式(2.13)

$$\Delta l_1 = \frac{F_{N1}l_1}{EA} = \frac{20 \times 10^3 \text{ N} \times 1\,000 \text{ mm}}{200 \times 10^3 \text{ MPa} \times (10 \times 20) \text{ mm}^2} = 0.5 \text{ mm}$$

$$\Delta l_2 = \frac{F_{N2}l_2}{EA} = \frac{-5 \times 10^3 \text{ N} \times 2\,000 \text{ mm}}{200 \times 10^3 \text{ MPa} \times (10 \times 20) \text{ mm}^2} = -0.25 \text{ mm}$$

2)由式(2.8)

$$\varepsilon_1 = \frac{\Delta l_1}{l_1} = \frac{0.5 \text{ mm}}{1\,000 \text{ mm}} = 0.05\%$$

$$\varepsilon_2 = \frac{\Delta l_2}{l_2} = \frac{-0.25 \text{ mm}}{2\,000 \text{ mm}} = -0.012\,5\%$$

3)全杆的总伸长

$$\Delta l = \Delta l_1 + \Delta l_2 = 0.25 \text{ mm}$$

例 2.6 试计算例 2.3 中的杆(见图 2.8(a))在自重作用下其底部的位移 δ。已知密度 ρ、长度 l、抗拉(压)刚度 EA = 常数。

解 由截面法可计算出距底部为 x 截面上的轴力 $F_N(x) = \rho g A x$,在 x 截面处取一个长为 dx 的微段,其受力情况如图 2.15 所示,微段自重 $\rho g A dx$ 对微段变形的影响很小,可以略去不

计,而杆的 EA 为常数,由式(**2.15**)可得

$$\Delta l = \int_l \frac{F_N(x)}{EA}dx = \int_0^l \frac{\rho g}{E}x\,dx = \frac{\rho g l^2}{2E}$$

因为杆上端固定,故其底部的位移 δ 为

$$\delta = \Delta l = \frac{\rho g l^2}{2E} \qquad (\downarrow)$$

例 2.7　如图 2.16(a)所示为一简单托架。AB 杆为圆钢,横截面直径 $d = 20$ mm。BC 杆为 8 号槽钢。已知 $F = 60$ kN,$E = 200$ GPa,求结点 B 的位移。

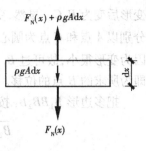

图 2.15

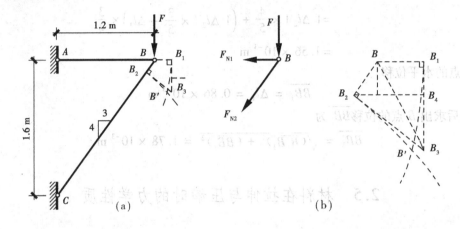

图 2.16

解　三角形 ABC 3 边的长度比为 $\overline{AB}:\overline{AC}:\overline{BC} = 3:4:5$,由此可得 $\overline{BC} = 2$ m。

1)各杆轴力。

在小变形下,计算各杆的轴力时可不考虑 $\angle ABC$ 的改变,由结点 B 的平衡方程

$$\sum F_x = 0, \quad F_{N1} + F_{N2} \times \frac{3}{5} = 0 \ \Big\}$$
$$\sum F_y = 0, \quad F + F_{N2} \times \frac{4}{5} = 0$$

解得各杆的轴力为

$$F_{N1} = \frac{3}{4}F = 45 \text{ kN} \quad , \quad F_{N2} = -\frac{5}{4}F = -75 \text{ kN}$$

2)各杆变形。

AB 杆截面面积 $A_1 = 314 \times 10^{-6}$ m^2,BC 杆为 8 号槽钢,由附录Ⅱ型钢表中查得截面面积 $A_2 = 1\,024 \times 10^{-6}$ m^2。由式 2.13 得各杆的变形为

$$\overline{BB_1} = \Delta l_1 = \frac{F_{N1}l_1}{EA_1} = \frac{45 \times 10^3 \text{ N} \times 1.2 \text{ m}}{200 \times 10^9 \text{ Pa} \times 314 \times 10^{-6} \text{ m}^2} = 0.86 \times 10^{-3} \text{ m} \ \Bigg\}$$
$$\overline{BB_2} = \Delta l_2 = \frac{F_{N2}l_2}{EA_2} = \frac{-75 \times 10^3 \text{ N} \times 2 \text{ m}}{200 \times 10^9 \text{ Pa} \times 1\,024 \times 10^{-6} \text{ m}^2} = -0.73 \times 10^{-3} \text{ m}$$

3)结点 B 的位移。

为计算 B 点的位移,假想地将两杆在 B 点处拆开,AB 杆伸长变形后变为 AB_1,BC 杆压缩

19

变形后变为 B_2C。显然，变形后两杆仍应铰接在一起，即应满足变形的几何相容条件。于是，分别以 A 点和 C 点为圆心，$\overline{AB_1}$ 和 $\overline{CB_2}$ 为半径作圆弧，其交点 B' 即为托架变形后 B 点的新位置。因为变形很小，故可过 B_1，B_2 分别作 AB 杆和 BC 杆的垂线以代替圆弧，两垂线交于 B_3。$\overline{BB_3}$ 即为所求的 B 点的位移。

把多边形 $B_1BB_2B_3$ 按比例放大，如图 2.16（b）所示。可以求出

$$\overline{B_2B_4} = |\ \Delta l_2\ | \times \frac{3}{5} + \Delta l_1$$

$$\overline{B_1B_3} = \overline{B_1B_4} + \overline{B_4B_3} = \overline{BB_2} \times \frac{4}{5} + \overline{B_2B_4} \times \frac{3}{4}$$

$$= |\ \Delta l_2\ | \times \frac{4}{5} + \left(|\ \Delta l_2\ | \times \frac{3}{5} + \Delta l_1 \right) \times \frac{3}{4}$$

$$= 1.56 \times 10^{-3}\ \text{m}$$

B 点的水平位移

$$\overline{BB_1} = \Delta l_1 = 0.86 \times 10^{-3}\ \text{m}$$

最后求出 B 点的位移 $\overline{BB_3}$ 为

$$\overline{BB_3} = \sqrt{(\overline{B_1B_3})^2 + (\overline{BB_1})^2} = 1.78 \times 10^{-3}\ \text{m}$$

2.5 材料在拉伸与压缩时的力学性质

材料的力学性质是指在外力作用下材料在变形和破坏过程中所表现出的性能，如前面提到的弹性常数 E 和 μ，以及胡克定律本身等都是材料所固有的力学性质。材料的力学性质是对构件进行强度、刚度和稳定性计算的基础，一般由试验来测定。

材料的力学性质除取决于材料本身的成分和组织结构外，还与荷载作用状态、温度和加载方式等因素有关。本节重点讨论常温、静载条件下金属材料在拉伸或压缩时的力学性质。

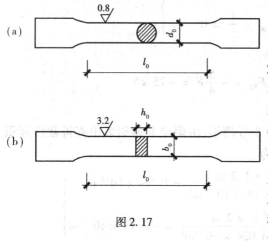

图 2.17

为使不同材料的试验结果能进行对比，对于钢、铁和有色金属材料，需将试验材料按《金属拉伸试验试样》的规定加工成**标准试件**，如图 2.17 所示，分为圆截面试件和矩形截面试件。在试件中部等直部分取长度为 l_0 的一段作为试验段，l_0 称为标距。为了试验结果便于比较，试件的尺寸有统一的规定。对于矩形截面试件，记中部原始横截面面积为 A_0，l_0 与 $\sqrt{A_0}$ 的比值为 5.65 时称为短试件，若为 11.3，称为长试件。对于圆截面试件，设中部直径为 d_0，则 $l_0 = 5d_0$ 称为 5 倍试件，$l_0 = 10d_0$ 称为 10 倍试件。金属材料的压缩试验，试件一般制成短圆柱体。为了保证试验过程中试件不发生失稳，圆柱的高度取为直径的 $1 \sim 3$ 倍。

工程上常用的材料品种很多，下面以低碳钢和铸铁为主要代表，介绍材料的力学性质。

2.5.1　低碳钢在拉伸和压缩时的力学性质

低碳钢是指含碳量在0.3%以下的碳素钢。这类钢材在工程中使用较广,其力学性质具有代表性。

将试件装入材料试验机的夹头中,启动试验机开始缓慢匀速加载,直至试件最后被拉断或压坏。加载过程中,试件所受的轴向力 F 可由试验机直接读出,而试件标距部分的变形量 Δl 可由变形仪读出。根据试验过程中测得的一系列数据,可以绘出 F 与 Δl 之间的关系曲线,称为荷载位移曲线。显然,荷载位移曲线与试件的几何尺寸有关,不能准确反映材料的力学性能,为了消除影响,用试件横截面上的正应力,即 $\sigma = F/A_0$ 作为纵坐标;用试件轴向线应变 ε,即 $\varepsilon = \Delta l/l_0$ 作为横坐标。这样所得的试验曲线称为**应力-应变曲线**(σ-ε 曲线,stress-strain curve)。应力-应变曲线全面描述了材料从开始受力到最后破坏全过程中的力学性态,从而可以确定不同材料发生失效时的应力值,也称为**强度指标**,以及表征材料塑性变形能力的塑性指标。

(1) 低碳钢拉伸时的力学性质

低碳钢拉伸时的荷载位移曲线(也称为拉伸图)和 σ-ε 曲线如图 2.18 所示,现讨论其力学性质。

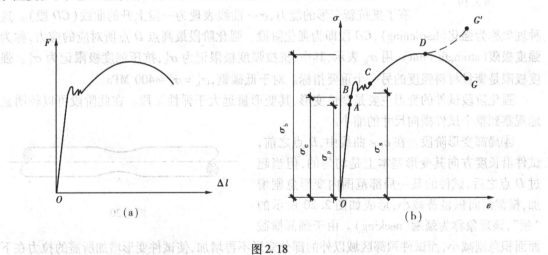

图 2.18

1) σ-ε 曲线的 4 个阶段

① **弹性阶段。** σ-ε 曲线的初始阶段(OB 段),试件的变形是弹性变形。当应力超过 B 点所对应的应力后,试件将产生塑性变形。我们将 OB 段最高点所对应的应力即只产生弹性变形的最大应力称为**弹性极限**(elastic limit),用 σ_e 表示。

在弹性阶段中有很大一部分是直线(OA 段),表明 σ 与 ε 成正比,胡克定律就是由此而来。称直线 OA 段的最高点 A 点处的应力为**比例极限**(proportional limit),用 σ_p 表示。可见只有当 $\sigma \leq \sigma_p$ 时,材料才服从胡克定律,即 σ 与 ε 成正比。这时,称材料是线弹性的。另根据胡克定律,$\sigma = E\varepsilon$,直线 OA 段的斜率即为弹性模量 E 的值,由试验测得低碳钢的弹性模量为 200 GPa 左右。

弹性极限 σ_e 和比例极限 σ_p 的意义虽然不同,但它们的数值非常接近,因此,在工程应用中对二者不作严格区分。对于低碳钢,取 $\sigma_e \approx \sigma_p \approx 200$ MPa。

②屈服阶段。应力超过弹性极限后，试件将同时产生弹性变形和塑性变形，且应力在较小的范围内上下波动，而应变急剧增加，曲线呈大体水平但微有起落的锯齿状，如图 2.18(b)所示的 *BC* 段。这种应力基本保持不变，而应变却持续增长的现象称为**屈服**或**流动**(yield)。屈服阶段最低点所对应的应力称为**屈服极限**(yield limit)，用 σ_s 表示，是判别材料是否进入塑性状态的重要参数。低碳钢的 $\sigma_s \approx 240$ MPa。

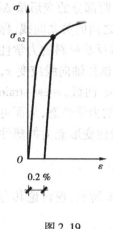

图 2.19

工程中还存在着没有明显屈服阶段的塑性材料，如硬铝、青铜、高强钢等，国家标准规定，试件卸载后有 0.2% 的塑性应变时的应力值作为**名义屈服极限**(offset yielding stress)，用 $\sigma_{0.2}$ 表示(见图 2.19)。确定 $\sigma_{0.2}$ 的方法是：当卸载后杆件残留的塑性应变为 0.2% 时，卸载点所对应的正应力值即为 $\sigma_{0.2}$。

表面经抛光的试件在屈服阶段，其表面会出现与轴线大致成 45° 的倾斜纹纹，称为滑移线。这是由于拉伸时，与轴线成 45° 截面上有最大切应力作用，使内部晶粒间相互滑移所留下的痕迹。

材料进入屈服阶段后将产生显著的塑性变形，这在工程构件中一般是不允许的，因此，屈服极限 σ_s 是确定材料设计强度的主要依据。

③强化阶段。试件经过屈服后，材料内部结构重新进行了调整，具有了抵抗新变形的能力，σ-ε 曲线表现为一段上升的曲线(*CD* 段)。这种现象称为**强化**(hardening)，*CD* 段即为强化阶段。强化阶段最高点 *D* 点所对应的应力，称为**强度极限**(strength limit)，用 σ_b 表示，其中，抗拉强度极限记为 σ_b^t，抗压强度极限记为 σ_b^c。强度极限是衡量材料强度的另一个重要指标。对于低碳钢，$\sigma_b^t = \sigma_b^c \approx 400$ MPa。

强化阶段试件的变形主要是塑性变形，其变形量远大于弹性阶段。在此阶段可以较明显地观察到整个试件横向尺寸的缩小。

④局部变形阶段。在 σ-ε 曲线中，*D* 点之前，试件沿长度方向其变形基本上是均匀的，但当超过 *D* 点之后，试件的某一局部范围内变形急剧增加，横截面面积显著减小，形成如图 2.20 所示的"颈"，该现象称为**颈缩**(necking)。由于颈部横截面积急剧减小，而试件颈部区域以外的部分变形不再增加，使试件变形增加所需的拉力在下

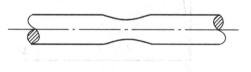

图 2.20

降，因此，按原始面积算出的应力(即 $\sigma = F/A$，称为名义应力)也随之下降，如图 2.18(b)所示的 *DG* 段，直到 *G* 点试件断裂。其实，此阶段的真实应力(即颈部横截面上的应力)随变形增加仍是增大的，如图 2.18(b)所示的虚线 *DG'* 段。

2)两个塑性指标

试件断裂后，弹性变形全部消失，而塑性变形保留下来，工程中常用以下两个量作为衡量材料塑性变形程度的指标，即

①**延伸率**(percentage elongation)。设试件断裂后标距长度为 l_1，原始长度为 l_0，则延伸率 δ 定义为

$$\delta = \frac{l_1 - l_0}{l_0} \times 100\% \tag{2.16}$$

②**断面收缩率**(contraction percentage of area)。设试件标距范围内的横截面面积为 A_0，断

裂后颈部的最小横截面面积为 A_1，则断面收缩率定义为

$$\psi = \frac{A_0 - A_1}{A_0} \times 100\% \tag{2.17}$$

δ 和 ψ 越大，说明材料的塑性变形能力越强。工程中将 10 倍试件的延伸率 $\delta \geqslant 5\%$ 的材料称为塑性材料，而把 $\delta < 5\%$ 的材料称为脆性材料。低碳钢的延伸率为 $20\% \sim 30\%$，是一种典型的塑性材料。

3）卸载定律及冷作硬化

当加载到任一点，如图 2.21 所示的 m 点，然后缓慢卸载，试验表明，σ-ε 曲线将沿直线 mn 到达 n 点，且直线 mn 与初始加载时的直线 OA 平行。这说明在卸载过程中应力与应变也保持为线性关系，即

$$\sigma' = E\varepsilon' \tag{2.18}$$

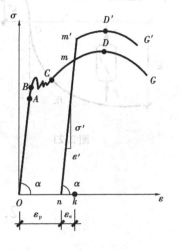

图 2.21

此即**卸载定律**。外力全部卸去后，图 2.21 中 on 段表示 m 点时试件中的塑性应变，而 nk 段表示消失的弹性应变。

若加载到强化阶段某点 m，卸载后立即再次加载，σ-ε 曲线将沿直线 nm 发展，到 m 点后大致沿曲线 mDG 变化，直到试件破坏。因为 nm 段的 σ，ε 都是线性关系，故第 2 次加载时，材料的比例极限提高到 m 点对应的应力，但塑性变形和延伸率有所降低，这种现象称为**冷作硬化**（cold hardening）。

若第 1 次卸载到 n 点后，让试件"休息"一段时间后再加载，重新加载时 σ-ε 曲线将沿 $nmm'D'G'$（见图 2.21）发展，材料会获得更高的比例极限和强度极限，但是塑性能力进一步降低，这种现象称为**冷拉时效**（cold time-effect）。钢筋经过冷拉处理，可提高其抗拉强度，但是冷拉降低了塑性性能且不能提高抗压强度。

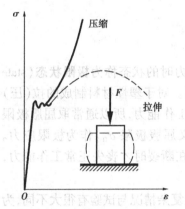

图 2.22

（2）低碳钢压缩时的力学性质

低碳钢压缩时的 σ-ε 曲线如图 2.22 所示的实线段。试验表明，其弹性模量 E、屈服极限 σ_s 与拉伸时基本相同，但流幅较短。屈服结束以后，试件抗压力不断提高，既没有颈缩现象，也测不到抗压强度极限，最后被压成腰鼓形甚至饼状。

2.5.2　铸铁在拉伸和压缩时的力学性质

铸铁试件外形与低碳钢试件相同，其 σ-ε 曲线如图 2.23 所示。铸铁拉伸时的 σ-ε 曲线没有明显的直线部分，也没有明显的屈服和颈缩现象。工程中认为整个拉伸阶段都近似服从胡克定律，约定取其弹性模量 E 为 $150 \sim 180$ GPa。试件的破坏形式是沿横截面拉断，是内部分子间的内聚力抗抵不住拉应力所致。铸铁试件直至拉断时变形量很小，拉伸时的延伸率 δ 为 $0.4\% \sim 0.5\%$，是典型的脆性材料。抗拉强度极限 σ_b^t 为 150 MPa 左右。

铸铁压缩破坏时，其断面法线与轴线大致成 $45° \sim 55°$，是斜截面上的切应力所致。铸铁

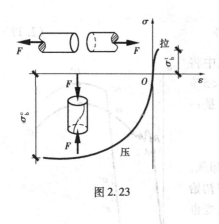

图 2.23

抗压强度极限 σ_b^c 为 800 MPa 左右，说明其抗压能力远远大于抗拉能力。

低碳钢是典型的塑性材料，铸铁是典型的脆性材料。塑性材料的延性较好，对于冷压冷弯之类的冷加工性能比脆性材料好，同时由塑性材料制成的构件在破坏前常有显著的塑性变形，故承受动荷载能力较强。脆性材料如铸铁、混凝土、砖、石等延性较差，但其抗压能力较强，且价格低廉，易于就地取材，故常用于基础及机器设备的底座。值得注意的是，材料是塑性的还是脆性的，是随材料所处的温度、应变速率和应力状态等条件的变化而不同的。

2.6 拉(压)杆的强度计算

材料力学的任务之一就是要研究杆件的强度，前面学习了杆件在拉伸和压缩时的应力计算，以及材料的力学性能，本节将在此基础上学习强度计算。

2.6.1 许用应力

材料发生断裂或出现明显的塑性变形而丧失正常工作能力时的状态称为**极限状态**（state of limit），此时的应力称为**极限应力**（critical stress），用 σ^0 表示。对于塑性材料制成的拉（压）杆，当其达到屈服而发生显著的塑性变形时，即丧失了正常的工作能力，所以通常取屈服极限 σ_s 作为极限应力；对于无明显屈服阶段的塑性材料，则用名义屈服极限 $\sigma_{0.2}$ 作为极限应力。至于脆性材料，由于在破坏前不会产生明显的塑性变形，只有在断裂时才丧失正常工作能力，因此取强度极限 σ_b 作为极限应力。

由于极限应力 σ^0 是由试验测定，而构件工作状态、环境及复杂情况与试验有很大不同，为确保构件不致因强度不足而破坏，必须考虑一定的安全储备。因此，须将极限应力 σ^0 除以大于 1 的安全因数 n，即

$$[\sigma] = \frac{\sigma^0}{n} \tag{2.19}$$

$[\sigma]$ 称为材料的**许用应力**（allowable stress）。

安全因数 n 的确定需考虑的基本因素有以下 3 个：

①强度条件中，有些量的本身就存在着主观认识与客观实际间的差异。例如，对荷载的估算、材料的均匀程度、计算理论及其公式的精确程度等，实际工作时与理论设计计算时所处的条件往往不完全一致，而是偏于不安全的一面。

②考虑到构件的重要性以及当构件破坏时后果的严重性等，需要以安全因数的形式给构件必要的强度储备。

③以不同的强度指标作为极限应力，所用的安全系数 n 也就不同。

塑性材料 $\qquad [\sigma] = \dfrac{\sigma_s}{n_s}$

脆性材料 $\qquad [\sigma] = \dfrac{\sigma_b}{n_b}$

由于脆性材料的破坏以断裂为标志,发生破坏的后果更严重,且脆性材料的均匀性较差,因此,对脆性材料要多给一些强度储备,故一般 $n_b > n_s$。

2.6.2　强度计算

轴向拉(压)杆工作时,正应力绝对值最大的横截面称为**危险截面**。为确保轴向拉(压)杆正常工作,其危险截面上的最大工作应力不得超过材料的许用应力,即

$$\sigma_{max} = \left| \frac{F_N}{A} \right|_{max} \leqslant [\sigma] \qquad (2.20)$$

此即为轴向拉(压)杆的**强度条件**。

根据强度条件,可以解决以下 3 种强度计算问题。

(1)强度校核

已知杆件几何尺寸、荷载以及材料的许用应力 $[\sigma]$,由式(2.20)判断其强度是否满足要求。一般若 σ_{max} 超过 $[\sigma]$ 在 5% 的范围内,工程中仍认为满足强度要求。

(2)截面设计

已知杆件材料的许用应力 $[\sigma]$ 及荷载,按强度条件选择杆件的横截面面积或尺寸。可将式(2.20)改写为

$$A \geqslant \frac{F_N}{[\sigma]} \qquad (2.21)$$

(3)确定许用荷载

已知杆件材料的许用应力 $[\sigma]$ 及杆件的尺寸,可由式(2.20)先求得杆件所能承受的最大轴力(或称许用轴力),即

$$F_N \leqslant A[\sigma] \qquad (2.22)$$

再利用平衡条件,确定杆件所能承受的最大荷载(或称许用荷载)。

例 2.8　如图 2.24(a)所示三角托架的结点 B 悬挂一重为 F 的重物,杆①为钢杆,横截面面积 $A_1 = 600 \ \text{mm}^2$,许用应力 $[\sigma]_1 = 160 \ \text{MPa}$;杆②为木杆,横截面面积 $A_2 = 1 \times 10^4 \ \text{mm}^2$,许用应力 $[\sigma]_2 = 7 \ \text{MPa}$。1)当 $F = 10 \ \text{kN}$ 时,试校核三角托架的强度;2)试求结构的许用荷载 $[F]$;3)当外力 $F = [F]$ 时,重新选择杆的截面。

解　1)取结点 B 为分离体,如图 2.24(b)所示,可得

$$F_{N1} = 2F = 20 \ \text{kN} \qquad (a)$$

$$F_{N2} = -\sqrt{3}F = -17.3 \ \text{kN} \qquad (b)$$

由强度条件,即式(2.20)可得

$$\sigma_1 = \frac{F_{N1}}{A_1} = \frac{20 \times 10^3 \ \text{N}}{600 \ \text{mm}^2} = 33.3 \ \text{MPa} < [\sigma]_1 = 160 \ \text{MPa}$$

$$\sigma_2 = \left| \frac{F_{N2}}{A_2} \right| = \frac{17.3 \times 10^3 \ \text{N}}{1 \times 10^4 \ \text{mm}^2} = 1.73 \ \text{MPa} < [\sigma]_2 = 7 \ \text{MPa}$$

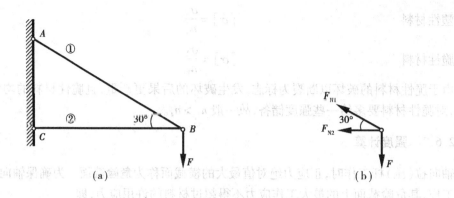

图 2.24

故该三角托架的强度满足要求。

2)考察①杆,其许用轴力$[F_{N1}]$为

$$[F_{N1}] = A_1[\sigma]_1 = 600\ mm^2 \times 160\ MPa = 9.6 \times 10^4\ N = 96\ kN$$

当①杆的强度被充分发挥时,即$F_{N1} = [F_{N1}]$,由式(a)可得

$$[F]_1 = \frac{1}{2}F_{N1} = \frac{1}{2}[F_{N1}] = 48\ kN \qquad (c)$$

同理,考察②杆,其许用轴力$[F_{N2}]$为

$$[F_{N2}] = A_2[\sigma]_2 = 1 \times 10^4\ mm^2 \times 7\ MPa = 7 \times 10^4\ N = 70\ kN$$

当②杆的强度被充分发挥时,由式(b)可得

$$[F]_2 = \frac{1}{\sqrt{3}}F_{N2} = \frac{1}{\sqrt{3}}[F_{N2}] = 40.4\ kN \qquad (d)$$

由式(c)和式(d),可得托架的许用荷载为

$$[F] = [F]_2 = 40.4\ kN$$

3)外力$F = [F]$时,②杆的强度已经被充分发挥,故面积A_2不变。而①杆此时的轴力$F_{N1} < [F_{N1}]$,重新计算其截面,由式(2.21)可得

$$A_1 \geqslant \frac{F_{N1}}{[\sigma]_1}$$

而$F_{N1} = 2F = 2[F]$,所以

$$A_1 = \frac{2[F]}{[\sigma]_1} = \frac{2 \times 40.4 \times 10^3\ N}{160\ MPa} = 505\ mm^2$$

例 2.9 如图 2.25(a)所示结构,①杆和②杆均为圆形钢杆,钢材的许用应力$[\sigma] = 160$ MPa,直径分别为$d_1 = 30\ mm,d_2 = 20\ mm$。试求结点$A$处所受最大铅垂外力。

解 1)静力计算

取结点A为分离体,如图 2.25(b)所示,列平衡方程

$$\left.\begin{array}{ll} \sum F_x = 0, & -F_{N1}\sin 30^\circ + F_{N2}\sin 45^\circ = 0 \\ \sum F_y = 0, & F_{N1}\cos 30^\circ + F_{N2}\cos 45^\circ - F = 0 \end{array}\right\}$$

解出

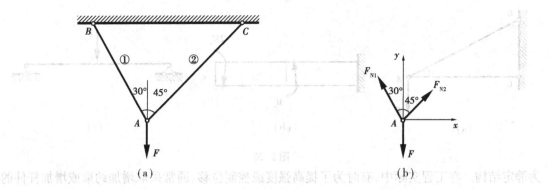

图 2.25

$$F_{N1} = \frac{2F}{1 + \sqrt{3}} = 0.732F \qquad (a)$$

$$F_{N2} = \frac{2F}{\sqrt{2} + \sqrt{6}} = 0.518F \qquad (b)$$

2）许用轴力。

由式(2.22)计算①杆的许用轴力$[F_{N1}]$

$$[F_{N1}] = A_1[\sigma] = \frac{\pi d_1^2}{4}[\sigma] = \frac{\pi}{4} \times 30^2 \ mm^2 \times 160 \ MPa = 113.1 \times 10^3 \ N = 113.1 \ kN \qquad (c)$$

同理,得

$$[F_{N2}] = A_2[\sigma] = \frac{\pi}{4} \times 20^2 \ mm^2 \times 160 \ MPa = 50.3 \times 10^3 \ N = 50.3 \ kN \qquad (d)$$

3）许用荷载$[F]$。

首先,设①杆的强度被充分发挥时,即 $F_{N1} = [F_{N1}]$,由式(a)、式(c)可得

$$[F]_1 = \frac{113.1}{0.732} \ kN = 154.5 \ kN$$

其次,设②杆的强度被充分发挥时,即 $F_{N2} = [F_{N2}]$,由式(b)、式(d)可得

$$[F]_2 = \frac{50.3}{0.518} \ kN = 97.1 \ kN$$

所以

$$[F] = [F]_2 = 97.1 \ kN$$

2.7　拉(压)杆超静定问题

2.7.1　超静定问题的概念

前面几节所研究的杆或杆系结构,其支座反力和内力仅仅用静力平衡条件即可全部求解出来,这类结构称为**静定结构**(statically determinate structure)。例如,如图 2.26 所示各结构皆

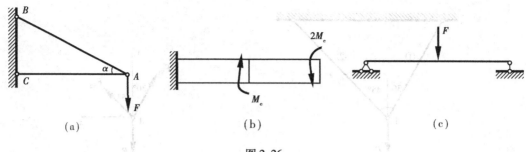

图 2.26

为静定结构。在工程实际中,有时为了提高强度或控制位移,通常采取增加约束或增加杆件的方式,使静定结构变成了**超静定结构**,也称**静不定结构**(statically indeterminate structure)。超静定结构的特点是:体系中独立未知力的数目大于独立静力平衡方程的数目,仅仅利用静力平衡条件不能求出全部的支座反力和内力。例如,如图 2.27(a)所示杆系结构,取结点 A 为分离体,其独立静力平衡方程只有两个,故不能求出 3 根杆的轴力,即是超静定杆系结构。同理,如图 2.27(b)和图 2.27(c)所示的结构也是超静定结构。

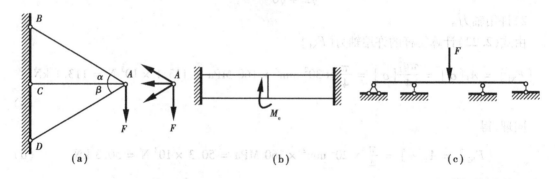

图 2.27

在超静定结构中,独立未知力超过独立静力平衡方程的数目称为**超静定次数**(compatibility condition of deformation)。例如,如图 2.27(a)、图 2.27(b)所示结构的超静定次数为 1,称为一次超静定结构,而如图 2.27(c)所示的梁为二次超静定梁。

在超静定结构中,若不考虑强度和刚度而仅针对维持结构的平衡而言,有些约束或联系是可以去掉的,这些约束或联系称为**多余约束**(redundant constrain)。超静定的次数与多余约束的个数是相对应的。

2.7.2 力法求解超静定结构的一般步骤

力法是以多余约束的约束反力为基本未知量来求解超静定结构的一种方法。

下面以如图 2.28(a)所示的超静定杆为例说明用力法求解超静定问题的方法和一般步骤。设该杆抗拉(压)刚度为 EA,已知 F,a,b,l,求支反力和内力。

(1)判定超静定次数及多余约束

该杆为一次超静定杆件,A 端或者 B 端的约束为多余约束。

(2)静力方面

选取 B 端约束为多余约束,去掉该约束并代之以多余支反力 F_B,如图 2.28(b)所示,称为原超静定结构的**基本体系**。所谓基本体系,是指去掉原超静定结构的所有多余约束并代之以相应的多余支反力而得到的静定结构。列出其平衡方程为

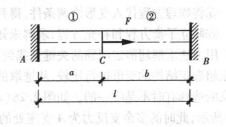

(a)

$$\sum F_x = 0, F - F_A - F_B = 0 \qquad (\text{a})$$

由于 F_A 和 F_B 是未知力,因此是一次超静定问题。

(3)几何方面

基本体系上多余约束处所施加的力 F_B 和原结构中 B 支座的反力相同,因此其变形应该与原超静定杆的变形完全相同。而原结构中 A,B 端是固定的,故可得几何关系

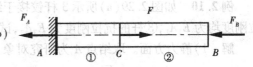

(b)

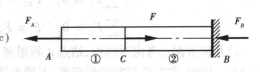

(c)

$$\Delta l = \Delta l_1 + \Delta l_2 = 0 \qquad (\text{b})$$

称为**变形协调条件**(compatibility condition of deformation)。

图 2.28

(4)物理方面

由胡克定律,可得

$$\Delta l_1 = \frac{F_{N1}a}{EA} = \frac{F_A a}{EA} \qquad (\text{c})$$

$$\Delta l_2 = \frac{F_{N2}b}{EA} = \frac{-F_B b}{EA}$$

(5)补充方程

将式(c)代入式(b),可得

$$F_A a - F_B b = 0 \qquad (\text{d})$$

称为补充方程。

(6)求解

联立求解方程(a)和(d),可得

$$F_A = \frac{b}{a+b}F = \frac{b}{l}F$$

$$F_B = \frac{a}{a+b}F = \frac{a}{l}F$$

故内力为

$$F_{N1} = \frac{b}{l}F, F_{N2} = \frac{-a}{l}F$$

由上例可知,用力法求解超静定问题的一般步骤为

①判定超静定次数及多余约束。

②选取基本体系,列静力平衡方程。

③列出变形协调条件。

④物理方面,将杆件的变形用力表示。

⑤将物理方程代入变形协调条件,得到补充方程。

⑥联立平衡方程和补充方程,求解未知量。

用力法求解超静定问题的关键是找到正确的变形协调条件。一般来说,可以将基本体系与原超静定结构的变形进行比较,从选取的多余约束处找到变形协调条件。需注意的是,多余约束的选择有时不是唯一的。如图 2.28(a)所示的超静定杆也可以选取基本体系如图 2.28(c)所示,此时的多余支反力为 A 支座处的反力。

例 2.10 如图 2.29(a)所示 3 杆铰接于结点 A,并在结点受力 F 作用,设①杆和②杆的抗拉刚度均为 E_1A_1,③杆的抗拉刚度为 E_3A_3,试求 3 杆的内力。

解 1)静力方面。取结点 A 为研究对象,分析其受力如图 2.29(b)所示,列出平衡方程

$$\left.\begin{array}{l} \sum F_x = 0, \quad F_{N1} = F_{N2} \\ \sum F_y = 0, \quad F = F_{N3} + (F_{N1} + F_{N2})\cos\alpha \end{array}\right\} \tag{a}$$

2)几何方面。考虑对称性,结点 A 将沿竖直方向移动到 A'(见图 2.29(a)),AA' 即为③杆的变形。同时,左右两杆的变形相等,下端也移动到 A',在小变形条件下,①杆的变形即为 AE。于是可得变形协调条件

$$\Delta l_1 = \Delta l_3 \cos\alpha \tag{b}$$

3)物理方面。由胡克定律,有

$$\Delta l_1 = \frac{F_{N1}}{E_1A_1}\frac{l}{\cos\alpha}, \Delta l_3 = \frac{F_{N3}l}{E_3A_3} \tag{c}$$

4)补充方程。式(c)代入式(b),得

$$\frac{F_{N1}}{E_1A_1\cos\alpha} = \frac{F_{N3}}{E_3A_3}\cos\alpha \tag{d}$$

5)求解。联立求解方程(a)和方程(d),得

$$F_{N1} = F_{N2} = \frac{F}{2\cos\alpha + \dfrac{E_3A_3}{E_1A_1}\sec^2\alpha}, \quad F_{N3} = \frac{F}{1 + 2\dfrac{E_1A_1}{E_3A_3}\cos^3\alpha}$$

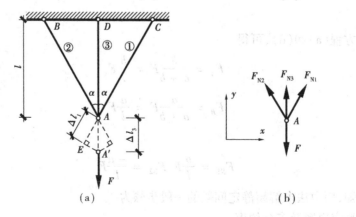

图 2.29

例 2.11 如图 2.30 所示结构,刚性杆 AB 受到①、②两根拉杆的约束,已知①、②两杆的横截面面积相等,材料相同。试求①、②两杆的内力。

解 1)静力方面。设①、②两杆的轴力分别为 F_{N1} 和 F_{N2}。由 AB 杆的平衡方程 $\sum M_A = 0$,得

$$3F - 2F_{N2}\cos\alpha - F_{N1} = 0 \qquad (\text{a})$$

2)几何方面。由于 AB 是刚性杆,结构变形后仍为直杆,由图 2.30 中可看出,①、②两杆的伸长 Δl_1 和 Δl_2 应满足以下变形协调条件

$$\frac{\Delta l_2}{\cos\alpha} = 2\Delta l_1 \qquad (\text{b})$$

3)物理方面。由胡克定律,可得

$$\Delta l_1 = \frac{F_{N1}l}{EA},\ \Delta l_2 = \frac{F_{N2}l}{EA\cos\alpha} \qquad (\text{c})$$

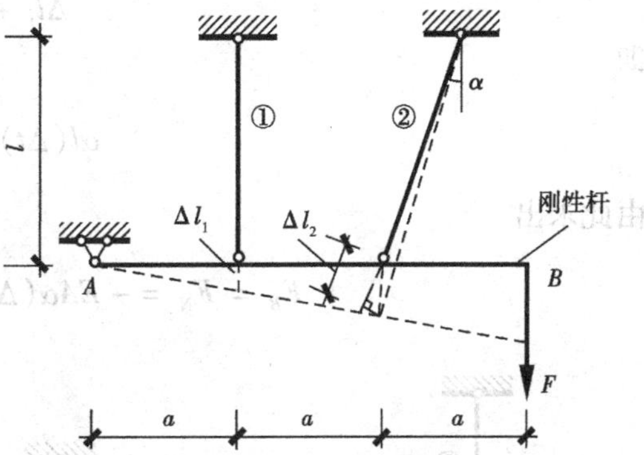

4)补充方程。把式(c)代入式(b),得

$$\frac{F_{N2}l}{EA\cos^2\alpha} = 2\frac{F_{N1}l}{EA} \qquad (\text{d})$$

5)求解。联立求解方程(a)和方程(d),得

$$F_{N1} = \frac{3F}{4\cos^3\alpha + 1},\ F_{N2} = \frac{6F\cos^2\alpha}{4\cos^3\alpha + 1}$$

图 2.30

*2.7.3 温度应力

实际工程中的构件常处于温度变化的环境下工作,如果杆内温度变化是均匀的,即同一横截面上各点的温度变化相同,则直杆将仅发生伸长或缩短变形。在静定结构中,由于杆件能自由变形,由温度变化所引起的变形不会在杆中产生内力。但在超静定结构中,由于存在多余约束,由温度变化所引起的杆件变形会受到限制,从而将在杆中产生应力。这种应力称为**温度应力**(或**热应力** thermal stress)。计算温度应力的关键同样是根据变形协调条件列出补充方程。要注意的是,杆的变形包括两部分,由温度变化所引起的变形,以及温度变形产生的杆件内力引起的弹性变形。

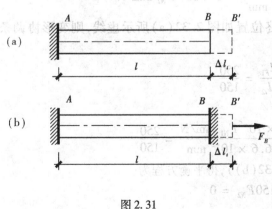

图 2.31

如图 2.31(a)所示左端固定的静定杆,当温度升高 Δt 时,杆件的伸长量用 Δl_t 表示。由物理学可知

$$\Delta l_t = \alpha l(\Delta t) \qquad (2.23)$$

式中,α 为材料的线膨胀因数,表示温度改变 1 ℃时杆件单位长度的伸缩。此时杆件只有变形,无内力。

若上述杆件的右端也是固定端,如图 2.31(b)所示,杆件成为超静定结构,此时,温度改变引起杆件的变形 Δl_t 将受到限制,此时杆件内部将产生内力,从而有相应的变形 Δl_F。由于杆的两端固定,所以杆的总变形为零,变形协调条件为

$$\Delta l_t + \Delta l_F = 0$$

即

$$\alpha l(\Delta t) + \frac{F_N l}{EA} = 0$$

由此求出

$$F_B - F_N = EA\alpha(\Delta t), \quad \upsilon - \frac{F_N}{A} = -E\alpha(\Delta t)$$

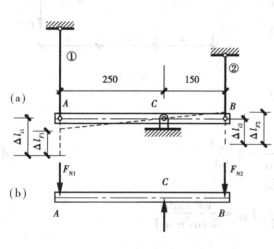

图 2.32

例 2.12 如图 2.32(a)所示结构,刚性横梁 ACB 受到①、②两根杆件的约束,已知①杆为钢杆,横截面面积 $A_1 = 100$ mm^2,长度 $l_1 = 300$ mm,弹性模量 $E_1 = 200$ GPa,线膨胀因数 $\alpha_1 = 12.5 \times 10^{-6}$;②杆为铜杆,相应数据为 $A_2 = 200$ mm^2,$l_2 = 200$ mm,$E_2 = 100$ GPa,$\alpha_2 = 16.5 \times 10^{-6}$。如①、②两杆的温度升高 20 ℃,试求两杆的轴力。

解 这是一个一次超静定结构,①、②两杆在温度升高时的伸长将受到刚性横梁的限制,从而在两杆内将产生轴力 F_{N1},F_{N2},受力如图 2.32(b)所示。假设①、②两杆的温度变形分别为 Δl_{t1},Δl_{t2},轴力 F_{N1},F_{N2} 引起的弹性变形分别为 Δl_{F1},Δl_{F2},则有

$$\Delta l_{t1} = 12.5 \times 10^{-6} \times 300 \text{ mm} \times 20 = 7.5 \times 10^{-2} \text{ mm}$$

$$\Delta l_{t2} = 16.5 \times 10^{-6} \times 200 \text{ mm} \times 20 = 6.6 \times 10^{-2} \text{ mm}$$

$$\Delta l_{F1} = \frac{F_{N1} \times 300 \text{ mm}}{200 \times 10^3 \text{ MPa} \times 100 \text{ mm}^2} = 1.5 \times 10^{-5} F_{N1} \text{ mm/N}$$

$$\Delta l_{F2} = \frac{F_{N2} \times 200 \text{ mm}}{100 \times 10^3 \text{ MPa} \times 200 \text{ mm}^2} = 1 \times 10^{-5} F_{N2} \text{ mm/N}$$

由于 ACB 为刚性横梁,假设变形后的最终位置如图 2.32(a)所示虚线,则变形协调条件为

$$\frac{\Delta l_{t1} - \Delta l_{F1}}{\Delta l_{F2} - \Delta l_{t2}} = \frac{250}{150}$$

可得补充方程为

$$\frac{7.5 \times 10^{-2} \text{ mm} - 1.5 \times 10^{-5} F_{N1} \text{ mm/N}}{1 \times 10^{-5} F_{N2} \text{ mm/N} - 6.6 \times 10^{-2} \text{ mm}} = \frac{250}{150}$$

把作用于横梁上的力对 C 点取矩(见图 2.32(b)),得平衡方程为

$$250 F_{N1} - 150 F_{N2} = 0$$

联立求解以上两个方程,可得

$$F_{N1} = 4.325 \times 10^3 \text{ N} = 4.325 \text{ kN}, F_{N2} = 7.208 \times 10^3 \text{ N} = 7.208 \text{ kN}$$

求得的 F_{N1},F_{N2} 皆为正号,说明假设的方向是正确的,即两杆均受压。

　　值得注意的是,当温度改变量较大时,在超静定结构中将会引起相当大的温度应力。因此,在工程中往往需要采取适当的措施来避免或降低温度应力,如在铁路钢轨接头处、混凝土路面各段之间以及房屋纵墙两段墙体之间,通常均需预留伸缩缝;桁架或桥梁的一端采用辊轴铰支座等。

*2.7.4　装配应力

　　杆件在制造过程中,其尺寸有微小的误差往往是难以避免的。在静定结构中,这种误差只是引起结构几何形状的极小改变,不会引起附加内力。如图 2.33(a)所示的两根长度相同的杆件组成的一个简单桁架,若由于两根杆件制成后的实际长度均比设计长度超出了 δ,则装配好后,只是两杆原应有的交点 A 下移了一个微小的距离 Δ 至 A' 点,两杆的夹角略有改变,但杆内不会产生内力。可是对于超静定结构,情况就有所不同。如图 2.33(b)所示的超静定桁架,若③杆的实际长度比设计长度 DA 短了 δ,则在桁架装配好后,各杆将处于如图 2.33(b)所示

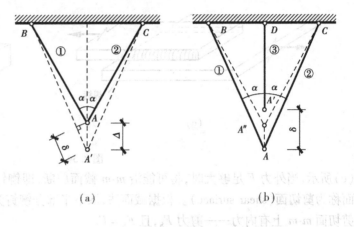

(a)　　　　　　　　　　(b)

图 2.33

的虚线位置,这时各杆的长度均有所变化(①杆和②杆变短,③杆变长),因而在结构尚未承受外荷载时,各杆就已经有了应力,这种应力称为**装配应力**(或**初应力** assembled stress)。计算装配应力的关键仍然是根据变形协调条件列出补充方程。

2.8　连接件的实用计算

　　在实际工程中,许多结构或结构部件是由若干构件组合而成的。连接的作用就是通过一定的方式将不同的构件组合成整体结构或结构部件,以保证其共同工作。**连接件**(connective element)就是指起着上述连接作用的部件,如螺栓、铆钉、销钉、键、焊缝、榫头等,如图 2.34 所示。连接件的破坏形式主要是剪切破坏和挤压破坏,而且破坏情况都很复杂,作严格地纯理论分析是很困难的。因此,工程设计中大都采取实用计算方法。本节将以铆钉连接为例,介绍连接件的实用计算方法。

2.8.1　剪切的实用计算

　　如图 2.35(a)所示 A 板和 B 板以端头相搭,并用铆钉(或螺栓)铆住的连接形式称为搭接。搭接中铆钉的受力分析如图 2.35(b)所示。因为铆钉杆的长度一般不大,可以认为铆钉杆的两侧分别受到大小相等、方向相反、作用线平行且相距很近的两组横向外力的作用。

　　随着外力 F 的增大,铆钉将沿着与外力作用线平行的 $m\text{-}m$ 截面发生相对错动,如图 2.35

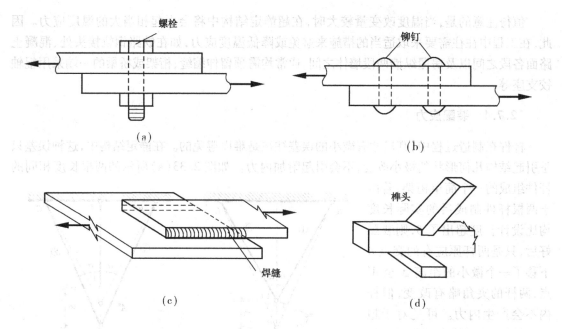

图 2.34

（c）所示，当外力 F 足够大时，将可能沿 m-m 截面剪断，即铆钉将可能发生剪切破坏。m-m 截面称为**剪切面**（shear surface）。根据截面法，取下半部分铆钉为分离体，如图 2.35（d）所示，则剪切面 m-m 上有内力——剪力 F_S，且 $F_S = F$。

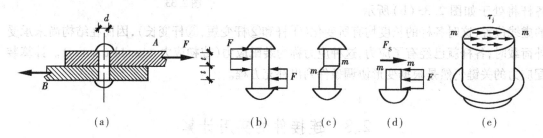

图 2.35

剪切面 m-m 截面上的应力分布是很复杂的，在实用计算中，假设 m-m 截面上只有切应力没有正应力，且与剪力 F_S 对应的切应力 τ_j 在剪切面 m-m 上是均匀分布的，如图 2.35（e）所示，即

$$\tau_j = \frac{F_S}{A_j} \tag{2.24}$$

式中，F_S 为剪切面上的剪力；A_j 为剪切面的面积。以上述铆钉为例，其剪切面上的切应力为 $\tau_j = \dfrac{F}{\pi d^2/4}$，$d$ 为铆钉杆直径。

强度计算方法：由剪切破坏试验可以测出材料剪切破坏时的极限切应力 τ_j^0，再除以安全系数 n 得到许用切应力 $[\tau_j]$，则剪切的强度条件为

$$\tau_j = \frac{F_S}{A_j} \leqslant [\tau_j] \tag{2.25}$$

需要注意的是,如图2.35(a)所示搭接中,铆钉杆只有一个剪切面(称为单剪),因为两个外力作用线不在一直线上,所以在连接处会产生弯曲变形,在实用计算中忽略了剪切面上的正应力。为了避免这一缺点,可采用如图2.38(a)所示连接方式,该连接方式称为对接。这时每个铆钉有两个剪切面(称为双剪)。

2.8.2　挤压的实用计算

前述搭接中,A,B 板在外力 F 作用下,必然通过铆钉和两板相互接触面上的**挤压**(bearing)来实现力的传递。如果外力足够大,铆钉、板上接触面邻近的材料将产生大量塑性变形而使连接松动,发生挤压破坏,如图2.36(a)所示。A 板与铆钉之间接触并传递力的面是半个圆柱面(见图 2.36(b)),称为挤压面。挤压面上所传递的压力称为**挤压力**(bearing force),用 F_{bs} 表示。挤压面上所产生的应力称为**挤压应力**(bearing stress),用 σ_{bs} 表示。

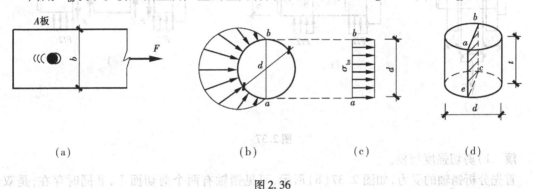

$$(a) \qquad\qquad (b) \qquad\qquad (c) \qquad\qquad (d)$$

图 2.36

挤压面上的应力分布也是很复杂的,在实用计算中,假设挤压应力 σ_{bs} 在计算挤压面上是均匀分布的,即

$$\sigma_{\mathrm{bs}} = \frac{F_{\mathrm{bs}}}{A_{\mathrm{bs}}} \qquad\qquad (2.26)$$

式中,F_{bs} 为挤压力;A_{bs} 为计算挤压面的面积。

当挤压面为平面时(见图 2.34(d)的榫头等),计算挤压面面积 A_{bs} 为实际接触面的面积;当挤压面为曲面时,如铆钉、螺栓等连接件的挤压面为半个圆柱面,计算挤压面面积 A_{bs} 用圆柱面在直径平面上的投影面积(见图2.36(d)的 abce 面)来代替,即

$$A_{\mathrm{bs}} = d \cdot t \qquad\qquad (2.27)$$

式中,t 为 A 板的厚度;d 为铆钉杆的直径。

理论分析表明,这类圆柱状连接件与被连接件间接触面上的理论挤压应力分布如图2.36(b)所示,实用计算方法得出的挤压应力与接触面中点处的最大理论挤压应力值接近。

强度计算方法:由试验可以测出材料挤压破坏时的极限挤压应力,再除以安全系数,得到许用挤压应力 $[\sigma_{\mathrm{bs}}]$,则挤压的强度条件为

$$\sigma_{\mathrm{bs}} = \frac{F_{\mathrm{bs}}}{A_{\mathrm{bs}}} \leqslant [\sigma_{\mathrm{bs}}] \qquad\qquad (2.28)$$

需要注意的是,连接件和被连接件之间的挤压是相互的,其挤压应力相等。因此,当两者材料不同时,只需校核二者之中许用挤压应力较小的一个即可。

当一个连接是由两个或两个以上铆钉(或螺栓等)组成时,为简化计算,可作如下假设:当

外力的合力的作用线通过铆钉组横截面的形心,且同一组内各铆钉的材料与直径均相同,则每个铆钉的受力相等。

例 2.13　如图 2.37(a)所示一吊具,它由销轴将吊钩与吊板连接而成。已知 $F = 40$ kN,销轴直径 $d = 22$ mm,$t_1 = 20$ mm,$t_2 = 12$ mm,销轴材料的许用切应力$[\tau_j] = 60$ MPa,许用挤压应力$[\sigma_{bs}] = 120$ MPa。试校核销轴的强度。

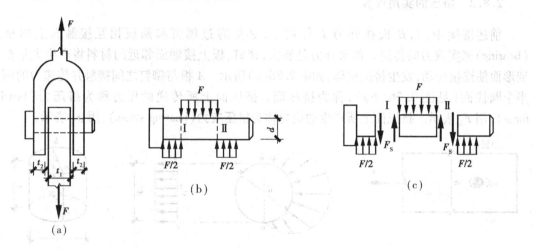

图 2.37

解　1)剪切强度校核。

首先分析销轴的受力,如图 2.37(b)所示,可见销轴有两个剪切面Ⅰ,Ⅱ同时存在,是双剪。由图 2.37(c)可得,$F_S = \dfrac{F}{2}$,$A_j = \dfrac{1}{4}\pi d^2$,则

$$\tau_j = \frac{F_S}{A_j} = \frac{\dfrac{F}{2}}{\dfrac{\pi d^2}{4}} = \frac{2 \times 40 \times 10^3 \text{ N}}{\pi \times 22^2 \text{ mm}^2} = 52.6 \text{ MPa} < [\tau_j] = 60 \text{ MPa}$$

所以销轴满足剪切强度条件。

2)挤压强度校核。

因为 $t_1 = 20$ mm $< 2t_2 = 24$ mm,所以只需校核销轴中部的强度即可,则

$$\sigma_{bs} = \frac{F_{bs}}{A_{bs}} = \frac{F}{d \cdot t_1} = \frac{40 \times 10^3 \text{ N}}{22 \text{ mm} \times 20 \text{ mm}} = 90.9 \text{ MPa} < [\sigma_{bs}] = 120 \text{ MPa}$$

销轴满足挤压强度要求。

由上述可知,销轴满足强度要求。

例 2.14　如图 2.38(a)所示对接式铆钉连接,已知:板的宽度 $b = 150$ mm,两盖板的厚度 $t_1 = 10$ mm,两主板的厚度 $t_2 = 20$ mm,铆钉直径 $d = 28$ mm。连接中各部分材料相同,其许用拉应力$[\sigma] = 160$ MPa,许用切应力$[\tau_j] = 100$ MPa,许用挤压应力$[\sigma_{bs}] = 280$ MPa。设外力 $F = 300$ kN,试对该连接作强度校核。

解　外力 F 的作用线通过铆钉组的形心,所以各铆钉均匀受力,以最左侧铆钉(见图 2.38(a)中标为 K)为例,左侧主板 B 施加给它的力为 $F/3$,而它传给上、下盖板的力则都为 $F/6$。主板、铆钉、盖板的受力图如图 2.38(b)、图 2.38(c)、图 2.38(d)所示。

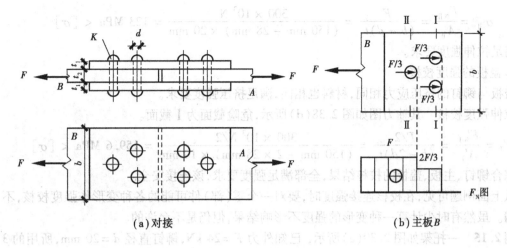

（a）对接　　　　　　　　　　　　　　（b）主板 B

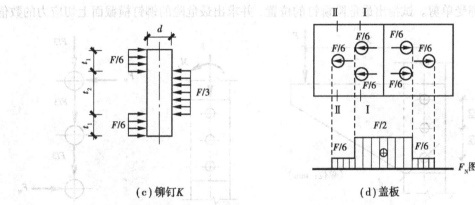

（c）铆钉 K　　　　　　　　　　　　　（d）盖板

图 2.38

1）铆钉的强度校核。

①剪切强度校核　铆钉的剪切变形为双剪，$F_S = F/6$，$A_j = \pi d^2/4$，则

$$\tau_j = \frac{F_S}{A_j} = \frac{300 \times 10^3 \text{ N}/6}{\pi \times 28^2 \text{ mm}^2/4} = 81.2 \text{ MPa} < [\tau_j] = 100 \text{ MPa}$$

铆钉满足剪切强度要求。

②挤压强度校核　铆钉和主板、盖板之间的挤压力分别为 $F/3$ 和 $F/6$，而其挤压面积分别为 $t_2 d = 20 \times 28 \text{ mm}^2$ 和 $t_1 d = 10 \times 28 \text{ mm}^2$，可见其挤压应力相同。则

$$\sigma_{bs} = \frac{F_{bs}}{A_{bs}} = \frac{300 \times 10^3 \text{N}/3}{28 \text{ mm} \times 20 \text{ mm}} = 178.6 \text{ MPa} < [\sigma_{bs}] = 280 \text{ MPa}$$

铆钉满足挤压强度要求。

2）主板的强度校核。

主板与铆钉的挤压应力相同，材料也相同，故满足挤压强度要求。

拉伸强度校核　主板轴力图如图 2.38（b）所示，需校核 Ⅰ，Ⅱ 截面。

$$\sigma_{\text{Ⅰ}} = \frac{F_{N\text{Ⅰ}}}{A_{\text{Ⅰ}}} = \frac{2F/3}{(b-2d)t_2} = \frac{2 \times 300 \times 10^3 \text{ N}/3}{(150 \text{ mm} - 2 \times 28 \text{ mm}) \times 20 \text{ mm}}$$

$$= 106 \text{ MPa} < [\sigma] = 160 \text{ MPa}$$

$$\sigma_{\text{II}} = \frac{F_{\text{NII}}}{A_{\text{II}}} = \frac{F}{(b-d)t_2} = \frac{300 \times 10^3 \text{ N}}{(150 \text{ mm} - 28 \text{ mm}) \times 20 \text{ mm}} = 123 \text{ MPa} < [\sigma]$$

主板满足拉伸强度要求。

3）盖板的强度校核。

盖板与铆钉的挤压应力相同，材料也相同，满足挤压强度要求。

拉伸强度校核　其轴力图如图 2.38（d）所示，危险截面为Ⅰ截面。

$$\sigma'_{\text{I}} = \frac{F''_{\text{NI}}}{A'_{\text{I}}} = \frac{F/2}{(b-2d)t_1} = \frac{300 \times 10^3 \text{ N}/2}{(150 \text{ mm} - 2 \times 28 \text{ mm}) \times 10 \text{ mm}} = 159.6 \text{ MPa} < [\sigma]$$

综合铆钉、主板、盖板的校核结果，全部满足强度要求，该连接安全。

从上面例题可见，在校核连接强度时，要对一个零（部）件可能的各种变形作强度校核，不可遗漏。虽然有时少计算一种变形的强度不影响结果，但仍是不允许的。

例 2.15　一托架如图 2.39（a）所示，已知外力 $F = 24$ kN，铆钉直径 $d = 20$ mm，所用的 3 个铆钉都受单剪。试指出最危险铆钉的位置，并求出最危险的铆钉横截面上切应力的数值。

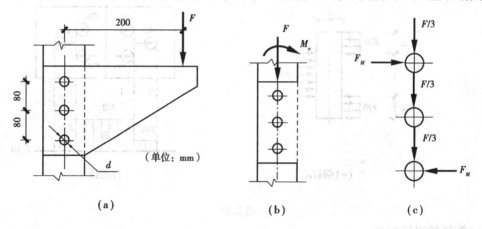

（a）	（b）	（c）

图 2.39

解　把外力 F 平移到 3 个铆钉中心的连线，得到一个通过铆钉组中心的外力 F 和一个附加力偶 M_e（见图 2.39（b））

$$M_e = F \times 0.2 \text{ m} = 24 \times 10^3 \text{ N} \times 0.2 \text{ m} = 4.8 \times 10^3 \text{ N} \cdot \text{m}$$

力 F 由 3 个铆钉均匀承受，每个铆钉承受 $F/3$；外力偶 M_e 也由 3 个铆钉共同承担，工程上假定每个铆钉承受的力与该铆钉到铆钉组中心的距离成正比，该铆钉受的力垂直于该铆钉和铆钉组中心的连线，各铆钉所受水平力形成的力偶的力偶矩等于外力偶矩。因此，只有上下两个铆钉来承担 M_e，每个铆钉相应的力记为 F_M，如图 2.39（c）所示。则

$$F_M = \frac{M_e}{0.16 \text{ m}} = \frac{4.8 \times 10^3 \text{ N} \cdot \text{m}}{0.16 \text{ m}} = 30 \times 10^3 \text{ N}$$

上下两个铆钉的合力 F_{S1}，F_{S3} 的大小为

$$F_{S1} = F_{S3} = \sqrt{\left(\frac{F}{3}\right)^2 + (F_M)^2} = \sqrt{(8 \text{ kN})^2 + (30 \text{ kN})^2} = 31.05 \text{ kN}$$

上下两个铆钉的切应力 τ_{j1}，τ_{j3} 为

$$\tau_{j1} = \tau_{j3} = \frac{F_{S1}}{\dfrac{\pi d^2}{4}} = \frac{31.05 \times 10^3 \text{ N}}{\dfrac{\pi \times 20^2 \text{ mm}^2}{4}} = 98.8 \text{ MPa}$$

中间的铆钉只承受 $F/3$ 的力,即

$$\tau_{j2} = \frac{F_{S2}}{\dfrac{\pi d^2}{4}} = \frac{\dfrac{F}{3}}{\dfrac{\pi d^2}{4}} = \frac{\dfrac{24 \times 10^3 \text{ N}}{3}}{\dfrac{\pi \times 20^2 \text{ mm}^2}{4}} = 25.5 \text{ MPa}$$

故上下两个铆钉是最危险的。

思考题

2.1　什么是应力?为什么要研究应力?内力和应力有何区别和联系?

2.2　两根直杆的长度和横截面面积均相同,两端所受的轴向外力也相同,其中一根为钢杆,另一根为木杆。试问:

(1)两杆横截面上的内力是否相同?

(2)两杆横截面上的应力是否相同?

(3)两杆的轴向线应变、轴向伸长、刚度是否相同?

2.3　何谓胡克定律?有几种表达形式?应用条件是什么?

2.4　弹性模量 E 的物理意义是什么?如低碳钢的弹性模量 $E = 210$ GPa,混凝土的弹性模量 $E = 28$ GPa,在弹性范围内,试求下列各项:

(1)在横截面上正应力 σ 相等的情况下,钢杆和混凝土杆的纵向线应变 ε 之比。

(2)在纵向线应变 ε 相等的情况下,钢杆和混凝土杆横截面上正应力 σ 之比。

(3)当纵向线应变 $\varepsilon = 0.00015$ 时,钢杆和混凝土杆横截面上正应力 σ 的值。

2.5　等截面直杆两端受轴向拉力 F 的作用,材料的泊松比为 μ。能否说:当杆件在轴向伸长 Δl 时,横向缩短为 $\mu \Delta l$,为什么?

2.6　若杆的总变形为零,则杆内任一点的应力、应变和位移是否也为零?为什么?

2.7　若在受力物体内某点处,已测得 x 和 y 两正交方向上均有线应变,试问在 x 和 y 两方向是否都必定有正应力?若测得仅 x 方向有线应变,则是否 y 方向必无正应力?若测得 x 和 y 两方向均无线应变,则是否 x 和 y 两方向都必无正应力?

2.8　低碳钢和铸铁在拉伸和压缩时破坏形式有何不同?说明其原因。

2.9　如何比较材料的强度、刚度和塑性的大或小?

2.10　何谓极限状态?极限应力、安全因数和许用应力之间有何关系?

2.11　如思考题2.11图所示简易起重装置中,若杆件的直径相同,材料均为铸铁,则一般采用图(a)的结构,而不是图(b)的结构,这是为什么?如果杆件都用横截面面积相同的钢材呢?

2.12　例题2.9中求结点 A 处所受最大铅垂外力 $[F]$,在分别求出①杆和②杆的许用轴力 $[F_{N1}]$ 和 $[F_{N2}]$ 后,能否用下面这个式子计算许用外力 $[F] = [F_{N1}]\cos 30° + [F_{N2}]\cos 45°$?为什么?

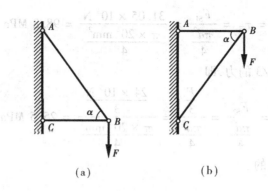

思考题 2.11 图

2.13 什么是超静定问题？简述其基本解法。

2.14 剪切实用计算和挤压实用计算使用了哪些假设？为什么采用这些假设？

习 题

2.1 试求图示杆件各段的轴力，并画轴力图。

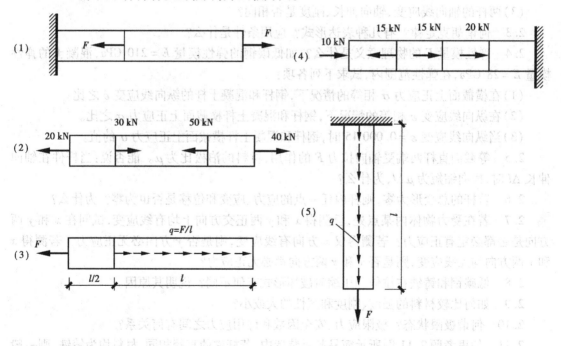

题 2.1 图

2.2 已知题2.1图中各杆的直径 $d = 20$ mm，$F = 20$ kN，$q = 10$ kN/m，$l = 2$ m，求各杆的最大正应力，并用图形表示正应力沿轴线的变化情况。

答 (1)63.66 MPa (2)127.32 MPa (3)63.66 MPa (4)−95.5 MPa (5)127.32 MPa

2.3 在如题2.3图所示结构中,各杆横截面面积均为3 000 mm^2,水平力$F = 100$ kN,试求各杆横截面上的正应力。

答 $\sigma_{AB} = 25$ MPa,$\sigma_{BC} = -41.7$ MPa,$\sigma_{AC} = 33.3$ MPa,$\sigma_{CD} = -25$ MPa

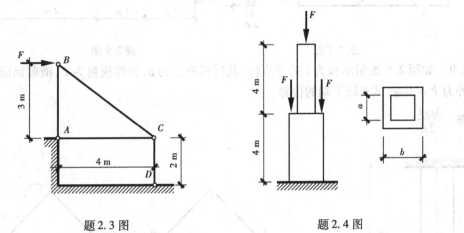

题2.3图 题2.4图

2.4 一正方形截面的阶梯柱受力如题2.4图所示。已知:$a = 100$ mm,$b = 200$ mm,$F = 100$ kN,不计柱的自重,试计算该柱横截面上的最大正应力。

答 $|\sigma|_{max} = 10$ MPa

2.5 如题2.5图所示,设浇在混凝土内的钢杆所受黏结力沿其长度均匀分布,在杆端作用的轴向外力$F = 20$ kN。已知杆的横截面积$A = 200$ mm^2,试作图表示横截面上正应力沿杆长的分布规律。

答 $\sigma_{max} = 100$ MPa

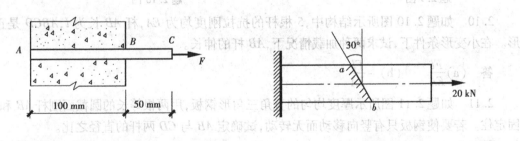

题2.5图 题2.6图

2.6 钢杆受轴向外力如题2.6图所示,横截面面积为500 mm^2,试求ab斜截面上的应力。

答 $\sigma_\alpha = 30$ MPa,$\tau_\alpha = 17.3$ MPa

2.7 矩形截面等直杆如题2.7图所示,轴向力$F = 200$ kN。试计算互相垂直面AB和BC上的正应力、切应力以及杆内最大正应力和最大切应力。

答 $\sigma_{AB} = 41.3$ MPa,$\tau_{AB} = 49.2$ MPa;$\sigma_{BC} = 58.7$ MPa,$\tau_{BC} = -49.2$ MPa;
$\sigma_{max} = 100$ MPa,$\tau_{max} = 50$ MPa

2.8 如题2.8图所示钢杆的横截面积$A = 1 000$ mm^2,材料的弹性模量$E = 200$ GPa,试求:(1)各段的轴向变形;(2)各段的轴向线应变;(3)杆的总伸长。

答 $\Delta l = \Delta l_I + \Delta l_{II} + \Delta l_{III} = 0.1$ mm $+ 0 - 0.2$ mm $= -0.1$ mm,$\varepsilon_I = 10^{-4}$,$\varepsilon_{II} = 0$,$\varepsilon_{III} = -10^{-4}$

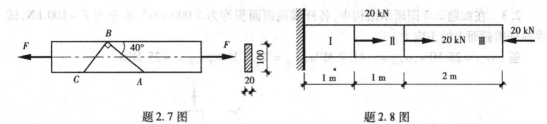

题 2.7 图　　　　　　　　　　　题 2.8 图

2.9　如题 2.9 图所示长为 l 的等直杆,其材料密度为 ρ,弹性模量为 E,横截面面积为 A。已知外力 $F = Al\rho g$,试求杆下端的位移。

答　$\dfrac{3\rho g l^2}{2E}$

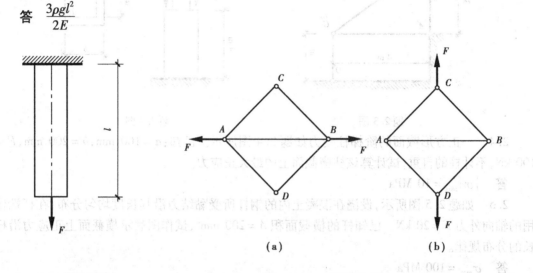

题 2.9 图　　　　　　　　　　　题 2.10 图

2.10　如题 2.10 图所示结构中,5 根杆的抗拉刚度均为 EA,杆 AB 长为 l,$ABCD$ 是正方形。在小变形条件下,试求两种加载情况下,AB 杆的伸长。

答　(a)$\dfrac{Fl}{EA}$　　(b)$-\dfrac{Fl}{EA}$

2.11　如题 2.11 图所示厚度均匀的直角三角形钢板,用两根等长的圆截面刚杆 AB 和 CD 固定住。若要使钢板只有竖向移动而无转动,试确定 AB 与 CD 两杆的直径之比。

答　2∶1

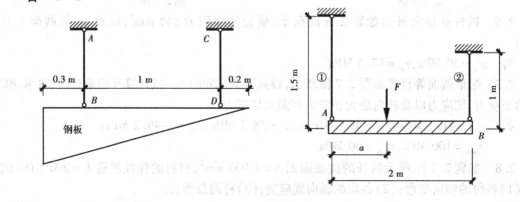

题 2.11 图　　　　　　　　　　　题 2.12 图

2.12　如题 2.12 图所示结构中,水平刚杆 AB 不变形,杆①为钢杆,直径 $d_1 = 20$ mm,弹性模量 $E_1 = 200$ GPa;杆②为铜杆,直径 $d_2 = 25$ mm,弹性模量 $E_2 = 100$ GPa。设在外力 $F = 30$ kN 作用下,AB 杆保持水平。(1)试求 F 力作用点到 A 端的距离 a;(2)如果使刚杆保持水平且竖向位移不超过 2 mm,则最大的 F 应等于多少?

　　答　$a = 1.08$ m,$F_{max} = 181.95$ kN

2.13　如题 2.13 图所示结构中,水平梁 AB 的刚度很大,其弹性变形可忽略不计。AD 是钢杆,横截面面积 $A_1 = 10^3$ mm^2,弹性模量 $E_1 = 2 \times 10^5$ MPa;BE 是木杆,横截面面积 $A_2 = 10^4$ mm^2,弹性模量 $E_2 = 1 \times 10^4$ MPa;CG 是铜杆,横截面面积 $A_3 = 3 \times 10^3$ mm^2,弹性模量 $E_3 = 1 \times 10^5$ MPa。试求:(1)C 点及 G 点的位移;(2)如果 AD 杆的横截面面积增大 1 倍,此时 C 点及 G 点的位移。

　　答　(1)$\delta_C = 0.4$ mm($\downarrow$),$\delta_G = 0.6$ mm($\downarrow$)
　　　　(2)$\delta_C = 0.267$ mm($\downarrow$),$\delta_G = 0.467$ mm($\downarrow$)

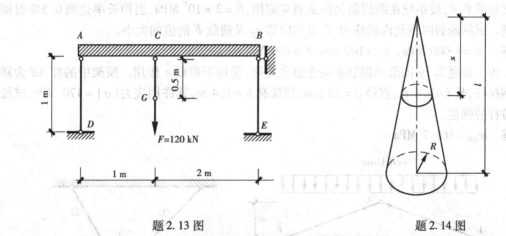

题 2.13 图　　　　　　　　　　　　　　题 2.14 图

2.14　高为 l 的圆截面锥形杆直立于地面上,如题 2.14 图所示。已知材料的重度 γ 和弹性模量 E,试求杆在自重作用下的轴向变形 Δl。

　　答　$\Delta l = -\dfrac{\gamma l^2}{6E}$

2.15　如题 2.15 图所示结构中,AB 杆和 AC 杆均为圆截面钢杆,材料相同。已知结点 A 无水平位移,试求两杆直径之比。

　　答　$d_{AB} : d_{AC} = 1.03 : 1$

2.16　如题 2.16 图所示某材料的拉伸试验试件,横截面 $b \times h = 29.8$ mm $\times 4.1$ mm。在拉伸试验时,每增加 3 kN 拉力,测得轴线方向应变 $\varepsilon = 120 \times 10^{-6}$,横向应变 $\varepsilon' = -38 \times 10^{-6}$。求该材料的弹性模量 E 和泊松比 μ。

　　答　$E = 204.6$ GPa,$\mu = 0.317$

2.17　矩形截面钢杆,已知宽度 $b = 80$ mm,厚度 $t = 3$ mm,材料的弹性模量 $E = 2 \times 10^5$ MPa,经拉伸试验测得在纵向 100 mm 长度内伸长了 0.05 mm,同时在横向 60 mm 长度内缩短了 0.009 3 mm。试求其泊松比及杆件所受的轴向拉力 F。

　　答　$\mu = 0.31$,$F = 24$ kN

2.18　在相距 2 m 的 A,B 两墙之间,水平地悬挂着一根直径 $d = 1$ mm 的钢丝,在中点 C

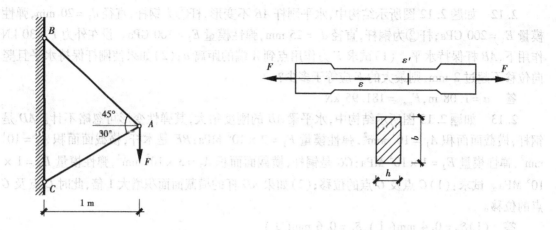

题2.15图 题2.16图

逐渐增加荷载 F，设钢丝在断裂前仍服从胡克定律，$E = 2 \times 10^5$ MPa，当伸长率达到 0.5% 时即被拉断。试问断裂时钢丝内的应力、C 点的位移 y_C 及荷载 F 的值的大小。

答 $\sigma = 1\,000$ MPa，$y_C = 100$ mm，$F = 156$ N

2.19 如题2.19图所示钢筋混凝土组合屋架，受均布荷载 q 作用。屋架中的杆 AB 为圆截面钢拉杆，长 $l = 8.4$ m，直径 $d = 22$ mm，屋架高 $h = 1.4$ m，其许用应力 $[\sigma] = 170$ MPa，试校核该拉杆的强度。

答 $\sigma_{AB} = 165.7$ MPa

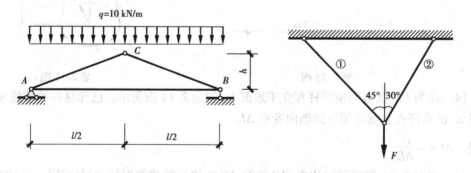

题2.19图 题2.20图

2.20 如题2.20图所示结构中，杆①和杆②均为圆截面钢杆，直径分别为 $d_1 = 16$ mm，$d_2 = 20$ mm，已知 $F = 40$ kN，钢材的许用应力 $[\sigma] = 160$ MPa，试分别校核两杆的强度。

答 杆①：$\sigma = 103$ MPa，杆②：$\sigma = 93.2$ MPa

2.21 如题2.21图所示一螺旋夹紧装置，现已知工件所受的压紧力为 $F = 4$ kN，装置中旋紧螺栓螺纹的小径 $d_1 = 13.8$ mm，固定螺栓小径 $d_2 = 17.3$ mm，两根螺栓材料相同，许用应力 $[\sigma] = 53$ MPa。试校核各螺栓的强度。

答 $\sigma_A = 13.37$ MPa，$\sigma_B = 25.5$ MPa

2.22 如题2.22图所示一悬臂梁起重支架，小车可在梁 AC 上移动。已知：小车荷载 $F = 15$ kN，斜杆 AB 是圆钢杆，钢的许用应力 $[\sigma] = 170$ MPa。试设计斜杆 AB 的横截面直径 d。

答 $d = 17$ mm

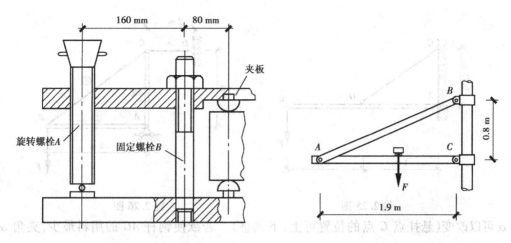

| 题 2. 21 图 | 题 2. 22 图 |

2.23　如题 2.23 图所示结构中,*AB* 杆由两根等边角钢组成,已知材料的许用应力$[\sigma]$ = 160 MPa。试为 *AB* 杆选择等边角钢的型号。

答　∟ $100 \times 100 \times 10$

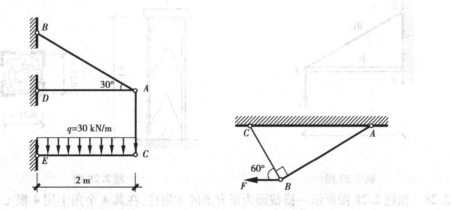

| 题 2. 23 图 | 题 2. 24 图 |

2.24　如题 2.24 图所示结构中,*BC* 杆为 5 号槽钢,其许用应力$[\sigma]_1$ = 160 MPa;*AB* 杆为 100×50 mm² 的矩形截面木杆,许用应力$[\sigma]_2$ = 8 MPa。试:(1)当 *F* = 50 kN 时,校核该结构的强度;(2)求许用荷载$[F]$。

答　(1)σ_{AB} = 8. 66 MPa(拉),σ_{BC} = 36. 1 MPa(压)　(2)$[F]$ = 46. 2 kN

2.25　如题 2.25 图所示结构中,横杆 *AB* 为刚性杆,在 *B* 端受一竖直向下的集中力 *F* 的作用,已知斜杆 *CD* 为直径 *d* = 20 mm 的圆杆,材料的许用应力$[\sigma]$ = 160 MPa。试求许用荷载$[F]$。

答　$[F]$ = 15. 1 kN

2.26　如题 2.26 图所示杆系中,①、②两杆为木杆,横截面面积 $A_1 = A_2 = 4\,000$ mm²,许用应力$[\sigma]$ = 20 MPa;③、④杆为钢杆,横截面面积 $A_3 = A_4 = 800$ mm²,许用应力$[\sigma]$ = 120 MPa。试求结构的许用荷载$[F]$。

答　$[F]$ = 57. 6 kN

2.27　如题 2.27 图所示杆系中,木杆的长度 *a* 不变,其强度也足够高,但钢杆与木杆的夹

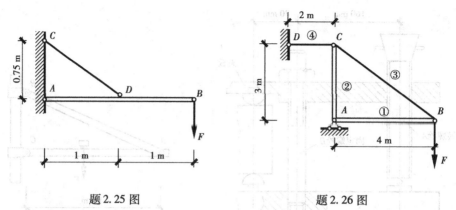

题 2.25 图　　　　　　　　　　题 2.26 图

角 α 可以改变（悬挂点 C 点的位置可上、下调整）。若欲使钢杆 AC 的用料最少，夹角 α 应多大？

答　45°

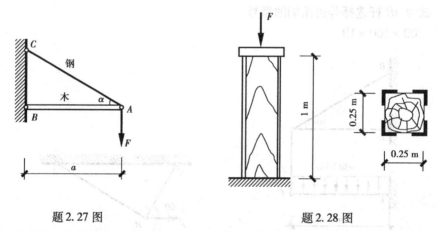

题 2.27 图　　　　　　　　　　题 2.28 图

2.28　如题 2.28 图所示一横截面为正方形的木短柱，在其 4 个角上用 4 根 ⌐ 40×40×4 mm 的等边角钢加固，长度均与木柱相同。已知钢的许用应力 $[\sigma]_{钢}$ = 160 MPa，弹性模量 $E_{钢}$ = 200 GPa，木材的许用应力 $[\sigma]_{木}$ = 12 MPa，弹性模量 $E_{木}$ = 10 GPa。（1）试求许用荷载 $[F]$；（2）为使钢和木都能充分发挥强度，试问木柱应比角钢长出多少？此时的轴向压力 F 又为多少？

答　(1) $[F]$ = 697.5 kN　(2) 0.4 mm，$[F]$ = 947.5 kN

2.29　如题 2.29 图所示组合柱，其横截面为 $2b \times 2b$，由横截面均为 $b \times 2b$ 的钢柱和铸铁柱组合而成。荷载 F 通过一刚性板沿铅垂方向加在组合柱上。已知钢的弹性模量 E = 196 GPa，铸铁的弹性模量 E = 98 GPa。若要使刚性板保持水平，试求加载点的 x 位置。

答　$x = \dfrac{5}{6}b$

2.30　如题 2.30 图所示桁架在结点 A 处受铅垂方向的荷载 F 的作用，已知各杆的横截面面积、长度以及弹性模量均相同，分别为 A, l 和 E。试计算结点 A 的铅垂位移。

答　$\dfrac{Fl}{2EA}(\downarrow)$

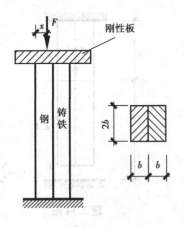

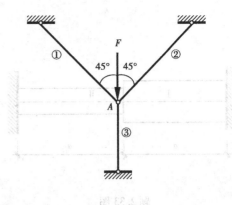

题2.29图　　　　　　　　　　　　　　题2.30图

2.31　如题2.31图所示结构在结点 C 处受铅垂方向的荷载 F 的作用,已知①、②、③杆的弹性模量 E、横截面面积 A 都相等。试求3杆的内力。

答　$F_{N1} = -0.122F, F_{N2} = 0.141F, F_{N3} = 0.93F$

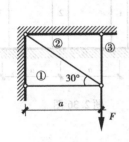

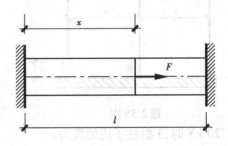

题2.31图　　　　　　　　　　　　　　题2.32图

2.32　如题2.32图所示两端固定的杆件,已知横截面面积为 A,且许用拉应力 $[\sigma_t]$ 及许用压应力 $[\sigma_c]$ 满足关系 $[\sigma_c] = 3[\sigma_t]$。试求:(1)当 x 为何值时,许用荷载 $[F]$ 为最大? (2)许用荷载的最大值 $[F]_{max}$。

答　$x = \dfrac{3}{4}l, [F]_{max} = 4A[\sigma_t]$

*2.33　如题2.33图所示阶梯形钢杆,Ⅰ、Ⅱ两段的横截面面积分别为 $A_Ⅰ = 1\ 000\ \text{mm}^2$,$A_Ⅱ = 500\ \text{mm}^2$。在 $t_1 = 5\ ℃$ 时将杆的两端固定。已知钢的线膨胀因数 $\alpha = 12.5 \times 10^{-6}$,弹性模量 $E = 200\ \text{GPa}$。试求当温度升高至 $t_2 = 25\ ℃$ 时,在杆各段中引起的温度应力。

答　$\sigma_Ⅰ = -33.3\ \text{MPa}, \sigma_Ⅱ = -66.7\ \text{MPa}$

*2.34　如题2.34图所示等截面杆受力 F 作用,已知 AC 段和 CB 段材料不同,线膨胀因数分别为 α_1, α_2,B 端受力前与支座相距 δ。试求温度升高 $\Delta t\ ℃$ 后 B 端的支座反力。

*2.35　如题2.35图所示刚性梁 ABC,由3根横截面面积为 $A = 200\ \text{mm}^2$,$l = 1\ \text{m}$,$E = 200\ \text{GPa}$ 的杆固定。若在制作时③杆短了 $\delta = 0.8\ \text{mm}$,试计算装配后3根杆件中的应力。

答　$\sigma_1 = 26.67\ \text{MPa(拉)}, \sigma_2 = 53.3\ \text{MPa(压)}, \sigma_3 = 26.67\ \text{MPa(拉)}$

*2.36　如题2.36图所示刚性梁 AB 放在3根材料相同、横截面面积都为 $A = 400\ \text{cm}^2$ 的支柱上。因制造不准确,中间柱短了 $\delta = 1.5\ \text{mm}$,材料的弹性模量 $E = 1.4 \times 10^4\ \text{MPa}$,求梁上受

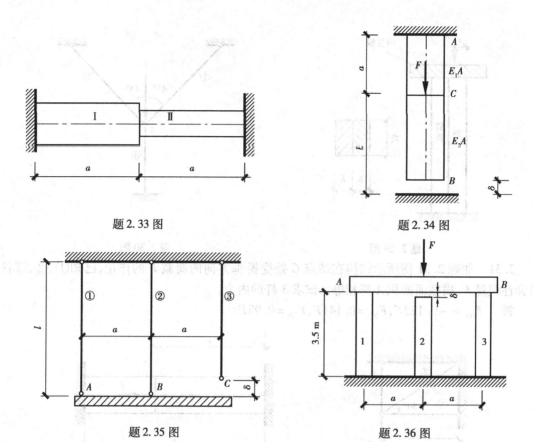

题 2.33 图

题 2.34 图

题 2.35 图

题 2.36 图

集中力 $F = 720$ kN 时，3 根柱子内的应力。

答 $\sigma_1 = \sigma_3 = -8$ MPa，$\sigma_2 = -2$ MPa

2.37 如题 2.37 图所示销钉连接中，$F = 100$ kN，销钉材料许用剪切应力 $[\tau_j] = 60$ MPa，试确定销钉的直径 d。

答 $d = 32.6$ mm

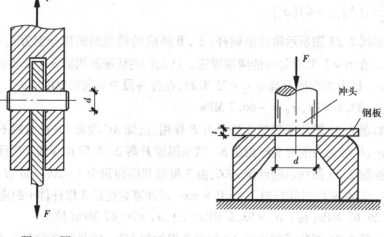

题 2.37 图

题 2.38 图

2.38 如题 2.38 图所示冲床的冲头。在 F 作用下冲剪钢板,设板厚 $t=10$ mm,板材料的剪切强度极限为 360 MPa。现需要冲剪一个直径 $d=20$ mm 的圆孔,试计算所需的冲力 F。

答 $F=226$ kN

2.39 如题 2.39 图所示的铆接接头受轴向力 F 作用,已知:$F=80$ kN,$b=80$ mm,$\delta=10$ mm,$d=16$ mm,铆钉和板的材料相同,其许用正应力 $[\sigma]=160$ MPa,许用剪切应力 $[\tau_j]=120$ MPa,许用挤压应力 $[\sigma_{bs}]=320$ MPa。试校核其强度。

答 $\sigma=125$ MPa,$\tau_j=99.5$ MPa,$\sigma_{bs}=125$ MPa

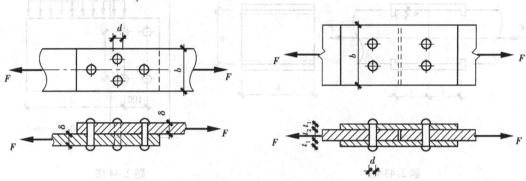

题 2.39 图   题 2.40 图

2.40 如题 2.40 图所示对接接头中,受轴向力 F 作用。已知 $F=100$ kN,$b=150$ mm,$t_1=10$ mm,$t_2=20$ mm,$d=17$ mm,铆钉和板的材料相同,其许用正应力 $[\sigma]=160$ MPa,许用剪切应力 $[\tau_j]=120$ MPa,许用挤压应力 $[\sigma_{bs}]=320$ MPa。试校核接头的强度。

答 $\sigma_{max}=43.1$ MPa,$\tau_j=110.1$ MPa,$\sigma_{bs}=147.1$ MPa

2.41 如题 2.41 图所示螺钉受拉力 F 作用,已知材料的许用切应力 $[\tau_j]$ 和拉伸许用应力 $[\sigma]$ 之间的关系为 $[\tau_j]=0.6[\sigma]$,试求螺钉直径 d 与钉头高度 h 的合理比值。

答 $d:h=2.4:1$

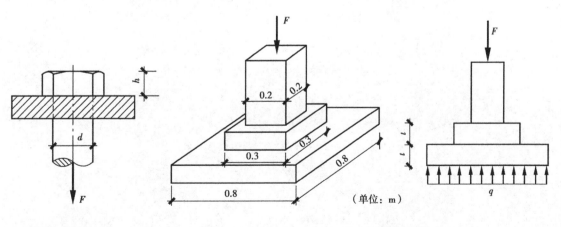

题 2.41 图   题 2.42 图

2.42 如题 2.42 图所示一正方形截面的混凝土柱,浇筑在混凝土基础上。基础分两层,每层厚为 t。已知 $F=200$ kN,假设地基对混凝土板的反力均匀分布,混凝土的许用切应力 $[\tau_j]=1.5$ MPa。为使基础不被剪坏,试计算基础厚度 t。

答：$t = 95.5$ mm

2.43　如题 2.43 图所示两矩形截面木杆,用两块钢板连接,受轴向拉力 $F = 40$ kN。已知截面的宽度 $b = 200$ mm,木材顺纹方向许用拉应力 $[\sigma] = 8$ MPa,许用挤压应力 $[\sigma_{bs}] = 5$ MPa,顺纹许用切应力 $[\tau_j] = 1$ MPa。试求接头处的尺寸 a, l 和 δ。

答：$a = 65$ mm, $l = 100$ mm, $\delta = 20$ mm

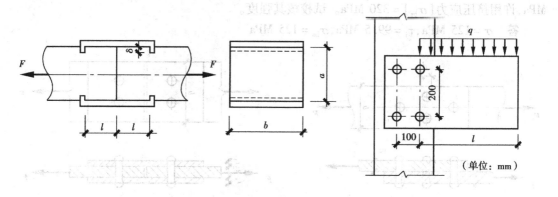

题 2.43 图　　　　　　　　　　　　题 2.44 图

2.44　如题 2.44 图所示钢板通过 4 个铆钉固定在柱上。已知:钢板长 $l = 400$ mm,厚 5 mm,均布荷载 $q = 50$ kN/m,钢板、铆钉、柱的材料相同,许用切应力 $[\tau_j] = 110$ MPa,许用挤压应力 $[\sigma_{bs}] = 250$ MPa。试设计铆钉直径。

答　$d \geqslant 13$ mm

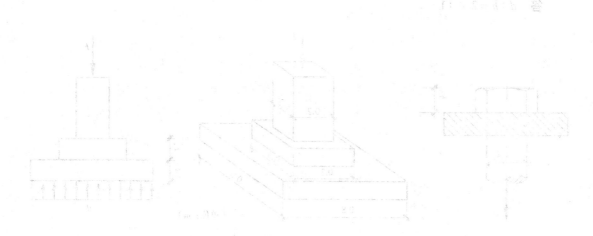

第**3**章
扭 转

3.1 概 述

扭转是杆件变形的基本形式之一。在日常生活和工程中,以扭转变形为主的杆件比较常见,如钥匙、汽车转向轴、螺丝刀、钻头、皮带传动轴或齿轮传动轴、门洞上方的雨篷梁、主梁等。如图 3.1(a)所示为皮带传动轴,因为摩擦力作用,轮 1 上的力 $F_1 > F_1'$,轮 2 上的力 $F_2 > F_2'$,其计算简图如图 3.1(b)所示(其中,$F_C = \vec{F_1} + \vec{F_1'}$,$F_D = \vec{F_2} + \vec{F_2'}$),可见 CD 段将产生扭转变形。

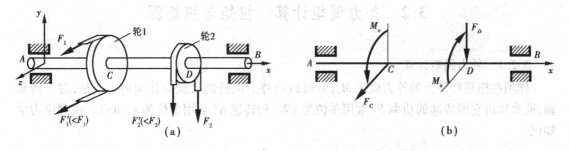

图 3.1

如图 3.2(a)所示为房屋建筑中的次梁、主梁和柱子的构造示意图。其中,主梁除了产生弯曲变形以外,还将产生扭转变形。

如图 3.3(a)所示为门洞上方的雨篷构造示意图,图 3.3(b)为雨篷梁计算简图。可见,雨篷的重力及其上的荷载将引起雨篷梁产生扭转变形。

事实上,单纯产生扭转变形的杆件是很少的。上述 3 例中的传动轴、主梁和雨篷梁的变形形式除扭转以外,还有弯曲,这属于组合变形,将在第 10 章中讨论。本章主要学习等直圆轴在扭转时的内力、强度及刚度计算,而对于非圆截面杆的扭转问题,只介绍一些主要的结论。

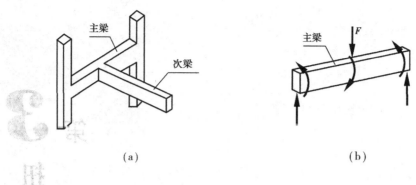

（a）　　　　　　　　　　　　　（b）

图 3.2

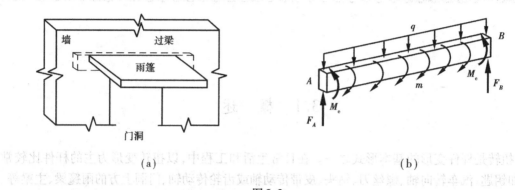

（a）　　　　　　　　　　　　　（b）

图 3.3

3.2　外力偶矩计算　扭矩与扭矩图

3.2.1　外力偶矩计算

作用在扭转杆件上的外力偶矩 M_e，常可以由外力向杆的轴线简化而得。但是，对于传动轴，通常知道它所传递的功率 P（常用单位为 kW）和转速 n（常用单位为 r/min）。由理论力学知识

$$P = M_e \times \frac{2\pi n}{60}$$

则外力偶矩 M_e 为

$$\{M_e\}_{\text{kN}\cdot\text{m}} = 9.55 \frac{\{P\}_{\text{kW}}}{\{n\}_{\text{r/min}}} \tag{3.1}$$

3.2.2　扭矩与扭矩图

扭矩（torque）是扭转变形杆件的内力，它是杆件横截面上的分布内力向横截面形心简化后内力主矩的法向分量，用 M_T 表示。

与轴力的求解方法相似，确定扭矩的方法仍用截面法。例如，欲求如图 3.4（a）所示圆截面杆 n-n 截面上的内力，可用假想平面沿 n-n 截面处将杆截开，任取其中之一为分离体。如取左

侧为分离体,则 n-n 横截面上的分布内力必然合成一个力偶,即为该截面上的扭矩 M_T,如图 3.4(b) 所示。由左段的平衡条件 $\sum M_x = 0$ 得

$$M_\mathrm{T} = M_\mathrm{e}$$

同样,以右段(见图 3.4(c))为分离体也可求得该截面的扭矩。为了使由左、右分离体求得的同一截面上扭矩的正负号一致,对扭矩的正负号作如下约定:**采用右手螺旋法则,以右手四指弯曲方向表示扭矩的转向,拇指指向截面外法线方向时,扭矩为正;反之,扭矩为负。**

当杆件上作用有多个外力偶时,杆件不同段横截面上的扭矩一般也不相同,这时需用截面法确定各段横截面上的扭矩。

表示扭矩随横截面位置变化的图形,称为**扭矩图**(diagram of torque)。绘制扭矩图的方法与绘制轴力图的方法相似。沿杆轴线方向取横坐标,表示截面位置,垂直杆轴线方向的坐标代表相应截面的

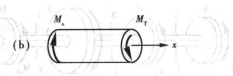
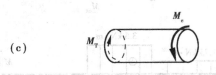
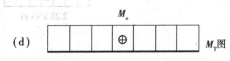

图 3.4

扭矩,正、负扭矩分别画在基线两侧,并标注 $\oplus$、$\ominus$ 号及控制截面处 $|M_\mathrm{T}|$ 和单位,如图 3.4(d) 所示。

例 3.1 试绘制如图 3.5(a) 所示杆件的扭矩图。

解 绘制此杆的扭矩图需分 3 段。取 1-1 截面左侧为分离体,其受力图如图 3.5(b) 所示,由平衡方程 $\sum M_x = 0$,得

$$M_\mathrm{T1} = 2M_\mathrm{e}$$

取 2-2 截面左侧为分离体,其受力图如图 3.5(c) 所示,由平衡方程 $\sum M_x = 0$,得

$$M_\mathrm{T2} = 2M_\mathrm{e} - 3M_\mathrm{e} = -M_\mathrm{e}$$

取 3-3 截面右侧为分离体,其受力图如图 3.5(d) 所示,由平衡方程 $\sum M_x = 0$,得

$$M_\mathrm{T3} = 3M_\mathrm{e}$$

杆件的扭矩图如图 3.5(e) 所示。

由上面的计算可归纳出求扭矩的直接法:**受扭杆件任一横截面上的扭矩,等**

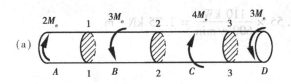
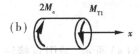
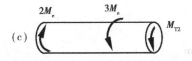
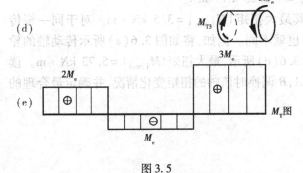

图 3.5

于该截面任一侧杆段上所有外力对杆轴线力矩的代数和。

例3.2 某传动轴受力如图3.6(a)所示,主动轮 A 的输入功率 $P_A = 360$ kW,从动轮 $B,C,$ D 的输出功率分别为 $P_B = P_C = 110$ kW, $P_D = 140$ kW,轴的转速为 $n = 600$ r/min。试绘制该轴的扭矩图。

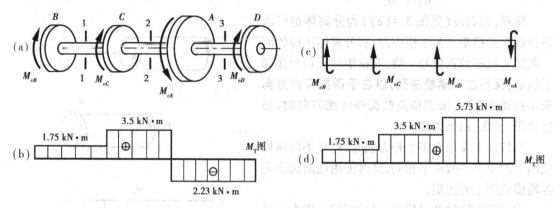

图3.6

解 按式(3.1)计算各轮上的外力偶矩

$$M_{eA} = 9.55 \times \frac{P_A}{n} = 9.55 \times \frac{360 \text{ kW}}{600 \text{ r/min}} = 5.73 \text{ kN} \cdot \text{m}$$

$$M_{eB} = M_{eC} = 9.55 \times \frac{P_B}{n} = 9.55 \times \frac{110 \text{ kW}}{600 \text{ r/min}} = 1.75 \text{ kN} \cdot \text{m}$$

$$M_{eD} = 9.55 \times \frac{P_D}{n}$$

$$= 9.55 \times \frac{140 \text{ kW}}{600 \text{ r/min}}$$

$$= 2.23 \text{ kN} \cdot \text{m}$$

根据该轴的受力,其扭矩的计算可以分为1,2,3 这3 段,如图3.6(a)所示,采用直接法可得

$$M_{T1} = M_{eB} = 1.75 \text{ kN} \cdot \text{m}$$

$$M_{T2} = M_{eB} + M_{eC} = 3.5 \text{ kN} \cdot \text{m}$$

$$M_{T3} = -M_{eD} = -2.23 \text{ kN} \cdot \text{m}$$

绘制该轴的扭矩图如图3.6(b)所示,其最大扭矩 $|M_{T,\max}| = 3.5$ kN·m。对于同一根传动轴,若改变主、从动轮的位置,则其扭矩图也就不同。例如,将如图3.6(a)所示传动轴的轮 A,D 调换,如图3.6(c)所示,其扭矩图如图3.6(d)所示,最大扭矩 $|M_{T,\max}| = 5.73$ kN·m。读者还可自行分析:将轮 A,C 调换,以及将轮 A,B 调换时该轴的扭矩变化情况,并确定最合理的主动轮、从动轮布局方式。

3.3　薄壁圆筒的扭转　切应力互等定理　剪切胡克定律

与轴向拉压杆横截面上的应力分析相比,扭转应力的分析和计算就要复杂得多。本节研究薄壁圆筒的扭转应力分析,并介绍切应力互等定理和剪切胡克定律。

3.3.1　薄壁圆筒扭转切应力

取一薄壁圆筒,在其表面等间距地画上纵向线和圆周线,将圆筒表面划分为大小相同的矩形网格,如图 3.7(a)所示。现于圆筒两端垂直于轴线的平面内,施加一对等值、反向的力偶 M_e。在小变形条件下,观察到的试验现象是:各纵向线都倾斜了相同的角度;各圆周线的形状、大小、间距都没改变,仅绕轴线作相对转动;表面的矩形网格变成平行四边形网格。

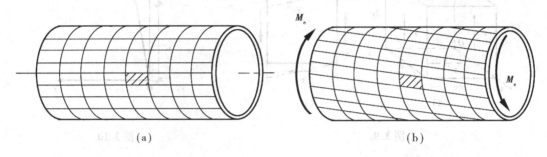

(a)　　　　　　　　　　(b)

图 3.7

根据试验现象,作出如下推断:因任意相邻圆周线之间的间距不变,故横截面上无正应力;因圆周线的形状、大小没有改变,仅仅绕轴线作相对转动,且轴线不动,同时圆筒表面的矩形网格变形相同,据此可以推断:圆筒内部任意一点都没有径向位移,而且横截面上切应力的方向垂直于半径,其大小沿周向为常数;由于筒壁很薄,可以近似认为沿壁厚切应力是均匀分布的。

设圆筒的平均半径为 r_0,壁厚为 t,如图 3.8 所示。取微元面积 $dA = tr_0 d\alpha$,其上切应力的合力为 $\tau \cdot (tr_0 d\alpha)$,由静力学知识可知

$$M_T = \int_0^{2\pi} r_0 \cdot \tau \cdot (tr_0 d\alpha) = 2\pi r_0^2 t\tau$$

据此可得薄壁圆筒的扭转切应力计算公式

$$\tau = \frac{M_T}{2\pi r_0^2 t} \qquad (3.2)$$

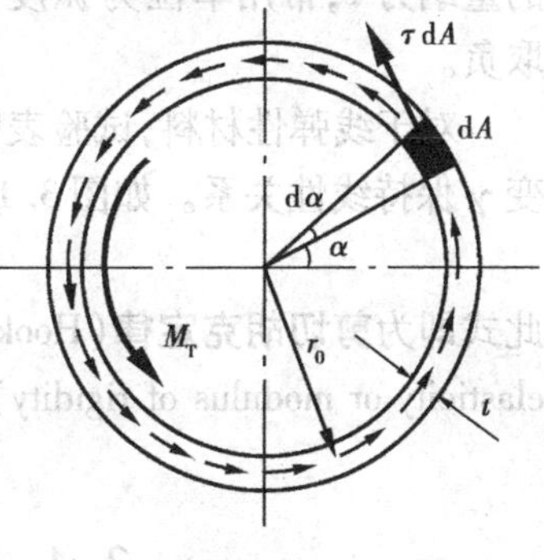

图 3.8

式(3.2)虽然是近似的,但根据精确的分析表明,当壁厚 $t \leqslant r_0/10$ 时,其误差小于 5%。

3.3.2　切应力互等定理

从受扭薄壁圆筒中取一微元体,如图 3.9(a)所示,其边长分别为 dx, dy, t(t 为壁厚)。其左、右两侧面上只有切应力 τ,合力均为 $\tau \cdot t \cdot dy$,构成一力偶,其矩为 $(\tau t dy) \cdot dx$。因为单元体处于平衡状态,故上、下两面上也必定存在大小相等、方向相反的切应力,设为 τ',且 τ' 的合

力构成的力偶与前述力偶平衡，即

$$(\tau t \mathrm{d}y) \cdot \mathrm{d}x = (\tau' t \mathrm{d}x) \cdot \mathrm{d}y$$

于是

$$\tau' = \tau \tag{3.3}$$

以上推证可表述为：在微元体的两个相互垂直截面上，垂直于两截面交线的切应力总是成对出现的，且大小相等，方向均指向或背离两截面的交线。此即**切应力互等定理**（theorem of conjugate shear stress）。

如图 3.9（a）所示微元体的 4 个侧面上只有切应力而无正应力的情况称为**纯剪切应力状态**。

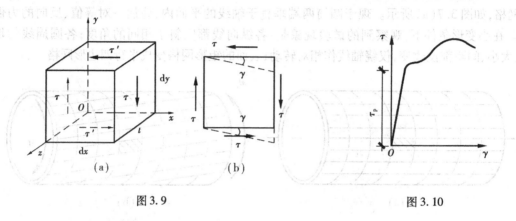

图 3.9   图 3.10

3.3.3 剪切胡克定律

如图 3.9（a）所示微元体在切应力作用下将发生如图 3.9（b）所示的剪切变形，原来的直角改变了一个微小的角度。这种直角的改变量称为**切应变**（shear strain），用 γ 表示。切应变的量纲为 1，常用单位为弧度（rad），其正、负号规定为：直角变小时，γ 取正；直角变大时，γ 取负。

对于线弹性材料，试验表明，当切应力不超过材料的剪切比例极限 τ_{p} 时，切应力 τ 与切应变 γ 保持线性关系。如图 3.10 所示为低碳钢试件测得的 τ-γ 图，可得

$$\tau = G\gamma \, (\tau \leqslant \tau_{\mathrm{p}}) \tag{3.4}$$

此式即为**剪切胡克定律**（Hooke's law in shear）。比例系数 G 称为**切变横量**（shear modulus of elasticity or modulus of rigidity），其量纲与应力量纲相同，常用单位为 GPa。

3.4 圆轴扭转时横截面上的切应力

对于实心圆轴和空心圆轴（非薄壁圆筒），扭转时不能再假设切应力沿半径方向为均匀分布。这时需要从圆轴的变形入手，综合考虑几何、物理、静力学 3 个方面，推导圆轴扭转时横截面上切应力的计算公式。

3.4.1　扭转试验及假设

取一等截面圆轴,在其表面等间距地画上纵向线和圆周线,形成大小相同的矩形网格,如图 3.11(a)所示。在两端施加力偶 M_e 后,从试验中观察到的现象与薄壁圆筒相同。根据这些试验现象,由表及里,可以推断:横截面上无正应力;横截面上必有切应力存在,其方向垂直于半径。于是,可以假设圆轴的横截面如同刚性平面一样绕轴线发生转动,此即圆轴扭转时的**平面假设**。

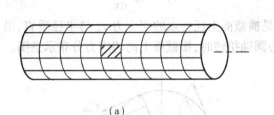
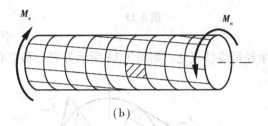

(a)　　　　　　　　(b)

图 3.11

3.4.2　圆轴扭转时横截面上的切应力

根据上述假设,分别从几何、物理和静力学 3 方面进行分析如下:

1)几何方面

现用相距为 $\mathrm{d}x$ 的两个横截面以及夹角微小的两个径向截面,从轴中切取一个微小的楔形体,如图 3.12(a)所示,其变形如图 3.12(b)所示,表面层 $ABCD$ 变为 $ABC'D'$,距轴线为 ρ 处的矩形 $abcd$ 变为平行四边形 $abc'd'$。a 点处直角 $\angle bad$ 变为 $\angle bad'$,其改变量 $\angle dad'$ 即是切应变,设为 γ_ρ。$\angle DO_2D'$ 代表楔形体左、右两截面间相对转过的角度,用 $\mathrm{d}\varphi$ 表示。φ 是衡量两个横截面间相对转动大小的物理量,称为**相对扭转角**(angle of twist),表述时常用下标来表示这两个截面,如图 3.13 所示圆轴,φ_{AB} 和 φ_{AC} 分别表示 A,B 两截面间和 A,C 两截面间的扭转角。

由图 3.12(b)可以看出

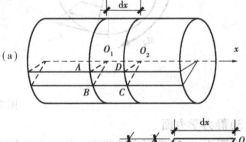

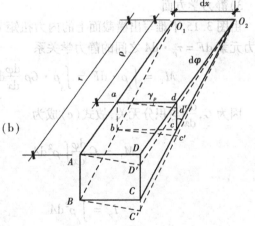

图 3.12

$$\gamma_\rho = \frac{\overline{dd'}}{\overline{ad}} = \frac{\rho \cdot \mathrm{d}\varphi}{\mathrm{d}x} = \rho \cdot \frac{\mathrm{d}\varphi}{\mathrm{d}x} \tag{a}$$

式中,$\dfrac{\mathrm{d}\varphi}{\mathrm{d}x}$ 为扭转角沿圆轴长度的变化率。令 $\dfrac{\mathrm{d}\varphi}{\mathrm{d}x} = \theta$ 称为**单位长度扭转角**(angle of twist per unit

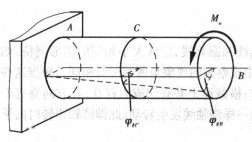

图 3.13

length)，表示扭转变形程度。在任意指定的横截面上，$\dfrac{\mathrm{d}\varphi}{\mathrm{d}x}$ 是常数，可见横截面上相同半径 ρ 的各点处的切应变 γ_ρ 均相同，而且与 ρ 成正比。

2）物理方面

将式（a）代入剪切胡克定律，即 $\tau = G\gamma$，可得横截面上半径为 ρ 处的切应力 τ_ρ 为

$$\tau_\rho = G\rho \frac{\mathrm{d}\varphi}{\mathrm{d}x} \qquad (b)$$

于是横截面上任一点的切应力 τ_ρ 与半径垂直，沿半径呈线性变化。如图 3.14 所示为实心和空心圆轴扭转时，横截面上的切应力分布示意图。

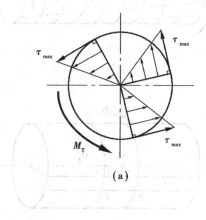

（a）

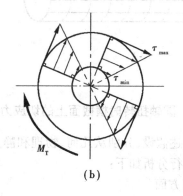

（b）

图 3.14

3）静力学方面

由图 3.15 不难写出横截面上的内力扭矩 M_T，与横截面上的内力元素 $\mathrm{d}F = \tau_\rho \cdot \mathrm{d}A$ 之间的静力学关系

$$M_T = \int_A \rho \cdot \mathrm{d}F = \int_A \rho \cdot G\rho \frac{\mathrm{d}\varphi}{\mathrm{d}x} \mathrm{d}A \qquad (c)$$

因为 G，$\dfrac{\mathrm{d}\varphi}{\mathrm{d}x}$ 与积分无关，故式（c）成为

$$M_T = G \frac{\mathrm{d}\varphi}{\mathrm{d}x} \int_A \rho^2 \mathrm{d}A \qquad (d)$$

令

$$I_p = \int_A \rho^2 \mathrm{d}A \qquad (3.5)$$

图 3.15

I_p 称为横截面对 O 点的**极惯性矩**（polar moment of inertia），仅取决于杆件横截面的几何形状和大小，其量纲为 [长度]^4。将式（3.5）代入式（d）可得

$$M_T = G \frac{\mathrm{d}\varphi}{\mathrm{d}x} I_p \qquad (e)$$

即

$$\frac{\mathrm{d}\varphi}{\mathrm{d}x} = \frac{M_T}{GI_p} \qquad (3.6)$$

将式(3.6)代入式(b),即得

$$\tau_\rho = \frac{M_T}{I_p}\rho \tag{3.7}$$

此即圆轴扭转时横截面上任一点处切应力的计算公式。显然,在横截面的周边各点处,$\rho = \rho_{max}$,切应力将达到其最大值 τ_{max},即

$$\tau_{max} = \frac{M_T}{I_p}\rho_{max} = \frac{M_T}{\dfrac{I_p}{\rho_{max}}} \tag{f}$$

令 $I_p/\rho_{max} = W_p$,有

$$\tau_{max} = \frac{M_T}{W_p} \tag{3.8}$$

式中,W_p 称为**抗扭截面系数**或**抗扭截面模量**(section modulus of torsion),其量纲为 $[长度]^3$。

3.4.3 实心和空心圆截面的极惯性矩 I_p 和抗扭截面模量 W_p

对于实心圆截面,设直径为 d,$\rho_{max} = d/2$,则

$$I_p = \int_A \rho^2 dA = \int_0^{2\pi} d\alpha \int_0^{d/2} \rho^3 d\rho = \frac{\pi d^4}{32} \tag{3.9}$$

$$W_p = \frac{I_p}{\rho_{max}} = \frac{\dfrac{\pi d^4}{32}}{\dfrac{d}{2}} = \frac{\pi d^3}{16} \tag{3.10}$$

对于空心圆截面,设内、外直径分别为 d 和 D,并称 $\alpha = d/D$ 为空心圆截面内、外直径之比,则

$$I_p = \int_0^{2\pi} d\alpha \int_{d/2}^{D/2} \rho^3 d\rho = \frac{\pi}{32}(D^4 - d^4) = \frac{\pi D^4}{32}(1 - \alpha^4) \tag{3.11}$$

$$W_p = \frac{\dfrac{\pi}{32}(D^4 - d^4)}{\dfrac{D}{2}} = \frac{\pi D^3}{16}\left[1 - \left(\frac{d}{D}\right)^4\right] = \frac{\pi D^3}{16}(1 - \alpha^4) \tag{3.12}$$

例 3.3 实心等直圆轴和内、外直径之比 $\alpha = 0.8$ 的空心等直圆轴传递相同的扭矩,已知两轴的材料相同、长度相同,试求当两轴横截面上最大扭转切应力相等时,两轴的重量之比。

解 设实心圆轴的直径为 d_1,空心圆轴的外径为 D,传递的最大扭矩皆为 M_T,则实心轴横截面上的最大扭转切应力 $\tau_{max,1}$ 为

$$\tau_{max,1} = \frac{M_T}{W_p} = \frac{16M_T}{\pi d_1^3}$$

空心圆轴的最大扭转切应力 $\tau_{max,2}$ 为

$$\tau_{max,2} = \frac{M_T}{W_p} = \frac{16M_T}{\pi D^3(1 - \alpha^4)} = \frac{16M_T}{\pi D^3(1 - 0.8^4)}$$

再由题目条件 $\tau_{max,1} = \tau_{max,2}$,即

$$\frac{16M_T}{\pi d_1^3} = \frac{16M_T}{\pi D^3(1 - 0.8^4)}$$

可得

$$\frac{d_1}{D} = 0.84$$

最后计算两轴的重量之比。设实心轴和空心轴的重量分别为 W_1 和 W_2，因为两轴的材料相同、长度相同，故其重量之比等于两轴的横截面面积之比

$$\frac{W_1}{W_2} = \frac{A_1}{A_2} = \frac{\frac{\pi d_1^2}{4}}{\frac{\pi D^2 (1 - \alpha^2)}{4}} = \frac{1}{(1 - \alpha^2)} \cdot \left(\frac{d_1}{D}\right)^2 = 1.96$$

由此例可见，在题目给定的条件下，实心圆轴的重量是空心圆轴重量的 1.96 倍，相比而言空心圆轴更合理。因此，在机械工程中，某些对重量控制要求较高或受力较大的主轴，在构造允许的情况下，通常设计为空心截面。

3.5 圆轴扭转时的强度条件

3.5.1 扭转破坏试验

要对扭转圆轴进行强度计算，仅知道其应力是不够的，还需要通过试验确定材料的扭转极限应力，从而得到许用应力。扭转试验常常采用圆形截面试件，并在扭转试验机上进行。对于低碳钢试件，扭转时会发生屈服现象，试件的表面出现滑移线。试件发生扭转屈服时横截面上的最大扭转切应力称为**扭转屈服极限**（yield limit of torsion），用 τ_S 表示。屈服以后，试件中产生大量的塑性变形，最后试件沿横截面被剪断，如图 3.16(a) 所示。

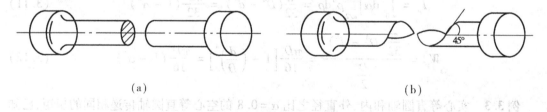

(a)   (b)

图 3.16

铸铁试件扭转时没有明显的屈服现象，其变形也较小。试件最后的破坏是沿与轴线约成 45° 的螺旋面发生断裂，如图 3.16(b) 所示。由第 8 章的分析表明，试件扭转时在与轴线成 45° 的斜截面上存在最大拉应力，而铸铁材料的抗拉能力较差，所以铸铁试件扭转破坏时是被拉断的。将试件扭转断裂时横截面上的最大扭转切应力称为**扭转强度极限**（strength limit of torsion），用 τ_b 表示。

3.5.2 强度条件

与轴向拉压杆的强度计算原理类似，可以通过扭转试验测定材料的极限应力 τ^0（对于塑性材料，τ^0 取扭转屈服极限 τ_S；对于脆性材料，τ^0 取扭转强度极限 τ_b），再考虑一定的安全储备，可得许用切应力为

$$[\tau] = \frac{\tau^0}{n} \tag{3.13}$$

式中，n 为安全因数。据此可得圆轴扭转时的强度条件

$$\tau_{\max} = \frac{M_{T,\max}}{W_p} \leqslant [\tau] \tag{3.14}$$

式(3.14)也可解决 3 个方面的问题，即强度校核、设计截面和确定许用荷载。

在静载条件下，材料的扭转许用切应力$[\tau]$与许用正应力$[\sigma]$之间有如下关系：对于塑性材料，$[\tau] = (0.5 \sim 0.577)[\sigma]$；对于脆性材料，$[\tau] = (0.8 \sim 1.0)[\sigma]$。

例 3.4　某阶梯实心圆轴受力如图 3.17 (a)所示，已知材料的许用切应力$[\tau] = 80$ MPa，试校核该轴的强度。

解　作该轴的扭矩图如图 3.17(b)所示，可见左（Ⅰ）、右（Ⅱ）两段的扭矩不同，故需分别单独校核其强度。由式(3.10)和式(3.14)可得

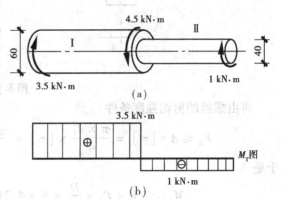

图 3.17

$$
\begin{aligned}
\tau_{\max,I} &= \frac{M_{T,I}}{W_p} = \frac{M_{T,I}}{\frac{\pi}{16}d^3} \\
&= \frac{3.5 \times 10^6\ \mathrm{N \cdot mm}}{\frac{\pi}{16} \times 60^3\ \mathrm{mm}^3} \\
&= 82.5\ \mathrm{MPa} > [\tau] = 80\ \mathrm{MPa}
\end{aligned}
$$

但是

$$\frac{\tau_{\max,I} - [\tau]}{[\tau]} = \frac{82.5 - 80}{80} = 3.1\% < 5\%$$

故该轴第Ⅰ段的强度符合要求。对于该轴的第Ⅱ段

$$\tau_{\max,II} = \frac{M_{T,II}}{W_p} = \frac{M_{T,II}}{\frac{\pi}{16}d^3} = \frac{1 \times 10^6\ \mathrm{N \cdot mm}}{\frac{\pi}{16} \times 40^3\ \mathrm{mm}^3} = 79.6\ \mathrm{MPa} < [\tau]$$

故该轴的强度符合要求。

例 3.5　如图 3.18 所示两实心圆轴在凸缘部位用 8 个螺栓连接而成，螺栓对称地布置在直径 $D = 160$ mm 的圆周上。已知两轴的直径 $d = 80$ mm，圆轴材料的许用切应力$[\tau] = 40$ MPa；螺栓的直径 $d_1 = 10$ mm，螺栓材料的许用切应力$[\tau_j] = 60$ MPa。试计算该轴能够传递的最大外力偶矩$[M_e]$。

解　1）由圆轴的扭转强度确定许用荷载$[M_e]_1$。由式(3.10)和式(3.14)可得

$$[M_e]_1 = [\tau] \cdot W_p = [\tau] \cdot \frac{\pi}{16}d^3 = 40\ \mathrm{MPa} \times \frac{\pi}{16} \times 80^3\ \mathrm{mm}^3 = 4.02\ \mathrm{kN \cdot m}$$

2）由螺栓的剪切强度确定许用荷载$[M_e]_2$。可以假设 8 个螺栓的受力相同，在 $A\text{-}A$ 截面上的剪力均为 F_S，则由静力学条件可得

$$[M_e]_2 = 8 \times F_S \times \frac{D}{2}$$

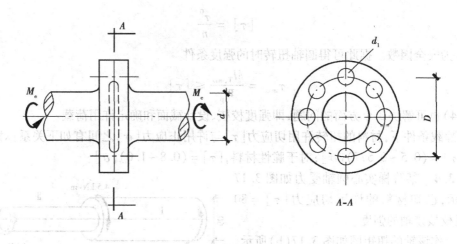

图 3.18

再由螺栓的剪切强度条件

$$F_S \le A \cdot [\tau_j] = \frac{\pi \times d_1^2}{4} \times [\tau_j] = \frac{\pi \times 10^2 \text{ mm}^2}{4} \times 60 \text{ MPa} = 4.71 \text{ kN}$$

于是

$$[M_e]_2 = 8 \times F_S \times \frac{D}{2} = 8 \times 4.71 \text{ kN} \times \frac{0.16 \text{ m}}{2} = 3.01 \text{ kN} \cdot \text{m}$$

因为 $[M_e]_2 < [M_e]_1$，故

$$[M_e] = [M_e]_2 = 3.01 \text{ kN} \cdot \text{m}$$

3.6　圆轴扭转变形　刚度条件

3.6.1　圆轴扭转变形

在 3.4 节中提到，圆轴扭转时的变形可用相对扭转角 φ 来表示，而扭转变形程度可用单位长度扭转角 θ 来表示。由 3.4.2 节中的式（3.6），即

$$\theta = \frac{\mathrm{d}\varphi}{\mathrm{d}x} = \frac{M_T}{GI_p} \tag{a}$$

可得相距为 $\mathrm{d}x$ 的两个横截面间的相对扭转角为

$$\mathrm{d}\varphi = \frac{M_T}{GI_p}\mathrm{d}x \tag{b}$$

若相距为 l 的两横截面之间 GI_p，M_T 均为常数，则

$$\varphi = \frac{M_T l}{GI_p} \tag{3.15}$$

上式中的 GI_p 称为圆轴的**抗扭刚度**（torsional rigidity）。

若圆轴的扭矩和抗扭刚度分段为常数，则

$$\varphi = \sum_i \frac{M_{Ti} l_i}{(GI_p)_i} \tag{3.16}$$

式中，M_{Ti}，l_i，$(GI_p)_i$ 分别为各段的扭矩、长度和抗扭刚度。

若圆轴的扭矩或抗扭刚度沿杆长为连续变化时，则

$$\varphi = \int_l \frac{M_T(x)}{GI_p(x)} \cdot \mathrm{d}x \tag{3.17}$$

3.6.2 刚度条件

机械工程中某些受力较大的主轴，除了满足扭转强度条件以外，还需要对其扭转变形加以限制，这就是扭转刚度条件。工程中常限制轴的单位长度扭转角 θ 不超过其许用值，刚度条件表述为

$$\theta_{max} = \frac{M_T}{GI_p} \leqslant [\theta] \tag{3.18}$$

式中，$[\theta]$ 为单位长度许用扭转角，在工程中其单位通常是 $(°)/m$。这时式 (3.18) 为

$$\theta_{max} = \frac{M_T}{GI_p} \times \frac{180}{\pi} \leqslant [\theta] \tag{3.19}$$

例 3.6 圆轴受扭如图 3.19 所示，已知轴的直径 $d = 80$ mm，材料的切变模量 $G = 80$ GPa，单位长度许用扭转角 $[\theta] = 0.8$ °/m。试：1）求左、右端截面间的相对扭转角 φ_{AC}；2）校核轴的刚度。

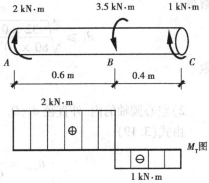

图 3.19

解 1）轴的扭矩图如图 3.19 所示，则 $\varphi_{AC} = \varphi_{AB} + \varphi_{BC}$，即

$$\varphi_{AC} = \frac{M_{T,AB}l_{AB}}{GI_p} + \frac{M_{T,BC}l_{BC}}{GI_p}$$

$$= \frac{(2 \times 10^6 \times 0.6 \times 10^3 - 1 \times 10^6 \times 0.4 \times 10^3) \text{ N} \cdot \text{mm}^2}{80 \times 10^3 \text{ MPa} \times \dfrac{\pi \times 80^4}{32} \text{mm}^4}$$

$$= 2.49 \times 10^{-3} \text{ rad}$$

相对扭转角 φ_{AC} 的计算也可采用如下方法：将 A 端视为固定端，A 端外力偶视为支座的约束力偶，B，C 处的力偶（设为 $M_{eB} = 3$ kN·m，$M_{eC} = 1$ kN·m）视为荷载，于是

$$\varphi_{AC} = (\varphi_{AB})_{M_{eB}} + (\varphi_{AC})_{M_{eC}} = \frac{M_{eB}l_{AB}}{GI_p} + \frac{(-M_{eC})l_{AC}}{GI_p}$$

$$= \frac{(3 \times 10^6 \times 0.6 \times 10^3 - 1 \times 10^6 \times 1.0 \times 10^3) \text{ N} \cdot \text{mm}^2}{80 \times 10^3 \text{ MPa} \times \dfrac{\pi \times 80^4}{32} \text{mm}^4}$$

$$= 2.49 \times 10^{-3} \text{ rad}$$

2）该轴为等直圆轴，AB 段扭矩大，故 θ_{max} 发生在 AB 段

$$\theta_{max} = \frac{M_{T,AB}}{GI_p} = \frac{2 \times 10^6 \text{ N} \cdot \text{mm}}{80 \times 10^3 \text{ MPa} \times \dfrac{\pi \times 80^4}{32} \text{mm}^4} \times \frac{180}{\pi} \times 10^3$$

$$= 0.36 \text{ °/m} < [\theta] = 0.8 \text{ °/m}$$

该轴的刚度符合要求。

例 3.7 某钢制传动轴,所传递的扭矩为 0.45 kN·m,已知材料的切变模量 $G = 80$ GPa,单位长度许用扭转角 $[\theta] = 0.3$ °/m。设计时拟采用实心圆轴和内外直径之比 $\alpha = 0.8$ 的空心圆轴两个方案,试:1)根据刚度条件确定实心轴的直径 d_1 和空心轴的内、外直径 d_2, D_2;2)比较两个方案的用钢量。

解 1)实心圆轴直径 d_1。

由圆轴扭转的刚度条件,即式(3.19)

$$\theta_{max} = \frac{32 M_T}{G \pi d_1^4} \times \frac{180}{\pi} \leqslant [\theta]$$

解得

$$d_1 \geqslant \sqrt[4]{\frac{32 \times 0.45 \times 10^6}{80 \times 10^3 \times \pi \times 0.3} \times \frac{180}{\pi} \times 10^3} = 57.5 \text{ mm}$$

取

$$d_1 = 58 \text{ mm}$$

2)空心圆轴的内、外直径 d_2, D_2。

由式(3.19)

$$\theta_{max} = \frac{32 M_T}{G \pi D_2^4 (1 - \alpha^4)} \times \frac{180}{\pi} \leqslant [\theta]$$

解得

$$D_2 \geqslant \sqrt[4]{\frac{32 \times 0.45 \times 10^6}{80 \times 10^3 \times \pi \times (1 - 0.8^4) \times 0.3} \times \frac{180}{\pi} \times 10^3} = 65.6 \text{ mm}$$

取

$$D_2 = 66 \text{ mm}, d_2 = 52.8 \text{ mm}$$

3)两个方案的用钢量比较。

显然,两个方案的用钢量之比等于实心轴和空心轴的横截面面积之比,即

$$用钢量之比 = \frac{\dfrac{\pi d_1^2}{4}}{\dfrac{\pi D_2^2 (1 - \alpha^2)}{4}} = \frac{58^2}{66^2 \times (1 - 0.8^2)} = 2.15$$

可见,从抗扭刚度角度来看,空心圆轴比实心圆轴更节省材料,其重量更轻。

3.7 扭转超静定问题

在第 2 章中我们学习了超静定问题的概念以及超静定拉压杆件的求解方法,本节将分析扭转超静定问题。所谓**扭转超静定问题**(statically indeterminate toque-loaded members),是指杆件扭转时,其支反力偶或者杆件横截面上的扭矩仅仅用静力平衡方程不能全部求解出来。与拉压杆超静定问题的求解方法类似,扭转超静定问题的求解仍然从 3 个方面进行分析,即静力学方面、几何方面(变形协调条件)、物理方面。

例 3.8 如图 3.20(a)所示一等截面圆轴,两端固定,在截面 C 处受一力偶作用,其矩为

M_e。已知轴的抗扭刚度为 GI_p,试绘制轴的扭矩图。

解　1)静力学方面。

假设左右约束 A,B 处的支反力偶分别为 M_A,M_B,如图 3.20(a)所示,可以列出静力学平衡方程为

$$\sum M_x = 0, M_e - M_A - M_B = 0 \qquad (a)$$

可见,该轴属于一次超静定问题,需要建立一个补充方程才能求解出支反力偶。

2)几何方面。

因为该轴的两端均被固定,所以两端面间没有相对转动,即

$$\varphi_{AB} = 0 \qquad (b)$$

此即该问题的变形协调条件。式(b)也可写成

$$\varphi_{AB} = \varphi_{AC} + \varphi_{BC} = 0 \qquad (c)$$

3)物理方面。

由式(3.15),可得

$$\left.\begin{array}{l} \varphi_{AC} = \dfrac{M_{T,AC} l_{AC}}{GI_p} = \dfrac{M_A a}{GI_p} \\[3mm] \varphi_{BC} = \dfrac{M_{T,BC} l_{BC}}{GI_p} = \dfrac{-M_B b}{GI_p} \end{array}\right\} \qquad (d)$$

4)补充方程。

将式(d)代入式(c),得到补充方程

$$\frac{M_A a}{GI_p} + \frac{-M_B b}{GI_p} = 0 \qquad (e)$$

5)求解。

联立式(a)和式(e),即可求解出 M_A,M_B 为

$$M_A = \frac{b}{a+b} M_e = \frac{b}{l} M_e$$

$$M_B = \frac{a}{a+b} M_e = \frac{a}{l} M_e$$

于是两段的扭矩分别为

$$M_{T,AC} = M_A = \frac{b}{l} M_e$$

$$M_{T,BC} = -M_B = -\frac{a}{l} M_e$$

最后绘制该轴的扭矩图如图 3.20(b)所示。

例 3.9　如图 3.21(a)所示一套接的圆轴(受力时两轴之间无相对滑动),已知:外力偶矩为 M_e,空心轴内、外直径分别为 d 和 D,实心轴直径为 d,套接段长度为 l,两轴的材料相同,切变模量均为 G,试分别绘制两轴的扭矩图。

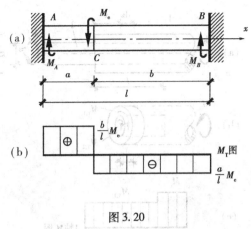

图 3.20

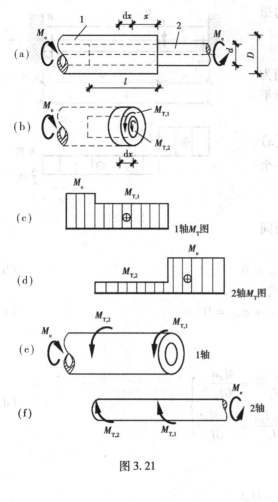

图 3.21

解 这是一个扭转超静定问题,因为套接段两轴的扭矩分配除了考虑静力学方面以外,还必须考虑变形协调条件。下面进行详细的分析。

设左右两轴分别为 1 轴和 2 轴。现假设套接段中任意横截面上(见图 3.21(a)所示 x 截面),左右两轴所承担的扭矩分别为 $M_{T,1}$, $M_{T,2}$,显然根据静力学关系可得

$$M_{T,1} + M_{T,2} = M_e \qquad (a)$$

再从 x 截面处截取长为 dx 的微段,如图 3.21(b)所示,因为两轴之间无相对滑动,故

$$d\varphi_1 = d\varphi_2 \qquad (b)$$

此处 $d\varphi_1$, $d\varphi_2$ 分别表示微段中轴 1、轴 2 的相对扭转角。由式(3.15)可得

$$\frac{M_{T,1}}{GI_{p1}} \cdot dx = \frac{M_{T,2}}{GI_{p2}} \cdot dx$$

即

$$M_{T,1} = \left[\left(\frac{D}{d} \right)^4 - 1 \right] \cdot M_{T,2} \qquad (c)$$

由式(a)、式(c)解出

$$\left. \begin{array}{l} M_{T,1} = \left[1 - \left(\dfrac{d}{D} \right)^4 \right] \cdot M_e \\[3mm] M_{T,2} = \left(\dfrac{d}{D} \right)^4 \cdot M_e \end{array} \right\}$$

由计算结果可见,在套接段内,两个轴的扭矩均为常数,与截面位置无关。两轴的扭矩图如图 3.21(c)、图 3.21(d)所示。

根据扭矩图进一步画出两轴的受力图如图 3.21(e)、图 3.21(f)所示,因此,两轴之间的套接段中部实际上是不传递力的,而力的传递是靠套接段两端部的摩擦力或者黏结力。这样,当受力较大时,套接段两端容易出现相对滑动或者脱接,可见这不是一种可靠的联接方法。在传动轴的联接中,常常采用"键"联接等其他方式,可以避免上述问题。

3.8 非圆截面杆在自由扭转时的应力和变形

前面我们讨论了圆截面杆的扭转问题,但是工程中还有很多非圆截面杆的扭转,如方形传动轴、矩形曲柄、建筑工程中常见的雨篷梁和开口薄壁截面杆等。试验表明,圆形截面杆在受扭后横截面仍然保持为平面,但是非圆截面杆在扭转时横截面不再保持为平面,因为相同横截面上各点将沿轴线方向产生不同的位移,这种现象称为**横截面的翘曲**。下面分别讨论矩形截

面杆和薄壁截面杆在扭转时的应力和变形计算。

3.8.1　矩形截面等直杆在自由扭转时的应力和变形

非圆截面杆的扭转又分自由扭转和约束扭转。以矩形截面等直杆为例,如图 3.22 所示,横截面与 4 个外表面的交线将扭曲为空间曲线,虽然横截面不再保持为平面,但是相邻横截面的翘曲程度完全相同,横截面上将只有切应力而无正应力,这种扭转称为**自由扭转**(unrestrained torsion)。当杆件的端部受到约束而不能自由翘曲时,不仅横截面发生翘曲,而且

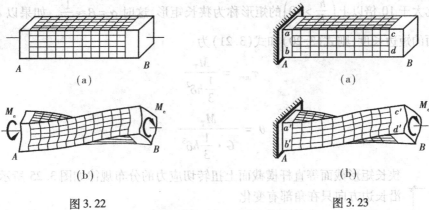

图 3.22　　　　　　　　　　　　　　　　图 3.23

不同横截面的翘曲程度是不同的。以如图 3.23 所示矩形截面杆为例,固定端附近横截面的翘曲程度很小,而自由端附近横截面的翘曲程度较大,横截面上将产生正应力。这种扭转变形称为**约束扭转**(restrained torsion)。本章将简单介绍非圆截面杆在自由扭转时的应力和变形计算的结论。

矩形截面等直杆在自由扭转时,由切应力互等定理可以判定:横截面边缘各点处的切应力必定平行于横截面周边方向;4 个角点处的切应力为零。根据弹性力学的进一步分析表明,横截面长边中点处的切应力最大,短边上的最大切应力发生在中点处,如图 3.24 所示。设矩形截面的长边尺寸为 h,短边尺寸为 b,则最大切应力 τ_{max}、短边中点 B 处的切应力 τ_B 以及单位长度扭转角 θ 分别为

$$\tau_{max} = \frac{M_T}{W_p} = \frac{M_T}{\alpha h b^2} \quad (3.20)$$

$$\theta = \frac{M_T}{GI_p} = \frac{M_T}{G\beta h b^3} \quad (3.21)$$

$$\tau_B = \mu\tau_{max} \quad (3.22)$$

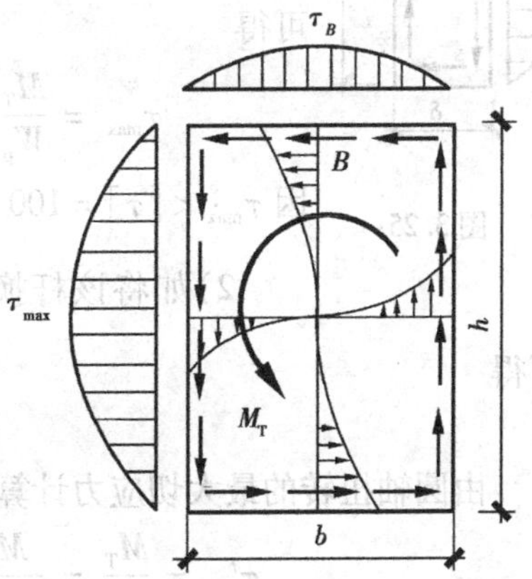

图 3.24

式中,W_p 和 I_p 的表达形式仅仅是为了与圆截面的抗扭截面模量和极惯性矩相对应,并无相同的几何意义,分别称为**相当抗扭截面模量**和**相当极惯性矩**。α,β 和 μ 为弹性力学计算结果得到的系数,与横截面的高宽比(h/b)有关,可从表 3.1 查得。

表 3.1　矩形截面等直杆自由扭转时的系数 α, β 和 μ

h/b	1	1.2	1.5	2	2.5	3	4	6	8	10	∞
α	0.208	0.219	0.231	0.246	0.258	0.267	0.282	0.299	0.307	0.313	0.333
β	0.141	0.166	0.196	0.229	0.249	0.263	0.281	0.299	0.307	0.313	0.333
μ	1.000	0.930	0.858	0.796	0.767	0.753	0.745	0.743	0.743	0.743	0.743

高宽比大于 10 倍以上 $\left(\dfrac{h}{b} > 10\right)$ 的矩形称为狭长矩形，这时 $\alpha = \beta \approx \dfrac{1}{3}$。如果以 δ 表示狭长矩形截面的短边长度，则式(3.20)和式(3.21)为

$$\tau_{\max} = \frac{M_T}{\frac{1}{3}h\delta^2} \tag{3.23}$$

$$\theta = \frac{M_T}{G \cdot \frac{1}{3}h\delta^3} \tag{3.24}$$

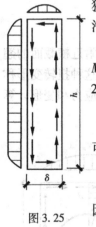

图 3.25

狭长矩形截面等直杆横截面上扭转切应力的分布规律如图 3.25 所示，切应力沿长边方向只在角部有变化。

例 3.10　一矩形截面等直杆，横截面 $b \times h = 50 \times 100 \ \text{mm}^2$，承担的扭矩 $M_T = 4 \ \text{kN} \cdot \text{m}$，材料的许用切应力 $[\tau] = 100 \ \text{MPa}$。试：1)校核该杆的强度；2)如将该杆换为横截面面积相同的圆形杆，比较二者的最大切应力。

解　1)根据表 3.1 可得，当 $\dfrac{h}{b} = \dfrac{100 \ \text{mm}}{50 \ \text{mm}} = 2$ 时，$\alpha = 0.246$，由式(3.20)可得

$$\tau_{\max} = \frac{M_T}{W_p} = \frac{M_T}{\alpha h b^2} = \frac{4 \times 10^6 \ \text{N} \cdot \text{mm}}{0.246 \times 100 \ \text{mm} \times 50^2 \ \text{mm}^2} = 65 \ \text{MPa}$$

因 $\tau_{\max} < [\tau] = 100 \ \text{MPa}$，所以该杆的强度符合要求。

2)如将该杆换为横截面面积相同的圆形杆，设其直径为 d，由 $\dfrac{\pi d^2}{4} = bh$ 可得

$$d = 79.8 \ \text{mm}$$

由圆轴扭转的最大切应力计算公式，即式(3.8)得

$$\tau'_{\max} = \frac{M_T}{W_p} = \frac{M_T}{\dfrac{\pi d^3}{16}} = \frac{4 \times 10^6 \ \text{N} \cdot \text{mm}}{\dfrac{\pi \times 79.8^3 \ \text{mm}^3}{16}} = 40 \ \text{MPa} < \tau_{\max}$$

可见，在受力和横截面面积相同的条件下，圆形截面杆的最大扭转切应力小于矩形截面杆的最大扭转切应力，圆形截面杆的抗扭强度更高。

*3.8.2　薄壁截面杆的自由扭转

(1)开口薄壁截面杆自由扭转时的应力

建筑工程中常见的开口薄壁截面杆，是指各种热轧型钢(如工字钢、角钢、槽钢等)，或者

是由它们焊接组合而成,或者是由狭长矩形的扁钢、钢板焊接组合而成,这些截面都可以简化为由若干狭长矩形截面组合而成,而且其壁厚中线形成不封闭的曲线,如图3.26所示。虽然

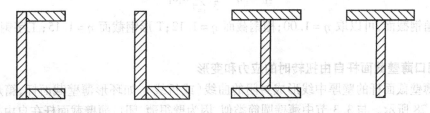

图 3.26

开口薄壁截面杆在自由扭转时其横截面会发生翘曲,但是可以假设横截面的周边在垂直于轴线的平面上的投影形状不变,而只是刚性转动了一个角度,该假设称为**刚周边假设**。这样,全截面与组成该截面的各个狭长矩形具有相同的扭转角,即

$$\theta_1 = \theta_2 = \cdots = \theta_i = \cdots = \theta_n = \theta \tag{a}$$

式中,$\theta_i(i=1,2,\cdots,n)$代表开口薄壁截面杆中第i个狭长矩形的单位长度扭转角。再假设各狭长矩形所承担的扭矩和相当极惯性矩分别为$M_{T1},M_{T2},\cdots,M_{Ti},\cdots,M_{Tn}$和$I_{p1},I_{p2},\cdots,I_{pi},\cdots,I_{pn}$,则由静力学条件可得

$$M_T = M_{T1} + M_{T2} + \cdots + M_{Tn} = \sum_{i=1}^{n} M_{Ti} \tag{b}$$

由式(3.21)

$$\theta_1 = \frac{M_{T1}}{GI_{p1}}, \theta_2 = \frac{M_{T2}}{GI_{p2}}, \cdots, \theta_i = \frac{M_{Ti}}{GI_{pi}}, \cdots, \theta_n = \frac{M_{Tn}}{GI_{pn}}; \theta = \frac{M_T}{GI_t} \tag{c}$$

由式(a)和式(c)可得

$$M_{Ti} = \frac{I_{pi}}{I_p} M_T \tag{d}$$

再根据组合截面的惯性矩计算方法,可得

$$I_p = \sum_{i=1}^{n} I_{pi} = \frac{1}{3} \sum_{i=1}^{n} h_i \delta_i^3 \tag{3.25}$$

式中,h_i,δ_i为第i个狭长矩形的长度和厚度。于是,式(d)为

$$M_{Ti} = \frac{I_{pi}}{I_p} M_T = \frac{\frac{h_i \delta_i^3}{3}}{I_p} M_T \tag{e}$$

于是,由式(3.23)得各狭长矩形上的最大切应力为

$$\tau_{i,max} = \frac{M_{Ti}}{\frac{1}{3} h_i \delta_i^2} = \frac{M_T}{I_p} \delta_i \tag{3.26}$$

所以,整个截面上的最大切应力发生在具有最大厚度δ_{max}的那个狭长矩形长边中点处,即

$$\tau_{max} = \frac{M_T}{I_p} \delta_{max} \tag{3.27}$$

如图3.27所示为槽形截面等直杆在自由扭转时横截面上的切应力方向示意图。

对于型钢薄壁截面,由于连接处采用圆角过渡,壁厚往往是变化的,从而增加了杆件的抗

69

扭刚度,故应对式(3.25)做必要的修正,将其乘以一个修正系数 η,即

$$I_t = \eta \cdot \frac{1}{3} \sum_{i=1}^{n} h_i \delta_i^3 \tag{3.28}$$

对于角钢截面,可以取 $\eta = 1.00$;槽钢截面 $\eta = 1.12$;T形钢截面 $\eta = 1.15$;工字钢截面 $\eta = 1.20$。

(2)闭口薄壁截面杆自由扭转时的应力和变形

闭口薄壁截面杆的壁厚中线形成封闭的曲线(或折线),如环形薄壁截面杆、箱形截面杆等,如图3.28所示。与3.3节中薄壁圆筒类似,因为壁很薄,闭口薄壁截面杆在自由扭转时可以假设切应力沿壁厚无变化,并沿着中线的切线方向形成环流,其方向与扭矩一致。于是,下面要解决的关键问题是切应力沿截面周向的分布规律。

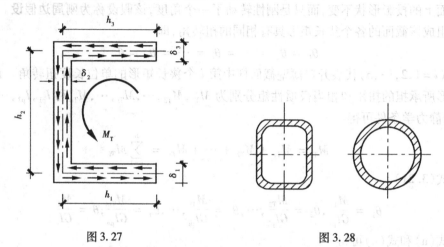

图 3.27   图 3.28

从杆件中截取长为 dx 的微段,受扭矩为 M_T,如图3.29(a)所示。用两个与壁厚中线正交的纵向截面从微段中取出一小块 $AA'BB'$,如图3.29(b)所示。假设横截面上 A,B 两处的扭转切应力分别为 τ_1,τ_2,壁厚分别为 δ_1,δ_2。由切应力互等定理,在 A,B 处与横截面垂直的纵向截

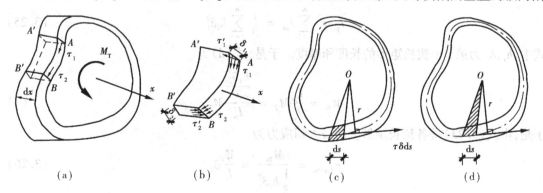

(a)   (b)   (c)   (d)

图 3.29

面上分别有切应力 $\tau_1' = \tau_1,\tau_2' = \tau_2$。根据平衡方程

$$\sum F_x = 0, \tau_1'\delta_1 dx = \tau_2'\delta_2 dx$$

可得

$$\tau_1 \delta_1 = \tau_2 \delta_2 \tag{f}$$

所以，横截面沿其周边任一点处的切应力 τ 与该点处的壁厚 δ 之乘积为常数，即

$$\tau\delta = 常数 \tag{g}$$

下面推导切应力的计算公式。沿壁厚中线取长为 ds 的微段，如图 3.29(c) 所示，该段上切应力的合力为 $dF_S = \tau\delta ds$，其方向与壁厚中线相切。它对横截面平面内任一点 O 的矩为 $dM_T = (\tau\delta ds) \cdot r$，$r$ 为矩心 O 到 dF_S 作用线的垂直距离。$dM_T = (\tau\delta ds) \cdot r$ 沿壁厚中线全长 s 的积分，即是该横截面上的内力扭矩。注意式(g)，于是

$$M_T = \int_s dM_T = \tau\delta \int_s r ds \tag{h}$$

式中，$r ds$ 即是如图 3.29(d) 所示阴影线三角形面积的 2 倍，于是积分 $\int_s r ds$ 就是壁厚中线所围图形的面积 A_0 的 2 倍。故由式(h) 可得

$$\tau = \frac{M_T}{2A_0\delta} \tag{3.29}$$

这就是闭口薄壁截面等直杆在自由扭转时横截面上一点的切应力计算公式，最小壁厚 δ_{min} 处的切应力最大，即

$$\tau_{max} = \frac{M_T}{2A_0\delta_{min}} \tag{3.30}$$

闭口薄壁截面等直杆在自由扭转时单位长度扭转角 θ 的推导过程在此不再赘述，其计算公式为

$$\theta = \frac{M_T}{4GA_0^2} \int_s \frac{ds}{\delta} \tag{3.31}$$

式中的积分取决于杆的壁厚 δ 沿壁厚中线 s 的变化规律。当壁厚为常数时，可得

$$\theta = \frac{M_T s}{4GA_0^2\delta} \tag{3.32}$$

式中，s 为壁厚中线的全长。

例 3.11　如图 3.30 所示横截面为圆环形的开口和闭口薄壁截面等直杆，设两杆具有相同的平均半径 r 和壁厚，承受相同的扭矩作用，试比较二者的扭转强度、刚度以及沿壁厚方向切应力的分布情况。

解　首先画出二者沿壁厚方向切应力的分布情况如图 3.30 所示。

1) 开口圆环形薄壁截面杆的最大切应力和变形。将环形展直可以视为狭长矩形，其长边长度 $h = 2\pi r$，短边长度为 δ，由式(3.23)、式(3.24)可得

$$\tau_{max} = \frac{M_T}{\frac{1}{3}h\delta^2} = \frac{3M_T}{2\pi r\delta^2}$$

$$\theta = \frac{M_T}{G \cdot \frac{1}{3}h\delta^3} = \frac{3M_T}{2\pi r\delta^3 G}$$

2) 闭口圆环形薄壁截面杆的最大切应力和变形。注意 $A_0 = \pi r^2$，$s = 2\pi r$，由式(3.30)、式(3.32)可得

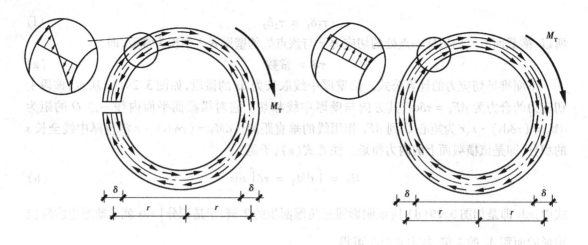

图 3.30

$$\tau'_{\max} = \frac{M_{\mathrm{T}}}{2A_0\delta_{\min}} = \frac{M_{\mathrm{T}}}{2\pi r^2\delta}$$

$$\theta' = \frac{M_{\mathrm{T}}s}{4GA_0^2\delta} = \frac{M_{\mathrm{T}}}{2\pi r^3\delta G}$$

3）比较二者扭转时的最大切应力和单位长度扭转角

$$\frac{\tau_{\max}}{\tau'_{\max}} = 3\,\frac{r}{\delta}$$

$$\frac{\theta}{\theta'} = 3\left(\frac{r}{\delta}\right)^2$$

对于薄壁截面杆，r 远大于 δ，因此，闭口圆环形薄壁截面等直杆的抗扭性能比开口圆环形薄壁截面等直杆好很多。

思 考 题

3.1　什么是切应变？试分析如思考题 3.1 图所示各单元体在 A 点处的切应变。

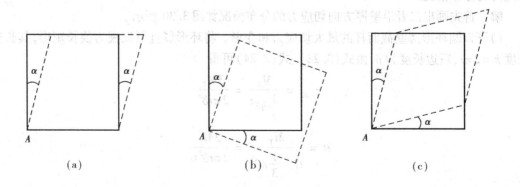

思考题 3.1 图

3.2　圆轴受扭矩作用如思考题 3.2 图所示,试画出横截面上与扭矩对应的切应力分布图。

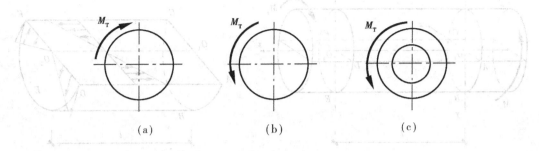

(a)　　　　　　(b)　　　　　　(c)

思考题3.2 图

3.3　相对扭转角 φ 和单位长度扭转角 θ 有何区别? 如思考题 3.3 图所示实心圆轴的直径 d 和长度 l 同时增大 1 倍时,φ_{AB} 和 θ 如何变化?

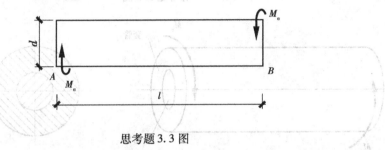

思考题3.3 图

3.4　低碳钢、铸铁和木材制成的等截面圆杆在扭转时的破坏形式有何区别,并分析具体的原因。

3.5　直径为 d 的实心圆轴受扭如思考题 3.5(a) 图所示,其材料为理想弹塑性材料,τ-γ 图如思考题 3.5(b) 图所示。试:(1) 计算该轴的弹性极限外力偶矩 M_{e1}(即 $\tau_{max}=\tau_s$ 时);(2)计算该轴的塑性极限外力偶矩 M_{e2}(即截面上各点处的 $\tau=\tau_s$ 时);(3)求 M_{e2}/M_{e1}。

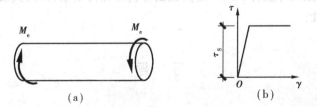

(a)　　　　　　(b)

思考题3.5 图

3.6　如思考题 3.6 图(a) 所示受扭实心圆轴,用横截面 ABC,DEF 和径向纵截面 $ACFD$ 切出分离体 $ABCDEF$ 如思考题 3.6 图(b) 所示,根据切应力互等定理,纵截面上的水平切应力如思考题 3.6 图(b) 所示。显然,该纵截面上前后两部分的水平切应力的方向是不同的,形成矩矢垂直于该纵平面的力偶,试分析此力偶与分离体上的什么内力相平衡?

3.7　相同材料组合轴(两轴之间无滑动)如思考题 3.7 图所示,芯轴直径为 d,套管外径为 D,材料的许用切应力为 $[\tau]$。试计算:(1) 如 $D=2d$,可采用预应力的方法提高组合轴的强度,试分析这种方法可以使外力偶矩 $[M_e]$ 提高的百分比;(2)如 d 可以调整,则 d 与 D 的比值为多大时,对强度最有利?

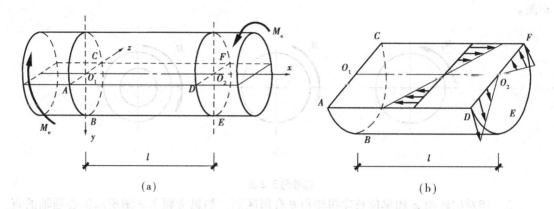

(a)   (b)

思考题 3.6 图

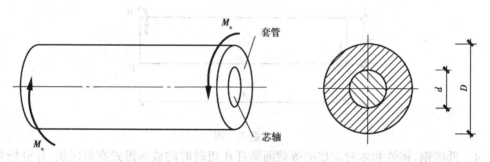

思考题 3.7 图

3.8 矩形截面等直杆在自由扭转时,其横截面上的切应力分布有何特点?试根据切应力互等定理分析,为什么横截面边缘各点处的切应力必定平行于横截面周边方向?

3.9 开口薄壁截面等直杆和闭口薄壁截面等直杆在自由扭转时,其横截面上的扭转切应力分布有何不同之处?

习 题

3.1 试画如题 3.1 图所示各杆的扭矩图。

答 （a）$M_{T,max} = 2M_e$ （b）$M_{T,max} = -3M_e$ （c）$M_{T,max} = 3\ kN \cdot m$ （d）$M_{T,max} = -6\ kN \cdot m$

3.2 如题 3.2 图所示阶梯形传动轴,转速 $n = 300\ r/min$,轮 2 的输入功率 $P_2 = 50\ kW$,轮 1 和轮 3 的输出功率分别为 $P_1 = 10\ kW$ 和 $P_3 = 40\ kW$,试绘制该轴的扭矩图。

答 $M_{T,max} = 1.27\ kN \cdot m$

3.3 如题 3.3 图所示传动轴,转速 $n = 350\ r/min$,轮 2 为主动轮,输入功率 $P_2 = 70\ kW$,轮 1,3,4 均为从动轮,输出功率分别为 $P_1 = P_3 = 20\ kW$,$P_4 = 30\ kW$。（1）试画轴的扭矩图;（2）若各轮位置可以互换,试判断怎样布置最合理。

答 $M_{T,max} = 1.36\ kN \cdot m$

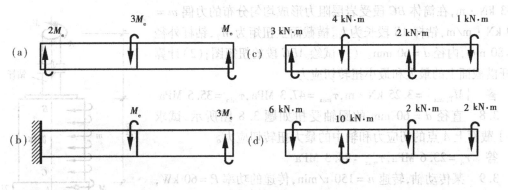

题 3.1 图

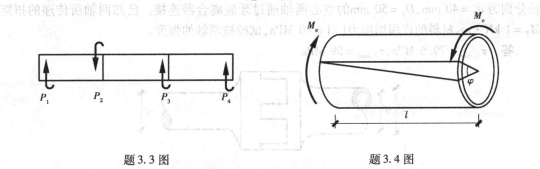

题 3.2 图

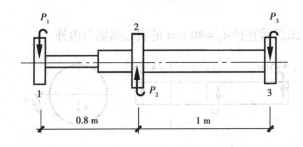

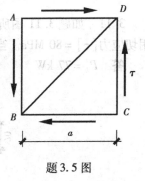

题 3.3 图　　　　　　　　　　题 3.4 图

3.4　薄壁圆筒受力如题 3.4 图所示,其平均半径 $r_0 =$ 30 mm,壁厚 $t = 2$ mm,长度 $l = 300$ mm,当外力偶矩 $M_e =$ 1.2 kN·m 时,测得圆筒两端面之间的扭转角 $\varphi = 0.76°$,试计算横截面上的扭转切应力和圆筒材料的切变模量 G。

答　$\tau = 106$ MPa,$G = 80$ GPa

3.5　受纯剪切的正方形单元体如题 3.5 图所示,已知对角线 BD 的伸长量为 $\dfrac{a}{1\,500}$,材料的切变模量 $G = 80$ GPa,试求切应力 τ。

答　$\tau = 75.4$ MPa

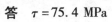

题 3.5 图

3.6　当薄壁圆筒的平均半径 r_0 与壁厚 t 满足条件 $\dfrac{r_0}{t} \geqslant 10$ 时,试证明按式(3.2)计算其扭转切应力的最大误差不超过 4.6%。

3.7　某钻机的筒式钻头如题 3.7 图所示,钻头刀头 C 处作用有外力偶 $M_{eC} =$

2.53 kN·m，在筒体 BC 段受岩层阻力形成均匀分布的力偶 $m =$ 0.9 kN·m/m，钻杆 AB 段长为 l_1，横截面上扭矩为 M_T，钻杆外径 $D = 80$ mm，内径 $d = 60$ mm。（1）试绘 ABC 段的扭矩图；（2）计算钻杆横截面上的最大和最小扭转切应力。

答　$|M_{T,\max}| = 3.25$ kN·m，$\tau_{\max} = 47.3$ MPa，$\tau_{\min} = 35.5$ MPa

3.8　直径 $d = 60$ mm 的圆轴受扭如题 3.8 图所示，试求 Ⅰ-Ⅰ 截面上 A 点的切应力和轴中的最大扭转切应力。

答　$\tau_A = 23.6$ MPa，$\tau_{\max} = 94.3$ MPa

3.9　某传动轴，转速 $n = 150$ r/min，传递的功率 $P = 60$ kW，材料的许用切应力 $[\tau] = 60$ MPa，试设计轴的直径。

答　$d = 68.7$ mm

3.10　如题 3.10 图所示直径 $d_1 = 40$ mm 的实心圆轴与内外

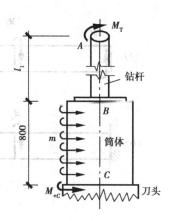

题 3.7 图

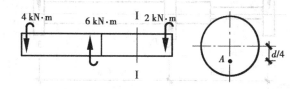

题 3.8 图

径分别为 $d_2 = 40$ mm，$D_2 = 50$ mm 的空心圆轴通过牙嵌离合器连接。已知两轴所传递的扭矩 $M_T = 1$ kN·m，材料的许用切应力 $[\tau] = 80$ MPa，试校核两轴的强度。

答　$\tau_{1,\max} = 79.6$ MPa，$\tau_{2,\max} = 69$ MPa

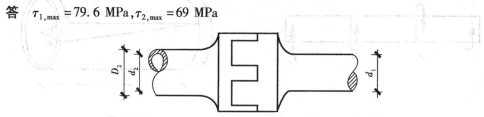

题 3.10 图

3.11　如题 3.11 图所示阶梯形圆轴，轮 2 为主动轮。轴的转速 $n = 100$ r/min，材料的许用切应力 $[\tau] = 80$ MPa。当轴强度能力被充分发挥时，试求主动轮输入的功率 P_2。

答　$P_2 = 77$ kW

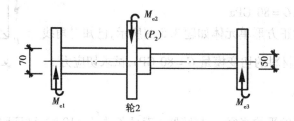

题 3.11 图

3.12　某实心圆轴受扭如题 3.12 图（a）所示，直径为 d，其最大外力偶矩设为 M_{e1}。现将

轴线附近 $d/2$ 范围内的材料去掉,如题 3.12 图(b)所示,试计算此时该轴的最大外力偶矩 M_{e2} 与 M_{e1} 相比减少的百分比。

　　答　6.25%

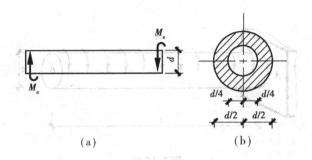

　　　　(a)　　　　　　　　(b)

题 3.12 图

　　3.13　如题 3.13 图所示两空心圆轴通过联接器用 4 个螺栓连接,螺栓对称的安排在直径 $D_1 = 140$ mm 的圆周上。已知轴的外径 $D = 80$ mm,内径 $d = 60$ mm,螺栓的直径 $d_1 = 12$ mm,轴 的许用切应力 $[\tau] = 40$ MPa,螺栓的许用切应力 $[\tau'] = 80$ MPa,试计算该轴许用外力偶矩。

　　答　轴: $[M_e] = 2.75$ kN·m,联接器: $[M_e] = 2.53$ kN·m

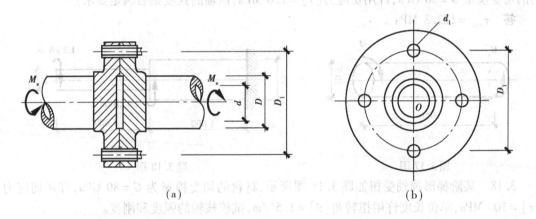

　　　　(a)　　　　　　　　　　(b)

题 3.13 图

　　3.14　如题 3.14 图所示一实心圆轴,直径 $d = 100$ mm,外力偶矩 $M_e = 6$ kN·m,材料的切 变模量 $G = 80$ GPa,试求截面 B 相对于截面 A 以及截面 C 相对于截面 A 的相对扭转角。

　　答　$\varphi_{AB} = 0.011$ rad, $\varphi_{AC} = 0.008$ rad

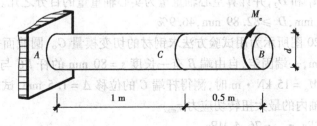

题 3.14 图

3.15　如题 3.15 图所示一直径为 d 的实心圆轴,长度为 l,A 端固定,B 端自由,在长度方向受分布力偶 m 作用发生扭转变形。已知材料的切变模量为 G,试求 B 端的扭转角。

答　$\dfrac{16ml^2}{\pi Gd^4}$

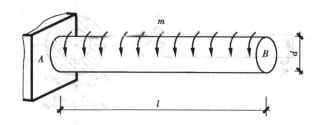

题 3.15 图

3.16　某传动轴,转速 $n = 150$ r/min,传递的功率 $P = 60$ kW,材料的切变模量为 $G = 80$ GPa,轴的单位长度许用扭转角 $[\theta] = 0.5°/m$,试设计轴的直径。

答　$d \geqslant 86.4$ mm

3.17　如题 3.17 图所示受扭圆截面轴,已知两端面之间的扭转角 $\varphi = 2.445 \times 10^{-2}$ rad,材料的切变模量 $G = 80$ GPa,许用切应力 $[\tau] = 120$ MPa,该轴的强度是否满足要求?

答　$\tau_{max} = 122.3$ MPa

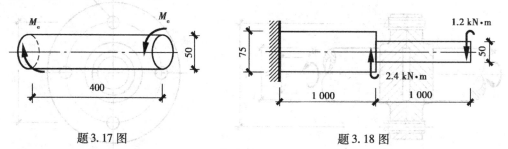

题 3.17 图　　　　　　　　　　　　　　　题 3.18 图

3.18　某阶梯形圆轴受扭如题 3.18 图所示,材料的切变模量为 $G = 80$ GPa,许用切应力 $[\tau] = 100$ MPa,单位长度许用扭转角 $[\theta] = 1.5°/m$,试校核轴的强度和刚度。

答　$\tau_{max} = 48.9$ MPa,$\theta_{max} = 1.4°/m$

3.19　某钢制等截面圆轴,传递的力偶矩 $M_e = 1.91$ kN·m,材料的许用切应力 $[\tau] = 60$ MPa,切变模量为 $G = 80$ GPa,轴工作时单位长度许用扭转角 $[\theta] = 0.5°/m$。设计此轴拟用两种方案:方案 Ⅰ 将轴设计成直径为 d_1 的实心轴;方案 Ⅱ 则设计成内外直径 $d_2/D_2 = 0.8$ 的空心轴。试分别确定 d_1 和 D_2,并计算空心轴重量为实心轴重量的百分之几。

答　$d_1 \geqslant 72.66$ mm,$D_2 \geqslant 82.89$ mm,46.9%

3.20　如题 3.20 图所示为用试验方法求钢材的切变模量 G。圆截面等直钢轴 AB 长 $l = 1$ m,直径 $d = 100$ mm,一端固定,自由端 B 有一长度 $s = 80$ mm 的杆 BC 与钢轴连成整体。现在自由端加力偶矩 $M_e = 15$ kN·m 时,测得杆端 C 的位移 $\Delta = 1.5$ mm,试求:(1)钢轴材料的切变模量 G;(2)钢轴内的最大扭转切应力 τ_{max}。

答　$G = 81.5$ GPa,$\tau_{max} = 76.4$ MPa

3.21　锥形杆如题 3.21 图所示,设锥度不大,两端的直径分别为 d_1 和 d_2,杆长为 l,沿杆的轴线作用有均匀分布的力偶,其集度为 m,试计算两端截面间的相对扭转角 φ。

答 $\varphi = \dfrac{16ml^2}{3\pi Gd_1^2 d_2^2}\left(1 + 2\dfrac{d_2}{d_1}\right)$

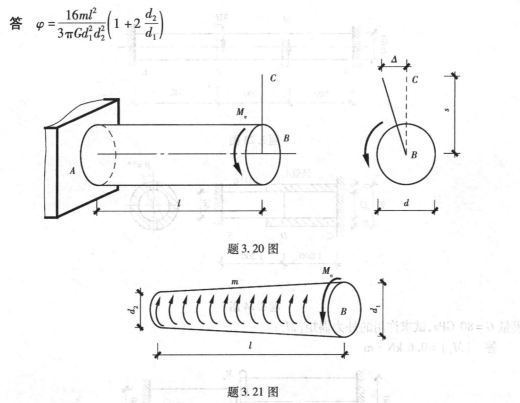

题 3.20 图

题 3.21 图

3.22 如题 3.22 图所示等截面圆轴,材料的切变模量 $G = 80$ GPa,试计算截面 C 的扭转角 φ_C。

答 $\varphi_C = 5.30 \times 10^{-3}$ rad

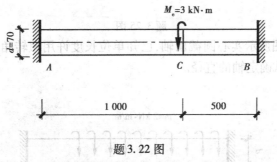

题 3.22 图

3.23 如题 3.23 图所示等截面圆轴,材料的切变模量 $G = 80$ GPa,许用切应力 $[\tau] = 50$ MPa,单位长度许用扭转角 $[\theta] = 0.35°/\text{m}$。试确定许用的外力偶矩 $[M_e]$。

答 $[M_e] = 0.41$ kN·m

3.24 如题 3.24 图所示空心圆管 A 套在实心圆杆 B 的一端,两杆在截面 D 处各有一直径相同的贯穿孔,但两杆上孔中心线间有夹角 β。现在杆 B 上施加外力偶使杆 B 扭转,当两孔对准后装上销钉再卸去施加在 B 杆上的外力偶,若已知材料的切变模量 $G = 80$ GPa,且假设销钉是刚性的,试求作用于杆 A 和杆 B 截面上的扭矩。

答 $M_T = 0.74$ kN·m

3.25 如题 3.25 图所示阶梯形圆轴的单位长度许用扭转角 $[\theta] = 0.35°/\text{m}$,材料的切变

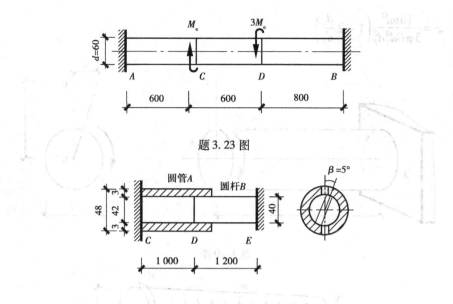

题 3.23 图

题 3.24 图

模量 $G = 80$ GPa,试求许用的外力偶矩 $[M_e]$。

答 $[M_e] = 0.6$ kN·m

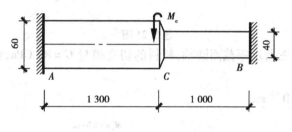

题 3.25 图

3.26 如题 3.26 图所示实心圆截面轴,已知单位长度许用扭转角 $[\theta] = 0.5°/m$,材料的切变模量 $G = 80$ GPa,试确定轴的直径。

答 $d = 62$ mm

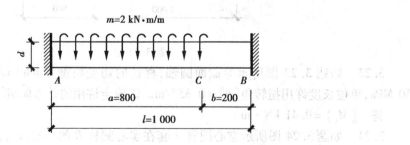

题 3.26 图

3.27 某结构如题 3.27 图所示,AB 圆轴的长度为 a,其抗扭刚度为 GI_p,杆 CD 和杆 FG 的抗拉刚度为 EA,长度也为 a,外力偶矩为 M_e。圆轴与横梁牢固结合,垂直相交;立杆与横梁铰接,也垂直相交;横梁可视为刚体。试求杆的轴力 F_N 以及圆轴所受的扭矩 M_T。

答 $F_{N} = \dfrac{M_{e}aEA}{GI_{p}+2a^{2}EA}, M_{T} = \dfrac{GI_{p}}{aEA} \cdot F_{N}$

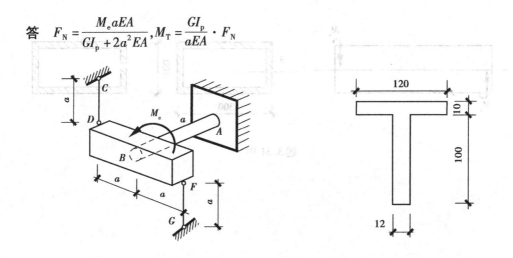

题 3.27 图 题 3.29 图

3.28 有一矩形截面轴,横截面尺寸 100 mm × 60 mm,长度 $l = 1.8$ m,轴在两端受一对力偶 M_{e} 作用而扭转,已知材料的切变模量 $G = 80$ GPa,许用切应力 $[\tau] = 60$ MPa,单位长度许用扭转角 $[\theta] = 1.0°/$m。试确定许用的外力偶矩 $[M_{e}]$。

答 $[M_{e}] = 5.12$ kN · m

3.29 如题 3.29 图所示 T 形截面杆,长 $l = 1.5$ m,材料的切变模量 $G = 80$ GPa,两端受一对力偶 $M_{e} = 0.25$ kN · m 作用而发生扭转,试求:(1)此杆的最大切应力 τ_{max} 及两端截面间的扭转角 φ;(2)作图表示沿横截面周边和壁厚方向切应力的分布情况。

答 $\tau_{max} = 30.7$ MPa,$\varphi = 4.8 \times 10^{-2}$ rad

3.30 某一受扭闭口薄壁杆件,其截面为矩形。设杆的截面面积 A 和壁厚 t 不变,当截面分别为如题 3.30 图(a)所示正方形和题 3.30 图(b)所示长方形时,为在强度方面比较截面的合理性,(1)试求两种情况下杆的许用扭矩 $[M_{T,a}]$ 与 $[M_{T,b}]$ 的比值;(2)做简单讨论。

答 $\dfrac{[M_{T,a}]}{[M_{T,b}]} = \dfrac{(1+\beta)^{2}}{4\beta}$

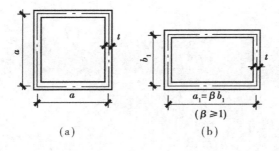

(a) (b)

题 3.30 图

3.31 箱形薄壁截面等直杆,在两端作用外力偶发生扭转变形,材料的许用切应力 $[\tau] = 60$ MPa。(1)试确定许用外力偶矩 $[M_{e}]$;(2)如果在杆件上沿纵向切开一条缝以后,试计算此时的许用外力偶矩 $[M_{e}']$。

答 $[M_{e}] = 10.37$ kN · m,$[M_{e}'] = 0.142$ kN · m

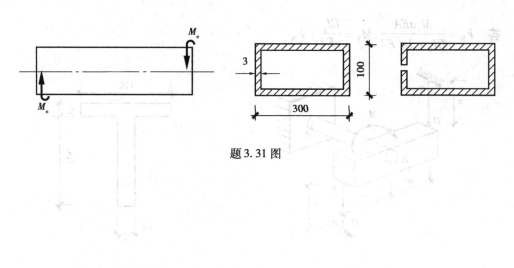

题 3.31 图

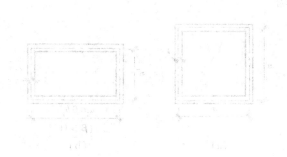

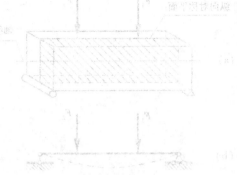

第 **4** 章
梁的内力

4.1 概　述

4.1.1　弯曲变形的概念和实例

　　杆件的弯曲变形是工程中最常见的一种基本变形形式。例如,房屋建筑中的楼板梁要承受楼板传来的荷载(见图 4.1)、火车轮轴要承受车厢荷载(见图 4.2)、水槽壁要承受水压力(见图 4.3),这些荷载的方向都与构件的轴线相垂直,故称为**横向荷载**。在这样的荷载作用下,杆的两相邻横截面将绕垂直于杆轴线的轴发生相对转动,其轴线由原来的直线变成曲线,这种变形形式称为**弯曲**(bending)。凡是以弯曲变形为主要变形的杆件称为**梁**(beam)。

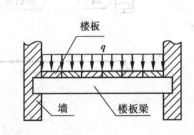

图 4.1

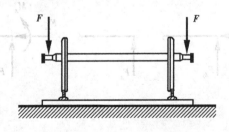

图 4.2

　　工程中常用的梁其横截面多采用对称形状,如矩形、工字形、T 形等,这类梁至少具有一个包含轴线的纵向对称面,而荷载一般是作用在梁的同一个纵向对称面内(见图 4.4),在这种情况下,梁发生弯曲变形的特点是:梁变形后轴线仍位于同一平面内,即梁变形后轴线为一条平面曲线,这类弯曲称为**对称弯曲**(symmetry bending)。对称弯曲是平面弯曲的一种特殊形式。平面弯曲是弯曲问题最基本的形式,其定义见 6.6。

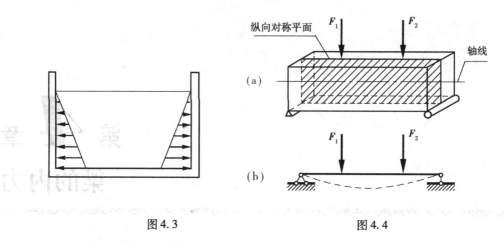

图 4.3   图 4.4

4.1.2　梁的计算简图及分类

为了方便强度、刚度分析和计算,常把梁的几何形状、荷载、支承等作合理的简化,得到的力学模型称为**计算简图**。发生平面弯曲的等截面直梁,由于其外力为作用在梁纵向对称面内的平面力系,因此,计算简图中梁可用其轴线来表示;荷载可以简化为集中力、集中力偶、分布力、分布力偶等;梁的支座按其对梁在荷载作用平面的约束情况,一般简化为固定铰支座、可动铰支座、固定端等形式,如图 4.5 所示。需要注意的是,支座的简化往往与工程中对计算的精度要求、或与支座对梁的约束情况有关。例如,图 4.6(a)中两端搁置在砖墙上的梁,虽两端支座外形像固定端,但不能完全限制梁在墙内部分的微小转动,因此可简化为铰支座,如图 4.6(b)所示。

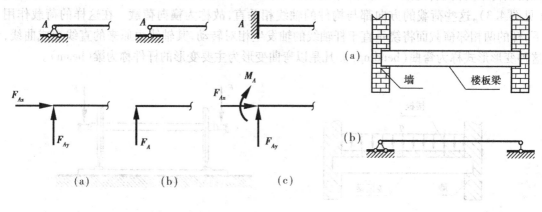

图 4.5   图 4.6

工程上根据支座条件的不同把简单支承梁分为以下 3 种:

①简支梁:一端为固定铰支座,另一端为可动铰支座,如图 4.7(a)所示。

②外伸梁:简支梁的一端或两端伸出支座以外,如图 4.7(b)、图 4.7(c)所示。

③悬臂梁:一端为固定端,一端为自由端,如图 4.7(d)所示。

这 3 种梁的支座反力均可由静力平衡方程确定,是静定梁。

梁在两支座间的部分称为**跨**,其长度称为**跨度**或**跨长**。静定梁可分为单跨静定梁和多跨静定梁。简支梁、外伸梁、悬臂梁都是单跨静定梁。如图 4.7(e)所示的梁为多跨静定梁。工

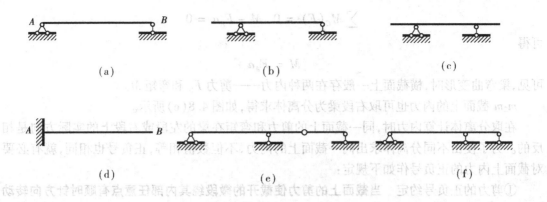

(a)　　　　　　　　　　(b)　　　　　　　　　　(c)

(d)　　　　　　　　　　(e)　　　　　　　　　　(f)

图 4.7

程上为了提高梁的强度和刚度,常采用增加支座的办法来减小跨度。一根梁设置了较多的支座后,约束反力的个数将大于独立平衡方程的个数,仅靠静力平衡方程求不出所有的约束反力和内力,这种梁称为**超静定梁**(见图 4.7(f)),将在第 7 章中介绍。

4.2　梁的内力——剪力和弯矩

为了分析和计算梁的强度与刚度,必须首先研究梁的内力及其沿横截面位置的变化规律。下面讨论梁在外力作用下,横截面上将产生哪些内力以及这些内力如何计算。

研究梁的内力仍采用截面法。如图 4.8(a)所示简支梁受力后处于平衡状态,已求得支反力为 F_A,F_B,现讨论距支座 A 为 a 处的 m-m 截面上的内力。用一假想的垂直于梁轴线的平面将梁截为两段,取左段为分离体,如图 4.8(b)所示。在分离体上除作用有反力 F_A 外,在截开的横截面上还有右段梁对左段梁的作用,此作用就是梁该横截面上的内力。梁原来是平衡的,截开后的每段梁也应该是平衡的。根据 $\sum F_y = 0$ 可知,在 m-m 截面上必有一作用线与 F_A 平行而指向相反的内力分量,该内力分量就是横截面上的剪力 F_S,由平衡方程

$$\sum F_y = 0, \quad F_A - F_S = 0$$

可得

$$F_S = F_A$$

由于外力 F_A 与剪力 F_S 形成一力偶,因此,根据左段梁的平衡,m-m 截面上必有一与其相平衡的内力偶,该内力偶的矩就是该横截面上的弯矩 M。对 m-m 截面的形心 C 点列力矩方程,得

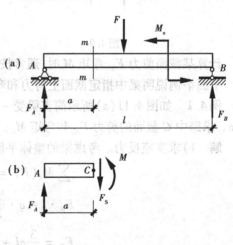

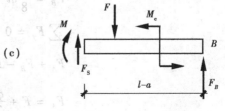

图 4.8

$$\sum M_C(F) = 0, \ M - F_A a = 0$$

可得

$$M = F_A a$$

可见，梁弯曲变形时，横截面上一般存在两种内力——剪力 F_S 和弯矩 M。

m-m 截面上的内力也可取右段梁为分离体求得，如图 4.8(c) 所示。

在取分离体计算内力时，同一截面上的剪力和弯矩在梁的左段或右段上的实际方向是相反的。为了使由不同分离体求出同一截面上的内力，不但数值相等，正负号也相同，就有必要对截面上内力的正负号作如下规定：

①剪力的正负号约定　当截面上的剪力使截开的微段绕其内部任意点有顺时针方向转动趋势时为正（见图 4.9(a)），反之为负（见图 4.9(b)）。

②弯矩的正负号约定　当截面上的弯矩使截开微段向下凸时（即下边受拉，上边受压）的弯矩为正（见图 4.10(a)），反之为负（见图 4.10(b)）。

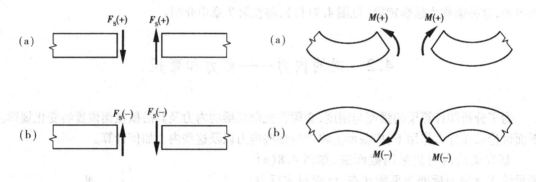

图 4.9　　　　　　　　　　　　　　　　图 4.10

计算某截面剪力 F_S、弯矩 M 时，通常按正方向假设。

下面举例说明梁中指定截面上剪力和弯矩的计算方法和步骤。

例 4.1　如图 4.11(a) 所示简支梁受一个集中力 F 和集度为 q 的均布荷载作用。已知 $l = 4$ m。求跨中 C 截面的剪力 F_{SC} 和弯矩 M_C。

解　1) 求支座反力。考虑梁的整体平衡

$$\sum M_A(F) = 0$$

$$F_B \cdot l - q \cdot \frac{l}{2} \cdot \frac{3l}{4} - F \cdot \frac{l}{4} = 0$$

$$F_B = \frac{3}{8}ql + \frac{F}{4} = 4.25 \ \text{kN}$$

$$\sum F_y = 0$$

$$F_A + F_B - F - \frac{ql}{2} = 0$$

$$F_A = F + \frac{ql}{2} - F_B = 4.75 \ \text{kN}$$

2) 求截面 C 的剪力 F_{SC} 与弯矩 M_C。取截面 C 左侧梁段为分离体，如图 4.11(b) 所示。由平衡方程，得

$$\sum F_y = 0, F_A - F - F_{SC} = 0$$

$$F_{SC} = F_A - F = -0.25 \text{ kN（负号说明与假设的方向相反）}$$

$$\sum M_C(F) = 0$$

$$M_C + F \cdot \frac{l}{4} - F_A \cdot \frac{l}{2} = 0$$

$$M_C = F_A \cdot \frac{l}{2} - \frac{Fl}{4} = 4.5 \text{ kN} \cdot \text{m}$$

或者，取截面 C 右侧梁段为分离体，如图 4.11(c)所示。由平衡方程，得

$$\sum F_y = 0, F_{SC} - q \cdot \frac{l}{2} + F_B = 0$$

$$F_{SC} = \frac{ql}{2} - F_B = -0.25 \text{ kN}$$

$$\sum M_C(F) = 0, -M_C - q \cdot \frac{l}{2} \cdot \frac{l}{4} + F_B \cdot \frac{l}{2} = 0$$

$$M_C = F_B \cdot \frac{l}{2} - \frac{ql^2}{8} = 4.5 \text{ kN} \cdot \text{m}$$

通过上例分析，求梁指定截面上的内力的方法归纳为两条结论：

①**剪力**：梁任一横截面上的剪力在数值上等于该截面一侧梁段上所有外力在平行于截面方向投影的代数和。其中外力正负号选取规律为：横截面左侧梁段上向上的外力取正，横截面右侧梁段上向下的外力取正；反之取负。简记为左上右下取正，反之取负。

②**弯矩**：梁任一横截面上的弯矩在数值上等于该截面一侧梁段上所有外力对该截面形心的力矩的代数和。其中外力对横截面形心之矩正负号选取规律为：

a. 力——不论横截面左侧还是右侧，只要向上就取正，反之取负。

b. 力偶——横截面左侧顺时针或右侧逆时针取正，反之取负。

利用上述结论，可以不画分离体的受力图、不列平衡方程，直接得出横截面的剪力和弯矩。这种方法称为**直接法**。直接法将在以后求指定截面内力中被广泛使用。

例 4.2　图 4.12(a)所示悬臂梁，受集中力 F 及集中力偶 M_e 作用。试确定截面 C、截面 D 及截面 E 的剪力和弯矩。

解　1)求截面 C 的剪力 F_{SC} 和弯矩 M_C。取截面 C 右侧梁段为分离体，如图 4.12(b)所示。由平衡方程，得

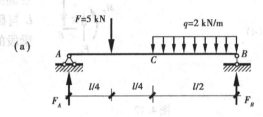
(a)

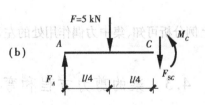
(b)

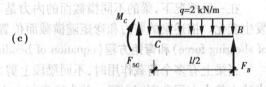
(c)

图 4.11

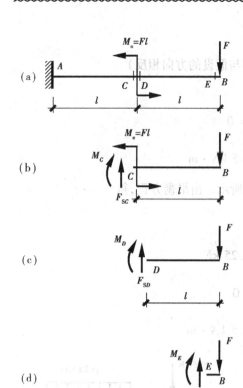

图 4.12

$$\sum F_y = 0, F_{SC} - F = 0$$

$$F_{SC} = F$$

$$\sum M_C(F) = 0 \qquad -M_C + M_e - F \cdot l = 0$$

$$M_C = 0$$

2）求截面 D 的剪力 F_{SD} 和弯矩 M_D。取截面 D 右侧梁段为分离体，如图 4.12（c）所示。由平衡方程，得

$$\sum F_y = 0, F_{SD} - F = 0$$

$$F_{SD} = F$$

$$\sum M_D(F) = 0,$$

$$-M_D - F \cdot l = 0$$

$$M_D = -Fl$$

3）求截面 E 的剪力 F_{SE} 和弯矩 M_E。仍取截面 E 右侧梁段为研究对象，如图 4.12（d）所示。由于截面 E 与截面 B 无限接近，且位于截面 B 的左侧，故所截梁段的长度 $\Delta \approx 0$。由平衡方程，得

$$\sum F_y = 0, F_{SE} - F = 0$$

$$F_{SE} = F$$

$$\sum M_E(F) = 0, -M_E - F \cdot \Delta = 0$$

$$M_E = -F \cdot \Delta = 0$$

通过上例分析可知，集中力偶作用处的左、右相邻截面上的剪力相等，但弯矩不相等。

4.3 梁的剪力方程和弯矩方程·剪力图和弯矩图

在一般情况下，梁的不同横截面的内力是不同的，即剪力和弯矩是随横截面位置的改变而发生变化。描述梁的剪力和弯矩随横截面位置变化的代数方程，分别称为**剪力方程**（equation of shearing force）和**弯矩方程**（equation of bending moment）。

当梁上有多个荷载作用时，不同梁段上剪力、弯矩的变化规律往往是不相同的，需要分段来建立剪力方程和弯矩方程。首先确定剪力方程和弯矩方程的分段数，其分段原则是：确保每段方程的函数图像连续、光滑。具体而言，分段位置为梁上集中力、集中力偶的作用截面、分布荷载起点和终点截面以及支座截面处，这些截面也称为**控制截面**；其次，在梁轴上选定各段的 x 坐标原点及正向；最后，用截面法写出各段任意横截面上的剪力 $F_S(x)$，$M(x)$ 表达式，并标注 x 的区间。

为了形象地表示内力随横截面位置的变化规律，通常将剪力、弯矩沿轴线的变化情况用图形来表示，这种表示剪力和弯矩变化规律的图形分别称为**剪力图**（shearing force diagram）和**弯矩图**（bending moment diagram）。

剪力图、弯矩图都是函数图形，其横坐标表示梁的横截面位置，纵坐标表示相应横截面的剪力值、弯矩值。值得注意的是：土建类行业，**将弯矩图绘在梁受拉的一侧**。考虑到剪力、弯矩的正负符号规定，默认剪力图、弯矩图的坐标系如图4.13所示。

下面通过几个例题说明剪力方程、弯矩方程的建立，以及利用剪力方程和弯矩方程来绘制剪力图、弯矩图的方法。

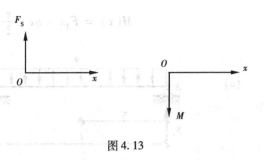

图 4.13

例 4.3　如图 4.14（a）所示悬臂梁，在自由端作用荷载 F，试画此梁的剪力图和弯矩图。

解　1）建立剪力方程、弯矩方程。此梁不需分段。按上节求指定截面内力的方法，取距左端为 x 的任一横截面 $m\text{-}m$，此截面的剪力和弯矩表达式分别为

$$F_S(x) = -F \quad (0 < x < l)$$

$$M(x) = -Fx \quad (0 \leqslant x \leqslant l)$$

2）绘剪力图和弯矩图。

由剪力方程可知，当 $0 < x < l$ 时（即 AB 段上），剪力为常数，因此剪力图为一条水平的直线；由弯矩方程可知，AB 梁段上沿着轴线方向弯矩呈线性变化，因此，弯矩图为一条斜直线，只需求出两个端截面上的弯矩值即可绘出弯矩图。

①作平行于梁轴线的基线。

②计算控制截面的剪力值和弯矩值。

当 $x = 0$ 时，$F_S(0) = -F$，$M(0) = 0$

当 $x = l$ 时，$F_S(l) = -F$，$M(l) = -Fl$

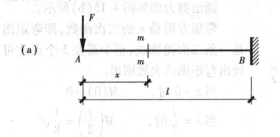

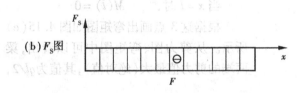

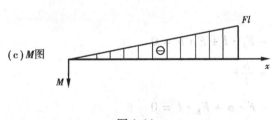

图 4.14

③根据剪力方程、弯矩方程及控制截面上的内力值绘剪力图和弯矩图，如图 4.14（b）、图 4.14（c）所示。

例 4.4　承受均布荷载的简支梁如图 4.15（a）所示，试画此梁的剪力图和弯矩图。

解　1）求支座反力。$F_A = F_B = \dfrac{1}{2}ql$

2）建立剪力方程和弯矩方程。梁只用分一段，即 AB 段。距左端为 x 的任一横截面的剪力和弯矩表达式分别为

$$F_S(x) = F_A - qx = q\left(\frac{l}{2} - x\right) \quad (0 < x < l)$$

$$M(x) = F_A x - qx \cdot \frac{x}{2} = \frac{q}{2}x(l-x) \quad (0 \le x \le l)$$

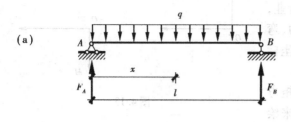

(a)

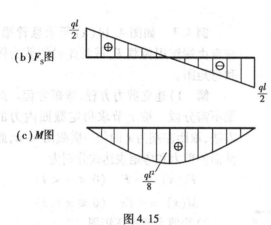

(b) F_S 图

(c) M 图

图 4.15

3）绘剪力图和弯矩图。

剪力表达式是 x 的一次函数，只要确定直线上的两个点，便可画出此直线。

当 $x = 0$ 时，$F_S(0) = \dfrac{ql}{2}$

当 $x = l$ 时，$F_S(l) = -\dfrac{ql}{2}$

画出剪力图如图 4.15(b) 所示。

弯矩方程是 x 的二次函数，即弯矩图是一条二次抛物线，至少需要 3 个点才可画出弯矩图的大致图形。

当 $x = 0$ 时，$\qquad M(0) = 0$

当 $x = \dfrac{l}{2}$ 时，$\qquad M\left(\dfrac{l}{2}\right) = \dfrac{1}{8}ql^2$

当 $x = l$ 时，$\qquad M(l) = 0$

根据这 3 点画出弯矩图如图 4.15(c) 所示。从剪力图、弯矩图中可以看出，梁两端的剪力值最大（绝对值），其值为 $ql/2$，跨中央弯矩最大，其值为 $ql^2/8$。

例 4.5 图 4.16(a) 所示简支梁 AB，在截面 C 处作用一集中力 F，试画此梁的剪力图和弯矩图。

解 1）求支座反力。

$$\sum M_B(F) = 0, \quad -F_A \cdot l + F \cdot b = 0$$

$$F_A = \frac{b}{l}F$$

$$\sum M_A(F) = 0, \quad -F \cdot a + F_B \cdot l = 0$$

$$F_B = \frac{a}{l}F$$

2）建立剪力方程、弯矩方程。由于在截面 C 处有集中力 F 作用，必须以点 C 为界，分为 AC，CB 两段分别来列内力表达式，分段画内力图。

AC 段：$F_S(x_1) = F_A = \dfrac{b}{l}F \qquad (0 < x_1 < a)$

$\qquad M(x_1) = F_A \cdot x_1 = \dfrac{b}{l}Fx_1 \qquad (0 \le x_1 \le a)$

CB 段：$F_S(x_2) = -F_B = -\dfrac{a}{l}F \qquad (a < x_2 < l)$

$\qquad M(x_2) = F_B(l - x_2) = \dfrac{a}{l}F(l - x_2) \qquad (a \le x_2 \le l)$

3）绘剪力图和弯矩图。先计算控制截面的内力值

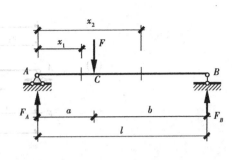

当 $x_1 = 0$ 时，$F_S(0) = \dfrac{b}{l}F$，$M(0) = 0$

当 $x_1 \to a$（C 左侧）时，$F_S(a) = \dfrac{b}{l}F$，

$M(a) = \dfrac{ab}{l}F$

当 $x_2 \to a$（C 右侧）时，$F_S(a) = -\dfrac{a}{l}F$，

$M(a) = \dfrac{ab}{l}F$

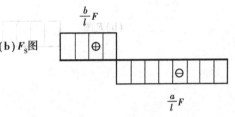

（b）F_S 图

当 $x_2 = l$ 时，$F_S(l) = -\dfrac{a}{l}F$，$M(l) = 0$

根据这些特殊截面的剪力值、弯矩值画出剪力图和弯矩图如图 4.16（b）、图 4.16（c）所示。

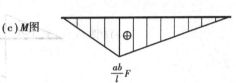

（c）M 图

结论：在集中力作用截面处剪力图发生突变，突变值等于该集中力的大小；弯矩图虽然连续，但不光滑，有一个尖角存在，且尖角

图 4.16

的朝向与集中力的指向一致。实际上，所谓的集中力不可能"集中"作用于一点，而是作用在一个微段 Δx 上分布力的简化的结果（见图 4.17（a）），若将分布力视为 Δx 范围内均匀分布，则该微段的剪力图将按直线规律连续变化（见图 4.17（b））。

例 4.6 如图 4.18（a）所示简支梁承受集中力偶 M_e 作用，试画此梁的剪力图和弯矩图。

解 1）求支座反力。

$$F_A = F_B = \frac{M_e}{l}$$

2）建立剪力方程和弯矩方程。与上例一样，需分段建立方程。

AC 段：$F_S(x_1) = -F_A = -\dfrac{M_e}{l}$（$0 < x_1 \leqslant a$）

$M(x_1) = -F_A \cdot x_1 = -\dfrac{M_e}{l}x_1$（$0 \leqslant x_1 < a$）

CB 段：$F_S(x_2) = -F_B = -\dfrac{M_e}{l}$（$a \leqslant x_2 < l$）

$M(x_2) = F_B \cdot (l - x_2) = \dfrac{M_e}{l}(l - x_2)$（$a < x_2 \leqslant l$）

图 4.17

3）绘剪力图和弯矩图。先计算控制截面的内力值

当 $x_1 = 0$ 时，$F_S(0) = -\dfrac{M_e}{l}$，$M(0) = 0$

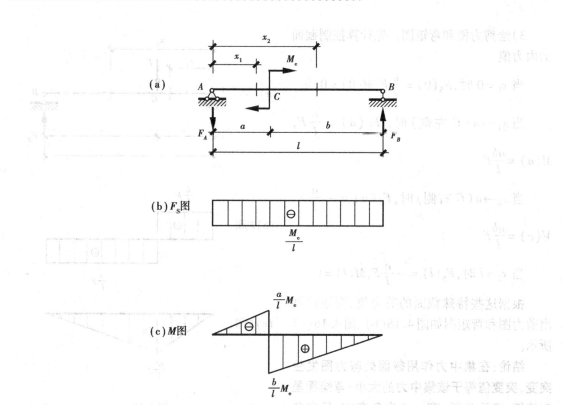

图 4.18

当 $x_1 \rightarrow a$（左侧）时，$F_S(a) = -\dfrac{M_e}{l}$，$M(a) = -\dfrac{a}{l}M_e$

当 $x_2 \rightarrow a$（右侧）时，$F_S(a) = -\dfrac{M_e}{l}$，$M(a) = \dfrac{b}{l}M_e$

当 $x_2 = l$ 时，$F_S(l) = -\dfrac{M_e}{l}$，$M(l) = 0$

根据这些控制截面的内力值，画出剪力图和弯矩图如图 4.18(b)、图 4.18(c)所示。

结论：在集中力偶作用截面处，剪力不变，弯矩图发生突变，实变值等于该力偶的力偶矩。

由以上各例可归纳出作剪力图、弯矩图的步骤如下：

①求支座反力。

②正确分段，分别列出各段的剪力方程、弯矩方程。

③根据各段剪力方程和弯矩方程，计算控制截面的剪力值和弯矩值，按照剪力方程和弯矩方程绘出剪力图和弯矩图。

4.4 弯矩、剪力与荷载集度之间的微分关系和积分关系

上一节中通过列剪力方程、弯矩方程来绘制剪力图、弯矩图的方法是绘制剪力图、弯矩图的一种最基本的方法。但是，对受力较复杂的梁，用这种方法来绘制内力图计算过程较为繁

琐,本节将通过对弯矩、剪力与荷载集度之间微分关系和积分关系的分析,介绍一种较为简便的方法来绘制剪力图、弯矩图。

4.4.1　弯矩、剪力与荷载集度之间的微分关系

考察仅在 Oxy 平面内有外力的情形,设梁上作用有任意分布荷载,如图 4.19(a)所示,其集度 $q(x)$ 为 x 的连续函数,假设荷载集度 $q(x)$ 向上为正。

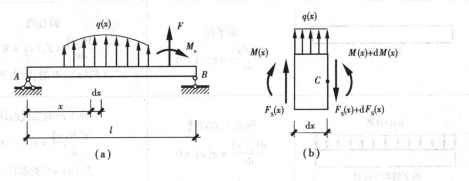

图 4.19

用坐标为 x 和 $x + dx$ 的两个相邻横截面从受力的梁上截取长度为 dx 的微段,如图 4.19(b)所示。设 x 处横截面上的剪力和弯矩分别为 $F_S(x)$ 和 $M(x)$,当坐标 x 有一增量 dx 时,弯矩和剪力的相应增量为 $dF_S(x)$ 和 $dM(x)$,因此,$x + dx$ 处横截面上的剪力和弯矩分别 $F_S(x) + dF_S(x)$ 和 $M(x) + dM(x)$。设微段上的这些内力都取正值,且微段内无集中力和集中力偶。又由于 dx 为无穷小距离,因此,微段梁上的分布荷载可以看成是均匀分布的。

考察微段的平衡,由平衡方程

$$\sum F_y = 0, F_S(x) + q(x)dx - \left[F_S(x) + dF_S(x) \right] = 0$$

$$\sum M_C(F) = 0, -M(x) - F_S(x)dx - q(x)dx\left(\frac{dx}{2}\right) + \left[M(x) + dM(x) \right] = 0$$

略去二次微量,整理得

$$\frac{dF_S(x)}{dx} = q(x) \tag{4.1}$$

$$\frac{dM(x)}{dx} = F_S(x) \tag{4.2}$$

由式(4.1)、式(4.2)两式又可得

$$\frac{d^2M(x)}{dx^2} = q(x) \tag{4.3}$$

即弯矩方程对 x 的一阶导数在某截面的取值等于该截面上的剪力。剪力方程对 x 的一阶导数在某截面的取值等于该截面处分布荷载的集度。

以上 3 个方程即为梁内弯矩、剪力与荷载集度之间的微分关系。

因为一阶导数的几何意义是代表曲线的切线斜率,故 $\dfrac{dF_S(x)}{dx}$ 与 $\dfrac{dM(x)}{dx}$ 分别代表剪力图与弯矩图的切线斜率。$\dfrac{dF_S(x)}{dx} = q(x)$ 表明:**剪力图中曲线上各点的切线斜率等于梁上各相应位**

置分布荷载的集度。$\dfrac{\mathrm{d}M(x)}{\mathrm{d}x}=F_S(x)$ 表明：弯矩图中曲线上各点的切线斜率等于梁上各相应截面上的剪力。此外，二阶导数的正、负可以用来判定曲线的凹凸。

根据上述微分关系及其几何意义，剪力图、弯矩图的一些规律列成表4.1。

表4.1 几种常见荷载作用下梁段的剪力图与弯矩图的特征表

梁段上外力情况	剪力图特征	弯矩图特征
无外力段	水平线 $\dfrac{\mathrm{d}F_S(x)}{\mathrm{d}x}=q(x)=0$	斜直线 $\dfrac{\mathrm{d}M(x)}{\mathrm{d}x}=F_S(x)=$常数 （$F_S(x)=0$ 时，为水平线）
$q(x)=$常数 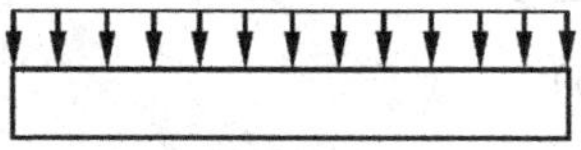 向下的均布荷载	斜向下的直线 $\dfrac{\mathrm{d}F_S(x)}{\mathrm{d}x}=q(x)<0$	向下凸的二次曲线 $\dfrac{\mathrm{d}^2M(x)}{\mathrm{d}x^2}=q(x)<0$ $F_S(x)=0$ 处取极值
$q(x)=$常数 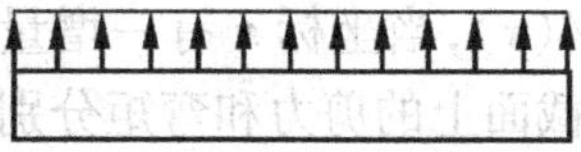 向上的均布荷载	斜向上的直线 $\dfrac{\mathrm{d}F_S(x)}{\mathrm{d}x}=q(x)>0$	向上凸的二次曲线 $\dfrac{\mathrm{d}^2M(x)}{\mathrm{d}x^2}=q(x)>0$ $F_S(x)=0$ 处取极值
F 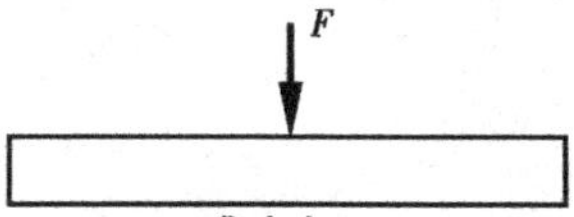 集中力	F 作用处发生突变，突变值等于 F 值	F 作用处连续但不光滑，有尖角，且尖角的朝向与 F 的指向一致
M_e 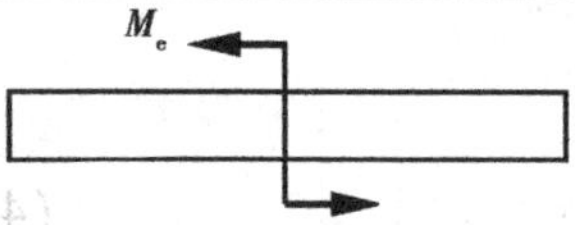 集中力偶	M_e 作用处无变化	M_e 作用处发生突变，突变值等于 M_e
举例	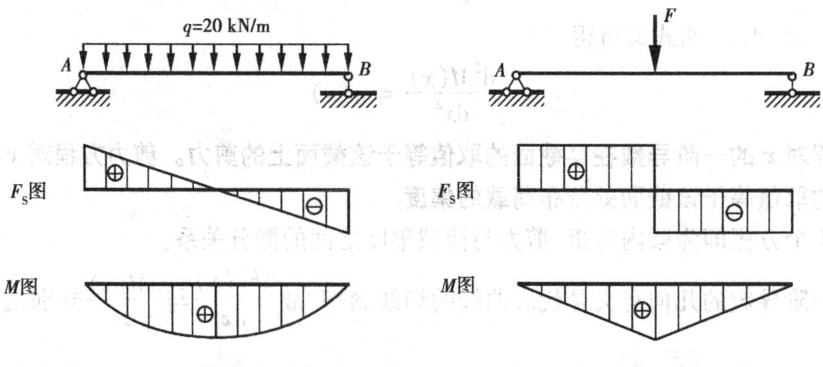	

续表

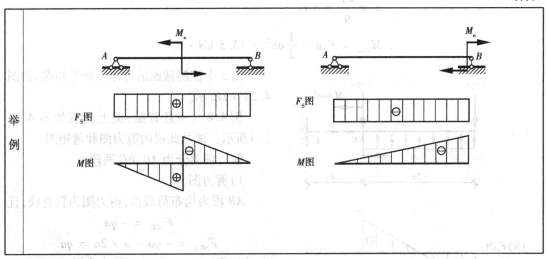

　利用弯矩、剪力与荷载集度之间的微分关系,可以不必写出剪力方程和弯矩方程,用一种较为简便的方法来绘制剪力图、弯矩图。首先根据梁上的外力情况,判断各段剪力图和弯矩图的几何形状,然后再利用直接法确定梁的控制截面的剪力值和弯矩值,就可画出梁的剪力图和弯矩图。

　例4.7　一简支梁,尺寸及梁上荷载如图4.20(a)所示。试画此梁的剪力图和弯矩图。

　解　由平衡条件求得支座反力为

$$F_A = 3 \text{ kN} \qquad F_C = 9 \text{ kN}$$

该梁分为 AB,BC 两段。

　1)剪力图。

AB 段为无外力区段,剪力图为水平直线,且

$$F_S = F_A = 3 \text{ kN}$$

BC 段为均布荷载段,剪力图为斜直线,且

$$F_{SB} = 3 \text{ kN} \qquad F_{SC左} = -9 \text{ kN}$$

画出剪力图如图4.20(b)所示。

　2)弯矩图。

AB 段为无外力区段,弯矩图为斜直线。且

$$M_A = 0, \qquad M_{B左} = F_A \times 2 \text{ m} = 6 \text{ kN} \cdot \text{m}$$

BC 段为均布荷载区段,弯矩图为向下凸的二次抛物线,且

$$M_{B右} = 12 \text{ kN} \cdot \text{m}, \qquad M_C = 0$$

根据剪力图,剪力为零的截面,即弯矩的极值截面在 BC 段内,设该截面距右端 C 的距离为 a,即

$$F_S = -F_C + qa = 0$$

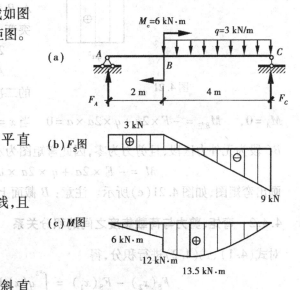

图 4.20

$$a = \frac{F_C}{q} = 3 \text{ m}$$

$$M_{\max} = F_C a - \frac{1}{2}qa^2 = 13.5 \text{ kN} \cdot \text{m}$$

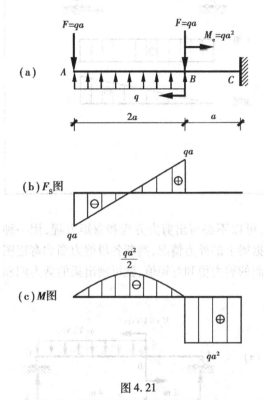

图 4.21

由 3 个控制截面的弯矩值画弯矩图，如图 4.20（c）所示。

例 4.8 一悬臂梁，梁上荷载如图 4.21（a）所示。试画此梁的剪力图和弯矩图。

解 该梁分为 AB，BC 两段。

1）剪力图。

AB 段为均布荷载段，剪力图为斜直线，且

$$F_{SA右} = -qa$$

$$F_{SB左} = -qa + q \times 2a = qa$$

由对称可知，$x = a$ 的截面剪力为零。

BC 段为无外力区段，剪力图为水平直线，且

$$F_S = -qa + q \times 2a - qa = 0$$

画出剪力图，如图 4.21（b）所示。注意：A，B 截面上都有集中力作用，剪力图上有突变。

2）弯矩图。

AB 段为均布荷载区段，弯矩图为向上凸的二次抛物线，且

$$M_A = 0, \qquad M_{B左} = -F \times 2a + q \times 2a \times a = 0 \qquad \text{当 } x = a \text{ 时}, M(a) = -Fa + qa \times \frac{a}{2} = -\frac{1}{2}qa^2$$

BC 段为无外力区段，且剪力为零，因此弯矩图为水平直线

$$M = -F \times 2a + q \times 2a \times a + qa^2 = qa^2$$

画出弯矩图，如图 4.21（c）所示。注意：B 截面上有集中力偶作用，弯矩图上有突变。

4.4.2 弯矩、剪力与荷载集度之间的积分关系

对式（4.1）、式（4.2）进行积分，得

$$F_S(x_2) - F_S(x_1) = \int_{x_1}^{x_2} q(x) \, \mathrm{d}x \qquad (x_2 > x_1) \tag{4.4}$$

$$M(x_2) - M(x_1) = \int_{x_1}^{x_2} F_S(x) \, \mathrm{d}x \qquad (x_2 > x_1) \tag{4.5}$$

由积分的几何意义，可知：$x = x_2$ 和 $x = x_1$ **两截面上的剪力之差，等于该两截面间荷载图形的面积；两截面上的弯矩之差，等于该两截面间剪力图形的面积。**例如，图 4.20 中，B，A 两截面间荷载图形的面积为零，故 B，A 两截面上的剪力之差为零。同时，B，A 两截面间剪力图形的面积为 2×3 kN·m，这也正是 B，A 两截面上的弯矩之差。因此，利用某些控制截面上的已知内力，通过计算面积就能得出其他控制截面的内力值，使得内力图的绘制更加简便。需要注

意的是,上述面积前应冠以适当正负号,向上的分布荷载图形的面积取正,反之取负;基线上方的剪力图图形面积取正,反之取负。

例4.9 一外伸梁,梁上荷载如图4.22(a)所示。试画此梁的剪力图和弯矩图。

解 求得支座反力为

$$F_B = \frac{1}{2}qa \qquad F_D = \frac{3}{2}qa$$

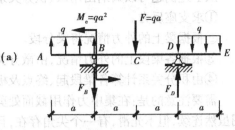

该梁分为 AB,BC,CD,DE 4 段。

1)剪力图。从基线的最左端剪力零点开始画。

A 截面:无集中力,剪力图无突变。

AB 段:剪力图为斜直线,且

$$F_{SB左} = 0 + qa = qa$$

B 截面:有集中力 $F_B = \frac{1}{2}qa$,因此剪力图顺

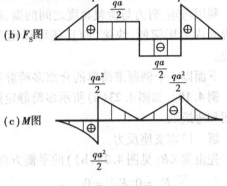

图 4.22

着 F_B 的方向向下突变 $\frac{1}{2}qa$,得 $F_{SB右} = \frac{1}{2}qa$。

BC 段:剪力图为水平直线。$F_{SC左} = \frac{1}{2}qa$。

C 截面:有集中力 $F = qa$,因此剪力图向下突变 qa,$F_{SC右} = -\frac{1}{2}qa$。

CD 段:剪力图为水平直线。$F_{SD左} = -\frac{1}{2}qa$。

D 截面:有集中力 $F_D = \frac{3}{2}qa$,因此剪力图向上突变 $\frac{3}{2}qa$,$F_{SD右} = qa$。

DE 段:剪力图为斜直线。$F_{SE} = qa + (-qa) = 0$。回到零点,说明上述作图过程是正确的。由此得剪力图,如图 4.22(b)所示。

2)弯矩图。从基线的最左端弯矩零点开始画。

A 截面:无集中力偶,弯矩图无突变。

AB 段:弯矩图为向上凸的二次抛物线,$M_{B左} = \frac{1}{2} \times qa \times a = \frac{1}{2}qa^2$。

B 截面:有逆时针方向集中力偶 $M_e = qa^2$,弯矩图向上突变 qa^2,$M_{B右} = -\frac{1}{2}qa^2$。

BC 段:弯矩图为斜直线,$M_C = -\frac{1}{2}qa^2 + \frac{1}{2}qa \times a = 0$。

C 截面:无集中力偶,弯矩图无突变。

CD 段:弯矩图为斜直线,$M_D = 0 + \left(\frac{-qa}{2} \times a\right) = \frac{-qa^2}{2}$。

D 截面:无集中力偶,弯矩图无突变。

DE 段:弯矩图为向下凸的二次抛物线,$M_E = -\frac{1}{2}qa^2 + \frac{1}{2}qa \times q = 0$。回到零点。

由此得弯矩图,如图 4.22(c)所示。

从上述例题可以归纳出用微、积分关系画梁的剪力、弯矩图的步骤:

①求支座反力。

②根据梁上的外力情况将梁分段。

③根据各梁段上的外力情况,由微分关系确定各梁段剪力、弯矩图的几何形状。

④由积分关系计算各梁段起、终点及极值点等截面的剪力、弯矩值,逐段画出内力图。

需要注意的是:在集中力作用截面处剪力图发生突变,突变值等于该集中力的大小,弯矩图虽然连续,但不光滑,有一个尖角存在,且尖角的朝向与集中力的指向一致;在集中力偶作用截面处,剪力不变,弯矩图发生突变,实变值等于该力偶的力偶矩。

利用弯矩、剪力与荷载集度之间的微、积分关系来绘制剪力、弯矩图,比列剪力方程和弯矩方程画内力图简便、快速,而且还可以用来检验已画好的剪力、弯矩图的正确性,应该熟练掌握。

下面以一个例题来简单的介绍多跨静定梁的内力图的绘制。

例 4.10 如图 4.23(a)所示多跨静定梁,由梁 AC 和 CB 经铰 C 连接而成。试画此梁的剪力图和弯矩图。

解 1)求支座反力。

先由梁 CB(见图 4.23(b))的平衡方程得

$$\sum F_x = 0, F_{Cx} = 0$$

$$\sum M_B(F) = 0, -F_{Cy} \times 5\ \text{m} + (20 \times 10^3\text{N/m} \times 3\ \text{m} \times 2.5\ \text{m}) + 5 \times 10^3\ \text{N} \cdot \text{m} = 0$$

$$F_{Cy} = 31 \times 10^3\ \text{N} = 31\ \text{kN}$$

$$\sum F_y = 0, F_{By} = (20 \times 10^3\ \text{N/m} \times 3\ \text{m}) - 31 \times 10^3\ \text{N} = 29 \times 10^3\ \text{N} = 29\ \text{kN}$$

然后,由梁 AC 的平衡方程,得

$$\sum F_x = 0, F_{Ax} = 0$$

$$\sum F_y = 0, F_{Ay} = 50\ \text{kN} + 31\ \text{kN} = 81\ \text{kN}$$

$$\sum M_A(F) = 0$$

$$M_A = 31 \times 10^3\ \text{N} \times 1.5\ \text{m} + 50 \times 10^3\ \text{N} \times 1\ \text{m}$$

$$= 96.5 \times 10^3\ \text{N} \cdot \text{m} = 96.5\ \text{kN} \cdot \text{m}$$

2)剪力图。

AE 段:水平直线,且 $F_{SA右} = F_{SE左} = F_A = 81\ \text{kN}$

ED 段:水平直线,且 $F_{SE右} = F_{SD} = F_A - F = 81\ \text{kN} - 50\ \text{kN} = 31\ \text{kN}$

DK 段:斜直线,且 $F_{SD} = 31\ \text{kN}, F_{SK} = F_{SD} + (-20 \times 3\ \text{kN}) = 31\ \text{kN} - 60\ \text{kN} = -29\ \text{kN}$

KB 段:水平直线,且 $F_{SB左} = -F_B = -29\ \text{kN}$

由此得剪力图,如图 4.23(c)所示。注意:A,E,B 截面有集中力,剪力图有突变。

根据剪力图,剪力为零的截面,即弯矩的极值截面在 DK 段内,设该截面距 K 截面为 x,即

$$F_{Sx} = -F_B + qx = 0$$

$$x = \frac{F_B}{q} = \frac{29 \times 10^3\ \text{N}}{20 \times 10^3\ \text{N/m}} = 1.45\ \text{m}$$

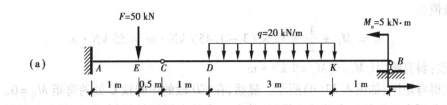

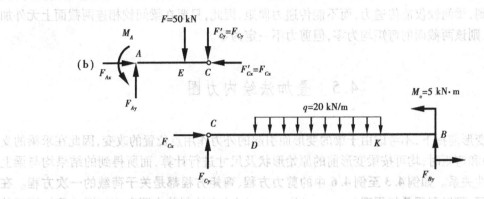

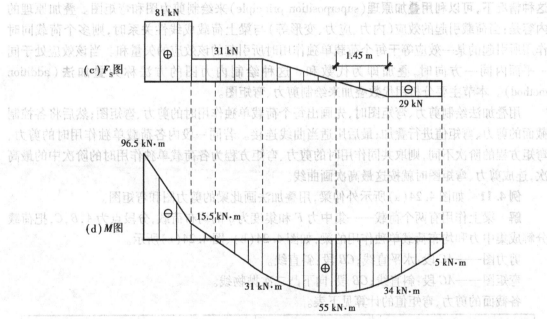

图 4.23

3)弯矩图。

AE 段:斜直线,且 $M_{A右} = -M_A = -96.5 \text{ kN} \cdot \text{m}$,

　　$M_E = M_A + 81 \times 1 \text{ kN} \cdot \text{m} = -96.5 \text{ kN} \cdot \text{m} + 81 \times 1 \text{ kN} \cdot \text{m} = -15.5 \text{ kN} \cdot \text{m}$

ED 段:斜直线,且 $M_D = M_E + 31 \times 1.5 \text{ kN} \cdot \text{m} = -15.5 \text{ kN} \cdot \text{m} + 46.5 \text{ kN} \cdot \text{m} = 31 \text{ kN} \cdot \text{m}$

DK 段:向下凸的二次抛物线,且

$$M_K = M_D + \frac{1}{2} \times 31 \times (3 - 1.45) \text{ kN} \cdot \text{m} + \left(-\frac{1}{2} \times 29 \times 1.45\right) \text{ kN} \cdot \text{m} = 34 \text{ kN} \cdot \text{m}$$

弯矩的极值为

$$M = M_D + \frac{1}{2} \times 31 \times (3 - 1.45) \text{ kN} \cdot \text{m} = 55 \text{ kN} \cdot \text{m}$$

KB 段：斜直线，且 $M_{B左} = M_e = 5 \text{ kN} \cdot \text{m}$

由此得弯矩图，如图 4.23(d)所示。显然，在 *ED* 段的中间铰 *C* 处的弯矩 $M_C = 0$。

一般分析含梁间铰的多跨静定梁时，首先应将其在梁间铰处拆开，以研究各梁的受力；其次应注意到，梁间铰仅能传递力，而不能传递力偶矩，因此，只要在梁间铰相连两截面上无外加力偶作用，则该两截面的弯矩均为零，但剪力不一定为零。

4.5　叠加法绘内力图

在小变形前提下，不考虑由于梁的变形而引起的外力作用点位置的改变，因此在求梁的支反力、剪力和弯矩时，均可按梁变形前的原始形状及尺寸进行计算，而所得到的结果均与梁上荷载成线性关系。如例 **4.3** 至例 **4.6** 中的剪力方程、弯矩方程都是关于荷载的一次方程。在**这种情况下，可以利用叠加原理**（superposition principle）**来绘制剪力图和弯矩图**。叠加原理的内容是：当荷载引起的效应（内力、应力、变形等）与梁上荷载成线性关系时，则多个荷载同时作用所引起的某一效应等于每个荷载单独作用时所引起的该效应的矢量和。当该效应处于同一平面内同一方向时，叠加即为代数和。这种绘制内力图的方法称为**叠加法**（addition method）。本节主要分析用代数叠加来绘制剪力、弯矩图。

用叠加法绘制剪力、弯矩图时，先画出每个荷载单独作用时的剪力、弯矩图；然后将各控制截面的剪力、弯矩值进行叠加；最后用适当曲线连接。若同一段内各荷载单独作用时的剪力、弯矩方程的阶次不同，则取共同作用时的剪力、弯矩方程为各荷载单独作用时的阶次中的最高次，连成剪力、弯矩图时就按这最高次画曲线。

例 4.11　如图 4.24(a)所示外伸梁，用叠加法画此梁的剪力图和弯矩图。

解　梁上作用有两个荷载——集中力 *F* 和集度为 *q* 的均布荷载，分段点为 *A*，*B*，*C*，把荷载分解成集中力和均布荷载单独作用的梁，如图 4.24(b)、图 4.24(c)所示。

剪力图——*AC* 段：水平直线；*CB* 段：斜直线。

弯矩图——*AC* 段：斜直线；*CB* 段：向下凸二次抛物线。

各截面的剪力、弯矩值的计算见下表。

内力值	截　面	F 单独作用	q 单独作用	F,q 共同作用
剪力	A	$-ql$	0	$-ql$
	$C左$	$-ql$	0	$-ql$
	$C右$	$\dfrac{ql}{2}$	ql	$\dfrac{3ql}{2}$
	B	$\dfrac{ql}{2}$	$-ql$	$\dfrac{-ql}{2}$

续表

内力值	截面	F 单独作用	q 单独作用	F,q 共同作用
弯矩	A	0	0	0
	C	$-ql^2$	0	$-ql^2$
	B	0	0	0
	CB 段跨中截面	$-\dfrac{ql^2}{2}$	$\dfrac{ql^2}{2}$	0

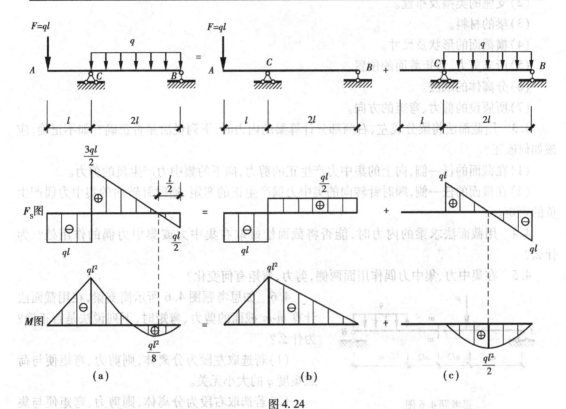

图 4.24

注意:在 q 单独作用时,最大弯矩位于 CB 段的中点,值为 $\dfrac{ql^2}{2}$。 F 和 q 共同作用时,该截面的弯矩值为零,由剪力图可知,弯矩的极值截面不在 CB 段的中点,而是在剪力为零的截面,距离 B 截面为 $\dfrac{l}{2}$ 处,弯矩极值为 $\dfrac{ql^2}{8}$。

利用叠加法绘制内力图的优点是迅速、简便,尤其是工程上只需要弯矩图时,可以不用绘制剪力图而通过叠加直接得到弯矩图,但缺点是弯矩的极值不一定能得到。运用叠加法还需要熟知简支梁、悬臂梁等基本梁在 3 种基本荷载(集中力、集中力偶、均布荷载)作用下的弯矩图形状及最大弯矩所在的截面和值。

思考题

4.1 何谓剪力、弯矩？如何确定梁横截面上的剪力、弯矩？其正负号是如何约定的？

4.2 梁的剪力、弯矩与下列哪些因素有关？

（1）荷载的类型、大小及其分布。

（2）支座的类型及布置。

（3）梁的材料。

（4）横截面的形状及尺寸。

（5）所求剪力、弯矩截面的位置。

（6）分离体的取法。

（7）所假设的剪力、弯矩的方向。

4.3 用截面法将梁分成左、右两部分计算梁的内力时，下列说法是否正确？如不正确，应该如何改正？

（1）在截面的任一侧，向上的集中力产生正的剪力，向下的集中力产生负的剪力。

（2）在截面的任一侧，顺时针转向的集中力偶产生正的弯矩，逆时针转向的集中力偶产生负的弯矩。

4.4 用截面法求梁的内力时，能否将截面恰好取在集中力或集中力偶的作用处？为什么？

4.5 在集中力、集中力偶作用面两侧，剪力、弯矩有何变化？

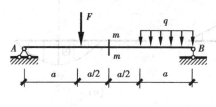

思考题 4.6 图

4.6 如思考题图 4.6 所示简支梁，在用截面法计算 m-m 截面的剪力、弯矩时，下列说法是否正确？为什么？

（1）若选取左段为分离体，则剪力、弯矩便与荷载集度 q 的大小无关。

（2）若选取右段为分离体，则剪力、弯矩便与集中力 F 的大小无关。

4.7 理论力学中的加减平衡力系原理及其推论（力的可传性）、力的平移定理、力偶等效定理等，在杆和梁的内力分析中仍普遍适用吗？如果部分适用，请指出在什么条件下适用。

4.8 弯矩、剪力和荷载集度之间的微、积分关系的适用条件是什么？如果梁某段内有集中力或者集中力偶，是否仍然适用？

4.9 在弯矩、剪力与荷载集度之间的关系中，如果 x 轴正方向改为从右到左，则微分关系和积分关系有何变化？

4.10 如思考题图 4.10（a）所示梁中，AC 段和 CB 段剪力图图形的斜率是否相同？为什么？如思考题图 4.10（b）所示梁的集中力偶作用处，左、右两段弯矩图图形的切线斜率是否相同？为什么？

4.11 如思考题图 4.11 所示具有中间铰的矩形截面梁，已知梁上作用有一可沿全梁 l 移动的活动荷载 F。试问如何布置中间铰 C 和可动铰支座 B 的位置，才能充分利用材料的强度？

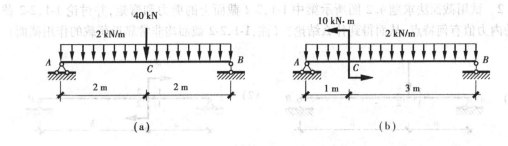

思考题 4.10 图

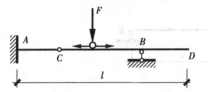

思考题 4.11 图

习 题

4.1 试用截面法求题 4.1 图所示梁中 1-1,2-2 截面上的剪力和弯矩。

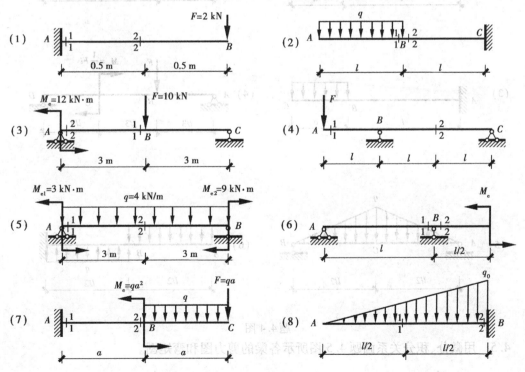

题 4.1 图

4.2 试用截面法求题 4.2 图所示梁中 1-1,2-2 截面上的剪力和弯矩,并讨论 1-1,2-2 截面上的内力值有何特点,从而得到什么结论?（注:1-1,2-2 截面均非常靠近荷载的作用截面）

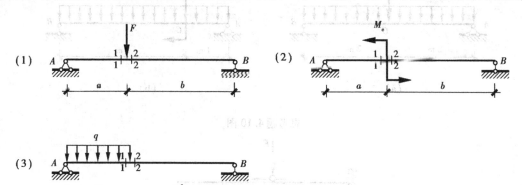

题 4.2 图

4.3 试用直接法求题 4.1 图所示梁中 1-1,2-2 截面上的剪力和弯矩。

4.4 试列出题 4.4 图所示梁的剪力方程和弯矩方程,并画出剪力图和弯矩图。

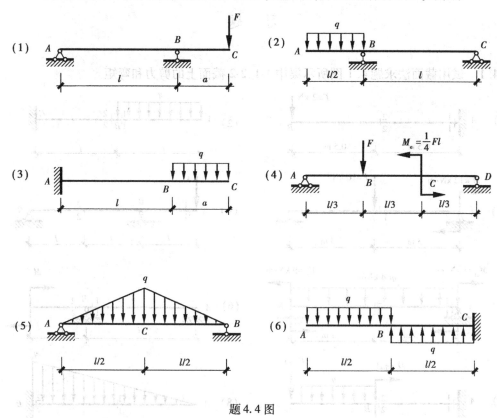

题 4.4 图

4.5 用微分、积分关系画题 4.5 图所示各梁的剪力图和弯矩图。

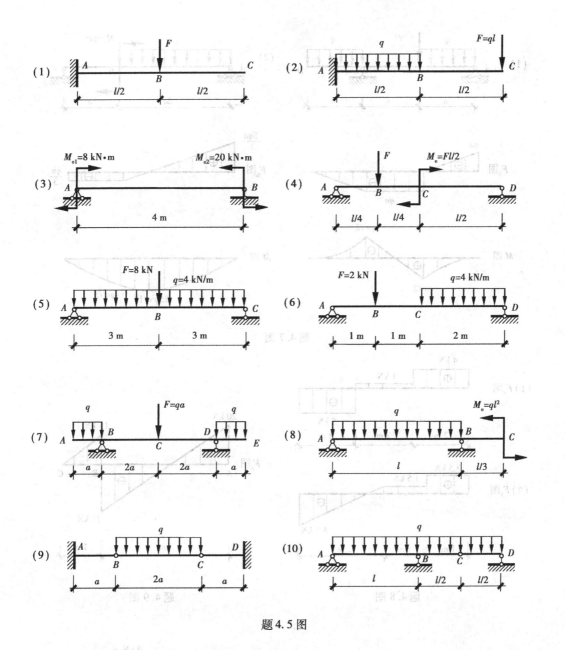

题 4.5 图

4.6　用微分、积分关系画题 4.1 图所示各梁的剪力图和弯矩图。

4.7　检查题 4.7 图所示各梁的剪力图和弯矩图是否正确,若不正确,请改正。

4.8　已知简支梁的剪力图如题 4.8 图所示,试根据剪力图画出梁的荷载图和弯矩图(已知梁上无集中力偶作用)。

4.9　静定梁承受平面荷载,且无集中力偶作用,若已知 A 端弯矩为零,试根据已知的剪力图如题 4.9 图所示确定梁上的荷载及梁的弯矩图,并指出梁在何处有约束,且为何种约束。

4.10　已知简支梁的弯矩图如题 4.10 图所示,试根据弯矩图画出梁的剪力图和荷载图(已知梁上无分布力偶作用)。

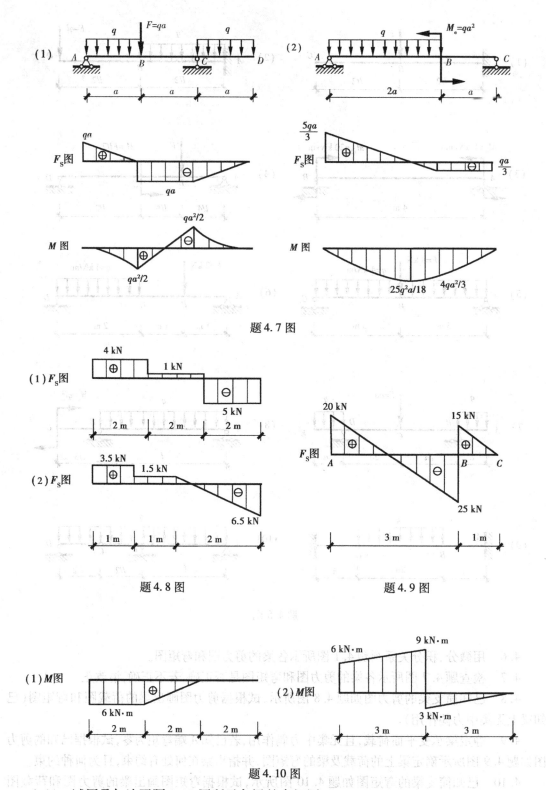

题 4.7 图

题 4.8 图

题 4.9 图

题 4.10 图

4.11　试用叠加法画题 4.11 图所示各梁的弯矩图。

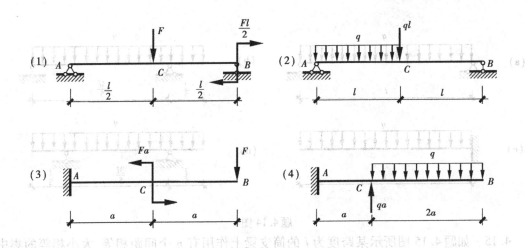

题 4.11 图

4.12　题 4.12 图所示桥式起重机大梁 AB，其跨度为 l，梁上小车的每个轮子对大梁的压力均为 F，小车的轮距为 d。试求小车在什么位置时梁内的弯矩为最大？其最大弯矩等于多少？最大弯矩的作用截面在何处？

答　$x = \dfrac{l}{2} - \dfrac{d}{4}$，$M_{\max} = \dfrac{F}{2}(l-d) + \dfrac{Fd^2}{8l}$，最大弯矩的作用截面在左轮处；或

$x = \dfrac{l}{2} - \dfrac{3d}{4}$，$M_{\max} = \dfrac{F}{2}(l-d) + \dfrac{Fd^2}{8l}$，最大弯矩的作用截面在右轮处。

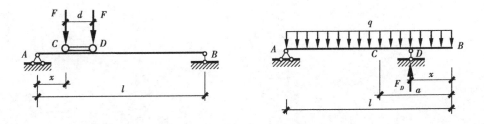

题 4.12 图　　　　　　　　　　　　　题 4.13 图

4.13　长度 $l = 2$ m 的均匀圆木，欲锯下 $a = 0.6$ m 的一段。为使锯口处两端面的开裂最小，应使锯口处的弯矩为零。现将圆木放置在两只锯木架上，一只锯木架放置在圆木的一端如题 4.13 图所示，试求另一只锯木架应放置的位置。

答　$x = 0.462$ m

4.14　长度相同，承受同样的均布荷载 q 作用的梁，有题 4.14 图所示的 4 种支承方式，如果从梁的弯矩考虑，请判断哪一种支承方式最合理，并说明理由。

107

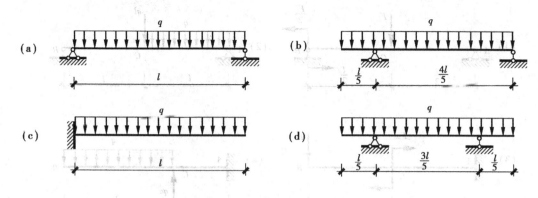

题 4.14 图

4.15 如题 4.15 图所示某跨度为 l 的简支梁上作用有 n 个间距相等、大小相等的集中力,其总荷载为 F。(1)试导出梁上最大弯矩的一般公式;(2)将(1)导出的答案与承受集度 $q = F/l$ 的均布荷载的简支梁的最大弯矩相比较。

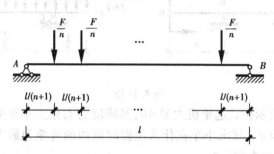

题 4.15 图

第**5**章
平面图形的几何性质

杆件的强度、刚度不仅与杆长和外力有关,还与杆件横截面的形状和尺寸有关。杆件的横截面为平面图形,而反映平面图形形状和尺寸大小的一些几何量,如面积 A、极惯性矩 I_p 等,称为平面图形的**几何性质**(properties of plane areas)。本章将学习形心、静矩、惯性矩、惯性积、形心主惯性矩及回转半径等几何性质。

5.1 形心和静矩

任一平面图形如图 5.1 所示,其面积为 A,y 轴和 z 轴为图形所在平面内的坐标轴。图形几何形状的中心称为**形心**(centroid),由高等数学知识,形心在 zOy 坐标系中的坐标(z_C, y_C) 可由下式计算

$$\left.\begin{array}{l} z_C = \dfrac{1}{A}\displaystyle\int_A z\mathrm{d}A \\[3mm] y_C = \dfrac{1}{A}\displaystyle\int_A y\mathrm{d}A \end{array}\right\} \qquad (5.1)$$

式(5.1)中的积分

$$\left.\begin{array}{l} S_z = \displaystyle\int_A y\mathrm{d}A \\[3mm] S_y = \displaystyle\int_A z\mathrm{d}A \end{array}\right\} \qquad (5.2)$$

分别定义为平面图形对 z 轴和 y 轴的**静矩**,也称为**面积矩**或**一次矩**(first moments)。

由式(5.1)和式(5.2)可以得到静矩与平面图形形心坐标之间的关系为

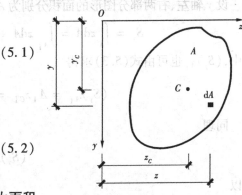

图 5.1

$$\left.\begin{array}{l} S_z = Ay_C \\[2mm] S_y = Az_C \end{array}\right\} \qquad (5.3)$$

由形心和静矩的定义可知：

①同一平面图形对不同的坐标轴可能有不同的静矩，其值可为正，可为负，也可为零。静矩的量纲为[长度]^3。

②通过形心的坐标轴称为**形心轴**(centroidal axis)。显然，平面图形对形心轴的静矩为零；反之，若平面图形对某轴的静矩为零，则该轴必为形心轴。

③若平面图形有对称轴，则形心必在对称轴上。

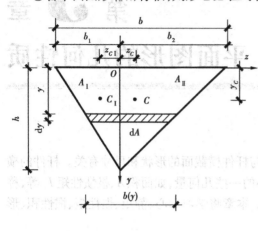

图 5.2

例 5.1　试计算如图 5.2 所示三角形对坐标轴 y 和 z 的静矩，并确定形心的位置。

解　1）S_z，y_C。

取如图 5.2 所示平行于 z 轴的微元（阴影部分），由几何关系可得

$$b(y) = \frac{b}{h}(h - y)$$

故微元面积为

$$dA = b(y)dy$$

由静矩的定义，即式(5.2)可得

$$S_z = \int_A y dA = \int_0^h y \frac{b}{h}(h - y)dy = \frac{bh^2}{6}$$

由式(5.3)可得形心 C 的坐标 y_C 为

$$y_C = \frac{S_z}{A} = \frac{\dfrac{bh^2}{6}}{\dfrac{bh}{2}} = \frac{h}{3}$$

2）S_y，z_C。

设 y 轴左、右两部分图形的面积分别为 A_{I}，A_{II}，则

$$S_y = \int_A z dA = \int_{A_{\mathrm{I}}} z dA + \int_{A_{\mathrm{II}}} z dA = (S_y)_{A_{\mathrm{I}}} + (S_y)_{A_{\mathrm{II}}}$$

其中，$(S_y)_{A_{\mathrm{I}}}$ 也可由式(5.3)求得

$$(S_y)_{A_{\mathrm{I}}} = A_{\mathrm{I}} z_{C\mathrm{I}} = \frac{b_1 h}{2} \cdot \left(-\frac{b_1}{3} \right) = -\frac{h b_1^2}{6}$$

同理

$$(S_y)_{A_{\mathrm{II}}} = \frac{h b_2^2}{6}$$

所以

$$S_y = \frac{h b_2^2}{6} - \frac{h b_1^2}{6}$$

于是形心 C 的坐标 z_C 为

$$z_C = \frac{S_y}{A} = \frac{\dfrac{h b_2^2}{6} - \dfrac{h b_1^2}{6}}{\dfrac{bh}{2}} = \frac{b_2^2 - b_1^2}{3b} = \frac{b_2 - b_1}{3}$$

在实际工程中,许多杆件的横截面形状为⊥,∟,⊤,[等,如图 5.3 所示。这种可看做若

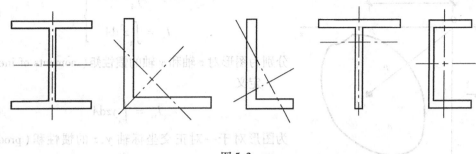

图 5.3

干个简单图形(如矩形、圆形、三角形等)所组成的复杂图形称为**组合图形**(composite areas)。下面推导组合图形的形心坐标(z_C, y_C)。假设某组合图形由 n 个简单图形 $1, 2, \cdots, i, \cdots, n$ 组合而成,其面积分别为 $A_1, A_2, \cdots, A_i, \cdots, A_n$。若已知任一简单图形的形心坐标 (z_{Ci}, y_{Ci}),则

$$\left.\begin{array}{l} z_C = \dfrac{S_y}{A} = \dfrac{\sum\limits_{i=1}^{n} S_{yi}}{\sum\limits_{i=1}^{n} A_i} = \dfrac{\sum\limits_{i=1}^{n} A_i z_{Ci}}{\sum\limits_{i=1}^{n} A_i} \\[6mm] y_C = \dfrac{S_z}{A} = \dfrac{\sum\limits_{i=1}^{n} S_{zi}}{\sum\limits_{i=1}^{n} A_i} = \dfrac{\sum\limits_{i=1}^{n} A_i y_{Ci}}{\sum\limits_{i=1}^{n} A_i} \end{array}\right\} \quad (5.4)$$

例 5.2 试确定如图 5.4 所示 T 形截面的形心位置。

解 T 形截面为对称图形,选 zOy 为参考坐标系,y 轴为对称轴,如图 5.4 所示。形心 C 必位于对称轴上,则只需计算 y_C 即可确定形心位置。将图形分为 I,II 两部分,如图 5.4 所示,则

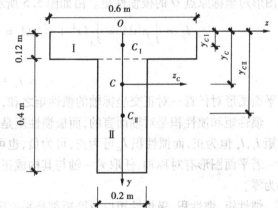

图 5.4

$$y_C = \frac{\sum\limits_{i=1}^{n} A_i y_{Ci}}{\sum\limits_{i=1}^{n} A_i} = \frac{A_{\text{I}} y_{C\text{I}} + A_{\text{II}} y_{C\text{II}}}{A_{\text{I}} + A_{\text{II}}}$$

$$= \frac{(0.6 \text{ m} \times 0.12 \text{ m}) \times \dfrac{0.12}{2} \text{ m} + (0.4 \text{ m} \times 0.2 \text{ m}) \times \left(0.12 + \dfrac{0.4}{2}\right) \text{ m}}{0.6 \text{ m} \times 0.12 \text{ m} + 0.4 \text{ m} \times 0.2 \text{ m}}$$

$$= 0.197 \text{ m}$$

5.2 惯性矩和惯性积

如图 5.5 所示平面图形,其面积为 A,zOy 为图形所在平面内的坐标系。定义

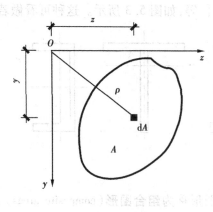

图 5.5

$$I_z = \int_A y^2 \mathrm{d}A \quad \Bigg\}$$
$$I_y = \int_A z^2 \mathrm{d}A \quad \Bigg\} \tag{5.5}$$

分别为图形对 z 轴和 y 轴的**惯性矩**(moments of inertia)。

定义

$$I_{yz} = \int_A yz\mathrm{d}A \tag{5.6}$$

为图形对于一对正交坐标轴 y,z 的**惯性积**(product of inertia)。

定义

$$I_\mathrm{p} = \int_A \rho^2 \mathrm{d}A \tag{5.7}$$

为图形对坐标原点 O 的极惯性矩。由如图 5.5 所示可以看出,$\rho^2 = z^2 + y^2$,于是有

$$I_\mathrm{p} = \int_A \rho^2 \mathrm{d}A = \int_A (z^2 + y^2)\mathrm{d}A = \int_A z^2\mathrm{d}A + \int_A y^2\mathrm{d}A = I_y + I_z$$

即

$$I_\mathrm{p} = I_y + I_z \tag{5.8}$$

故平面图形对任意一对正交坐标轴的惯性矩之和,等于图形对两轴交点的极惯性矩。

惯性矩和惯性积是对轴而言的,而极惯性矩是对点而言的。由式(5.5)、式(5.6)可知,惯性矩 I_z,I_y 恒为正,而惯性积 I_{yz} 可为正,可为负,也可为零,其量纲都是[长度]^4。

若平面图形有对称轴,任取另一轴与其构成正交坐标系,则图形对这一对坐标轴的惯性积必为零。

惯性矩、惯性积、极惯性矩以及静矩都是平面图形的几何性质,其本身并无任何力学意义。

例 5.3 试求如图 5.6 所示矩形截面对其对称轴 z,y 的惯性矩 I_z,I_y 和惯性积 I_{yz},以及对 z_1 轴的惯性矩 I_{z_1}。

解 由对称性可判定 $I_{yz} = 0$,或

$$I_{yz} = \int_A yz\mathrm{d}A = \int_{-h/2}^{h/2} y\mathrm{d}y \int_{-b/2}^{b/2} z\mathrm{d}z = 0$$

而

$$I_z = \int_A y^2\mathrm{d}A = \int_{-h/2}^{h/2} y^2\mathrm{d}y \int_{-b/2}^{b/2} \mathrm{d}z = \frac{bh^3}{12}$$

同理

$$I_y = \frac{hb^3}{12}$$

$$I_{z_1} = \int_A \left(y + \frac{h}{2}\right)^2 \mathrm{d}A = \int_{-h/2}^{h/2} \left(y + \frac{h}{2}\right)^2 \mathrm{d}y \int_{-b/2}^{b/2} \mathrm{d}z = \frac{bh^3}{3}$$

例 5.4 试求如图 5.7 所示圆形截面对形心轴的惯性矩 I_y,I_z。

解 由于图形为圆形,取极坐标进行积分运算更为方便,注意:$\mathrm{d}A = \rho\mathrm{d}\rho\mathrm{d}\varphi$,可得

$$I_z = \int_A y^2\mathrm{d}A = \int_0^{\frac{d}{2}} \rho^3\mathrm{d}\rho \int_0^{2\pi} \sin^2\varphi\mathrm{d}\varphi = \frac{\pi d^4}{64}$$

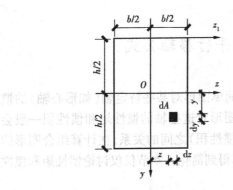

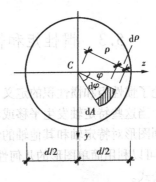

图 5.6　　　　　　　　　　　　　　图 5.7

由对称性,易知 $I_y = I_z$,也可以利用式(5.8)即

$$I_y = I_z = \frac{I_y + I_z}{2} = \frac{I_p}{2}$$

例 5.5　试求如图 5.8(a)所示箱形截面和如图 5.8(b)所示圆环形截面对形心轴的惯性矩 I_y 和 I_z。

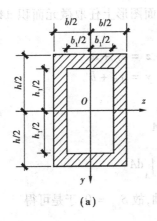

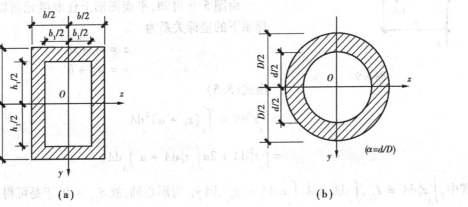

(a)　　　　　　　　　　　　　　　(b)

图 5.8

解　对于一些特殊截面(如箱形、圆环、工字形等)都可视为组合图形进行计算。

对于如图 5.8(a)所示箱形截面,相当于矩形 A_1($b \times h$)和矩形 A_2($b_1 \times h_1$)的组合,即

$$I_z = \int_A y^2 \mathrm{d}A = \int_{A_1} y^2 \mathrm{d}A - \int_{A_2} y^2 \mathrm{d}A = \frac{bh^3}{12} - \frac{b_1 h_1^3}{12}$$

同理

$$I_y = \frac{hb^3}{12} - \frac{h_1 b_1^3}{12}$$

对于如图 5.8(b)所示圆环形截面,设内、外径之比 $d/D = \alpha$,则

$$I_z = I_y = \frac{\pi D^4}{64} - \frac{\pi d^4}{64} = \frac{\pi D^4}{64}(1 - \alpha^4)$$

5.3 惯性矩和惯性积的平行移轴公式

上一节讨论了惯性矩和惯性积的定义,以及常见简单图形对某些特定轴(如形心轴)的惯性矩和惯性积。当这些特定轴发生平移或者旋转时,图形对这些轴的惯性矩和惯性积一般会改变。如果找到图形对特定轴和其他轴的惯性矩(或惯性积)之间的关系,在计算组合图形的几何性质时,就可以利用简单图形的几何性质,使计算得到简化。本节仅仅讨论惯性矩和惯性积的平行移轴公式。

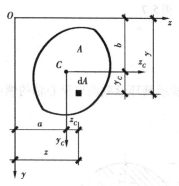

图5.9

任一平面图形如图5.9所示,其面积为A,形心为C,正交坐标轴z_C,y_C为图形所在平面内的形心轴。正交坐标轴z,y分别与形心轴z_C,y_C平行,形心C在坐标系zOy中的坐标为(a,b)。图形对形心轴z_C,y_C的惯性矩I_{z_C},I_{y_C}及惯性积$I_{y_Cz_C}$为已知,现求图形对z轴、y轴的惯性矩和惯性积。

由图5.9可知,平面图形上任取微元面积dA在两坐标系下的坐标关系为

$$z = z_C + a$$
$$y = y_C + b$$

由式(5.5)

$$I_y = \int_A z^2 dA = \int_A (z_C + a)^2 dA$$

$$= \int_A z_C^2 dA + 2a\int_A z_C dA + a^2 \int_A dA$$

其中,$\int_A z_C^2 dA = I_{y_C}$,$\int_A dA = A$,$\int_A z_C dA = S_{y_C}$。因$y_C$为形心轴,故$S_{y_C} = 0$,于是可得

$$I_y = I_{y_C} + a^2 A \tag{5.9a}$$

同理

$$I_z = I_{z_C} + b^2 A \tag{5.9b}$$

$$I_{yz} = I_{y_Cz_C} + abA \tag{5.9c}$$

式(5.9a)、式(5.9b)、式(5.9c)即为**惯性矩和惯性积的平行移轴公式**(parallel-axis theorem for moments and products of inertia)。因为$a^2 A$和$b^2 A$均为正,故在所有相互平行的轴中,同一图形对形心轴的惯性矩最小。

在应用式(5.9c)即惯性积的平行移轴公式时需注意,a,b是图形的形心C在zOy坐标系中的坐标,有正、负之分。同时,y_C轴和z_C轴一定是形心轴。

例5.6 试计算如图5.10所示T形截面(与例5.2中的截面相同)对形心轴y,z的惯性矩。

解 由例5.2可知,形心到上边缘的距离$y_C = 0.197$ m。将截面分为Ⅰ,Ⅱ两部分,假设这两部分对形心轴z的惯性矩分别为$I_{zⅠ},I_{zⅡ}$,则

$$I_z = I_{z\mathrm{I}} + I_{z\mathrm{II}}$$

而 $I_{z\mathrm{I}}$，$I_{z\mathrm{II}}$ 的求解需要利用惯性矩的平行移轴公式式(5.9b)，即

$$I_{z\mathrm{I}} = \frac{0.6\ \mathrm{m} \times 0.12^3\ \mathrm{m}^3}{12} +$$

$$\left(y_C - \frac{0.12}{2}\right)^2 \mathrm{m}^2 \times (0.6\ \mathrm{m} \times 0.12\ \mathrm{m})$$

$$I_{z\mathrm{II}} = \frac{0.2\ \mathrm{m} \times 0.4^3\ \mathrm{m}^3}{12} +$$

$$\left(0.12 + \frac{0.4}{2} - y_C\right)^2 \mathrm{m}^2 \times (0.2\ \mathrm{m} \times 0.4\ \mathrm{m})$$

代入 y_C，可得

$$I_z = 3.71 \times 10^{-3}\ \mathrm{m}^4$$

在计算 I_z 时，也可以不用惯性矩的平行移轴公式，而利用例 5.3 的结论（即 $I_{z_1} = bh^3/3$），请读者自行思考。

再计算 I_y。因为 y 轴是 Ⅰ，Ⅱ 两部分的形心轴，故不需要利用惯性矩的平行移轴公式，即

$$I_y = I_{y\mathrm{I}} + I_{y\mathrm{II}} = \frac{0.12\ \mathrm{m} \times 0.6^3\ \mathrm{m}^3}{12} + \frac{0.4\ \mathrm{m} \times 0.2^3\ \mathrm{m}^3}{12} = 2.43 \times 10^{-3}\ \mathrm{m}^4$$

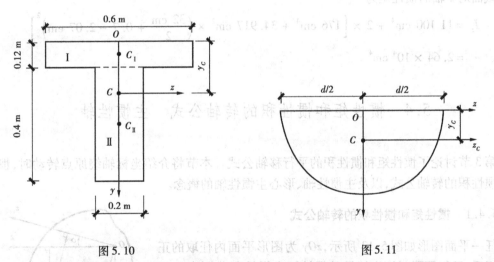

图 5.10　　　　　　　　　　　　　　　图 5.11

例 5.7　试求如图 5.11 所示半圆形对于平行于直径边的形心轴 z_C 的惯性矩 I_{z_C}。

解　首先计算形心的坐标 y_C。采用极坐标，由式(5.2)可知

$$S_z = \int_A y \mathrm{d}A = \int_0^\pi \sin \varphi \mathrm{d}\varphi \int_0^{d/2} \rho^2 \mathrm{d}\rho = \frac{d^3}{12}$$

于是，根据式(5.3)可得

$$y_C = \frac{S_z}{A} = \frac{\dfrac{d^3}{12}}{\dfrac{\pi d^2}{8}} = \frac{2d}{3\pi}$$

考虑图形的对称性，其对 z 轴的惯性矩 I_z，等于整个圆形对形心轴的惯性矩的 $1/2$，即

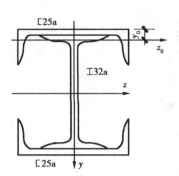

图 5.12

$$I_z = \frac{\pi d^4}{128}$$

最后根据平行移轴公式,即式(5.9b)可得

$$I_{zC} = I_z - y_C^2 A = \frac{\pi d^4}{128} - \left(\frac{2d}{3\pi}\right)^2 \cdot \frac{\pi d^2}{8} = \left(\frac{\pi}{128} - \frac{1}{18\pi}\right)d^4$$

例 5.8 某轴向受压实腹柱的横截面如图 5.12 所示,由 3 个型钢焊接而成,试求截面对对称轴 y,z 的惯性矩。

解 查型钢表,可得工字钢 32a 对 y 轴、z 轴的惯性矩以及截面高度为

$$I_z = 11\ 100\ \text{cm}^4, I_y = 460\ \text{cm}^4, h = 320\ \text{mm}$$

槽钢 25a 对 y 轴、z_0 轴(单个槽钢的形心轴)的惯性矩、面积、腹板厚度以及形心距上底边的距离 y_0 为

$$I_{z_0} = 176\ \text{cm}^4, I_y = 3\ 370\ \text{cm}^4$$

$$A = 34.\ 917\ \text{cm}^2, d = 7.\ 0\ \text{mm}, y_0 = 2.\ 07\ \text{cm}$$

于是,截面对 y 轴的惯性矩为

$$I_y = 460\ \text{cm}^4 + 2 \times 3\ 370\ \text{cm}^4 = 7.\ 20 \times 10^3\ \text{cm}^4$$

截面对 z 轴的惯性矩为

$$I_z = 11\ 100\ \text{cm}^4 + 2 \times \left[176\ \text{cm}^4 + 34.\ 917\ \text{cm}^2 \times \left(\frac{32\ \text{cm}}{2} + 0.7 - 2.07\ \text{cm}\right)^2\right]$$

$$= 2.\ 64 \times 10^4\ \text{cm}^4$$

5.4 惯性矩和惯性积的转轴公式 主惯性轴

第 3 节讨论了惯性矩和惯性积的平行移轴公式。本节将介绍坐标轴绕原点转动时,惯性矩和惯性积的转轴公式,以及主惯性轴、形心主惯性轴的概念。

5.4.1 惯性矩和惯性积的转轴公式

任一平面图形如图 5.13 所示,zOy 为图形平面内任取的正交坐标系,已知图形对该坐标轴的惯性矩和惯性积分别为 I_y, I_z 和 I_{yz}。将坐标轴 z,y 绕原点 O 旋转 α 角(规定:α 角以逆时针旋转时为正),形成的坐标系设为 $z_1 O y_1$。现来求解该图形对坐标轴 z_1, y_1 的惯性矩 I_{y_1}, I_{z_1} 和惯性积 $I_{y_1 z_1}$。

设平面图形上任一微元 dA 在两坐标系下的坐标分别为 y,z 和 y_1, z_1,由图 5.13 可知其关系为

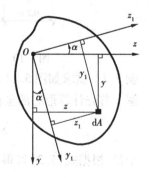

图 5.13

$$\left.\begin{array}{l} y_1 = y \cos \alpha + z \sin \alpha \\ z_1 = z \cos \alpha - y \sin \alpha \end{array}\right\} \qquad \text{(a)}$$

式(a)代入惯性矩的定义,即式(5.5)可得

$$I_{y_1} = \int_A z_1^2 \mathrm{d}A$$

$$= \cos^2 \alpha \int_A z^2 \mathrm{d}A - 2 \sin \alpha \cos \alpha \int_A yz\mathrm{d}A + \sin^2 \alpha \int_A y^2 \mathrm{d}A$$

$$= \cos^2 \alpha I_y + \sin^2 \alpha I_z - 2 \sin \alpha \cos \alpha I_{yz}$$

最后将三角函数关系 $\cos^2\alpha = \dfrac{1 + \cos 2\alpha}{2}, \sin^2\alpha = \dfrac{1 - \cos 2\alpha}{2}, \sin 2\alpha = 2 \sin \alpha \cos \alpha$ 代入上式,得

$$I_{y_1} = \frac{I_y + I_z}{2} + \frac{I_y - I_z}{2}\cos 2\alpha - I_{yz}\sin 2\alpha \tag{5.10a}$$

同理可得

$$I_{z_1} = \frac{I_y + I_z}{2} - \frac{I_y - I_z}{2}\cos 2\alpha + I_{yz}\sin 2\alpha \tag{5.10b}$$

$$I_{y_1z_1} = \frac{I_y - I_z}{2}\sin 2\alpha + I_{yz}\cos 2\alpha \tag{5.10c}$$

式(5.10a)、式(5.10b)、式(5.10c)表示正交坐标轴绕原点旋转时,惯性矩和惯性积的变化规律,称为**惯性矩和惯性积的转轴公式**(transformation equations for moments and products of inertia)。

将式(5.10a)与式(5.10b)相加,可得

$$I_{y_1} + I_{z_1} = I_y + I_z \tag{5.11}$$

式(5.11)表明:同一平面图形,对于通过图形平面内同一点的任意一对正交坐标轴的两惯性矩之和为常数。顺便指出,由式(5.8)也可得出此结论。

5.4.2　主惯性轴

由转轴公式(5.10c)可知,惯性积 $I_{y_1z_1}$ 为转角 α 的周期函数。当 α 在 $0 \sim \pi$ 变化时,可以找到一特定的转角 α_0,使惯性积为零,此时这一对坐标轴假设为 y_0 和 z_0。定义:当坐标轴绕原点 O 旋转到 y_0, z_0 时,平面图形对这一对正交坐标轴的惯性积 $I_{y_0z_0}$ 等于零,这一对正交坐标轴称为图形通过 O 点的**主惯性轴**,或简称为**主轴**(principal axes);平面图形对主惯性轴的惯性矩 I_{y_0}, I_{z_0} 称为**主惯性矩**(principal moments of inertia);通过平面图形形心的主惯性轴称为**形心主惯性轴**,或简称为**形心主轴**(centroidal principal axes);平面图形对形心主轴的惯性矩称为**形心主惯性矩**(centroidal principal moments of inertia)。

根据主惯性轴的定义,将 $\alpha = \alpha_0$ 代入式(5.10c),可得

$$I_{y_0z_0} = \frac{I_y - I_z}{2}\sin 2\alpha_0 + I_{yz}\cos 2\alpha_0 = 0$$

即

$$\tan 2\alpha_0 = \frac{- 2I_{yz}}{I_y - I_z} \tag{5.12}$$

式(5.12)可以确定两个相差 $90°$ 的角 $\alpha_0, \alpha_0 + 90°$(或 $\alpha_0 - 90°$),与之对应的一对正交坐标轴 y_0, z_0 即是过 O 点的主惯性轴。

下面来推导主惯性矩的计算公式。由式(5.12)可得

$$\left. \begin{aligned} \sin 2\alpha_0 &= \frac{-2I_{yz}}{\sqrt{(I_y - I_z)^2 + 4I_{yz}^2}} \\ \cos 2\alpha_0 &= \frac{I_y - I_z}{\sqrt{(I_y - I_z)^2 + 4I_{yz}^2}} \end{aligned} \right\} \tag{5.13}$$

将式(5.13)代入式(5.10a)和式(5.10b)，经化简运算即可得到主惯性矩的计算公式

$$\left. \begin{aligned} I_{y_0} &= \frac{I_y + I_z}{2} + \sqrt{\left(\frac{I_y - I_z}{2}\right)^2 + I_{yz}^2} \\ I_{z_0} &= \frac{I_y + I_z}{2} - \sqrt{\left(\frac{I_y - I_z}{2}\right)^2 + I_{yz}^2} \end{aligned} \right\} \tag{5.14}$$

由式(5.12)和式(5.13)能够确定唯一的转角 α_0，对应的主轴为 y_0。而 $\alpha_0 + 90°$ 或 $\alpha_0 - 90°$ 对应主轴 z_0。

再根据式(5.10a)和式(5.10b)可知，同一图形，当坐标原点不变时，惯性矩 I_{y_1}，I_{z_1} 也随转角 α 变化而变化。设 $\alpha = \theta_0$ 时，I_{y_1} 取极值，则由 $\left.\dfrac{dI_{y_1}}{d\alpha}\right|_{\alpha = \theta_0} = 0$ 可得

$$\tan 2\theta_0 = \frac{-2I_{yz}}{I_y - I_z} \tag{b}$$

对比式(b)和式(5.12)发现，$\theta_0 = \alpha_0$，即原点 O 确定时，主惯性矩也是图形对通过该点所有轴的惯性矩的极值。同时，因为平面图形对于通过同一点的任意一对正交坐标轴的两惯性矩之和为常数，因此，由式(5.14)确定的主惯性矩 I_{y_0} 为过 O 点所有轴的惯性矩的极大值 $I_{\max}$，而主惯性矩 I_{z_0} 为过 O 点所有轴的惯性矩的极小值 $I_{\min}$。

例 5.9 试求如图 5.14 所示平面图形的形心主惯性轴的位置，并计算形心主惯性矩。

解 1) 计算形心位置。取两底边为参考坐标轴，则形心的位置坐标 y_C，z_C 为

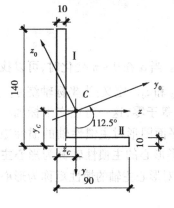

图 5.14

$$y_C = \frac{\sum\limits_{i=1}^{n} A_i y_{Ci}}{\sum\limits_{i=1}^{n} A_i} = \frac{A_{\mathrm{I}} y_{C\mathrm{I}} + A_{\mathrm{II}} y_{C\mathrm{II}}}{A_{\mathrm{I}} + A_{\mathrm{II}}}$$

$$= \frac{140 \times 10 \times \dfrac{140}{2} + (90 - 10) \times 10 \times \dfrac{10}{2}}{140 \times 10 + (90 - 10) \times 10} \text{ mm}$$

$$= 46.36 \text{ mm}$$

$$z_C = \frac{\sum\limits_{i=1}^{n} A_i z_{Ci}}{\sum\limits_{i=1}^{n} A_i} = \frac{140 \times 10 \times \dfrac{10}{2} + 80 \times 10 \times \left(10 + \dfrac{80}{2}\right)}{140 \times 10 + 80 \times 10} \text{ mm} = 21.36 \text{ mm}$$

2) 计算惯性矩和惯性积。取形心坐标系 zCy 如图 5.14 所示，则

$$I_z = I_{z\mathrm{I}} + I_{z\mathrm{II}} = \left[\frac{10 \times 140^3}{12} + 10 \times 140 \times \left(\frac{140}{2} - y_C\right)^2 + \right.$$

$$\frac{80 \times 10^3}{12} + 80 \times 10 \times \left(y_C - \frac{10}{2}\right)^2\Bigg] \text{ mm}^4$$

$$= 4.44 \times 10^6 \text{ mm}^4$$

$$I_y = I_{y\text{I}} + I_{y\text{II}} = \left[\frac{140 \times 10^3}{12} + 10 \times 140 \times \left(z_C - \frac{10}{2}\right)^2 + \right.$$

$$\left.\frac{10 \times 80^3}{12} + 10 \times 80 \times (10 + 40 - z_C)^2\right] \text{ mm}^4$$

$$= 1.47 \times 10^6 \text{ mm}^4$$

$$I_{yz} = I_{yz\text{I}} + I_{yz\text{II}} = \left\{0 + 10 \times 140 \times \left[-\left(\frac{140}{2} - y_C\right)\right] \times \left[-\left(z_C - \frac{10}{2}\right)\right] + \right.$$

$$\left.0 + 10 \times 80 \times \left(y_C - \frac{10}{2}\right) \times (10 + 40 - z_C)\right\} \text{ mm}^4 = 1.49 \times 10^6 \text{ mm}^4$$

3) 确定形心主惯性轴的位置。由式(5.12)可得

$$\tan 2\alpha_0 = \frac{-2I_{yz}}{I_y - I_z} = \frac{-2 \times 1.49 \times 10^6 \text{ mm}^4}{1.47 \times 10^6 \text{ mm}^4 - 4.44 \times 10^6 \text{ mm}^4}$$

$$= \frac{-2.98}{-2.97} = 1.003$$

于是 $\tan 2\alpha_0 > 0$，而 $\sin 2\alpha_0$，$\cos 2\alpha_0$ 的正负号分别取决于 $-2I_{yz}$，$I_y - I_z$ 的正负号，故对于此例，$\sin 2\alpha_0 < 0$，$\cos 2\alpha_0 < 0$。这样，$2\alpha_0$ 位于第三象限，即 $2\alpha_0 = 225°$，则形心主惯性轴的方位为

$$\alpha_0 = 112.5°, \text{对应形心主惯性轴 } y_0, \text{如图 5.14 所示};$$

$$\alpha_0 + 90° = 202.5°, \text{对应形心主惯性轴 } z_0, \text{如图 5.14 所示}。$$

4) 计算形心主惯性矩。

由式(5.14)可得

$$I_{y_0} = \frac{I_y + I_z}{2} + \sqrt{\left(\frac{I_y - I_z}{2}\right)^2 + I_{yz}^2} = \left[\frac{1.47 \times 10^6 + 4.44 \times 10^6}{2} + \right.$$

$$\left.\sqrt{\left(\frac{1.47 \times 10^6 - 4.44 \times 10^6}{2}\right)^2 + (1.49 \times 10^6)^2}\right] \text{ mm}^4$$

$$= 5.06 \times 10^6 \text{ mm}^4$$

$$I_{z_0} = \frac{I_y + I_z}{2} - \sqrt{\left(\frac{I_y - I_z}{2}\right)^2 + I_{yz}^2} = \left[\frac{1.47 \times 10^6 + 4.44 \times 10^6}{2} - \right.$$

$$\left.\sqrt{\left(\frac{1.47 \times 10^6 - 4.44 \times 10^6}{2}\right)^2 + (1.49 \times 10^6)^2}\right] \text{ mm}^4$$

$$= 0.85 \times 10^6 \text{ mm}^4$$

求 I_{z_0} 也可利用式(5.11)，即

$$I_{z_0} = I_y + I_z - I_{y_0} = (1.47 \times 10^6 + 4.44 \times 10^6 - 5.06 \times 10^6) \text{ mm}^4 = 0.85 \times 10^6 \text{ mm}^4$$

对于具有对称轴的平面图形，如矩形、工字形、T 形等，则对称轴以及通过形心并与对称轴正交的轴即是形心主惯性轴。以后将杆件横截面的形心主轴和杆件轴线所确定的平面，称为形心主惯性平面。常见截面的形心主轴如图 5.3 所示。

如果平面图形有两根以上的对称轴，如圆形和正多边形，如图 5.15 所示，则通过形心的任

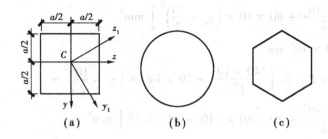

图 5.15

意坐标轴都是形心主惯性轴。以正方形为例，如图 5.15(a)所示，显然 $I_y = I_z = a^4/12$，$I_{yz} = 0$，由式(5.10)可知 y,z 轴绕形心 C 旋转任意角度以后，其 $I_{y_1} = I_{z_1} = a^4/12$，$I_{y_1 z_1} = 0$。因此，$y_1$ 轴、z_1 轴仍然为形心主惯性轴。

5.5　回转半径

任一平面图形，其面积为 A，轴 y,z 为图形所在平面内的一对正交坐标轴。图形对轴 y,z 的惯性矩分别为 I_y,I_z。现定义

$$\left. \begin{array}{l} i_z = \sqrt{\dfrac{I_z}{A}} \\[3mm] i_y = \sqrt{\dfrac{I_y}{A}} \end{array} \right\} \tag{5.15}$$

为平面图形对 z 轴和 y 轴的**回转半径**或**惯性半径**(radius of gyration or radius of inertia)，其量纲为[长度]。

例 5.10　试计算如图 5.16 所示矩形和圆形对形心主轴的回转半径。

解　1）矩形。

矩形截面的对称轴为形心主轴，且 $I_z = \dfrac{bh^3}{12}$，$I_y = \dfrac{hb^3}{12}$，故

$$i_z = \sqrt{\frac{I_z}{A}} = \sqrt{\frac{\dfrac{bh^3}{12}}{bh}} = \frac{h}{2\sqrt{3}}$$

$$i_y = \frac{b}{2\sqrt{3}}$$

2）圆形。

圆形的任一直径轴都是形心主轴，且 $I_z = I_y = \dfrac{\pi d^4}{64}$，故

$$i_z = i_y = \sqrt{\frac{\dfrac{\pi d^4}{64}}{\dfrac{\pi d^2}{4}}} = \frac{d}{4}$$

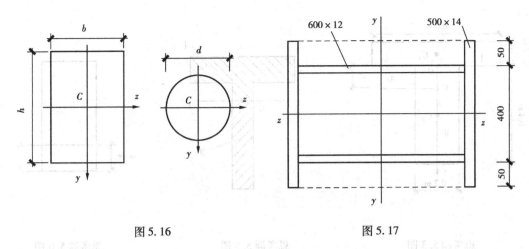

图 5.16　　　　　　　　　　　　　　　　图 5.17

例 5.11　某压弯构件采用箱形截面,如图 5.17 所示,试计算该截面对形心主惯性轴的回转半径。

解　截面的对称轴 y,z 即是形心主惯性轴。首先计算形心主惯性矩 I_z 为

$$I_z = \left\{ 2 \times \frac{14 \times 500^3}{12} + 2 \times \left[\frac{600 \times 12^3}{12} + 600 \times 12 \times \left(\frac{400}{2} - \frac{12}{2} \right)^2 \right] \right\} \text{mm}^4$$

$$= 8.34 \times 10^8 \text{ mm}^4$$

截面对 y 轴的惯性矩,可以不用惯性矩的平行移轴公式,即

$$I_y = \left[\frac{500 \times (600 + 2 \times 14)^3}{12} - \frac{(500 - 2 \times 12) \times 600^3}{12} \right] \text{mm}^4 = 17.52 \times 10^8 \text{ mm}^4$$

截面面积 $A = 2 \times (600 \times 12 + 500 \times 14) \text{ mm}^2 = 2.84 \times 10^4 \text{ mm}^2$,故

$$i_y = \sqrt{\frac{I_y}{A}} = \sqrt{\frac{17.52 \times 10^8 \text{ mm}^4}{2.84 \times 10^4 \text{ mm}^2}} = 248.4 \text{ mm}$$

$$i_z = \sqrt{\frac{I_z}{A}} = \sqrt{\frac{8.34 \times 10^8 \text{ mm}^4}{2.84 \times 10^4 \text{ mm}^2}} = 171.4 \text{ mm}$$

思考题

5.1　何谓静矩? 若平面图形对某轴的静矩为零,该轴一定是形心轴吗?

5.2　如何确定组合图形的形心位置? 若图形有对称轴,其形心位置有何规律?

5.3　在例 5.2 中,若选取 I, II 两部分的交线为 z 轴,如思考题 5.3 图所示,则形心至该轴的距离 y_C 应如何计算?

5.4　若某平面图形有对称轴 y,再任意取一轴 z 和 y 轴垂直,为什么 $I_{yz} = 0$?

5.5　如思考题 5.5 图所示 T 形截面,z 轴为形心主轴,z 轴将截面分为上、下两部分(I 和 II),试分析这两部分对 z 轴的静矩 S_{zI} 和 S_{zII} 的大小关系。

5.6　如思考题 5.6 图所示,z 轴为过矩形截面底边的轴,z_1 轴与 z 轴平行,间距为 $\frac{h}{4}$,图形

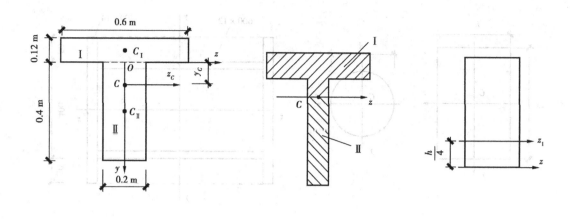

| 思考题5.3图 | 思考题5.5图 | 思考题5.6图 |

面积为 A，则 $I_{z_1} = I_z + \left(\dfrac{h}{4}\right)^2 \cdot A$，对吗？为什么？

5.7　试分析如思考题5.7图所示平面图形对 z 轴的惯性矩 $(I_z)_a$ 与 $(I_z)_b$ 的大小关系，以及对 y 轴的惯性矩 $(I_y)_a$ 与 $(I_y)_b$ 的大小关系。

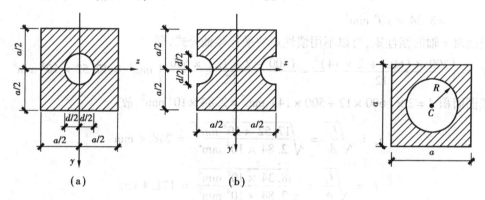

（a）　　　　　　　（b）

思考题5.7图　　　　　　　　思考题5.9图

5.8　根据式(5.10)可以确定两个主轴 y_0, z_0 的方向，即 $\alpha_0, \alpha_0 + 90°$ 或 $\alpha_0 - 90°$，如何判断它们之间的对应关系？

5.9　如思考题5.9图所示为一正方形中心挖去一圆孔，试证明该平面图形的任意形心轴均为形心主惯性轴。

5.10　什么是形心主轴？试判断如思考题5.10图所示截面的形心主轴的大致位置。

122

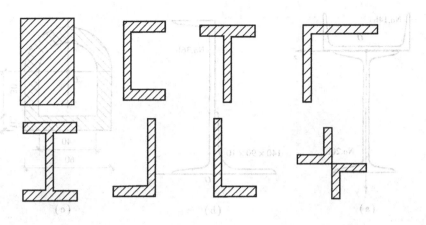

思考题 5.10 图

习 题

5.1 试确定如题 5.1 图所示各平面图形的形心位置。

答 (a)$\left(\dfrac{4r}{3\pi},\dfrac{4r}{3\pi}\right)$ (b)$\left(\dfrac{b}{3},\dfrac{h}{3}\right)$ (c)$(204,271)$ (d)$(180,120.6)$

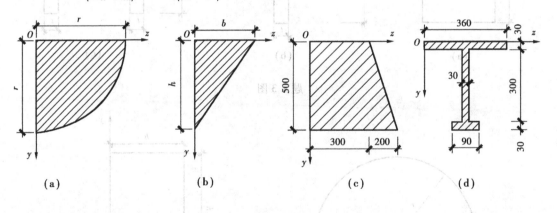

(a) (b) (c) (d)

题 5.1 图

5.2 试确定如题 5.2 图所示各平面图形的形心位置。

答 (a)$(0,59.1 \text{ mm})$ (b)$(6.58 \text{ mm}, -140.9 \text{ mm})$ (c)$(0,8.74 \text{ mm})$

5.3 试计算如题 5.3 图所示平面图形的阴影部分对 z 轴的静矩。

答 (a)$\dfrac{bh^2}{8}$ (b)$\dfrac{t^2}{2}(3b+t)$ (c)$\dfrac{t^2}{2}(3b+2t)$

5.4 试用积分法计算如题 5.4 图所示半圆形截面对 z 轴的静矩。

答 $2r^3/3$

5.5 试用积分法计算如题 5.1 图(a)、题 5.1 图(b)所示图形对 y,z 轴的惯性矩和惯性积。

123

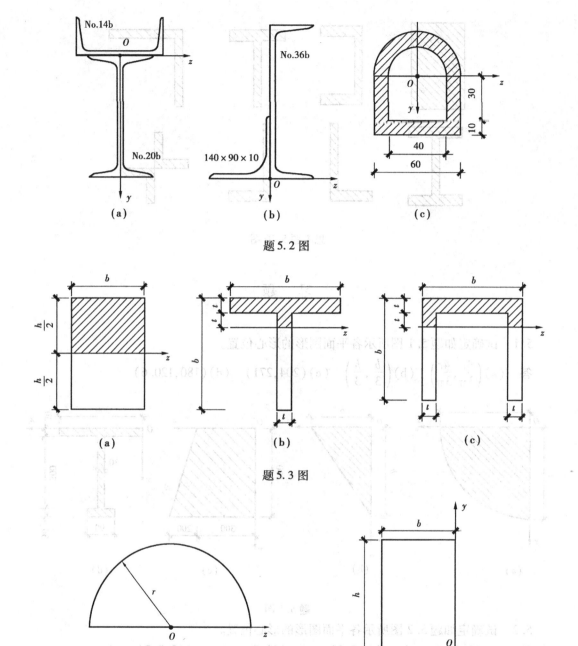

题 5.2 图

题 5.3 图

题 5.4 图　　　　　　　　　　　题 5.6 图

答　$(a)I_z=I_y=\dfrac{\pi r^4}{16}, I_{yz}=\dfrac{r^4}{8}$　　$(b)I_y=\dfrac{hb^3}{12}, I_z=\dfrac{bh^3}{12}, I_{yz}=\dfrac{b^2h^2}{24}$

5.6　试计算如题 5.6 图所示矩形截面对 y,z 轴的惯性矩和惯性积以及对 O 点的极惯性矩。

答　$I_y=\dfrac{hb^3}{3}, I_z=\dfrac{bh^3}{3}, I_{yz}=-\dfrac{b^2h^2}{4}, I_p=\dfrac{bh}{3}(b^2+h^2)$

5.7　试计算如题 5.7 图所示组合图形对对称轴 z 轴的惯性矩。

答　$1.22 \times 10^9 \text{ mm}^4$

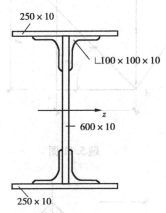

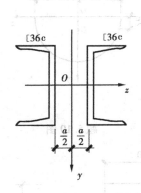

题 5.7 图　　　　　　　　　　题 5.8 图

5.8　如题 5.8 图所示为由两根 36c 号槽钢组成的截面,如欲使其形心主惯性矩相等,即 $I_z = I_y$,则两槽钢间距 a 为多少?

答　$a = 214.6 \text{ mm}$

5.9　试计算如题 5.9 图所示平面图形的形心主惯性矩。

答　(a) $\dfrac{b(b+2t)^3}{12} - \dfrac{(b-t)b^3}{12}, \dfrac{bt^3}{12} + \dfrac{tb^3}{6}$　(b) $7.89 \times 10^8 \text{ mm}^4, 1.03 \times 10^9 \text{ mm}^4$;

(c) $6.6 \times 10^7 \text{ mm}^4, 5.1 \times 10^6 \text{ mm}^4$

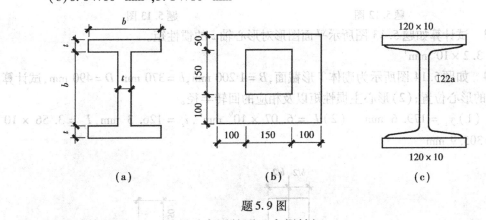

(a)　　　　　　　　　(b)　　　　　　　　　(c)

题 5.9 图

5.10　试计算如题 5.10 图所示半圆的形心主惯性矩。

答　$I_{z_c} = \left(\dfrac{\pi}{8} - \dfrac{8}{9\pi}\right) r^4, I_y = \dfrac{\pi r^4}{8}$

5.11　如题 5.11 图所示矩形截面,已知 $b = 150 \text{ mm}, h = 200 \text{ mm}$,试求:(1)过角点 A 与底边夹角为 45° 的一对正交坐标轴 y, z 的惯性矩 I_z, I_y 和惯性积 I_{yz};(2)过角点 A 的主轴方位。

答　(1) $I_z = 8.75 \times 10^7 \text{ mm}^4, I_y = 5.375 \times 10^8 \text{ mm}^4, I_{yz} = 8.75 \times 10^7 \text{ mm}^4$

(2) $\alpha = -34.37°$

5.12　试确定如题 5.12 图所示图形形心主轴的位置,并计算形心主惯性矩。

答　$\alpha = 27.29°, I_{\max} = 6.28 \times 10^6 \text{ mm}^4, I_{\min} = 0.64 \times 10^6 \text{ mm}^4$

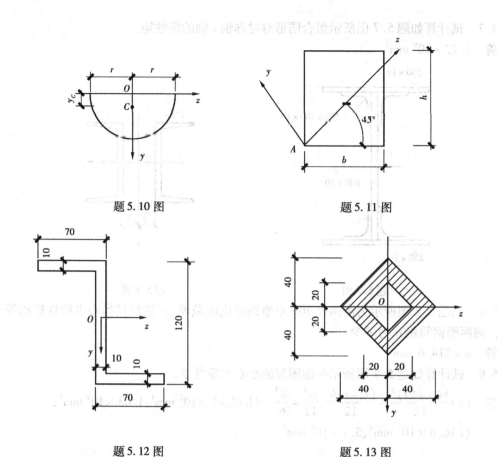

题 5.10 图   题 5.11 图

题 5.12 图   题 5.13 图

5.13　试计算如题 5.13 图所示平面图形对形心轴 z 的惯性矩。

答　$3.2 \times 10^6 \ \text{mm}^4$

5.14　如题 5.14 图所示为砌体 T 形截面，$B = 1\,200 \ \text{mm}$，$b = 370 \ \text{mm}$，$D = 490 \ \text{mm}$，试计算：（1）图形的形心位置；（2）形心主惯性矩以及相应的回转半径。

答　（1）$y_1 = 179.6 \ \text{mm}$　（2）$I_z = 6.07 \times 10^9 \ \text{mm}^4$，$i_z = 126.3 \ \text{mm}$，$I_y = 3.56 \times 10^{10}$ mm^4，$i_y = 305.9 \ \text{mm}$

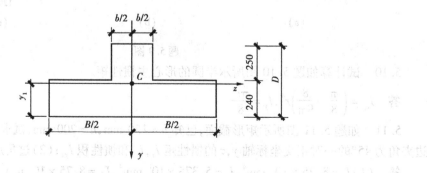

题 5.14 图

第 **6** 章
梁的应力

6.1 概 述

第 4 章讨论了梁的内力即剪力 F_S 和弯矩 M 的计算,为了解决梁的强度问题,还需研究梁横截面上各点的应力及应力分布规律。根据后面的研究可知,梁横截面上的正应力 σ 与弯矩 M 相对应,横截面上的切应力 τ 与剪力 F_S 相对应。除特别指出的情况以外,本章主要讨论梁横截面上的应力。

本章从纯弯曲入手,推导出梁横截面上的正应力计算公式,再推广到一般的横力弯曲。所谓**纯弯曲**(pure bending),是指梁或梁段在弯曲时,其横截面上剪力为零,而弯矩为常数。如图 6.1 所示梁的 CD 段即为纯弯曲。而梁段的横截面上既有弯矩又有剪力,这种弯曲变形即为**横力弯曲**(nonuniform bending)。

本章的主要内容还包括梁横截面上的切应力计算,以及梁的强度计算等。

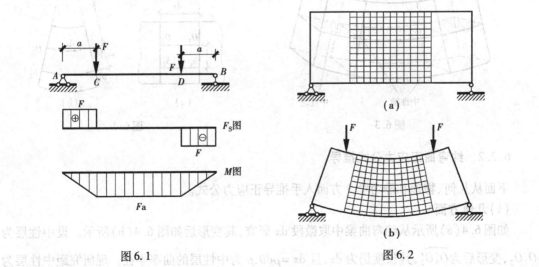

图 6.1   图 6.2

6.2 梁的正应力

6.2.1 试验及假设

取矩形截面橡皮梁,加力前,在梁的侧面画上等间距的水平纵向线和等间距的横向线,如图6.2(a)所示。然后对称加载使梁中间一段发生纯弯曲变形,如图6.2(b)所示,可观察到以下现象:

①横向线变形后仍保持为直线,但发生了相对转动。

②纵向线由相互平行的水平直线变为相互平行的曲线,上部的纵向线缩短,下部的纵向线伸长,且纵向线之间的间距无改变。

③梁变形后,横向线与纵向线仍然垂直。

根据上述现象,由表及里,可以作出如下假设:

①梁的横截面在变形后仍保持为平面,并与变形后的轴线垂直,只是转动了一个角度。这就是梁在纯弯曲变形时的**平面假设**。

②设想梁是由许多层与上、下底面平行的纵向纤维组成,变形后,这些纤维层发生了纵向伸长或缩短,但相邻纤维层之间无横向挤压,称为**纵向纤维间无挤压假设**。

③横截面上无切应力,因此,各纵向纤维均处于单向拉伸或单向压缩受力状态。

上部纤维层缩短,下部纤维层伸长,根据连续性假设,则梁的中部某处必然有一层纤维的长度不变,这一层纤维称为**中性层**（neutral surface）。中性层与横截面的交线称为**中性轴**（neutral axis）,如图6.3所示。

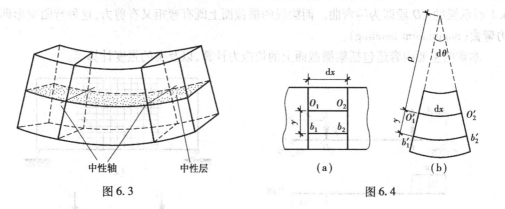

中性轴　中性层

图6.3　　　　图6.4

6.2.2 纯弯曲正应力公式推导

下面从几何、物理和静力学3方面入手推导正应力公式。

（1）几何方面

如图6.4(a)所示从纯弯曲梁中取微段 dx 研究,其变形后如图6.4(b)所示。设中性层为 O_1O_2 ,变形后为 $\widehat{O_1'O_2'}$,其长度仍为 dx ,且 $dx=\rho d\theta$, ρ 为中性层的曲率半径。现研究距中性层为 y 的任一层纤维 b_1b_2 的纵向线应变。

$$\varepsilon = \frac{\widehat{b_1'b_2'} - \overline{b_1b_2}}{\overline{b_1b_2}} = \frac{\widehat{b_1'b_2'} - \overline{O_1O_2}}{\overline{O_1O_2}} = \frac{\widehat{b_1'b_2'} - \widehat{O_1'O_2'}}{\widehat{O_1'O_2'}} = \frac{(\rho + y)\mathrm{d}\theta - \rho\mathrm{d}\theta}{\rho\mathrm{d}\theta}$$

$$\varepsilon = \frac{y}{\rho} \tag{a}$$

式(a)表明,梁横截面上任意点的纵向线应变在数值上与该点到中性层的距离 y 成正比,与中性层的曲率半径 ρ 成反比。

(2)物理方面

由前述纵向纤维间无挤压假设可知,梁中各层纤维处于单向受力状态,当材料处于线弹性工作范围时,由胡克定律可得

$$\sigma = E\varepsilon = E\frac{y}{\rho} \tag{b}$$

(3)静力学方面

从纯弯曲梁段中任取一横截面,设中性轴为 z,建立如图6.5所示的正交坐标系。在横截面上取微面积 $\mathrm{d}A$,其上正应力合力为 $\sigma\mathrm{d}A$。横截面上各处的 $\sigma\mathrm{d}A$ 形成一个与横截面垂直的空间平行力系,其向横截面形心的简化结果应与该横截面上的内力相对应,即

$$\begin{cases} F_N = \int_A \sigma\mathrm{d}A = 0 & \text{(c)} \\[2mm] M_y = \int_A z\sigma\mathrm{d}A = 0 & \text{(d)} \\[2mm] M_z = \int_A y\sigma\mathrm{d}A = M & \text{(e)} \end{cases}$$

由式(b)和式(c),可得

$$F_N = \int_A \frac{E}{\rho}y\mathrm{d}A = \frac{E}{\rho}\int_A y\mathrm{d}A = 0$$

因为 E/ρ 不为零,所以 $\int_A y\mathrm{d}A = S_z = 0$,则说明中性轴 z 是形心轴。

再由式(d)可得

$$M_y = \int_A \frac{E}{\rho}yz\mathrm{d}A = \frac{E}{\rho}\int_A yz\mathrm{d}A = \frac{E}{\rho}I_{yz} = 0$$

所以

$$I_{yz} = 0 \tag{f}$$

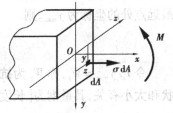

图6.5

式(f)表明,中性轴 z 是主轴,而中性轴又是形心轴,故**中性轴是横截面的形心主轴**。

最后由式(e)可得

$$M_z = \int_A \frac{E}{\rho}y^2\mathrm{d}A = \frac{E}{\rho}\int_A y^2\mathrm{d}A = \frac{E}{\rho}I_z = M$$

所以

$$\frac{1}{\rho} = \frac{M}{EI_z} \tag{6.1}$$

式(6.1)说明,中性层的曲率 $1/\rho$ 与弯矩 M 成正比,与 EI_z 成反比。EI_z 称为梁的**抗弯刚度**(flexural rigidity),反映梁抵抗弯曲变形的能力。式(6.1)是计算梁变形的基本公式。

将式(6.1)代入式(b),可得梁发生纯弯曲时横截面上的正应力计算公式

$$\sigma = \frac{M}{I_z} y \qquad (6.2)$$

式中　M——欲求正应力点所在横截面上的弯矩;

　　　　I_z——横截面对中性轴 z 的惯性矩;

　　　　y——所求应力点的 y 坐标值。

在应用式(6.2)时,还可以取弯矩 M 和坐标 y 的绝对值计算正应力,最后由实际变形情况判断正应力 σ 是拉应力还是压应力。

由式(6.2)可看出,在某一横截面上,M 和 I_z 为常数,故正应力 σ 与 y 成正比,即正应力沿横截面高度呈线性变化规律,如图6.6所示。可见,中性轴将横截面分成两个区域,一部分为受拉区,另一部分为受压区。

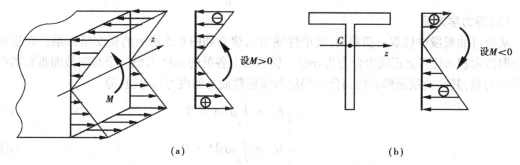

图6.6

由式(6.2)可知,梁横截面上的最大正应力 σ_{max} 发生在离中性轴最远处。设距离中性轴最远点处的坐标为 y_{max},则

$$\sigma_{max} = \frac{M}{I_z} y_{max} = \frac{M}{I_z / y_{max}}$$

令 $I_z / y_{max} = W_z$,称 W_z 为**抗弯截面模量**(section modulus in bending),与梁横截面的几何形状和大小有关,其量纲为[长度]^3。于是,可得梁中横截面上的最大正应力计算公式为

$$\sigma_{max} = \frac{M}{W_z} \qquad (6.3)$$

对于宽为 b,高为 h 的矩形截面,如图6.7(a)所示,其抗弯截面模量为

$$W_z = \frac{I_z}{y_{max}} = \frac{\dfrac{bh^3}{12}}{\dfrac{h}{2}} = \frac{bh^2}{6}, \quad W_y = \frac{I_y}{z_{max}} = \frac{hb^2}{6} \qquad (g)$$

对于直径为 d 的圆形截面,如图6.7(b)所示,其抗弯截面模量为

$$W_z = W_y = \frac{\dfrac{\pi d^4}{64}}{\dfrac{d}{2}} = \frac{\pi d^3}{32} \qquad (h)$$

各种型钢的抗弯截面模量 W_z 可以从附录B即型钢表中查得。

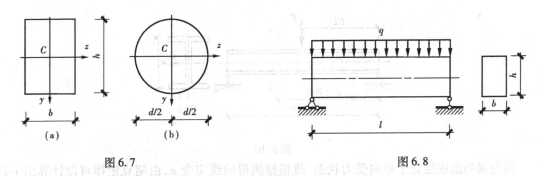

图6.7   图6.8

6.2.3 纯弯曲正应力公式的推广

梁发生横力弯曲时,横截面上一般既有弯矩也有剪力,所以梁变形以后其横截面不再保持为平面,且纵向纤维层之间也存在相互的挤压,即平面假设、纵向纤维间无挤压假设均不成立。严格来说,纯弯曲模型推导出的正应力计算公式不适用于梁在横力弯曲时横截面上的正应力计算。但是,对于工程中常见的细长梁(跨长与横截面高度之比大于5),根据试验和更精确的分析发现,用纯弯曲正应力公式(6.2)计算梁在横力弯曲时横截面上的正应力,并不会引起较大的误差。以如图6.8所示受均布荷载的简支梁为例,弹性理论分析结果表明:当梁的跨高比 $l/h = 4$ 时,由纯弯曲公式(6.2)计算横截面上的最大正应力,其误差只有1/60。所以,梁在横力弯曲时横截面上的正应力仍然按公式(6.2)计算。

例6.1 如图6.9所示悬臂梁,已知 $F = 10$ kN, $b = 100$ mm, $h = 150$ mm,求 C 截面上 a 点的正应力及全梁横截面上的最大正应力。

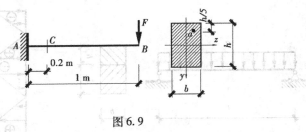

图6.9

解 梁中 C 截面的弯矩 $M_C = -10$ kN $\times (1 - 0.2)$ m $= -8$ kN $\cdot$ m,而 C 截面上 a 点的 y 坐标 $y_a = -\left(\dfrac{h}{2} - \dfrac{h}{5}\right) = -\dfrac{3}{10}h = -45$ mm,代入式(6.2)可得

$$\sigma_a = \frac{M_C}{I_z} \cdot y_a = \frac{-8 \times 10^6 \text{ N} \cdot \text{mm}}{\dfrac{1}{12} \times 100 \text{ mm} \times 150^3 \text{ mm}^3} \times (-45 \text{ mm}) = 12.8 \text{ MPa}$$

$$\sigma_{\max} = \frac{M_{\max}}{W_z} = \frac{M_A}{W_z} = \frac{10 \times 10^3 \text{ N} \times 1\,000 \text{ mm}}{\dfrac{1}{6} \times 100 \text{ mm} \times 150^2 \text{ mm}^2} = 26.7 \text{ MPa}$$

例6.2 如图6.10所示16号工字钢梁在跨中受集中力 F 作用,材料的弹性模量 $E = 210$ GPa。现于1-1横截面的最底层处测得轴向线应变 $\varepsilon = 100 \times 10^{-6}$,试求作用于梁上的荷载 F。

解 查型钢表可得16号工字钢截面的几何性质:

$$I_z = 1\,130 \text{ cm}^4, h = 160 \text{ mm}$$

131

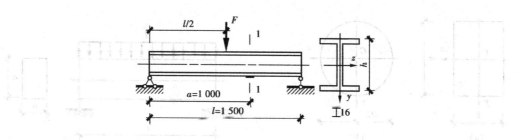

图 6.10

因为梁的最底层处于单向受力状态,故根据测得的线应变 ε,由胡克定律可以计算出 1-1 横截面上下边缘处的正应力 σ 为

$$\sigma = E\varepsilon = 210 \times 10^3 \text{ MPa} \times 100 \times 10^{-6} = 21 \text{ MPa}$$

该正应力由式(6.2)计算

$$\sigma = \frac{M_1}{I_z}y = \frac{M_1}{I_z} \cdot \frac{h}{2} = \frac{\frac{F}{2}(l-a)}{I_z} \cdot \frac{h}{2}$$

于是

$$F = \frac{4 \times 21 \text{ MPa} \times (1\ 130 \times 10^4 \text{ mm}^4)}{(1\ 500 - 1\ 000) \text{ mm} \times 160 \text{ mm}} = 11\ 865 \text{ N} \approx 11.9 \text{ kN}$$

例 6.3 如图 6.11 所示为两根材料相同,宽度相等,高度分别为 h_1 及 h_2 的梁相叠而成,假设两根梁在相叠面可以自由错动。试求:1)两根梁所承担的最大弯矩之比;2)两根梁横截面上的最大正应力之比;3)绘制两根梁横截面上的正应力沿高度分布规律示意图。

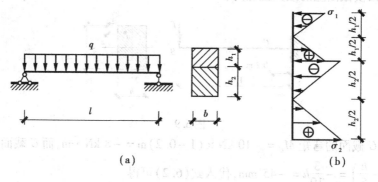

图 6.11

解 1)假设上、下两根梁所承担的最大弯矩分别为 M_1, M_2。两根梁相叠后同时发生弯曲变形,在小变形条件下,可以近似认为两根梁的曲率相等,由式(6.1)可得

$$\frac{1}{\rho} = \frac{M_1}{EI_1} = \frac{M_2}{EI_2}$$

式中,EI_1, EI_2 分别为上下两根梁的抗弯刚度。于是两根梁所承担的最大弯矩之比为

$$\frac{M_1}{M_2} = \frac{EI_1}{EI_2} = \frac{\dfrac{bh_1^3}{12}}{\dfrac{bh_2^3}{12}} = \frac{h_1^3}{h_2^3}$$

2)假设上、下两根梁的最大弯曲正应力分别为 σ_1, σ_2,由式(6.3)可得

$$\frac{\sigma_1}{\sigma_2} = \frac{\dfrac{M_1}{W_1}}{\dfrac{M_2}{W_2}} = \frac{M_1}{M_2} \cdot \frac{W_2}{W_1} = \frac{h_1^3}{h_2^3} \cdot \frac{\dfrac{bh_2^2}{6}}{\dfrac{bh_1^2}{6}} = \frac{h_1}{h_2}$$

3)两根梁横截面上的弯曲正应力沿高度分布规律如图6.11(b)所示。

例 6.4　试求如图 6.12 所示简支梁在均布荷载作用下,梁下边缘的总伸长 Δl。

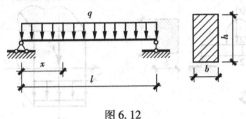

图 6.12

解　梁的下边缘处于单向受力状态,由胡克定律得下边缘纤维层的纵向线应变 $\varepsilon(x)$ 为

$$\varepsilon(x) = \frac{\sigma(x)}{E}$$

式中,E 为材料的弹性模量;$\sigma(x)$ 为横截面下边缘处的正应力。由式(6.3)

$$\sigma(x) = \frac{M(x)}{W_z}$$

梁中任意横截面上的弯矩 $M(x)$ 为

$$M(x) = \frac{ql}{2}x - \frac{qx^2}{2}$$

于是,梁下边缘的总伸长为

$$\Delta l = \int_0^l \varepsilon(x)\,\mathrm{d}x = \int_0^l \frac{M(x)}{EW_z}\mathrm{d}x$$

代入 $W_z = bh^2/6$,可得

$$\Delta l = \frac{ql^3}{2Ebh^2}$$

6.3　梁的切应力

梁发生横力弯曲时,其横截面上既有弯矩又有剪力,因此,横截面上还存在弯曲切应力。本节将介绍常见的矩形截面梁、工字形截面梁、圆形截面梁以及薄壁圆环形截面梁横截面上的弯曲切应力计算。

6.3.1　矩形截面梁的切应力

如图 6.13(a)所示矩形截面梁,现从梁中任取一横截面如图 6.13(b)所示,根据切应力互等定理可以判定横截面周边的切应力必与周边相切。当横截面高度 h 大于宽度 b 时,可以进一步作出如下假设:

①横截面上各点的切应力与剪力 F_S 方向相同,即与横截面侧边平行。

②切应力沿横截面宽度 b 均匀分布，如图 6.13(b) 所示。

现从梁中截取长为 $\mathrm{d}x$ 的微段，其受力如图 6.13(c) 所示。设 1-1 截面上的内力为 F_S 和 M，则 2-2 截面上的内力为 $F_\mathrm{S}+\mathrm{d}F_\mathrm{S}$ 和 $M+\mathrm{d}M$。据此再画出微段左、右截面上的应力分布如图 6.13(d) 所示。显然，1-1 截面和 2-2 截面上的弯矩一般不同，故其正应力往往也是不同的。下面来求解横截面上距中性轴为 y 处的切应力。为此，以平行于中性层且距中性层为 y 的平面

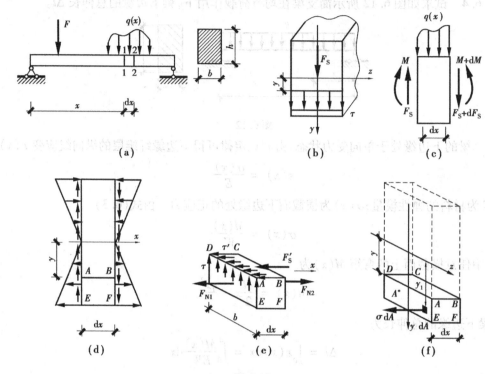

图 6.13

$ABCD$ 从如图 6.13(d) 所示微段中截取该平面以下的部分，如图 6.13(e) 所示，并研究它在梁的轴线方向的平衡。该微体左、右两面上正应力的合力 F_N1 和 F_N2 不相等，其差和顶面 $ABCD$ 上的水平切应力 τ' 的合力相平衡。此处 τ' 和横截面上 AD 处的切应力 τ 相等（切应力互等定理），而 $ABCD$ 面上 τ' 的合力 $F'_\mathrm{S}=\tau'\cdot b\mathrm{d}x$（$\mathrm{d}x\rightarrow0$，可以近似认为 τ' 在 $ABCD$ 面上是均匀分布的），故

$$\sum F_x = 0, \quad F_\mathrm{N2} - F_\mathrm{N1} - \tau'b\mathrm{d}x = 0 \tag{a}$$

其中，$F_\mathrm{N1} = \displaystyle\int_{A^*}\sigma\mathrm{d}A$，$A^*$ 为如图 6.13(e) 所示微体左侧面的面积。而且 $\sigma = \dfrac{M}{I_z}y_1$，$y_1$ 为 A^* 上任取一点至中性轴的距离，如图 6.13(f) 所示。于是

$$F_\mathrm{N1} = \int_{A^*}\sigma\mathrm{d}A = \int_{A^*}\frac{M}{I_z}y_1\mathrm{d}A = \frac{M}{I_z}S_z^* \tag{b}$$

式中，$S_z^* = \displaystyle\int_{A^*}y_1\mathrm{d}A$ 为 A^* 对中性轴 z 的静矩。同理

$$F_\mathrm{N2} = \frac{M+\mathrm{d}M}{I_z}S_z^* \tag{c}$$

式(b)、式(c)代入式(a)得

$$\frac{M + \mathrm{d}M}{I_z}S_z^* - \frac{M}{I_z}S_z^* - \tau'b\mathrm{d}x = 0$$

$$\tau' = \frac{\mathrm{d}M}{\mathrm{d}x}\frac{S_z^*}{bI_z}$$

由 4.4.1 节可知 $\frac{\mathrm{d}M}{\mathrm{d}x} = F_\mathrm{S}$，且 $\tau' = \tau$，于是可得矩形截面梁横截面上任一点的弯曲切应力计算公式为

$$\tau = \frac{F_\mathrm{S}S_z^*}{bI_z} \tag{6.4}$$

式中 F_S——欲求切应力点所在横截面上的剪力；

b——欲求切应力点的横截面宽度；

I_z——横截面对中性轴 z 的惯性矩；

S_z^*——欲求切应力点处水平线以下部分 A^*（或以上部分）对中性轴 z 的静矩。此处静

矩 S_z^* 取绝对值，因为弯曲切应力 τ 的方向由横截面上的剪力 F_S 即可确定。

下面讨论切应力沿横截面高度的变化规律。结合如图 6.14 所示可得

$$S_z^* = A^* \cdot y^* = \left[b \cdot \left(\frac{h}{2} - y\right)\right] \cdot \left(y + \frac{\frac{h}{2} - y}{2}\right) = \frac{b}{2}\left(\frac{h^2}{4} - y^2\right) \tag{d}$$

式中，y^* 为 A^* 形心的 y 坐标值。因为中性轴 z 为形心轴，所以如果取欲求切应力点处水平线以上部分来计算静矩 S_z^*，也可得到相同的结果。将式（d）代入式（6.4）可得

$$\tau = \frac{6F_\mathrm{S}}{bh^3}\left(\frac{h^2}{4} - y^2\right) \tag{6.5}$$

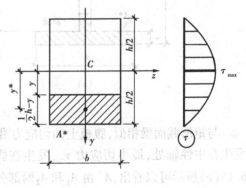

图 6.14

可见矩形截面梁的弯曲切应力沿横截面高度按二次抛物线规律变化，如图 6.14 所示。在梁横截面的上、下边缘处，弯曲切应力 $\tau = 0$；而在 $y = 0$ 即中性轴上弯曲切应力取极大值

$$\tau_{\max} = \frac{3}{2}\frac{F_\mathrm{S}}{bh} = \frac{3}{2}\frac{F_\mathrm{S}}{A} \tag{6.6}$$

式中，A 为横截面面积；F_S/A 可以理解为横截面上的平均切应力。可见，矩形截面梁横截面上的最大弯曲切应力为该横截面上平均切应力的 1.5 倍。

还须指出的是：

①式（6.4）是在前述两个假设的基础上得到的，虽然是近似解，但是根据弹性理论和实验研究发现：对于工程中常见的横截面高度 h 大于宽度 b 的狭长矩形截面梁而言，式（6.4）的计算误差较小。

②式（6.4）的推导虽然是针对矩形截面梁，但是对于其他形状的对称截面梁，也可用相同的方法得到弯曲切应力的近似解，而且其计算公式也相似。

注意圆形截面梁、梯形截面梁等（横截面侧边与对称轴不平行），关于弯曲切应力方向的假设需要做相应的调整。

6.3.2 工字形截面梁的切应力

如图 6.15 所示,工字形截面梁由腹板和上、下翼缘构成,下面分别予以讨论。

(1)腹板的弯曲切应力

横截面上的腹板是一狭长矩形,其上的弯曲切应力方向与剪力 F_S 的方向相同,即与腹板侧边平行,且切应力 τ 沿腹板厚度方向可以认为是均匀分布的。与矩形截面梁的切应力公式推导过程相似,也可推导出腹板的弯曲切应力计算公式,即

$$\tau = \frac{F_S S_z^*}{d I_z} \tag{6.7}$$

式中　d——腹板厚度;

　　　I_z——整个横截面对中性轴 z 的惯性矩;

　　　S_z^*——欲求切应力点水平线以下部分 A^*(即见图 6.15(a)中的阴影部分)或以上部分对中性轴 z 的静矩。

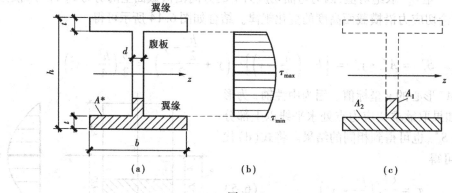

图 6.15

与矩形截面梁相似,腹板上的切应力沿腹板高度呈二次抛物线规律变化,最大切应力 τ_{max} 发生在中性轴处,最小切应力 τ_{min} 发生在腹板与翼缘的交界处,如图 6.15(b)所示。由如图 6.15(c)所示可以看出,A^* 由 A_1 和 A_2 两部分组成,$S_z^* = (S_z)_{A^*} = (S_z)_{A_1} + (S_z)_{A_2}$。横截面上的腹板是狭长矩形,$(S_z)_{A_1} \ll (S_z)_{A_2}$,故切应力沿腹板高度变化不大。同时,因为翼缘宽度 b 远大于腹板厚度 d,所以翼缘上与剪力平行的竖向切应力较小。通过计算也表明,腹板所承担的剪力占全截面剪力 F_S 的 95% ~ 97%。工程上可近似认为剪力 F_S 全部由腹板承担而且腹板上的弯曲切应力 τ 沿高度也是均匀分布的,即

$$\tau = \frac{F_S}{d(h - 2t)} \tag{6.8}$$

对于工字形截面的型钢,腹板上的最大弯曲切应力 $\tau_{max} = \dfrac{F_S}{d \dfrac{I_z}{S_{z,max}}}$,其中腹板厚度 d 和

$\dfrac{I_z}{S_{z,max}}$ 可以从型钢表中查得。

(2)翼缘的弯曲切应力

翼缘上与剪力平行的竖向切应力分量的数值较小,可以不予考虑。

下面来讨论翼缘上的水平切应力分量。根据切应力互等定理,翼缘周边处的切应力必与周边相切,而且翼缘厚度 t 较小,据此可以假设:

①切应力与翼缘的长边平行。

②切应力沿翼缘厚度均匀分布。

切应力的具体求解方法与矩形截面梁类似,如图 6.16(a)所示,若欲求翼缘上 mn 处的水平切应力,可以于该处沿纵向切开取右边部分,并在梁的长度方向取微小长度,如图 6.16(b)所示。图 6.16(b)中 τ 为翼缘上 mn 处的水平切应力,而 τ' 为微体纵截面上的切应力,显然 $\tau' = \tau$。最后,参考如图 6.16(c)所示并列出该微体在梁长度方向的平衡方程 $\sum F_x = 0$,即可求出 mn 处的水平切应力 τ 为

$$\tau = \frac{F_S S_z^*}{t I_z} \tag{6.9}$$

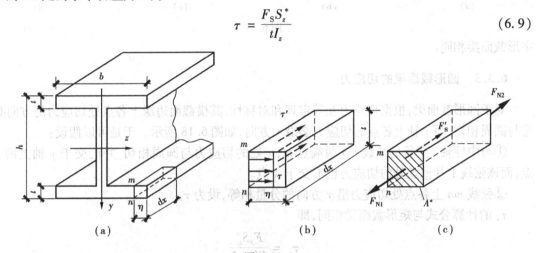

图 6.16

式中,t 为翼缘厚度;S_z^* 为 mn 到翼缘边缘之间的部分 A^*(A^* 见图 6.16(c))对中性轴 z 的静矩,即

$$S_z^* = (t\eta) \cdot \left(\frac{h}{2} - \frac{t}{2}\right)$$

将上式代入式(6.9)可得

$$\tau = \frac{F_S S_z^*}{t I_z} = \frac{F_S(h - t)\eta}{2 I_z} \tag{6.10}$$

可见,翼缘上水平切应力的大小是与该点到翼缘端部的距离 η 成正比的,方向根据所取微体的平衡条件来判断。翼缘上水平切应力的分布如图 6.17(a)所示,在翼缘与腹板结合处的应力分布很复杂,图中没有画出。可以看出,当横截面上的剪力向下时,切应力从上翼缘的两侧向腹板流动,通过腹板达到下翼缘后,又向两侧流出。这样,切应力的指向与水管中的水流方向具有相同的特点,称为**切应力流**(shear stress flow)。因此,结合切应力流的特点,腹板上的竖向切应力方向、翼缘上的水平切应力方向都可以通过剪力的方向来确定。

对于槽形、箱形等其他形状的薄壁截面梁,横截面上与剪力对应的切应力,其方向可能与剪力的方向一致,也可能不一致。这时,弯曲切应力必定平行于横截面周边的切线方向,也会形成切应力流,如图 6.17(b)、(c)、(d)所示。可以看出,这些薄壁截面梁横截面上的弯曲切应力分布规律与工字形截面梁相似。不仅如此,其弯曲切应力的计算方法和计算公式也与工

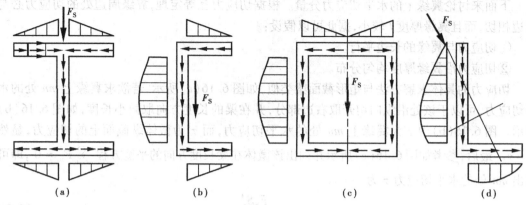

图 6.17

字形截面梁相同。

6.3.3　圆形截面梁的切应力

对于圆形截面梁,根据切应力互等定理和对称性,其横截面边缘上各点处切应力的方向必定与圆周相切,而 y 轴上各点的切应力必沿 y 方向,如图 6.18 所示。于是可以假设:

①与中性轴 z 平行的弦线 mn 两端点 m,n 处的切应力与圆周相切,并汇交于 y 轴上的 A 点,而该弦线上其他点处的切应力也汇交于 A 点。

②弦线 mn 上各点处切应力沿 y 方向的分量相等,设为 τ_y。

τ_y 的计算公式与矩形截面梁相同,即

$$\tau_y = \frac{F_S S_z^*}{b(y) I_z}$$

式中, $b(y)$ 为弦线 mn 的长度; S_z^* 为弦线以下部分对中性轴 z 的静矩。可以证明,圆形截面梁横截面上的最大切应力 $\tau_{\max}$ 发生在中性轴处,并沿中性轴均匀分布,此时上式中的 $b(y) = d$, $S_z^* = \pi d^3/12$ 为半圆对中性轴 z 的静矩,于是

$$\tau_{\max} = \frac{4}{3} \frac{F_S}{A} \tag{6.11}$$

式中, $A = \pi d^2/4$ 为圆截面的面积。

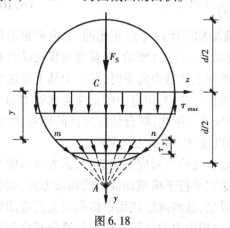

图 6.18

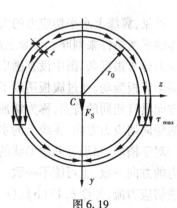

图 6.19

6.3.4　薄壁圆环形截面梁的切应力

如图 6.19 所示为薄壁圆环形截面梁的横截面,壁厚为 t,环的平均半径为 r_0。因为 $t \ll r_0$,可以假设弯曲切应力的大小沿壁厚无变化,方向与圆周相切。梁横截面上的最大切应力 τ_{max} 发生在中性轴处,其值为

$$\tau_{max} = 2\frac{F_S}{A} \tag{6.12}$$

式中,$A = 2\pi r_0 t$ 为横截面面积。

例 6.5　如图 6.20 所示由 3 块木板胶合而成的悬臂梁在自由端受集中力 $F = 2.5$ kN 作用。胶合面黏胶的强度足够,试求胶合面 aa,bb 上的切应力以及总剪力。

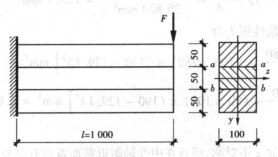

图 6.20

解　根据切应力互等定理,胶合面 aa,bb 上的切应力 τ_a,τ_b 等于横截面上胶合处的弯曲切应力。由矩形截面梁横截面上的弯曲切应力计算公式(6.4)可知,两个胶合面处的切应力是相等的,同时梁横截面上的剪力 $F_S = F = 2.5$ kN 为常数,故

$$\tau_a = \tau_b = \frac{F_S S_z^*}{b I_z} = \frac{(2.5 \times 1\,000)\ \text{N} \times \left[(50\ \text{mm} \times 100\ \text{mm}) \times 50\ \text{mm}\right]}{100\ \text{mm} \times \dfrac{100\ \text{mm} \times 150^3\ \text{mm}^3}{12}} = 0.22\ \text{MPa}$$

胶合面上的总剪力为

$$F_S' = \tau_a \cdot bl = 0.22\ \text{MPa} \times 100\ \text{mm} \times 1\,000\ \text{mm} = 2.2 \times 10^4\ \text{N} = 22\ \text{kN}$$

例 6.6　箱形截面梁受力如图 6.21 所示,试求其横截面上的最大弯曲切应力(不考虑应力集中的影响)。

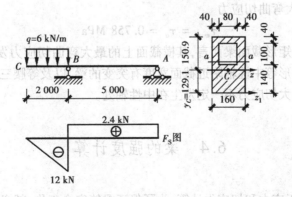

图 6.21

解 1）内力计算。

绘出梁的剪力图如图 6.21 所示，最大剪力发生在 $B_{左}$ 截面，其值为

$$F_{\mathrm{S}} = -12 \text{ kN}$$

2）形心位置和惯性矩计算。

横截面面积 $A = 36\ 800 \text{ mm}^2$

截面对下底边 z_1 的静矩为

$$S_{z_1} = (160 \times 280 \times 140 - 80 \times 100 \times 190) \text{ mm}^3 = 4.752 \times 10^6 \text{ mm}^3$$

故截面形心 C 到下底边的距离为

$$y_C = \frac{S_{z_1}}{A} = \frac{4.75 \times 10^6 \text{ mm}^3}{36\ 800 \text{ mm}^2} = 129.1 \text{ mm}$$

截面对中性轴 z 的惯性矩 I_z 为

$$I_z = \left[\frac{160 \times 280^3}{12} + (160 \times 280) \times (140 - 129.1)^2 \right] \text{ mm}^4 -$$

$$\left[\frac{80 \times 100^3}{12} + (80 \times 100) \times (190 - 129.1)^2 \right] \text{ mm}^4 = 2.62 \times 10^8 \text{ mm}^4$$

3）应力计算。

截面形状关于中性轴 z 不对称，而且在中性轴附近截面宽度有突变，由弯曲切应力计算公式(6.4)可知，其最大切应力 $\tau_{\max}$ 不一定发生在中性轴处。但是，根据梁的横截面形状，只需计算中性轴处的切应力，以及截面突变处（见图 6.21 所示 aa 线处）的切应力，最后进行比较即可。

$B_{左}$ 截面上中性轴处的切应力为

$$\tau_z = \frac{F_{\mathrm{S}} S_z^*}{b I_z} = \frac{(12 \times 1\ 000) \text{ N} \times \left[(160 \text{ mm} \times 129.1 \text{ mm}) \times \frac{129.1}{2} \text{ mm} \right]}{160 \text{ mm} \times 2.62 \times 10^8 \text{ mm}^4} = 0.382 \text{ MPa}$$

$B_{左}$ 截面上 aa 线处的切应力为

$$\tau_a = \frac{(12 \times 1\ 000) \text{ N} \times \left[(160 \text{ mm} \times 140 \text{ mm}) \times \left(129.1 - \frac{140}{2} \right) \text{ mm} \right]}{80 \text{ mm} \times 2.62 \times 10^8 \text{ mm}^4} = 0.758 \text{ MPa}$$

故该梁横截面上的最大弯曲切应力

$$\tau_{\max} = \tau_a = 0.758 \text{ MPa}$$

由该题可见，对于矩形截面梁而言，其横截面上的最大弯曲切应力发生在中性轴处；而对于非对称的箱形、十字形等中性轴附近截面宽度有突变的梁，以及等腰三角形等截面宽度变化的梁，其横截面上的最大切应力不一定发生在中性轴处。

6.4 梁的强度计算

前面讨论了梁的正应力和切应力计算，为了保证梁能安全工作，就必须使这两种应力都满足强度条件。

6.4.1 梁的正应力强度计算

梁中最大弯曲正应力发生在危险截面上距中性轴最远的上边缘或下边缘处,而横截面上这些点处的弯曲切应力为零,其应力状态均为单向受拉或者单向受压。据此可以建立梁的正应力强度条件为

$$\sigma_{max} = \frac{M}{W_z} \leqslant [\sigma] \tag{6.13}$$

式中,$[\sigma]$ 为材料的许用正应力。

对于由抗拉和抗压性能相同的材料(即许用拉应力 $[\sigma_t]$ 与许用压应力 $[\sigma_c]$ 相等)制成的等截面梁,危险截面即是弯矩最大截面。对于铸铁这类许用拉应力 $[\sigma_t]$ 与许用压应力 $[\sigma_c]$ 不同的脆性材料制成的梁,当横截面关于中性轴不对称时,其危险截面并不一定是最大弯矩 M_{max} 所在截面,这时需分别对最大拉应力 $\sigma_{t,max}$ 和最大压应力 $|\sigma_c|_{max}$ 建立强度条件,即

$$\left.\begin{array}{r} \sigma_{t,max} \leqslant [\sigma_t] \\ |\sigma_c|_{max} \leqslant [\sigma_c] \end{array}\right\} \tag{6.14}$$

例 6.7 一外伸梁受力如图 6.22(a)所示,横截面为倒 T 形,已知 $a = 40$ mm,$b = 30$ mm,$c = 80$ mm;外力 $F_1 = 40$ kN,$F_2 = 15$ kN;材料的许用拉应力 $[\sigma_t] = 45$ MPa,许用压应力 $[\sigma_c] = 175$ MPa。试校核该梁的强度。

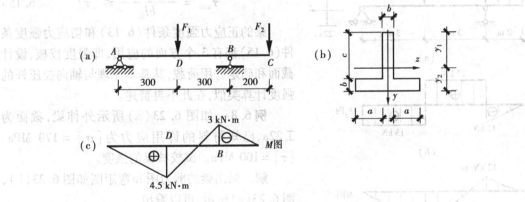

图 6.22

解 1)计算横截面的形心位置以及横截面对中性轴的惯性矩。

$$y_2 = \frac{(bc) \cdot \left(b + \frac{c}{2}\right) + [(2a + b)b] \cdot \left(\frac{b}{2}\right)}{bc + (2a + b)b} = 38 \text{ mm}$$

$$y_1 = 72 \text{ mm}$$

$$I_z = \frac{(2a + b) \cdot b^3}{12} + [(2a + b)b] \cdot \left(y_2 - \frac{b}{2}\right)^2 + \frac{bc^3}{12} + (bc) \cdot \left(y_1 - \frac{c}{2}\right)^2$$

$$= 5.73 \times 10^6 \text{ mm}^4$$

2)校核最大拉应力。

由弯矩图如图 6.22(c)所示可见,梁的正、负弯矩段皆有极值,且 D 截面最大拉应力为 $\sigma_{t,max}^D = \dfrac{M_D}{I_z} y_2$,而 B 截面最大拉应力 $\sigma_{t,max}^B = \dfrac{M_B}{I_z} y_1$。虽然 $M_D > M_B$,但是因为梁的截面为倒 T

形，即 $y_1 > y_2$，所以须对 $\sigma_{t,max}^D$ 和 $\sigma_{t,max}^B$ 进行比较才能判断最大拉应力所在截面。注意

$$\frac{M_D}{M_B} < \frac{y_1}{y_2}，即 M_D y_2 < M_B y_1$$

所以 $\sigma_{t,max} = \sigma_{t,max}^B$，最大拉应力发生在 B 截面的上边缘处，于是

$$\sigma_{t,max} = \frac{M_B}{I_z} y_1 = \frac{3 \times 10^6 \ N \cdot mm}{5.73 \times 10^6 \ mm^4} \times 72 \ mm = 37.7 \ MPa < \lceil \sigma_t \rceil = 45 \ MPa$$

3）校核最大压应力。

同理，因为 $M_D y_1 > M_B y_2$，所以 $|\sigma_c|_{max}$ 发生在 D 截面的上边缘处，即

$$|\sigma_c|_{max} = \frac{M_D}{I_z} y_1 = \frac{4.5 \times 10^6 \ N \cdot mm}{5.73 \times 10^6 \ mm^4} \times 72 \ mm = 54.5 \ MPa < \lceil \sigma_c \rceil = 175 \ MPa$$

所以，该梁的强度满足要求。

6.4.2 梁的切应力强度计算

梁的最大弯曲切应力一般发生在最大剪力 $F_{S,max}$ 所在横截面的中性轴处，而横截面上这些点的弯曲正应力为零，忽略纵向截面上的挤压应力，则最大切应力所在点处于纯剪切应力状态。据此可以建立梁的切应力强度条件为

$$\tau_{max} = \frac{F_{S,max} S_{z,max}^*}{b I_z} \leqslant \lceil \tau \rceil \quad (6.15)$$

梁的正应力强度条件(6.13)和切应力强度条件(6.15)都有 3 个方面的应用，即强度校核、设计截面和确定许用荷载，其基本原理与轴向拉压杆的强度计算类似，在此不再赘述。

例 6.8 如图 6.23(a) 所示外伸梁，截面为工 22a，已知材料的许用应力为 $\lceil \sigma \rceil = 170$ MPa，$\lceil \tau \rceil = 100$ MPa。试校核梁的强度。

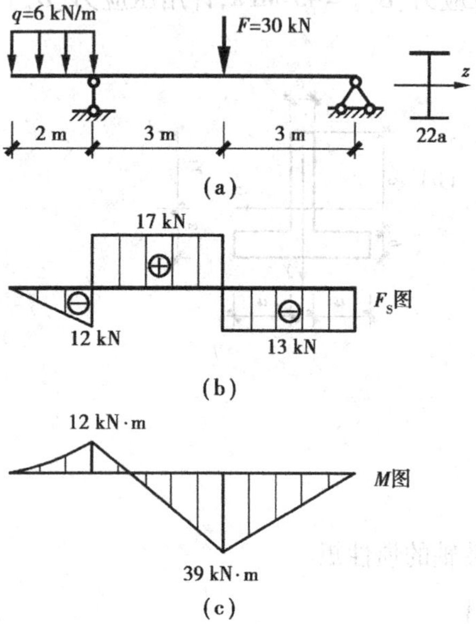

解 画出梁的剪力图和弯矩图如图 6.23(b)、图 6.23(c)所示，可以看出

$$M_{max} = 39 \ kN \cdot m，F_{S,max} = 17 \ kN$$

截面为工 22a，查型钢表，得

$$W_z = 309 \ cm^3，d = 7.5 \ mm，\frac{I_z}{S_z} = 18.9 \ cm$$

故

$$\sigma_{max} = \frac{M_{max}}{W_z} = \frac{39 \times 10^6 \ N \cdot mm}{309 \times 10^3 \ mm^3} = 126 \ MPa < \lceil \sigma \rceil = 170 \ MPa$$

$$\tau_{max} = \frac{F_{S,max}}{d\left(\dfrac{I_z}{S_z}\right)} = \frac{17 \times 10^3 \ N}{7.5 \ mm \times 189 \ mm} = 12 \ MPa < \lceil \tau \rceil = 100 \ MPa$$

故梁的强度满足要求。

例 6.9 试重新选择例 6.8 中梁的工字钢型号。

图 6.23

解　1）由正应力强度条件选择截面。根据

$$\sigma_{max} = \frac{M_{max}}{W_z} \leqslant [\sigma]$$

可得

$$W_z \geqslant \frac{M_{max}}{[\sigma]} = \frac{39 \times 10^6 \text{ N} \cdot \text{mm}}{170 \text{ MPa}} = 229.4 \times 10^3 \text{ mm}^3 = 229 \text{ cm}^3$$

查型钢表,选工20a,其 $W_z = 237 \text{ cm}^3 > 229 \text{ cm}^3$。

2）校核所选工字钢梁的切应力强度。对工20a,查型钢表,得

$$d = 7.0 \text{ mm}, I_z/S_z = 17.2 \text{ cm}$$

所以

$$\tau_{max} = \frac{F_{S,max}}{d(I_z/S_z)} = \frac{17 \times 10^3 \text{ N}}{7.0 \text{ mm} \times 172 \text{ mm}} = 14 \text{ MPa} < [\tau]$$

故合适的工字钢型号为20a。

例6.10　如图6.24所示梁由两根木梁胶合而成,已知木材的顺纹许用正应力 $[\sigma] = 10$ MPa,顺纹许用切应力 $[\tau] = 1.0$ MPa,胶合面黏胶的许用切应力 $[\tau_1] = 0.4$ MPa,试确定梁的许用均布荷载集度 $[q]$。

解　绘出梁的剪力图和弯矩图如图6.24所示,$M_{max} = ql^2/8, F_{S,max} = ql/2$。

1）由梁的弯曲正应力强度条件,即式（6.13）可得

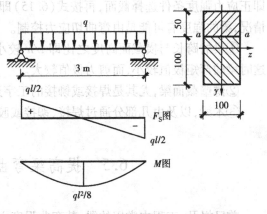

图 6.24

$$\sigma_{max} = \frac{M_{max}}{W_z} = \frac{\frac{1}{8}ql^2}{\frac{bh^2}{6}}$$

$$= \frac{\frac{1}{8}q \times 3\,000^2 \text{ mm}^2}{\frac{100 \text{ mm} \times 150^2 \text{ mm}^2}{6}} \leqslant [\sigma] = 10 \text{ MPa}$$

解得

$$q \leqslant 3.33 \text{ N/mm} = 3.33 \text{ kN/m}$$

2）由梁的切应力强度条件,应校核梁端部附近中性层上的水平切应力,根据切应力互等定理,该切应力与横截面上中性轴 z 处的切应力数值相等。由式（6.6）及式（6.15）可得

$$\tau_{max} = \frac{3}{2} \frac{F_{S,max}}{A} = \frac{3}{2} \frac{\frac{ql}{2}}{bh} = \frac{3}{2} \frac{q \times 3\,000 \text{ mm}}{2} \leqslant [\tau] = 1.0 \text{ MPa}$$

解得

$$q \leqslant 6.67 \text{ N/mm} = 6.67 \text{ kN/m}$$

3）最后考虑胶合面黏胶抗剪强度条件,其最大切应力 τ'_{max} 发生在梁端部附近胶合面上,由式（6.4）可得

$$\tau'_{max} = \frac{F_{S,max} S_z^*}{bI_z} \leqslant [\tau_1]$$

即

$$\tau'_{max} = \frac{\dfrac{q \times 3\,000\ mm}{2} \times [\,100\ mm \times 50\ mm \times (75 - 25)\ mm\,]}{100\ mm \times \dfrac{100\ mm \times 150^3\ mm^3}{12}} \leqslant [\tau_1] = 0.4\ MPa$$

解得

$$q \leqslant 3\ N/mm = 3\ kN/m$$

所以

$$[q] = 3\ kN/m$$

需指出的是,在对梁进行强度计算时,必须同时满足正应力强度条件和切应力强度条件。对于工程中常见的细长梁,其强度主要是由正应力控制。因此,在截面设计时,常用式(6.13)即正应力强度条件选择截面,再按式(6.15)即切应力强度条件进行校核。但是对于以下3种情况,梁的强度有可能是由弯曲切应力控制。

①梁的跨长与横截面高度之比即 l/h 较小,或者在支座附近有较大的集中荷载作用时。这时梁的弯矩极值较小,而剪力极值较大。

②薄壁截面梁,尤其是焊接或铆接的工字形截面、槽形截面钢梁等。

③木梁,以及由几部分通过焊接、铆接或胶合而成的梁。

6.5　提高梁弯曲强度的主要措施

前已提及,工程中常用的梁,其弯曲强度主要由正应力控制,即

$$\sigma_{max} = \frac{M}{W_z} \leqslant [\sigma] \tag{6.16}$$

因此,提高梁弯曲强度的主要措施应从两方面考虑:一是从梁的受力着手,目的是减小弯矩 M;二是从梁的横截面形状入手,目的是增大抗弯截面模量 W_z。

(1)合理选择梁的横截面形状

由式(6.16)可得 $M \leqslant [\sigma]W_z$,故梁的承载能力与横截面的抗弯截面模量 W_z 成正比。因此,在其他条件允许的情况下,合理的横截面形状应当满足横截面面积 A 相同时其抗弯截面模量 W_z 尽可能大。

以矩形截面梁为例,如图6.25所示。设 $h > b$,则如图6.25(a)所示中性轴为 z 轴时称为"竖放",如图6.25(b)所示中性轴为 y 轴时称为"横放"(平放)。因为

$$\frac{W_z}{W_y} = \frac{\dfrac{bh^2}{6}}{\dfrac{hb^2}{6}} = \frac{h}{b} > 1$$

所以,矩形截面梁竖放的抗弯性能比平放的抗弯性能好,土木工程中的矩形截面梁通常都是竖放的。

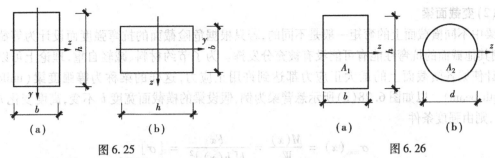

图 6.25　　　　　　　　　　　　　　　　　　　图 6.26

再以矩形截面梁和圆形截面梁为例,如图 6.26 所示。设矩形截面面积为 $A_1 = b \times h$,圆形截面面积为 $A_2 = \dfrac{1}{4}\pi d^2$,而且 $A_1 = A_2$,即 $bh = \dfrac{1}{4}\pi d^2$,则

$$\frac{(W_z)_{A_1}}{(W_z)_{A_2}} = \frac{\frac{1}{6}bh^2}{\frac{\pi d^3}{32}} = \sqrt{\frac{h}{0.716b}}$$

可见,在横截面面积相等,即材料用量相同的前提下,当矩形截面梁的高度 h 大于宽度 b 的 0.716 倍时,其抗弯性能优于圆形截面梁。这一点结合弯曲正应力沿横截面高度的分布规律即可理解:中性轴附近的正应力较小,而圆截面的绝大部分材料却聚集在中性轴附近,未能充分发挥作用。

这样,为了充分利用材料,应尽可能将材料放置在离中性轴较远处,以获得较大的 I_z 及 W_z。可以将截面设计成工字形、箱形、槽形等,如图 6.27(a) 所示。这些截面的材料分布比矩形截面更合理,其抗弯性能比矩形截面更为优越。但是,实际操作时也不能仅仅为了增大 W_z 而将截面宽度和壁厚设计得太小,其原因主要在于:梁的抗侧弯能力较差;壁厚太小容易导致失稳;截面高度过大,对建筑结构的空间利用有不利影响。

但是,如果材料的抗拉和抗压能力不同,例如铸铁、混凝土等,就可以采取 L 形、T 形等截面形状,如图 6.27(b) 所示。这些截面关于中性轴是不对称的,在受拉一侧材料分布较多,中性轴到下边缘的距离较小,其最大弯曲正应力也较小;而受压一侧材料较少,中性轴到上边缘的距离较大,其弯曲正应力相对较大,这有利于充分利用材料的特性。

当然,梁横截面形状的选择不仅仅是增大 I_z 或者 W_z 的问题,还涉及梁的抗剪承载能力、材料性能及施工工艺等方面,应综合考虑。

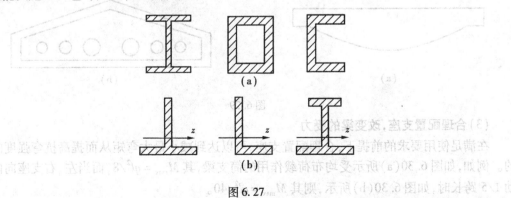

图 6.27

145

（2）变截面梁

梁中不同横截面上的弯矩一般是不同的,若只根据危险截面的抗弯强度而设计为等截面梁,则其他截面的抗弯性能有可能没有被充分发挥。为了节约材料、减轻自重,理论上可以通过设计使梁各横截面上的最大正应力都达到许用正应力,这样的梁称为**等强度梁**(uniform strength beam)。以如图 6.28(a)所示悬臂梁为例,假设梁的横截面宽度 b 不变,高度变化 $h = h(x)$,则由强度条件

$$\sigma_{\max}(x) = \frac{M(x)}{W_z} = \frac{Fx}{\dfrac{b[h(x)]^2}{6}} = [\sigma]$$

可得

$$h(x) = \sqrt{\frac{6Fx}{[\sigma]b}}$$

此时梁的高度 $h(x)$ 沿长度方向按抛物线规律变化,如图 6.28(b)所示。在梁的自由端,截面高度 h_0 根据剪切强度确定。

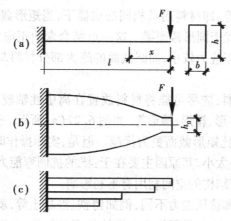

图 6.28

在实际工程中,考虑到上述等强度梁的设计必然造成施工难度太大,因此,工程中的雨篷梁常常设计为如图 6.28(c)所示的变截面形式。实际上,建筑工程中的变截面梁是很多的,如图 6.29(a)所示为鱼腹式吊车梁,如图 6.29(b)所示为房屋的薄腹梁。

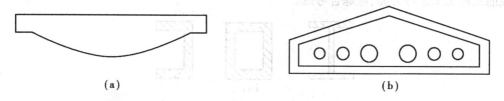

（a）   （b）

图 6.29

（3）合理配置支座,改变梁的受力

在满足使用要求的前提下,合理配置支座,可以达到减小最大弯矩从而提高抗弯强度的目的。例如,如图 6.30(a)所示受均布荷载作用的简支梁,其 $M_{\max} = ql^2/8$,而当左、右支座向内移动 1/5 跨长时,如图 6.30(b)所示,则其 $M_{\max} = ql^2/40$。

另外,通过改变加载方式也可以减小梁的最大弯矩。如图 6.30(c)所示简支梁,其 $M_{\max} =$

$Fl/4$。当增加辅助小梁时,如图 6.30(d)所示,其 $M_{max}=Fl/8$,是未加辅助梁时最大弯矩的 $1/2$。

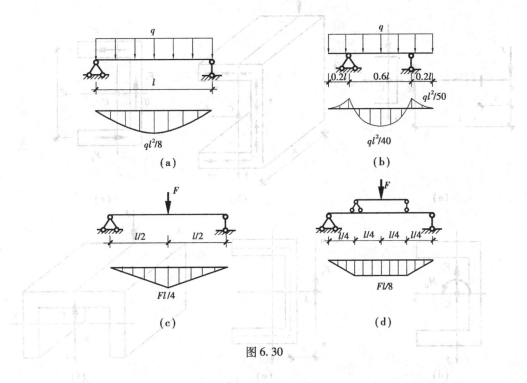

图 6.30

6.6 弯心的概念

前面学习的平面弯曲主要是对称弯曲,即横向外力都作用在梁的纵向对称平面内。如果横向外力作用于形心主惯性平面内,而该平面不是纵向对称平面,梁将产生什么变形形式呢?现以如图 6.31(a)所示槽形截面梁为例进行分析。

根据切应力流的概念,该梁横截面上的弯曲切应力方向如图 6.31(b)所示,腹板和翼缘上切应力的合力分别为 $F_1,F_2=F_2'$,如图 6.31(c)所示。现将 F_1,F_2,F_2' 向横截面形心 C 简化,可得主矢 $F_S=F_1$ 和主矩 $M_C=F_2\cdot h_1\neq0$,如图 6.31(d)所示(此处忽略了翼缘上的竖向切应力)。根据力的平移定理,该主矢和主矩可以进一步简化为过直线 mn 上任意一点的合力,该合力即为横截面上的剪力。直线 mn 到腹板中线的距离 e 由下式确定

$$F_S\cdot e=F_2\cdot h_1 \tag{6.17}$$

可见当横向外力 F 作用线和形心主轴 y 重合时,梁横截面上的剪力 F_S 与横向外力不在同一纵向平面内,因此梁将产生扭转变形。为了消除扭转变形,须将外力 F 移动到与直线 mn 重合的位置。

同理,梁在形心主惯性平面 xz 内产生平面弯曲变形时,如图 6.31(f)所示,因为 z 轴为对称轴,所以横截面上与弯曲切应力对应的分布力系向 z 轴上任一点简化时,其主矩为零。此时,横截面上剪力作用线与 z 轴重合。于是,直线 mn 与 z 轴的交点 A 是判别槽形截面梁在横向外力作用下是否产生扭转变形的关键位置。

这样,梁在横向外力作用下,于两个形心主惯性平面内分别发生平面弯曲时,其横截面上两个剪力作用线的交点称为**弯曲中心**,或称为**弯心**、**剪切中心**(shear center)。以如图 6.31 所

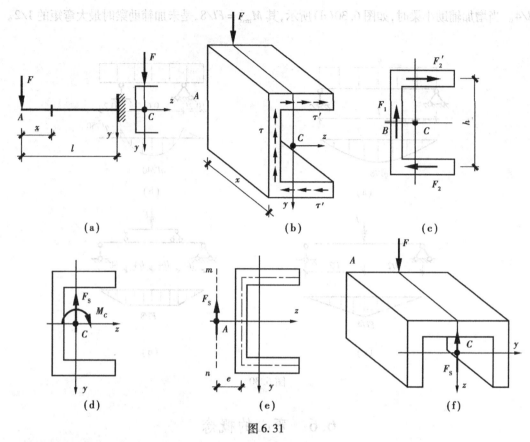

图 6.31

示槽形截面梁为例，其弯心即为图 6.31(e)中的 A 点。

由上述分析可知，当梁上的**横向荷载作用线通过横截面的弯心时，梁将只产生弯曲变形而无扭转变形**。

如果梁受到同一纵向平面内的横向外力作用，其作用线通过横截面的弯心，且与形心主惯性轴平行或重合时，梁的轴线在变形后为一条与形心主惯性平面平行或重合的平面曲线，这种变形称为**平面弯曲**。

几种常见截面的弯心位置如图 6.32 所示，其特点是：有对称轴及反对称轴的截面，弯心在对称轴（反对称轴）上；由若干狭长矩形组成的截面，当各狭长矩形的中线交于一点时，弯心在其交点上。

例 6.11 试求如图 6.33 所示槽形截面的弯心位置。

解 假设腹板和翼缘上切应力的合力分别为 F_1, F_2, F_2'。不计翼缘的竖向切应力，则 $F_1 = F_S$。再设上翼缘中距端部距离为 η 处的水平切应力为 $\tau(\eta)$，则由式(6.9)

$$\tau(\eta) = \frac{F_S S_z^*}{t I_z} \tag{a}$$

式中，S_z^* 为所求切应力处到翼缘端部的面积（见图 6.33(a)中的 A^*）对中性轴的静矩，即

$$S_z^* = t\eta \cdot \frac{h_1}{2} \tag{b}$$

于是，式(b)代入式(a)，可得上翼缘水平切应力的合力为

148

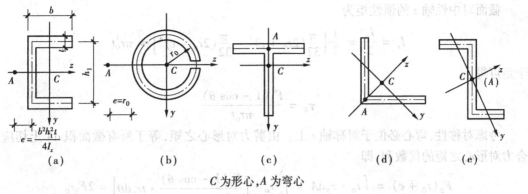

$$C\text{ 为形心},A\text{ 为弯心}$$

图 6.32

$$F'_2 = \int_{A_1} \tau(\eta)\,dA = \int_0^b \Big[\frac{F_S}{tI_z}\Big(t\eta\frac{h_1}{2}\Big)\Big](t\,d\eta) = \frac{F_S b^2 h_1 t}{4I_z} \tag{c}$$

式中,b 为翼缘宽度;t 为翼缘厚度;h_1 为上、下翼缘中线间的距离。

同理,可以求得下翼缘水平切应力的合力 F_2,显然 F_2 与 F'_2 大小相等、方向相反,如图6.33(b)所示。

由弯心的概念,槽形截面的弯心 A 必位于对称轴 z 上。设弯心到腹板中线的距离为 e,根据上下翼缘水平切应力的合力形成的力偶矩,等于腹板上的切应力合力 $F_1 = F_S$ 对弯心之矩,即

$$F'_2 \cdot h_1 = F_S \cdot e \tag{d}$$

式(c)代入式(d),可得

$$e = \frac{b^2 h_1^2 t}{4I_z}$$

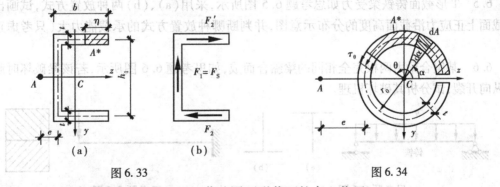

图 6.33　　　　　　　　　　　图 6.34

例 6.12　试求如图 6.34 所示开口薄壁圆环形截面的弯心位置。

解　假设中线上任一点的切应力为 τ_θ,则

$$\tau_\theta = \frac{F_S S_z^*}{tI_z}$$

式中,S_z^* 为所求切应力处到开口端所围图形(见图 6.34 的 A^*)对中性轴的静矩。现从 A^* 中取微面积 dA 如图 6.34 所示,则

$$S_z^* = \int_{A^*} r_0 \sin\alpha \cdot dA = \int_0^\theta r_0 \sin\alpha \cdot r_0 t\,d\alpha = r_0^2 t(1-\cos\theta)$$

截面对中性轴 z 的惯性矩为

$$I_z = \frac{I_p}{2} = \frac{1}{2}\left[\frac{\pi}{32}(2r_0 + t)^4 - \frac{\pi}{32}(2r_0 - t)^4\right] \approx \pi r_0^3 t$$

于是可得

$$\tau_\theta = \frac{F_S(1 - \cos\theta)}{\pi r_0 t}$$

考虑对称性，弯心必位于对称轴 z 上。由剪力对形心之矩，等于所有微面积 $\mathrm{d}A$ 上切应力合力对形心之矩的代数和，即

$$F_S(r_0 + e) = \int_A r_0 \cdot \tau_\theta \mathrm{d}A = \int_0^{2\pi} r_0 \cdot \left[\frac{F_S(1 - \cos\theta)}{\pi r_0 t} \cdot t r_0 \mathrm{d}\theta\right] = 2F_S r_0$$

解得

$$e = r_0$$

思 考 题

6.1 结合纯弯曲试验现象，分析如何得到"平面假设"和"各纵向纤维均处于单向受力状态"的推断？

6.2 什么是中性层、中性轴？二者的关系是什么？

6.3 试分析弯曲正应力公式(6.2)的适用条件。

6.4 如果梁材料的拉压弹性模量不同，但弯曲变形时平面假设仍然成立，试推导中性轴位置以及正应力计算公式。

6.5 T 形截面铸铁梁受力如思考题 6.5 图所示，采用(a)、(b)两种放置方式，试画出危险截面上正应力沿截面高度的分布示意图，并判断哪种放置方式的承载能力大(只考虑正应力)。

6.6 某组合梁由两根完全相同的梁黏合而成，如思考题 6.6 图所示，若该梁破坏时胶合面纵向开裂，试分析其破坏机理。

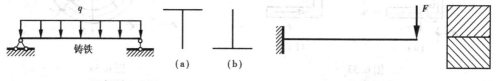

思考题 6.5 图　　　　　　　　思考题 6.6 图

6.7 承受均布荷载作用的矩形截面简支梁，如果需要在跨中截面开一圆形小孔，试从弯曲正应力强度出发分析如思考题 6.7 图(a)、(b)所示，两种开孔方式中哪一种更合理？（不考虑应力集中）

6.8 如思考题 6.8 图(a)所示矩形截面悬臂梁，受均布荷载 q 作用，横截面尺寸 b,h 和梁的长度 l 为已知。如果沿梁的中性层截出梁的下半部分，如思考题 6.8 图(b)所示，(1)试分析截开面上的切应力沿梁长度方向的变化规律；(2)计算该面上水平切应力的合力，该力由什么力来平衡？

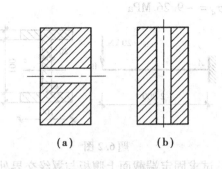

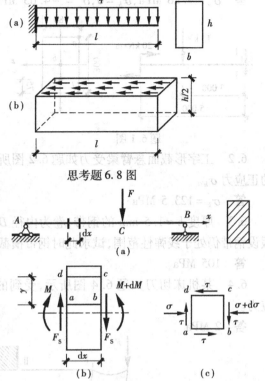

（a）　　　　（b）

思考题6.7图

思考题6.8图

6.9　矩形截面简支梁 AB 受力如思考题6.9图（a）所示，相距 dx 的两个横截面上的内力如思考题6.9图（b）所示，再用相距为 y 的两个纵截面截出分离体 $abcd$。因为左、右横截面上的剪力 F_S 相同，所以左右截面上的切应力 τ 也相同。再由切应力互等定理可知上下面上的切应力 τ 也相同。由于左右截面上的弯矩 M 不同，因此，左右截面上的正应力 σ 不同，如思考题6.9图（c）所示。于是，分离体 $abcd$ 在水平方向出现静力不平衡，上述分析过程中错误出现在什么地方？（小问题，第208题，力学与实践，1991.3）

思考题6.9图

6.10　何为弯心？常见截面的弯心位置有何规律？

6.11　何为等强度梁？如思考题6.11图所示圆形变截面简支梁的直径 d 随 x 而变化，当梁上分别作用集中力和均布荷载时，试求：该梁为等强度梁时，直径沿长度方向的变化规律 $d(x)$ 以及跨度中央横截面的直径 d_0。

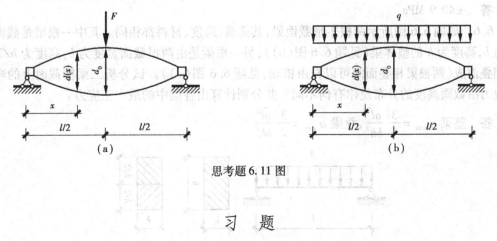

（a）　　　　　　　　　　　　　　　　（b）

思考题6.11图

习 题

6.1　矩形截面梁受力如题6.1图所示，试求I-I截面（固定端截面）上 a,b,c,d 4 点处的正应力。

答　$\sigma_a = 9.26$ MPa，$\sigma_b = 0$，$\sigma_c = -4.63$ MPa，$\sigma_d = -9.26$ MPa

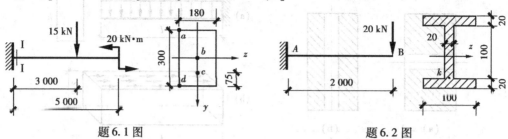

题 6.1 图　　　　　　　　　　　　题 6.2 图

6.2　工字形截面悬臂梁受力如题 6.2 图所示，试求固定端截面上腹板与翼缘交界处 k 点的正应力 σ_k。

答　$\sigma_k = 123.5$ MPa

6.3　厚度 $h = 1.5$ mm 的钢带，卷为内径 $D = 3$ m 的圆环，材料的弹性模量 $E = 210$ GPa。假设钢带仍处于线弹性范围，试求此时钢带横截面上产生的最大正应力。

答　105 MPa

6.4　某机床切刀如题 6.4 图所示，受到的切削力 $F = 1$ kN，试求切刀内的最大弯曲正应力。

答　2 MPa

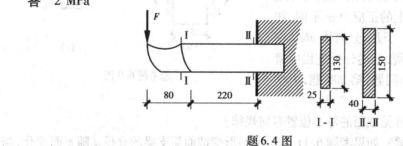

题 6.4 图

6.5　一外径为 250 mm，壁厚为 10 mm，长度为 12 m 的铸铁水管，两端搁在支座上，管中充满着水。铸铁的重度 $\gamma_1 = 76$ kN/m³，水的重度 $\gamma_2 = 10$ kN/m³。试求水管内的最大拉、压正应力。

答　±40.9 MPa

6.6　如题 6.6 图所示两根矩形截面梁，其荷载、跨度、材料都相同。其中一根梁是截面宽度为 b，高度为 h 的整体梁（见题 6.6 图（b）），另一根梁是由两根截面宽度为 b，高度为 $h/2$ 的梁相叠而成（两根梁相叠面间可以自由错动，见题 6.6 图（c））。试分析二梁横截面上的弯曲正应力沿截面高度的分布规律有何不同？并分别计算出各梁中的最大正应力。

答　整梁 $\sigma_{\max} = \dfrac{3}{4}\dfrac{ql^2}{bh^2}$，叠梁 $\sigma_{\max} = \dfrac{3}{2}\dfrac{ql^2}{bh^2}$

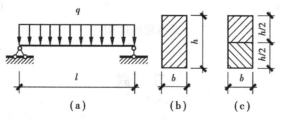

题 6.6 图

6.7　我国宋朝的《营造法式》中,圆木中锯出的矩形截面梁的高宽比约为1.5。现从直径为 d 的圆木中锯出一个强度最高的矩形截面梁,假设宽度为 b,高度为 h,如题6.7图所示。试从理论上证明最佳高宽比也接近1.5。

6.8　矩形截面简支梁如题6.8图所示,已知 $F=18$ kN,试求 D 截面上 a,b 点处的弯曲切应力。

答　$\tau_a=0.67$ MPa,$\tau_b=0$

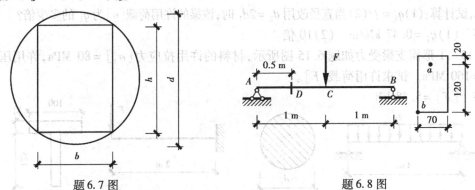

| 题6.7图 | 题6.8图 |

6.9　试求题6.2图所示梁固定端截面上腹板与翼缘交界处 k 点的切应力 τ_k,以及全梁横截面上的最大弯曲切应力 τ_{max}。

答　$\sigma_k=7.41$ MPa,$\tau_{max}=8.95$ MPa

6.10　如题6.10图所示直径为 145 mm 的圆截面木梁,已知 $l=3$ m,$F=3$ kN,$q=3$ kN/m。试计算梁中的最大弯曲切应力。

答　$\tau_{max}=0.44$ MPa

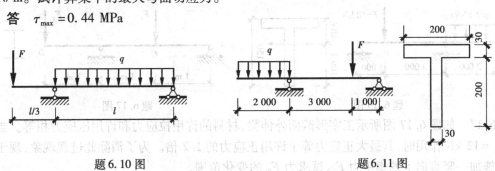

| 题6.10图 | 题6.11图 |

6.11　T形截面铸铁梁受力如题6.11图所示,已知 $F=20$ kN,$q=10$ kN/m。试计算梁中横截面上的最大弯曲切应力,以及腹板和翼缘交界处的最大切应力。

答　$\tau_{max}=4.13$ MPa,交界处 $\tau'_{max}=3.83$ MPa

6.12　如题6.12图所示矩形截面梁采用(a)、(b)两种放置方式,从弯曲正应力强度观点,试计算(b)的承载能力是(a)的多少倍?

答　2倍

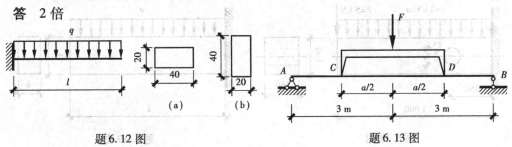

| 题6.12图 | 题6.13图 |

6.13　如题 6.13 图所示简支梁 AB,当荷载 F 直接作用于中点时,梁内的最大正应力超过许用值 30%。为了消除这种过载现象,现配置辅助梁（见题 6.13 图中的 CD）,试求辅助梁的最小跨度 a。

答　$a = 1.39$ m

6.14　如题 6.14 图所示简支梁,$d_1 = 100$ mm 时,在 q_1 的作用下,$\sigma_{max} = 0.8[\sigma]$。材料的 $[\sigma] = 12$ MPa,试计算:(1)$q_1 = ?$ (2)当直径改用 $d_2 = 2d_1$ 时,该梁的许用荷载 $[q]$ 为 q_1 的多少倍?

答　(1)$q_1 = 0.47$ kN/m　(2)10 倍

6.15　T 形简支梁受力如题 6.15 图所示,材料的许用拉应力 $[\sigma_t] = 80$ MPa,许用压应力 $[\sigma_c] = 160$ MPa。试求许用荷载 $[F]$。

答　$[F] = 5.38$ kN

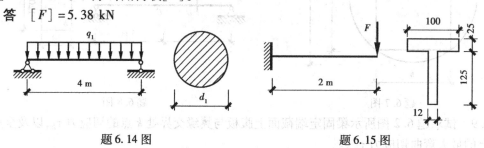

题 6.14 图　　　　　　　　　　　　题 6.15 图

6.16　如题 6.16 图所示 T 形截面外伸梁,已知材料的许用拉应力 $[\sigma_t] = 80$ MPa,许用压应力 $[\sigma_c] = 160$ MPa,截面对形心轴 z 的惯性矩 $I_z = 735 \times 10^4$ mm^4,试校核梁的正应力强度。

答　$\sigma_{t,max} = 74.42$ MPa,$\sigma_{c,max} = 148.84$ MPa

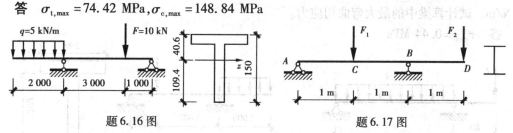

题 6.16 图　　　　　　　　　　　　题 6.17 图

6.17　如题 6.17 图所示工字形截面外伸梁,材料的许用拉应力和许用压应力相等。当只有 $F_1 = 12$ kN 作用时,其最大正应力等于许用正应力的 1.2 倍。为了消除此过载现象,现于右端再施加一竖直向下的集中力 F_2,试求力 F_2 的变化范围。

答　2 kN $\leqslant F_2 \leqslant 5$ kN

6.18　如题 6.18 图所示一正方形截面悬臂木梁,木材的许用应力 $[\sigma] = 10$ MPa,现需要在梁中距固定端为 250 mm 截面的中性轴处钻一直径为 d 的圆孔。试计算在保证梁的强度条件下,圆孔的最大直径可达多少?（不考虑应力集中的影响）

答　$d = 115$ mm

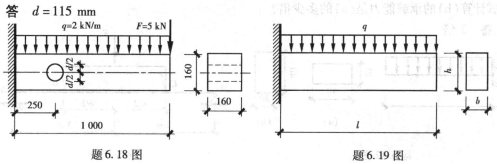

题 6.18 图　　　　　　　　　　　　题 6.19 图

6.19 如题 6.19 图所示悬臂梁受均布荷载 q,已知梁材料的弹性模量为 E,横截面尺寸为 $b \times h$,梁的强度被充分发挥时上层纤维的总伸长为 δ,材料的许用应力为 $[\sigma]$。试求作用在梁上的均布荷载 q 和跨度 l。

答 $l = \dfrac{3E\delta}{[\sigma]}, q = \dfrac{2W[\sigma]^3}{9E^2\delta^2}$

6.20 悬臂梁受力如题 6.20 图所示,试证明 $\dfrac{\sigma_{\max}}{\tau_{\max}} = \dfrac{2l}{h}$。

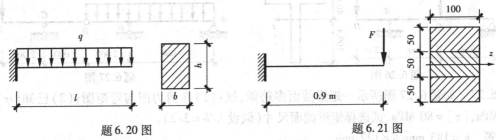

题 6.20 图 题 6.21 图

6.21 如题 6.21 图所示悬臂梁由 3 块矩形截面的木板胶合而成,胶合缝的许用切应力 $[\tau] = 0.35$ MPa,试按胶合缝的抗剪强度求此梁的许用荷载 $[F]$。

答 $[F] = 3.94$ kN

6.22 如题 6.22 图所示矩形截面梁,已知材料的许用正应力 $[\sigma] = 170$ MPa,许用切应力 $[\tau] = 100$ MPa。试校核梁的强度。

答 $\sigma_{\max} = 144$ MPa, $\tau_{\max} = 3.6$ MPa

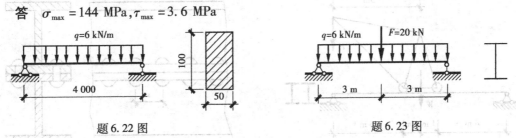

题 6.22 图 题 6.23 图

6.23 如题 6.23 图所示一简支梁受集中力和均布荷载作用。已知材料的许用正应力 $[\sigma] = 170$ MPa,许用切应力 $[\tau] = 100$ MPa,试选择工字钢的型号。

答 No.25a

6.24 如题 6.24 图所示矩形截面木梁,已知木材的许用正应力 $[\sigma] = 8$ MPa,许用切应力 $[\tau] = 0.8$ MPa。试确定许用荷载 $[F]$。

答 $[F] = 3$ kN

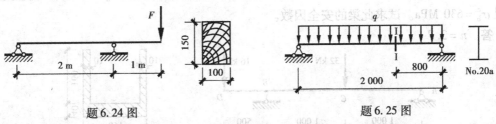

题 6.24 图 题 6.25 图

6.25 如题 6.25 图所示 20a 号工字钢梁,材料的弹性模量 $E = 210$ GPa,在 I-I 截面的最底层处测得纵向线应变 $\varepsilon = 96.4 \times 10^{-6}$,试求作用于梁上的均布荷载集度 q。

答 $q = 10$ kN/m

6.26 如题 6.26 所示 T 形截面简支梁,已知材料的许用拉应力 $[\sigma_t] = 80$ MPa,许用压应力 $[\sigma_c] = 160$ MPa,截面对形心轴 z 的惯性矩 $I_z = 735 \times 10^4$ mm^4,试计算:(1)当 $F = 6$ kN 时,为保持梁的强度在允许范围内,荷载 Q 的最小取值为多少? (2)仍考虑 $F = 6$ kN,计算该梁所能承担荷载 Q 的最大值? (3)若该梁荷载 Q 取前述最大值,荷载 F 还可以增加多少?

答 (1)3.6 kN (2)5.4 kN (3)1.2 kN

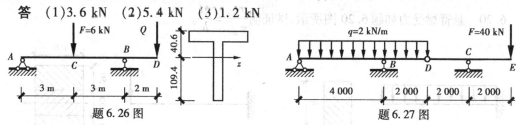

题 6.26 图   题 6.27 图

6.27 如题 6.27 图所示一矩形截面多跨梁,试:(1)作剪力图与弯矩图;(2)已知 $[\sigma] = 120$ MPa,$[\tau] = 80$ MPa,试选择矩形截面尺寸(假设 $h/b = 3/2$)。

答 $h = 183$ mm, $b = 122$ mm

6.28 如题 6.28 所示起重机,其重量 $W = 50$ kN,行走于由两根工字钢所组成的简支梁上。已知起重量 $F = 10$ kN,且全部荷载平均分配在两根梁上,材料的许用应力 $[\sigma] = 170$ MPa,$[\tau] = 100$ MPa。试求当吊车在梁上行走时,需要多大的工字钢才能满足要求。

答 No. 28a

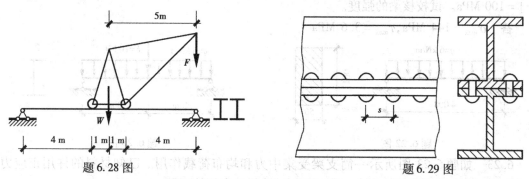

题 6.28 图   题 6.29 图

6.29 如题 6.29 图所示梁由两根 36a 工字钢铆接而成。铆钉的间距为 $s = 150$ mm,铆钉的直径 $d = 20$ mm,铆钉的许用切应力 $[\tau] = 90$ MPa。已知梁沿长度方向其横截面上的剪力为常数,其值为 $F_S = 40$ kN,试校核铆钉的剪切强度。

答 $\tau = 16.2$ MPa

6.30 铸铁梁受力如题 6.30 图所示,已知材料的抗拉强度极限 $\sigma_b^t = 150$ MPa,抗压强度极限 $\sigma_b^c = 630$ MPa。试求此梁的安全因数。

答 $n = 3.7$

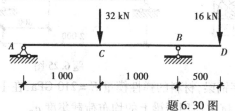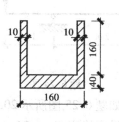

题 6.30 图

6.31 如题 6.31 图所示挡水墙由一排正方形截面的竖直木桩上钉上木板所制成。已知：水深 $h = 1.5$ m，木桩的排列间距 $S = 1$ m，木材的受弯许用正应力 $[\sigma] = 8$ MPa，许用切应力 $[\tau] = 0.9$ MPa，试求所需木桩的截面边长 a 和所需木板的厚度 d。

答 $a = 160.5$ mm，$d = 37.1$ mm

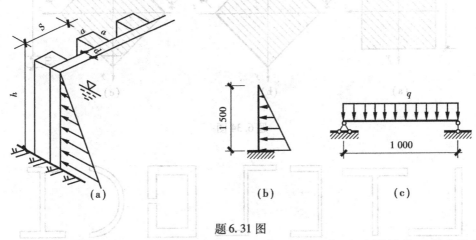

题 6.31 图

6.32 绘出如题 6.32 图所示梁内危险截面上的正应力和切应力沿横截面高度的分布示意图。

答 $\sigma_{max} = 6.91$ MPa，$\tau_{max} = 0.75$ MPa

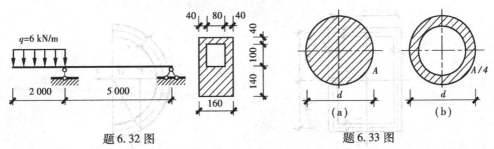

题 6.32 图　　　　　　题 6.33 图

6.33 某实心圆截面梁，横截面面积为 A，如题 6.33 图(a)所示，现将全梁横截面上圆心附近的材料挖去，成为空心圆截面，并且使其面积只有实心截面面积的 1/4，如题 6.33 图(b)所示。试计算挖去一部分以后梁的最大弯曲正应力为原来的多少倍？

答 2.29 倍

6.34 正方形截面梁，按如题 6.34 图(a)、题 6.34 图(b)所示两种方式放置：(1)若两种情况下横截面上的弯矩 M 相等，试比较横截面上的最大正应力；(2)对于边长 $a = 200$ mm 的正方形，若如题 6.34 图(c)所示切去高度为 10 mm 的尖角，试分别计算如题 6.34 图(b)和如题 6.34 图(c)所示截面的抗弯截面模量，并加以比较。

答 (1)$\sigma_{max,a}/\sigma_{max,b} = 1:\sqrt{2}$　(2)$W_{z,b} = 9.43 \times 10^5$ mm^3，$W_{z,c} = 9.87 \times 10^5$ mm^3

6.35 指出如题 6.35 图所示各截面弯心的大致位置。若各截面上的剪力指向均向下，画出各截面上切应力流的方向。

6.36 试求如题 6.36 图所示开口薄壁截面的弯心位置。

答 弯心位于 z 轴上，距腹板中线的距离 $e = \dfrac{b(2h+3b)}{2(h+3b)}$

157

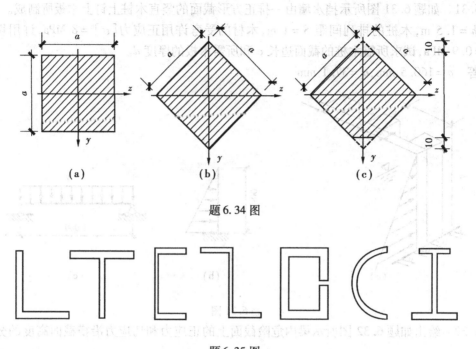

题 6.34 图

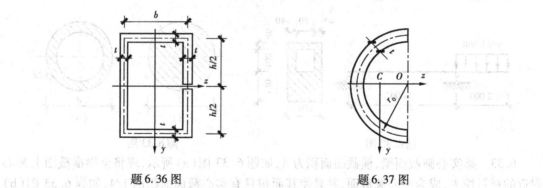

题 6.35 图

题 6.36 图　　　　　　　　　　　　　　　题 6.37 图

6.37　试求如题 6.37 图所示开口薄壁半圆环截面的弯心位置。

答　弯心位于对称轴 z 上,距点 O 的距离 $e = \dfrac{4r_0}{\pi}$

*6.38　如题 6.38 图所示狭长矩形截面等直杆单侧作用有轴向均布荷载,其单位长度上的大小为 q。

(1)任意横截面上的轴力 $F_N(x) = $ ＿＿＿＿＿＿与弯矩 $M(x) = $ ＿＿＿＿＿＿。

(2)如果平面假设与胡克定律成立,任意横截面上正应力 $\sigma(x,y) = $ ＿＿＿＿＿＿。

(3)q,F_N 与 M 之间的平衡关系为＿＿＿＿＿。

(4)任意横截面上的切应力 $\tau(x,y) = $ ＿＿＿＿＿＿。(2000 年第四届全国周培源大学生力学竞赛材料力学试题)

答　$(1)\, F_N(x)=qx,\ M(x)=\dfrac{1}{2}qhx$　$(2)\,\sigma(x,y)=\dfrac{qx}{bh}+\dfrac{6qxy}{bh^2}$

$(3)\,\dfrac{\mathrm{d}F_N}{\mathrm{d}x}=q,\ \dfrac{\mathrm{d}M}{\mathrm{d}x}=\dfrac{1}{2}qh$　$(4)\,\tau(x,y)=\dfrac{1}{4bh^2}(h^2-4hy-12y^2)q$

题 6.38 图

第 7 章
梁的变形

第 6 章学习了梁的应力计算及强度条件,本章将研究以下内容:梁的变形——挠度和转角;梁的挠曲线近似微分方程;计算梁的变形的基本方法——积分法、叠加法;梁的刚度条件;用力法解简单超静定梁等。

7.1 概 述

实际工程中的梁,除了满足强度要求外,在某些情形下还有刚度要求,即梁的变形不能超过某一限度。例如,楼盖梁的变形过大时,一方面给人不安全的感觉,另一方面可能致使上部的楼面或下部的抹灰层出现脱落、开裂,影响结构的功能;吊车梁的变形过大时,会加剧吊车运行时的冲击和振动,甚至使吊车运行困难。要讨论梁的刚度问题,首先要解决的就是梁变形的描述方法,即度量梁变形的基本未知量。

如图 7.1 所示一悬臂梁,轴线为 x 轴,y 轴为横截面的形心主轴。其轴线 AB 在 xy 平面内弯曲成一条光滑的平面曲线 $\overset{\frown}{AB'}$,称为梁的**挠曲线**或**弹性曲线**(elastic curve)。梁中任一横截面处的变形可以归结为:形心沿轴线 x 方向的位移、形心沿 y 方向的位移以及横截面的转动。在小变形情况下,梁的挠曲线是非常平缓的,可以不计形心沿 x 方向的位移。因此,度量梁变形的基本未知量有:

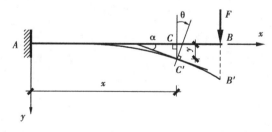

图 7.1

①挠度 y。梁中任一横截面的形心 C 在垂直于轴线方向的位移称为该截面处的**挠度**(deflection),用 y 表示。显然,梁中不同横截面处的挠度一般是不同的,可表示为

160

$$y = y(x)$$

称为**挠曲线方程**。在如图 7.1 所示坐标系下,挠度以向下为正,向上为负。

②转角 θ。梁中任一横截面绕其中性轴转过的角度,称为该截面的**转角**(slope)。转角沿梁长度方向的变化规律可用**转角方程**表示

$$\theta = \theta(x)$$

在如图 7.1 所示坐标系下,转角 θ 以横截面顺时针方向转动时为正,逆时针方向转动时为负。

下面来分析挠曲线方程与转角方程之间的关系。根据平面假设,变形后梁的横截面与挠曲线垂直,因此,挠曲线上 C' 点的切线与 x 轴正方向的夹角 α 等于截面 C 的转角,如图 7.1 所示。故

$$\theta = \alpha \approx \tan \alpha = \frac{\mathrm{d}y}{\mathrm{d}x} = y'$$

即

$$\theta = y' \tag{7.1}$$

式(7.1)即为挠曲线方程与转角方程之间的关系。可见,只要求出梁的挠曲线方程 $y(x)$,即可求出任意横截面的挠度和转角。

7.2　梁的挠曲线近似微分方程

在 6.2 节中已推导了梁在发生纯弯曲时中性层的曲率公式(6.1),即

$$\frac{1}{\rho} = \frac{M}{EI_z}$$

梁在横力弯曲时,其变形是弯矩 M 和剪力 F_S 共同产生的,但是对于工程中常见的细长梁,剪力对梁变形的影响很小,可忽略不计。于是上述曲率公式表示为

$$\frac{1}{\rho(x)} = \frac{M(x)}{EI_z} = \frac{M(x)}{EI} \tag{a}$$

式中,I_z 为梁的横截面对中性轴的惯性矩,今后为书写方便,取 $EI_z = EI$。

由数学知识,平面曲线 $y = y(x)$ 上任一点的曲率为

$$\frac{1}{\rho(x)} = \pm \frac{y''}{[1 + (y')^2]^{3/2}} \tag{b}$$

在小变形时,梁的挠曲线是一条平缓的平面曲线,$y' = \theta \ll 1$,故 $(y')^2$ 与 1 相比可以忽略不计,于是式(b)成为

$$\frac{1}{\rho(x)} = \pm y'' \tag{c}$$

由式(a)和式(c)可得

$$\frac{M(x)}{EI} = \pm y'' \tag{d}$$

在选取的坐标系下,根据弯矩 M 的正负号规定可以看出:弯矩 M 的正负号与 y'' 的正负号总是相反的,如图 7.2 所示。因此,式(d)中应取负号,即

$$y'' = -\frac{M(x)}{EI} \qquad (7.2)$$

式(7.2)即为**梁的挠曲线近似微分方程**,适用于理想线弹性材料制成的细长梁的小变形问题。

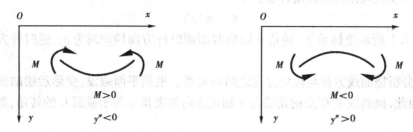

图7.2

7.3 用积分法求梁的变形

将梁的挠曲线近似微分方程式(7.2)积分一次,得到转角方程

$$\theta = y' = -\int \frac{M(x)}{EI} \mathrm{d}x + C \qquad (7.3)$$

再积分一次,得挠曲线方程

$$y = -\iint \frac{M(x)}{EI} \mathrm{d}x\mathrm{d}x + Cx + D \qquad (7.4)$$

式中,C 和 D 为积分常数,由梁的**位移边界条件**(boundary conditions)和**变形连续光滑条件**(continuity condition of deformation)来确定。所谓位移边界条件,是指梁中某些截面处已知的位移条件。例如,在铰支座截面处,其挠度 $y = 0$;又如,在固定端截面处,其挠度 $y = 0$,且转角 $\theta = 0$。而变形连续光滑条件是指:梁的挠曲线应是一条连续光滑的曲线,梁在任一截面处应有唯一的挠度与转角,详见例7.2。

例7.1 如图7.3 所示一等截面悬臂梁,在自由端受集中力 F 作用,梁的抗弯刚度 EI 为常数,试求梁的挠曲线方程和转角方程,并确定最大挠度和最大转角。

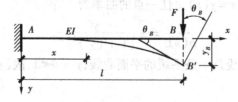

图7.3

解 取坐标系如图7.3 所示,弯矩方程为

$$M(x) = -F(l - x)$$

挠曲线近似微分方程为

$$EIy'' = -M(x) = Fl - Fx$$

积分可得

$$EI\theta = EIy' = Flx - \frac{F}{2}x^2 + C \tag{a}$$

$$EIy = \frac{1}{2}Flx^2 - \frac{F}{6}x^3 + Cx + D \tag{b}$$

梁的位移边界条件为

$$x = 0 \text{ 处}, y_A = 0 \tag{c}$$
$$\theta_A = 0 \tag{d}$$

式(d)代入式(a),式(c)代入式(b)解得

$$C = D = 0$$

于是梁的转角方程和挠曲线方程分别为

$$\theta = \frac{Flx}{2EI}\left(2 - \frac{x}{l}\right)$$

$$y = \frac{Flx^2}{6EI}\left(3 - \frac{x}{l}\right)$$

可以看出梁的最大挠度和最大转角都发生在自由端

$$\theta_{\max} = \theta_B = \frac{Fl^2}{2EI}$$

$$y_{\max} = y_B = \frac{Fl^3}{3EI}$$

例 7.2　如图 7.4 所示等截面简支梁受集中力 F 作用,已知梁的抗弯刚度 EI 为常数,试求梁的挠曲线方程和转角方程,并确定其最大挠度和最大转角。

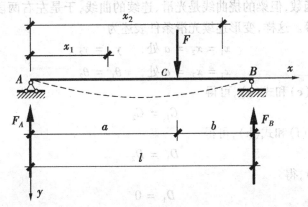

图 7.4

解　取坐标系如图 7.4 所示,因为 C 截面处作用有集中力,所以梁的弯矩方程为分段函数。设 AC,CB 两段任一横截面形心的坐标分别为 x_1,x_2;任一横截面处的挠度分别为 y_1,y_2;任一横截面的转角分别为 θ_1,θ_2。

1)梁的挠曲线方程和转角方程。

梁的支反力为

$$F_A = \frac{Fb}{l}, \quad F_B = \frac{Fa}{l}$$

分段列出梁的弯矩方程为

$$AC \text{ 段} \qquad M(x_1) = \frac{Fb}{l}x_1 \qquad\qquad (0 \leq x_1 \leq a)$$

$$CB \text{ 段} \qquad M(x_2) = \frac{Fb}{l}x_2 - F(x_2 - a) \qquad (a \leq x_2 \leq l)$$

再分段列出梁的挠曲线近似微分方程,并积分两次如下:

AC 段

$$EIy_1'' = -M(x_1) = -\frac{Fb}{l}x_1$$

$$EI\theta_1 = EIy_1' = -\frac{Fb}{2l}x_1^2 + C_1 \qquad\qquad\qquad (e)$$

$$EIy_1 = -\frac{Fb}{6l}x_1^3 + C_1x_1 + D_1 \qquad\qquad\qquad (f)$$

CB 段

$$EIy_2'' = -M(x_2) = -\frac{Fb}{l}x_2 + F(x_2 - a)$$

$$EI\theta_2 = EIy_2' = -\frac{Fb}{2l}x_2^2 + \frac{F}{2}(x_2 - a)^2 + C_2 \qquad\qquad (g)$$

$$EIy_2 = -\frac{Fb}{6l}x_2^3 + \frac{F}{6}(x_2 - a)^3 + C_2x_2 + D_2 \qquad\qquad (h)$$

位移边界条件为

$$x_1 = 0 \text{ 处}, \quad y_1 = 0 \qquad\qquad\qquad\qquad (i)$$

$$x_2 = l \text{ 处}, \quad y_2 = 0 \qquad\qquad\qquad\qquad (j)$$

下面讨论梁的变形连续光滑条件。梁的弯矩方程为分段函数,因此,挠曲线方程和转角方程也必然都是分段函数,但梁的挠曲线是光滑、连续的曲线,于是左右两段梁在分段截面处的挠度和转角应该相等。这样,变形连续光滑条件表述为

$$x_1 = x_2 = a \text{ 处}, \quad y_1 = y_2 \qquad\qquad\qquad (k)$$

$$x_1 = x_2 = a \text{ 处}, \quad \theta_1 = \theta_2 \qquad\qquad\qquad (l)$$

将式(l)代入式(e)和式(g),可得

$$C_1 = C_2$$

将式(k)代入式(f)和式(h),可得

$$D_1 = D_2$$

式(i)代入式(f),得

$$D_1 = 0$$

式(j)代入式(h),得

$$C_2 = \frac{Fb}{6l}(l^2 - b^2)$$

将求得的积分常数代入式(e)至式(h),可得梁的转角方程和挠曲线方程为

AC 段 $(0 \leq x_1 \leq a)$

$$\begin{cases} \theta_1 = \dfrac{Fb}{6EIl}(l^2 - b^2 - 3x_1^2) & (m) \\[3mm] y_1 = \dfrac{Fb}{6EIl}(l^2 - b^2 - x_1^2)x_1 & (n) \end{cases}$$

CB 段 $(a \leq x_2 \leq l)$

$$\begin{cases} \theta_2 = \dfrac{Fb}{6EIl}\left[(l^2 - b^2 - 3x_2^2) + \dfrac{3l}{b}(x_2 - a)^2 \right] & \text{(o)} \\[3mm] y_2 = \dfrac{Fb}{6EIl}\left[(l^2 - b^2 - x_2^2)x_2 + \dfrac{l}{b}(x_2 - a)^3 \right] & \text{(p)} \end{cases}$$

2)最大挠度和最大转角。

绘出梁挠曲线的大致形状如图 7.4 中虚线所示。因为沿梁长度方向,转角是连续变化的,并有 $\theta_A > 0$ 且 $\theta_1' = -\dfrac{Fbx_1}{EIl} < 0$,$\theta_B < 0$ 且 $\theta_2' = -\dfrac{Fa(l - x_2)}{EIl} < 0$,故最大转角必然为 θ_A 和 θ_B 中绝对值较大的一个。因为

$$\theta_A = \theta_1 \big|_{x_1 = 0} = \frac{Fab}{6EIl}(l + b)$$

$$\theta_B = \theta_2 \big|_{x_2 = l} = -\frac{Fab}{6EIl}(l + a)$$

故当 $a > b$ 时最大转角发生在右支座截面处,即

$$\theta_{\max} = |\theta_B| = \frac{Fab}{6EIl}(l + a)$$

下面接着讨论最大挠度。因为 $\theta = y'$,所以挠度极值所在横截面的转角必为零。前已述及,$\theta_A > 0$ 且 $\theta_1' < 0$,$\theta_B < 0$ 且 $\theta_2' < 0$,故 $\theta = 0$ 的截面位置是发生在 AC 段还是 CB 段,可以通过转角 θ_C 的正负号来确定。在式(m)或式(o)中令 $x_1 = a$ 或 $x_2 = a$,可得

$$\theta_C = -\frac{Fab}{3EIl}(a - b)$$

当 $a > b$ 时,$\theta_C < 0$。在 AC 段中从 A 截面变化到 C 截面时,转角的正负号发生了改变,则转角为零的截面必然在 AC 段中。在式(m)中令 $\theta_1 = 0$,得到

$$x_0 = \sqrt{\frac{l^2 - b^2}{3}} = \sqrt{\frac{a(a + 2b)}{3}} \tag{q}$$

最后将 x_0 的值代入 AC 段的挠曲线方程,即式(n)中得到最大挠度为

$$y_{\max} = y_1 \big|_{x_1 = x_0} = \frac{Fb}{9\sqrt{3}\,EIl}\sqrt{(l^2 - b^2)^3} \tag{r}$$

结论与讨论:

①位移边界条件主要为刚性支座和弹性约束处的约束条件;而弯矩方程分段点所在截面处,梁具有唯一的挠度和转角,才能保证梁的挠曲线为一条光滑连续的曲线,这就是变形连续光滑条件。

②梁上有不连续的荷载作用时,梁的弯矩方程需要分段列出。当弯矩方程表达式有 n 个时,积分常数有 $2n$ 个。这时需要 $2n$ 个位移边界条件和变形连续光滑条件才能确定积分常数。若在列弯矩方程和积分时遵守以下规则,可以大大减少运算工作量:列各段的弯矩方程时,分离体的一端都取为坐标原点,这样后一段的弯矩方程必然是在前一段弯矩方程的基础上增加 $K(x - a)^m$ 项;对每段中的 $K(x - a)^m$ 一项积分时,都以 $(x - a)$ 作为自变量。

在上述规则的基础上,计算积分常数时可以先根据分段点所在截面处的连续光滑条件,可得相邻两段中对应积分常数分别相等,使确定积分常数的计算大大简化。

③当简支梁上作用的横向荷载(集中荷载和分布荷载)的方向相同时,挠曲线无拐点,在

工程计算中可以用梁在跨中截面处的挠度代替最大挠度。

在例7.2中，当集中力 F 作用于跨中时，$a = b = l/2$，由式(q)可得 $x_0 = l/2$，最大挠度发生在梁的跨中截面处。

当集中力 F 向右端移动时，b 减小，由式(q)可知 x_0 增大。也就是说，荷载 F 越靠近右端，梁的最大挠度所在截面距离跨中越远。在极端情况下，当力 F 无限接近右端支座时，b 很小，可以忽略不计，由式(r)可得最大挠度为

$$y_{max} = \frac{Fl^2 b}{9\sqrt{3}EI} = \frac{Fl^2 b}{15.59EI} \tag{s}$$

此时跨中 C 截面处的挠度，由式(n)可得

$$y_C = y_1 \big|_{x_1 = \frac{l}{2}} = \frac{Fb}{48EI}(3l^2 - 4b^2)$$

忽略 b^2 一项，得

$$y_C = \frac{Fl^2 b}{16EI} \tag{t}$$

对比式(s)与式(t)可知，梁的最大挠度 y_{max} 与中央截面处的挠度 y_C 相差无几，如果用 y_C 代替 y_{max}，误差不超过3%，其精度满足工程计算要求。

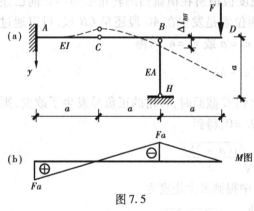

图7.5

例7.3 如图7.5所示多跨梁 ACD 中各段的抗弯刚度 EI 为常数，杆 BH 的抗拉刚度 EA 为常数。试：

1）用积分法计算梁 ACD 的弯曲变形时，应分几段来列挠曲线的近似微分方程？

2）分别列出确定积分常数时需要的位移边界条件和变形连续光滑条件。

3）绘出梁 AD 的挠曲线大致形状。

解 1）梁的挠曲线近似微分方程分 AC，CB，BD 三段。

2）假设梁中 AC，CB，BD 三段的挠度和转角分别为 y_1，θ_1；y_2，θ_2；y_3，θ_3。

位移边界条件：$x = 0$ 处，$y_1 = 0$，$\theta_1 = 0$

$$x = 2a \text{ 处，} y_2 = |\Delta l_{BH}| = \frac{2Fa}{EA}$$

连续光滑条件：$x = a$ 处，$y_1 = y_2$

$$x = 2a \text{ 处，} y_2 = y_3, \theta_2 = \theta_3$$

3）绘制梁的挠曲线大致形状注意以下4个因素：

①挠曲线要和位移边界条件、变形连续光滑条件相吻合。

②挠曲线是曲线还是直线。如果某段中各截面上的弯矩 $M(x) \equiv 0$ 则挠曲线为直线。

③挠曲线的凹凸性，根据 $EIy'' = -M(x)$ 可知：梁段的 $M > 0$ 则该段梁的挠曲线为下凸曲线（⌣），反之为上凸曲线（⌢）。

④如果梁中某截面的弯矩 $M = 0$，而且左右两段的弯矩正负号相反，则挠曲线上与该截面对应的点为拐点。

根据以上要点,绘出该梁的弯矩图如图 7.5(b) 所示,其挠曲线大致形状如图 7.5(a) 中的虚线所示。注意中间铰 C 处只有挠曲线方程是连续的。

7.4　用叠加法求梁的变形

在线弹性及小变形条件下,梁的弯矩与荷载保持线性关系,所以梁的变形(挠度 y 和转角 θ)与荷载也始终保持线性关系,而且每个荷载单独作用引起的变形与其他同时作用的荷载无关。这就是力的独立作用原理。当梁同时受到几个(或几种)荷载作用时,可以先计算出梁在每个(或每种)荷载单独作用下的变形,然后进行叠加运算。这种计算变形的方法称为**叠加法**(method of superposition)。梁在常见简单荷载作用下的变形可以用积分法等预先计算出来,并编制成表格的形式,在用叠加法计算梁的变形时方便直接查用,见附录 A。

(1)直接叠加法计算简支梁或悬臂梁的变形

等刚度的简支梁或悬臂梁同时受几个简单荷载作用时,可以通过附录 A 查出每一个简单荷载单独作用时产生的变形,然后直接进行叠加运算。

例 7.4　如图 7.6(a) 所示等截面悬臂梁的抗弯刚度 EI 为常数,受集中力 F 和均布荷载 q 作用,已知 $F=ql$。试求 B 截面处的挠度 y_B 和 B 截面的转角 θ_B。

解　将荷载分解为两种简单荷载如图 7.6(b) 和图 7.6(c) 所示,由附录 A 可查出

$$y_{Bq} = \frac{ql^4}{8EI}, \quad \theta_{Bq} = \frac{ql^3}{6EI}$$

$$y_{BF} = \frac{(-F)l^3}{3EI}, \quad \theta_{BF} = \frac{(-F)l^2}{2EI}$$

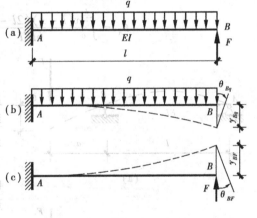

图 7.6

式中,第 1 个下标表示变形所在的截面位置,第 2 个下标表示引起该变形的原因。力 F 引起的变形 y_{BF} 和 θ_{BF} 中的负号,是因为该力的方向和附录 A 对应栏中力的方向相反。

将上述结果叠加,并代入已知条件 $F=ql$,可得

$$y_B = y_{Bq} + y_{BF} = \frac{ql^4}{8EI} - \frac{Fl^3}{3EI} = -\frac{5ql^4}{24EI} \quad (\uparrow)$$

$$\theta_B = \theta_{Bq} + \theta_{BF} = \frac{ql^3}{6EI} - \frac{Fl^2}{2EI} = -\frac{ql^3}{3EI} \quad (\curvearrowright)$$

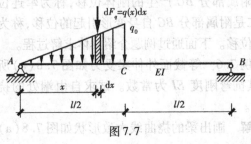

图 7.7

例 7.5　等截面简支梁的抗弯刚度 EI 为常数,在左边半跨受三角形分布荷载作用,如图 7.7 所示。试求跨中 C 处的挠度 y_C 和左端截面的转角 θ_A。

解　该梁虽然为等刚度的简支梁,但是由于荷载比较特殊,其变形不能直接从附录 A 中查得。但是该分布荷载的集度沿轴线方向的变化

规律是确定的,可以将其视为无穷多个微小的集中力组成。通过查附录 A 可以得到任意一个微小的集中力单独作用时引起的变形,最后的叠加通过积分运算完成。

距简支梁左端为 x 处的集中力 $\mathrm{d}F_q$ 单独作用时在跨中 C 处产生的挠度可以从附录 A 查得

$$\mathrm{d}y_C = \frac{\mathrm{d}F_q x}{48EI}(3l^2 - 4x^2)$$

其中

$$\mathrm{d}F_q = q(x)\mathrm{d}x = \frac{2q_0 x}{l} \cdot \mathrm{d}x$$

所以

$$y_C = \int_0^{\frac{l}{2}} \frac{q_0}{24lEI}(3l^2 - 4x^2)x^2\mathrm{d}x = \frac{q_0 l^4}{240EI}$$

同理,查附录 A 可得

$$\mathrm{d}\theta_A = \frac{\mathrm{d}F_q x(l - x)[l + (l - x)]}{6lEI}$$

$$\theta_A = \int_0^{\frac{l}{2}} \frac{x(l - x)(2l - x)}{6lEI} \cdot \frac{2q_0 x}{l} \cdot \mathrm{d}x = \frac{41q_0 l^3}{2\,880EI}$$

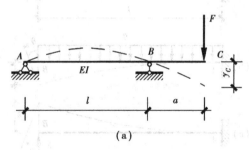

(a)

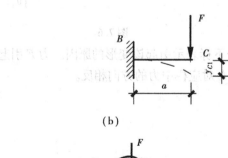

(b)

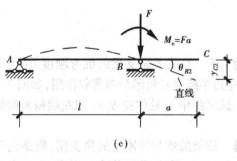

(c)

图 7.8

（2）间接叠加法计算梁的变形

变刚度梁、外伸梁等在荷载作用下的变形,虽然不能直接从附录 A 中查得,但是通常可以将梁视为几部分组成,各个部分的变形可以利用附录 A 查得。

事实上,只有荷载作用时,梁的整体变形是由所有微段的变形积累而得,梁中不同部分的变形对所求截面的挠度和转角一般有影响。这样,梁在某一截面处的变形可视为各组成部分的变形引起该截面处的变形的叠加。在变截面梁、外伸梁以及组合结构的变形计算中,通常可以将整个结构分成基本部分和附属部分组成。以如图 7.8(a) 所示的外伸梁为例,AB 为基本部分,而 BC 为附属部分。附属部分上任意截面处的位移可以视为两部分的叠加:一是基本部分 AB 的变形使附属部分 BC 产生的刚体位移,称为牵连位移;二是附属部分 BC 自身变形引起的位移,称为附加位移。下面通过例题介绍具体求解过程。

例 7.6 等截面外伸梁受力如图 7.8(a) 所示,其抗弯刚度 EI 为常数。试求自由端处的挠度 y_C。

解 画出梁的挠曲线大致形状如图 7.8(a)

虚线所示,因为 B 截面发生了转动,所以 C 截面的挠度可以看做是基本部分 AB 和附属部分 BC 的变形共同引起的。

1)仅考虑附属部分自身的变形引起 C 截面处的挠度 y_{C1} ——附加位移。

此时,可以将基本部分 AB 视为刚体。根据 A,B 处的支承情况,B 截面既不能移动,也不能转动,因此附属部分 BC 段可看成悬臂梁,如图 7.8(b)所示,查附录 A 可得

$$y_{C1} = \frac{Fa^3}{3EI}$$

2)仅考虑基本部分的变形引起 C 截面处的挠度 y_{C2} ——牵连位移。

此时,可以将附属部分 BC 视为刚体。由静力学知识,作用于刚体 BC 部分上 C 处的力 F 可以平移至 B 处,如图 7.8(c)所示。平移至 B 处的力 F 不会使 AB 部分变形,但 AB 部分在 $M_e = Fa$ 作用下,B 截面的转动使 BC 部分发生"刚体"转动,其挠曲线为直线,所以

$$y_{C2} = a \cdot \tan \theta_{B2} \approx a\theta_{B2}$$

式中,θ_{B2} 是由 M_e 引起的,查附录 A 可得

$$\theta_{B2} = \frac{M_e l}{3EI} = \frac{Fla}{3EI}$$

$$y_{C2} = a\theta_{B2} = \frac{Fla^2}{3EI}$$

3)叠加可得

$$y_C = y_{C1} + y_{C2} = \frac{Fa^3}{3EI} + \frac{Fla^2}{3EI} = \frac{Fa^2}{3EI}(l + a)$$

例 7.7　变截面梁受力如图 7.9(a)所示,试求自由端处的挠度 y_B。

解　变截面梁的变形不能直接利用附录 A 查得,但是自由端处的挠度可以看作是基本部分 AC 和附属部分 CB 的变形共同引起的。

1)附加位移。

此时,仅考虑附属部分的变形,可以将基本部分 AC 刚化,则附属部分可视为悬臂梁,如图 7.9(b)所示,查附录 A 可得

$$y_{B1} = \frac{F\left(\dfrac{l}{2}\right)^3}{3EI} = \frac{Fl^3}{24EI}$$

2)牵连位移。

此时,仅考虑基本部分 AC 的变形,可以将附属部分 CB 刚化。将 B 处的力 F 平移至 C 处,如图 7.9(c)所示,CB 部分发生"刚体"转动,其挠曲线为直线,故

$$y_{B2} = y_C + \frac{l}{2} \cdot \theta_C$$

式中,y_C,θ_C 是平移至 C 截面处的集中力 F 和力偶 M_e 共同作用引起的,查附录 A 可得

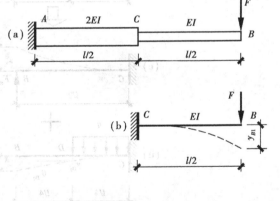

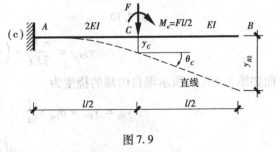

图 7.9

$$\theta_C = \theta_{CF} + \theta_{CM_e} = \frac{F\left(\frac{l}{2}\right)^2}{2(2EI)} + \frac{\frac{Fl}{2} \cdot \frac{l}{2}}{(2EI)} = \frac{3Fl^2}{16EI}$$

$$y_C = y_{CF} + y_{CM_e} = \frac{F\left(\frac{l}{2}\right)^3}{3(2EI)} + \frac{\frac{Fl}{2} \cdot \left(\frac{l}{2}\right)^2}{2(2EI)} = \frac{5Fl^3}{96EI}$$

所以

$$y_{B2} = \frac{5Fl^3}{96EI} + \frac{l}{2} \cdot \frac{3Fl^2}{16EI} = \frac{7Fl^3}{48EI}$$

3）叠加可得

$$y_B = y_{B1} + y_{B2} = \frac{Fl^3}{24EI} + \frac{7Fl^3}{48EI} = \frac{3Fl^3}{16EI}$$

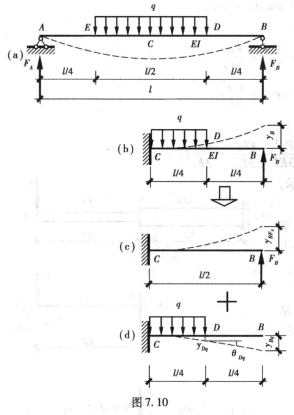

图 7.10

例 7.8　等截面简支梁在中间一段受均布荷载作用，如图 7.10(a)所示，其抗弯刚度 EI 为常数。试求跨中 C 处的挠度 y_C。

解　画出梁的挠曲线大致形状如图 7.10(a)所示，根据对称性，跨中 C 截面的转角为零，与悬臂梁的固定端相仿。于是，可以将梁的 CB 部分看成是悬臂梁，如图 7.10(b)所示，此时自由端 B 处的集中力为原简支梁右支座处的支反力 $F_B = ql/4$。通过对比图 7.10(a)和图 7.10(b)的荷载、弯矩方程可知它们的挠曲线形状是相同的，于是原梁截面 C 处的挠度 y_C 与如图 7.10(b)所示悬臂梁自由端 B 处的挠度在数值上相等。

对于如图 7.10(b)所示悬臂梁，采用直接叠加法可以将荷载分解为如图 7.10(c)和图 7.10(d)所示集中力和均布荷载。如图 7.10(c)所示梁自由端处的挠度可以查附录 A 得到

$$y_{BF_B} = \frac{-F_B}{3EI} \cdot \left(\frac{l}{2}\right)^3 = -\frac{ql^4}{96EI}$$

而如图 7.10(d)所示梁自由端的挠度为

$$y_{Bq} = y_{Dq} + \theta_{Dq} \cdot \frac{l}{4}$$

$$= \frac{q}{8EI} \cdot \left(\frac{l}{4}\right)^4 + \frac{q\left(\frac{l}{4}\right)^3}{6EI} \cdot \frac{l}{4} = \frac{7ql^4}{6\,144EI}$$

于是

$$y_B = y_{BF_B} + y_{Bq} = -\frac{ql^4}{96EI} + \frac{7ql^4}{6\,144EI} = -\frac{19ql^4}{2\,048EI} \quad (\uparrow)$$

所以,如图7.10(a)所示原简支梁跨中 C 处的挠度为

$$y_C = |y_B| = \frac{19ql^4}{2\,048EI} \quad (\downarrow)$$

7.5 梁的刚度计算

7.5.1 梁的刚度计算

梁的刚度计算,通常是校核其变形是否超过许用挠度$[f]$和许用转角$[\theta]$,可以表述为

$$y_{\max} \leqslant [f]$$
$$\theta_{\max} \leqslant [\theta]$$

式中,$y_{\max}$ 和 $\theta_{\max}$ 为梁的最大挠度和最大转角。

在机械工程中,一般对梁的挠度和转角都进行校核;而在土木工程中,通常只校核挠度,并且以许用挠度与跨长的比值$\left[\dfrac{f}{l}\right]$作为校核的标准,即

$$\frac{y_{\max}}{l} \leqslant \left[\frac{f}{l}\right] \tag{7.5}$$

梁的许用挠度是与材料、跨度、约束类型、用途、荷载大小等因素有关的,例如《混凝土结构设计规范》规定:吊车梁的$\left[\dfrac{f}{l}\right]$为$\dfrac{1}{500}$(手动吊车)或$\dfrac{1}{600}$(电动吊车),屋盖、楼盖以及楼梯等受弯构件的$\left[\dfrac{f}{l}\right]$为$\dfrac{1}{200}\sim\dfrac{1}{300}$(视梁的跨度大小变化而不同)。

土木工程中的梁,强度一般起控制作用,通常是由强度条件选择梁的截面,再校核刚度。

例7.9 简支梁受力如图7.11所示,采用22a号工字钢,其弹性模量 $E = 200$ GPa,$\left[\dfrac{f}{l}\right] = \dfrac{1}{400}$,试校核梁的刚度。

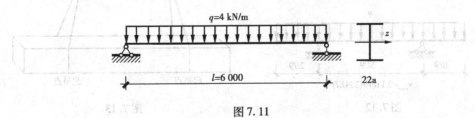

图 7.11

解 由附录B可得22a号工字钢的 $I_z = 3\,400$ cm^4,由附录A可得 $y_{\max} = \dfrac{5ql^4}{384EI}$。于是

$$\frac{y_{\max}}{l} = \frac{5ql^3}{384EI} = \frac{5 \times 4\ \text{N/mm} \times 6\,000^3\ \text{mm}^3}{384 \times 200 \times 10^3\ \text{MPa} \times 3\,400 \times 10^4\ \text{mm}^4}$$

$$= \frac{1}{600} < \left[\frac{f}{l} \right] = \frac{1}{400}$$

故梁的刚度满足要求。

7.5.2 提高梁弯曲刚度的措施

提高梁的弯曲刚度，就是尽量减小梁的弯曲变形。由本章例题和附录 A 可以看出，梁的挠度和转角与梁的抗弯刚度 EI、梁的跨度、荷载、约束等因素有关。下面就结合上述因素讨论提高梁弯曲刚度的主要措施。

（1）选用合理的截面形状，增大梁的抗弯刚度 EI

梁的变形是与抗弯刚度 EI 成反比的，所以增大弹性模量 E 和增大截面对中性轴的惯性矩 I 都可以提高梁的抗弯刚度。但是，钢材的弹性模量 E 相差不大，采用高强度钢材可以大大提高梁的抗弯强度，却对弯曲刚度的改善收效甚微。所以，从增大 EI 角度来看，主要是合理选择梁的截面形状，增大截面对中性轴的惯性矩 I。例如，工程上经常选用工字形、槽形、T 形等截面形状，不仅能提高梁的强度，对改善梁的刚度也大有好处。

需要强调的是，从理论上讲，梁的强度取决于危险截面的弯矩 M_{max} 和抗弯截面模量 W_z，而梁的最大挠度和最大转角则与全梁的变形相关。所以，当梁的刚度不够需要加强时，就必须在较大范围内增加梁的刚度。

（2）改善结构形式，调整跨长

在不改变荷载的条件下，梁的变形与跨长 l 的 n 次幂（n 可取 1，2，3 或 4）成正比，所以减小跨长对变形的影响较为明显。在实际工程中，在条件允许的情况下，应尽量减小梁的跨度，提高抗弯刚度。如果不能减小跨度，也可以通过改变结构形式的方法，来达到减小变形的目的。例如，如图 7.12 所示将简支梁的支座同时向内移动 $2l/9$ 后，梁的最大挠度只有原来简支梁最大挠度的 1/45。龙门吊车大梁就采用了这种两端外伸的结构形式，同理，在建筑工程中，运输或者吊装大型杆状预制构件时，两个垫块或者两个起吊点不放置在两端也是出于强度和刚度的考虑，如图 7.13 所示。

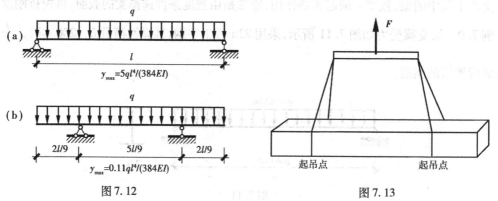

图 7.12   图 7.13

（3）改变加载方式

在条件允许的情况下，改变梁的加载方式，可以减小梁的变形，提高刚度。例如，跨中承受集中力作用的简支梁，若将荷载改为均布荷载作用在全梁上，其最大挠度为前者最大挠度的62.5%。

(4)增加约束,采用超静定结构

当静定梁的刚度不能满足要求时,除上述措施以外,有时候也可以采取增加约束形成超静定梁的方式。例如,如图 7.14 所示在悬臂梁的最大挠度和最大转角所在截面增加约束以后,可以大大改善梁的受力,提高其强度和刚度。

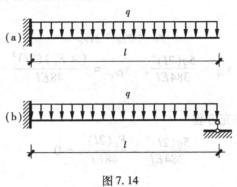

图 7.14

7.6　用力法解简单超静定梁

前面几节分析的梁,如简支梁、悬臂梁、外伸梁等,都是静定梁。在工程实际中,有时为了提高强度或控制位移,常常采取增加约束的方式,使静定梁变成了**超静定梁或静不定梁**(statically indeterminate beam),如图 7.15 所示。超静定梁的特点是,独立未知力的数目大于独立静力平衡方程式的数目,仅仅利用静力平衡条件不能求出全部的支座反力和内力。超静定梁的基本求解方法与拉压超静定问题相同,仍然是力法。本节将结合求梁变形的叠加法,举例介绍简单超静定梁的求解。

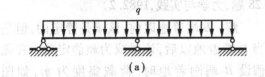

图 7.15

例 7.10　抗弯刚度 EI 为常数的等截面梁受均布荷载 q 作用如图 7.16(a)所示,试求支反力。

解　1)静力方面。

选取 C 支座为多余约束,基本体系如图 7.16(b)所示,列出静力平衡方程为

$$\left.\begin{array}{l} \sum M_C = 0, F_A = F_B \\ \sum F_y = 0, F_A + F_B + F_C = 2ql \end{array}\right\} \quad (a)$$

可见该梁为一次超静定问题。

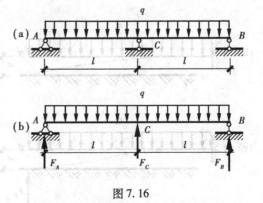

图 7.16

2）几何方面。

由多余约束 C 处的位移边界条件，可以得到变形协调条件

$$y_C = 0 \qquad \text{(b)}$$

3）物理方面。

由叠加法，可得

$$y_C = y_{C_q} + y_{CF_C} \qquad \text{(c)}$$

$$y_{C_q} = \frac{5q(2l)^4}{384EI}, \quad y_{CF_C} = \frac{(-F_C)(2l)^3}{48EI} \qquad \text{(d)}$$

4）补充方程。

式（d）代入式（c），得补充方程

$$\frac{5q(2l)^4}{384EI} - \frac{F_C(2l)^3}{48EI} = 0 \qquad \text{(e)}$$

5）求解。

联立求解方程（a）和方程（e），得

$$F_A = F_B = \frac{3}{8}ql, \quad F_C = \frac{5}{4}ql$$

这里需指出的是，上例的超静定梁也可以选取 A 支座或 B 支座为多余约束，此时的多余支反力为 A 支座或 B 支座处的支反力 F_A 或 F_B，其变形协调条件为 $y_A = 0$ 或 $y_B = 0$。因为此时的静定基本结构为外伸梁，其变形分析需要运用间接叠加法，势必造成计算工作量较大。可见，在用力法解简单超静定梁时，其静定基本结构是不唯一的，为简单起见，应尽量选择悬臂梁或简支梁为静定基本结构。

例 7.11　悬臂梁 AB 受竖直向下的均布荷载 q 作用，梁长为 l，抗弯刚度为 EI，固定端 A 高出水平地面 $h(h \ll l)$，如图 7.17（a）所示。假设地面是刚性的，当悬臂梁只有自由端 B 着地时，试求均布荷载 q 应满足的条件。（小问题，第 28 题，力学与实践，1982.2）

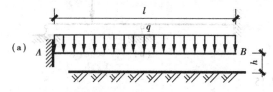

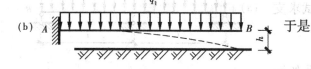

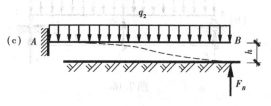

图 7.17

解　B 端着地以前，该梁是静定的，但是当 B 端着地以后，该梁成为超静定梁。首先假设 B 端刚着地时，荷载集度为 q_1，如图 7.17（b）所示，则

$$y_B = \frac{q_1 l^4}{8EI} = h$$

于是

$$q_1 = \frac{8EIh}{l^4}$$

当荷载 q 继续增大到某一值 q_2 时，B 端转角为零，如图 7.17（c）所示。荷载再增加超过 q_2 时，梁的着地部分将不仅仅只有自由端 B。假设 B 端转角为零时，地面反力为 F_B，写出变形协调条件为

$$y_B = h$$

$$\theta_B = 0$$

由叠加法可得

$$y_B = y_{Bq_2} + y_{BF_B} = \frac{q_2 l^4}{8EI} + \frac{(-F_B)l^3}{3EI} = h$$

$$\theta_B = \theta_{Bq_2} + \theta_{BF_B} = \frac{q_2 l^3}{6EI} + \frac{(-F_B)l^2}{2EI} = 0$$

解得

$$q_2 = \frac{72EIh}{l^4}$$

因此,该悬臂梁只有自由端 B 着地时,均布荷载 q 满足的条件为

$$\frac{8EIh}{l^4} \leqslant q \leqslant \frac{72EIh}{l^4}$$

与超静定拉压杆类似,超静定梁的支座发生不同程度的沉陷或梁上下两面的温度变化有较大不同时,梁内将会引起内力和应力。这些内容,本章不再讨论,将在后续课程如结构力学中学习。

思 考 题

7.1　为什么梁的挠曲线微分方程 $EIy'' = -M(x)$ 是近似的? 其适用条件是什么?

7.2　什么是位移边界条件和变形光滑连续条件? 试分析如思考题 7.2 图所示梁在用积分法求其变形时需要的位移边界条件和变形连续光滑条件。(B 截面处为弹性支座,刚度为 K)

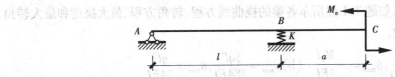

思考题7.2 图

7.3　用积分法求出梁的挠曲线方程和转角方程以后,如何求梁的最大挠度和最大转角? 最大挠度所在截面的转角必定为零吗?

7.4　如思考题 7.4 图所示悬臂梁和简支梁中,欲使滚轮在梁上移动时恰好走一条水平线,则需要把梁的轴线预先分别弯成怎样的曲线?

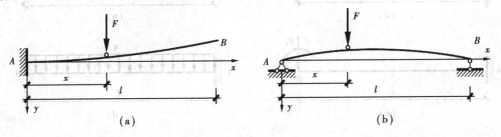

思考题7.4 图

175

7.5 根据梁的挠曲线近似微分方程 $EIy'' = -M(x)$，则挠曲线上与弯矩 M 为零的截面对应的点一定是拐点吗？为什么？

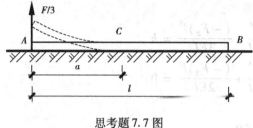

思考题7.7图

7.6 为什么计算梁的变形时可以用叠加法？用叠加法计算梁变形的前提条件是什么？

7.7 如思考题7.7图所示等截面直梁 AB 的长度为 l，重量为 F，放置在水平刚性基础上。若在梁端作用向上的拉力为 $F/3$，未提起部分梁 CB 仍然与基础密切接触，试求梁从基础上被提起的长度 a 以及梁端 A 处的挠度。

7.8 用力法求解超静定梁的过程中，可以选取不同的多余约束，其静定基本结构也是不同的。如何确定基本结构使计算过程更加简单？

7.9 如思考题7.9图所示山坡上、下有 A,B 两根木桩，顶端在同一水平线上，长度分别为 l_1 和 l_2，惯性矩分别为 I_1 和 I_2，弹性模量为 E，用一不可伸长的绳子以水平力 F 将 A 桩顶端拉紧，绳子的另一端栓在 B 桩顶端，然后松开，求绳中的张力？若木桩顶端距离为 L，改用抗拉刚度为 E_sA_s 的弹性绳子，结果又如何？

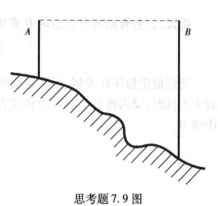

思考题7.9图

习 题

7.1 试用积分法求如题7.1图所示各梁的挠曲线方程、转角方程、最大挠度和最大转角。梁的抗弯刚度 EI 为常数。

答 （a）$y_{max} = \dfrac{M_e l^2}{9\sqrt{3}\,EI}$，$\theta_{max} = -\dfrac{M_e l}{3EI}$ （b）$y_{max} = \dfrac{5ql^4}{384EI}$，$\theta_{max} = \dfrac{ql^3}{24EI}$

（c）$y_{max} = \dfrac{5Fl^3}{6EI}$，$\theta_{max} = \dfrac{3Fl^2}{2EI}$ （d）$y_{max} = \dfrac{ql^4}{8EI}$，$\theta_{max} = \dfrac{ql^3}{6EI}$

（a）

（b）

（c）

（d）

题7.1图

7.2　试用积分法求如题 7.2 图所示各梁 C 截面处的挠度 y_C 和转角 θ_C。梁的抗弯刚度 EI 为常数。

答　(a)$y_C = \dfrac{Fl^3}{8EI}, \theta_C = \dfrac{7Fl^2}{24EI}$　　(b)$y_C = \dfrac{41ql^4}{384EI}, \theta_C = \dfrac{7ql^3}{48EI}$

(c)$y_C = \dfrac{5ql^4}{768EI}, \theta_C = -\dfrac{ql^3}{384EI}$　　(d)$y_C = \dfrac{3M_e l^2}{8EI}, \theta_C = \dfrac{M_e l}{2EI}$

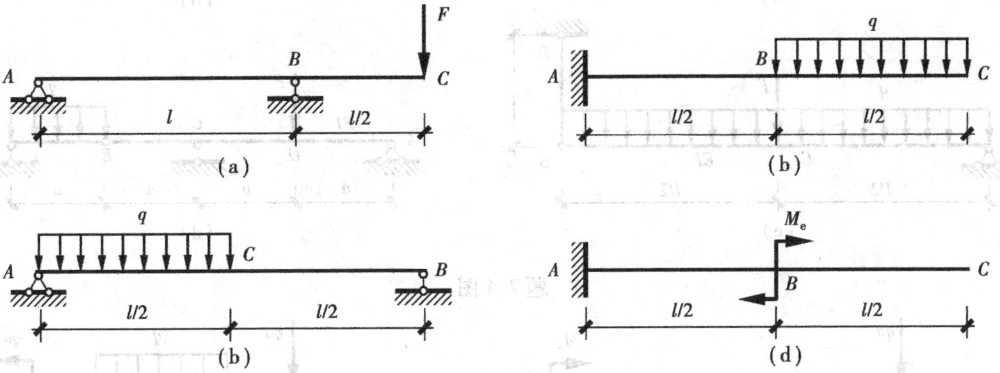

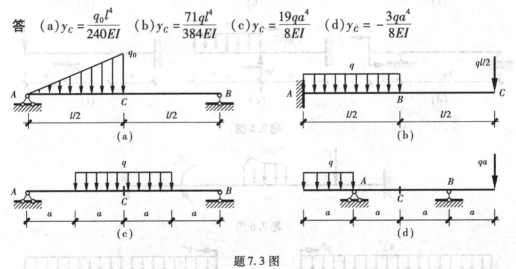

题 7.2 图

7.3　试用积分法求如题 7.3 图所示各梁截面 C 处的挠度 y_C。梁的抗弯刚度 EI 为常数。

答　(a)$y_C = \dfrac{q_0 l^4}{240EI}$　(b)$y_C = \dfrac{71ql^4}{384EI}$　(c)$y_C = \dfrac{19qa^4}{8EI}$　(d)$y_C = -\dfrac{3qa^4}{8EI}$

题 7.3 图

7.4　用积分法求如题 7.4 图所示各梁的变形时,应分几段来列挠曲线的近似微分方程? 各有几个积分常数? 试分别列出确定积分常数时所需要的位移边界条件和变形连续光滑条件。

7.5　根据梁的受力和约束情况,画出如题 7.5 图所示各梁挠曲线的大致形状。

7.6　如题 7.6 图所示均质、等截面梁两端固定,外力都作用于纵向对称面内,试证明:该梁弯矩图的总面积为零。

7.7　试用叠加法求如题 7.7 图所示各悬臂梁截面 B 处的挠度 y_B 和转角 θ_B。梁的抗弯刚度 EI 为常数。

材料力学（Ⅰ）

$$答 \quad (a)y_B = -\frac{3ql^4}{8EI}, \theta_B = -\frac{5ql^3}{6EI} \quad (b)y_B = -\frac{5ql^4}{24EI}, \theta_B = -\frac{ql^3}{3EI}$$

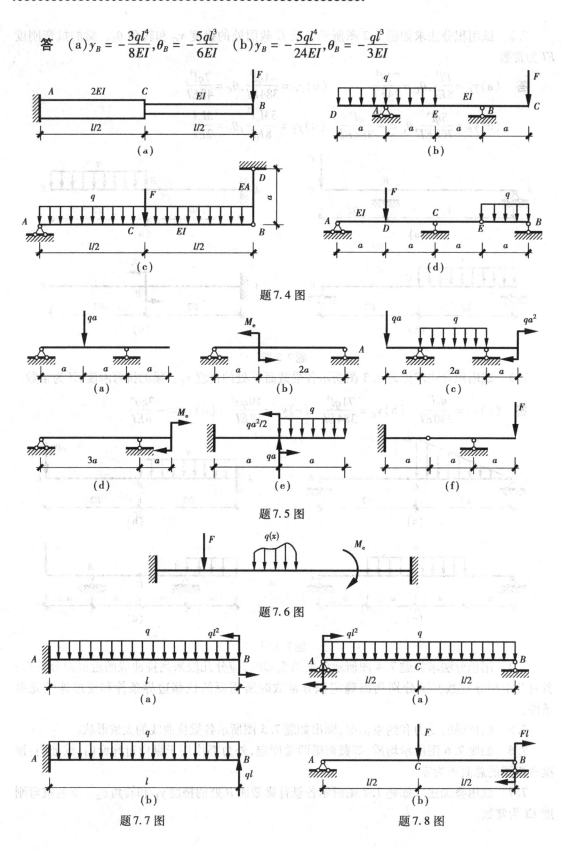

题 7.4 图

题 7.5 图

题 7.6 图

题 7.7 图

题 7.8 图

7.8 试用叠加法求如题7.8图所示各简支梁跨中截面C处的挠度y_C和支座截面A的转角θ_A。梁的抗弯刚度EI为常数。

答 （a）$y_C = \dfrac{29ql^4}{384EI}, \theta_A = \dfrac{3ql^3}{8EI}$ （b）$y_C = -\dfrac{Fl^3}{24EI}, \theta_A = -\dfrac{5Fl^2}{48EI}$

7.9 试用叠加法求如题7.9图所示各梁指定截面的位移。梁的抗弯刚度EI为常数。

答 （a）$y_C = \dfrac{q_0 l^4}{240EI}, \theta_B = -\dfrac{41q_0 l^3}{2\,880EI}$ （b）$y_C = \dfrac{3M_e l^2}{8EI}, \theta_C = \dfrac{M_e l}{2EI}$

（c）$y_C = \dfrac{Fl^3}{12EI}, \theta_C = \dfrac{5Fl^2}{24EI}, \theta_A = \dfrac{Fl^2}{12EI}$ （d）$y_B = \dfrac{41ql^4}{384EI}, \theta_B = \dfrac{7ql^3}{48EI}$

（e）$y_C = \dfrac{5ql^4}{384EI}, \theta_A = -\dfrac{ql^3}{96EI}, \theta_C = -\dfrac{ql^3}{32EI}$ （f）$y_C = \dfrac{5ql^4}{128EI}, \theta_C = \dfrac{25ql^3}{48EI}$

（g）$y_C = 0$ （h）$y_C = -\dfrac{7Fl^3}{48EI}, \theta_C = -\dfrac{3Fl^2}{8EI}$

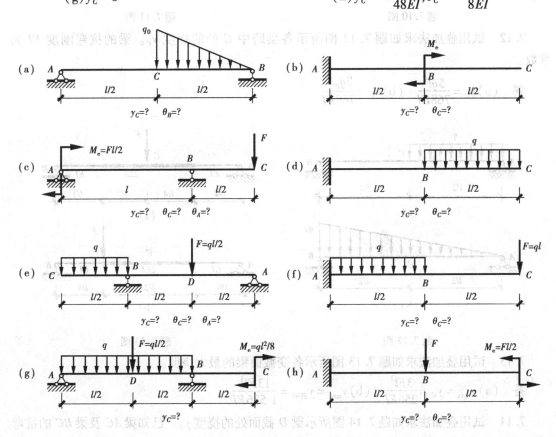

题7.9图

7.10 试用叠加法求如题7.10图所示各梁指定截面的位移。梁的抗弯刚度EI为常数。

答 （a）$\theta_C = -\dfrac{5Fa^2}{6EI}$ （b）$y_D = \dfrac{Fa^3}{4EI}, \theta_{C左} = \dfrac{Fa^2}{4EI}, \theta_{C右} = -\dfrac{Fa^2}{6EI}$

7.11 试用叠加法求如题7.11图所示各梁截面C处的挠度y_C。已知梁的抗弯刚度EI为常数，弹簧的刚度为K。

答 （a）$y_C = \dfrac{5ql^4}{384EI} + \dfrac{ql}{4K}$　（b）$y_C = \dfrac{F(l+a)a^2}{3EI} + \dfrac{F(l+a)^2}{Kl^2}$

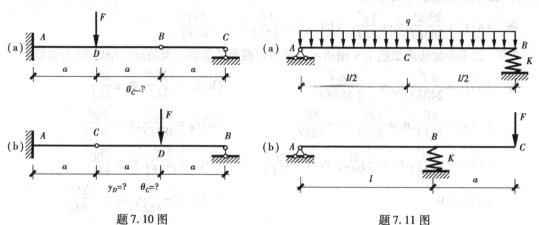

題 7.10 图　　　　　題 7.11 图

7.12　试用叠加法求如题 7.12 图所示各梁跨中 C 处的挠度 y_C。梁的抗弯刚度 EI 为常数。

答 （a）$y_C = \dfrac{5ql^4}{768EI}$　（b）$y_C = \dfrac{5q_0 l^4}{768EI}$

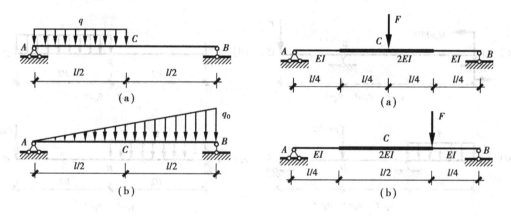

題 7.12 图　　　　　題 7.13 图

7.13　试用叠加法求如题 7.13 图所示各变截面梁的最大挠度。

答 （a）$y_{max} = y_C = \dfrac{3Fl^3}{256EI}$　（b）$y_{max} = y_{跨中} = \dfrac{13Fl^3}{1\,536EI}$

7.14　试用叠加法求如题 7.14 图所示梁 D 截面处的挠度 y_D。已知梁 AC 及梁 BC 的抗弯刚度 EI 为常数,拉杆 BE 的抗拉刚度 EA 为常数。

答 $y_D = \dfrac{5Fl^3}{48EI} + \dfrac{Fl}{4EA}$

7.15　如题 7.15 图所示木梁 AB 的右端由钢杆支承,已知梁 AB 的横截面为边长等于 200 mm 的正方形,弹性模量 $E_1 = 10$ GPa;钢杆 BD 的横截面面积 $A_2 = 250$ mm^2,弹性模量 $E_2 = 210$ GPa。现测得梁 AB 中点处的挠度为 $y_C = 4$ mm,试求均布荷载集度 q。

答 $q = 21.6$ kN/m

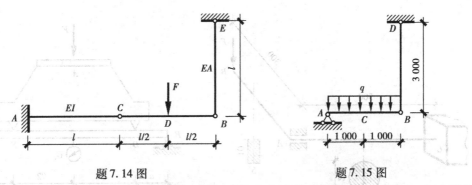

| 题 7.14 图 | 题 7.15 图 |

7.16 试用叠加法求如题 7.16 图所示直角刚架自由端截面处的铅垂位移 Δ_{CV} 和水平位移 Δ_{CH}。刚架的抗弯刚度为 EI,抗拉刚度为 EA。

答 $\Delta_{CV}=\dfrac{4Fa^3}{3EI}+\dfrac{Fa}{EA}(\downarrow),\Delta_{CH}=\dfrac{Fa^3}{2EI}(\rightarrow)$

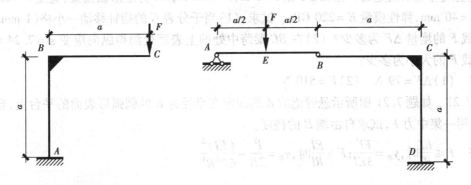

| 题 7.16 图 | 题 7.17 图 |

7.17 试用叠加法求如题 7.17 图所示结构中集中力 F 作用截面处的挠度 y_E。已知梁 AB 和直角刚架 BCD 的抗弯刚度为 EI,只考虑弯曲变形的影响。

答 $y_E=\dfrac{17Fa^3}{48EI}(\downarrow)$

*7.18 如题 7.18 图所示长为 l 的悬臂梁,在距固定端 s 处放一重量为 Q 的重物,重物与梁之间有摩擦因数 μ。在自由端作用集中力 F。

(1)在什么条件下不加力 F,重物就能滑动。

(2)需加 F 才能滑动时求 F 的值。

答 (1) $s\geqslant\sqrt{\dfrac{2EI\mu}{Q}}$

(2) $F=\dfrac{2EI\mu-Qs^2}{s(2l-s)}$

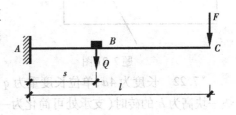

题 7.18 图

7.19 直角拐 CAB 如题 7.19 图所示,杆 CA 与 AB 在 A 处刚性连接。A 处为一轴承,允许 CA 杆的端截面自由转动,但是不能上下移动。已知 $F=60$ N,$E=210$ GPa,$G=0.4E$,试求 B 端的铅垂位移。

答 $y_B=8.22$ mm$(\downarrow)$

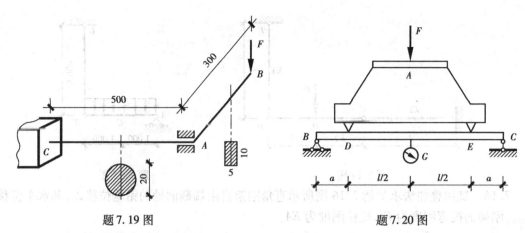

题 7.19 图   题 7.20 图

7.20   以弹性元件作为测力装置的试验机上，卡头 A 处作用力 F 的大小是通过测量 BC 梁的挠度或应变来确定的。已知 BC 梁 $l = 1$ m，$a = 0.1$ m，BC 为矩形截面梁，宽度 $b = 60$ mm，高度 $h = 40$ mm，弹性模量 $E = 220$ GPa。试求：(1)当千分表 G 的指针移动一小格(1 mm/100)时，荷载 F 的增量 ΔF 为多少？(2)在 BC 梁跨中处的上表面处测得纵向应变 $\varepsilon = 7.24 \times 10^{-6}$ 时，荷载 F 的大小为多少？

答   (1)$\Delta F = 79$ N   (2)$F = 510$ N

*7.21   如题 7.21 图所示悬臂梁的 A 端固定在半径为 R 的圆弧形表面的平台上，自由端 B 处作用一集中力 F，试求自由端 B 的挠度。

答 $F \leqslant \dfrac{EI}{Rl}$ 时，$y_B = \dfrac{Fl^3}{3EI}$；$F > \dfrac{EI}{Rl}$ 时，$y_B = \dfrac{l^2}{2R} - \dfrac{(EI)^2}{6F^2 R^3}$

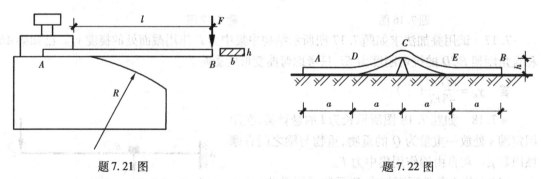

题 7.21 图   题 7.22 图

*7.22   长度为 $4a$、单位长度重为 q 的均质杆 AB 置于刚性水平地面上，已知在中点 C 处垫一块高为 h 的砖时(支承处可简化为一点)，恰使杆的一半长离地，如题 7.22 图所示。

(1)问使端部开始与地面成点接触时(即少垫一块砖就成线接触)，需垫几块同样的砖？

(2)使杆两端离地，至少需垫同样的砖多少块？

答   (1)16 块   (2)144 块

7.23   如题 7.23 图所示工字型钢(No.25a)的简支梁，已知钢材的弹性模量 $E = 200$ GPa，梁的 $\left[\dfrac{f}{l}\right] = \dfrac{1}{400}$，试校核梁的刚度。

答 $\dfrac{y_{max}}{l} = \dfrac{1}{535}$

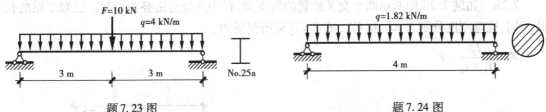

题 7.23 图	题 7.24 图

7.24 松木桁条可简化为圆形等截面简支梁,受力如题 7.24 图所示。已知:松木的许用应力 $[\sigma]=10$ MPa,弹性模量 $E=10$ GPa,桁条的 $\left[\dfrac{f}{l}\right]=\dfrac{1}{200}$,试确定桁条的横截面直径 d。

答 $d=158$ mm

7.25 在如题 7.25 图所示各梁中,指出哪些是超静定梁,并判定其超静定次数。

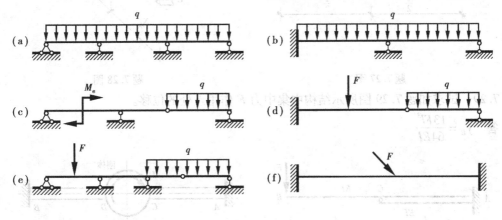

题 7.25 图

7.26 试求如题 7.26 图所示各梁的支反力。

答 (a)$F_B=14F/27(\uparrow)$ (b)$F_B=17ql/16(\uparrow)$
(c)$F_B=11F/16(\uparrow)$ (d)$M_A=Fl/8$(逆时针转向)

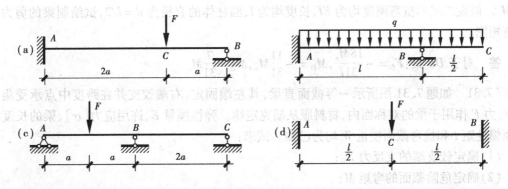

题 7.26 图

7.27 如题 7.27 图所示结构中,横梁的抗弯刚度均为 EI,竖杆的抗拉刚度为 EA,试求竖杆 BG 的内力 F_N。

答 $F_N=\dfrac{5Al^4}{24(Al^3+16aI)}\cdot q$

7.28 如题7.28图所示两个交叉放置的简支梁，在中点处自由叠在一起。已知二梁的长度相同，抗弯刚度分别为 EI_1 和 EI_2，试求 CD 梁所受的力。

答 $\dfrac{I_2}{I_1+I_2}\cdot F$

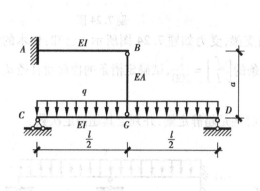

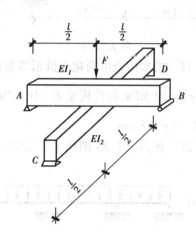

题7.27图   题7.28图

7.29 试求如题7.29图所示结构中集中力 F 作用点处的位移。

答 $y_B=\dfrac{13Fl^3}{64EI}$

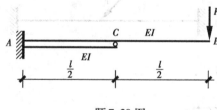

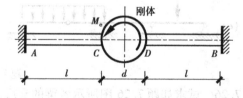

题7.29图   题7.30图

*7.30 如题7.30所示梁 AC 与 DB 的 C,D 端与刚性圆柱体相连，其上作用一力偶，其矩为 M_e。假设二梁的抗弯刚度均为 EI，长度均为 l，圆柱体的直径为 $d=l/2$，试绘制梁的剪力图和弯矩图。

答 对于 DB 梁：$F_S=-\dfrac{18M_e}{31l}$，$M_D=-\dfrac{11}{31}M_e$，$M_B=\dfrac{7}{31}M_e$

*7.31 如题7.31图所示一等截面直梁，其左端固定，右端铰支并在跨度中点承受集中力 F，力 F 作用于梁的对称面内，材料服从胡克定律。弹性模量 E、许用应力 $[\sigma]$、梁的长度 l、截面惯性矩 I 和抗弯截面模量 W 均为已知。试求：

(1) 确定铰支端的支反力 F_B；

(2) 确定危险截面的弯矩 M；

(3) 确定许用荷载 $[F]$；

(4) 移动铰支座在铅垂方向的位置，使梁承受的荷载为最大。试求此时铰支座 B 在铅垂方向的位移 Δ_B，以及梁的最大许用荷载 $[F']$。

答 (1) $F_B=\dfrac{5}{16}F(\uparrow)$ (2) $M=-\dfrac{3}{16}Fl$ (3) $[F]=\dfrac{16}{3l}W[\sigma]$

$$(4)\Delta_B = \frac{Fl^3}{144EI}, [F'] = \frac{6}{l}W[\sigma]$$

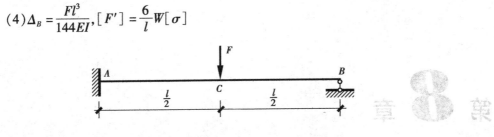

题 7.31 图

第 **8** 章

应力状态与应变状态分析

8.1　应力状态的概念

前面在研究杆件轴向拉伸(压缩)、扭转与弯曲等基本变形时,主要讨论了横截面上的应力计算,并只建立了材料处于单向受力状态(见图8.1(a))或处于纯剪切受力状态(见图8.1(b))时危险点的强度条件

$$\sigma_{max} \leqslant [\sigma] = \frac{\sigma^0}{n} \text{ 及 } \tau_{max} \leqslant [\tau] = \frac{\tau^0}{n}$$

式中,σ^0 与 τ^0 分别代表材料在单向受力与纯剪切时的极限应力,并由实验确定。

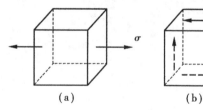

图8.1

然而,对某些杆件来说,仅研究杆件横截面上的应力是不够的。例如,脆性材料制成的圆杆受扭破坏时,其破坏面为与轴线大致成45°的螺旋面(见图8.2);又如,如图8.3所示的钢筋混凝土梁,它在较大的横向荷载作用下,除了在跨中附近的下部会发生竖向裂缝外,支座附近还会发生斜向裂缝,这些现象说明了在斜截面上不仅存在着应力,而且应力值还可能是比较大的。

图8.2

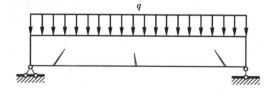

图8.3

另外,在工程实际中,许多构件处于更复杂的受力状态。例如,充压气瓶与汽缸,均为受内压的圆筒(见图8.4(a)),在内压作用下,筒壁纵、横截面同时受拉。微体 abcd 的应力情况如图8.4(b)所示。再如,在导轨与滚轮的接触处(见图8.5(a)),导轨表层的微体 A 除在垂直方

向直接受压外(见图 8.5(b)),由于该微体的横向膨胀受到周围材料的约束,其四侧也受压,即微体 A 处于三向受压状态,等等。

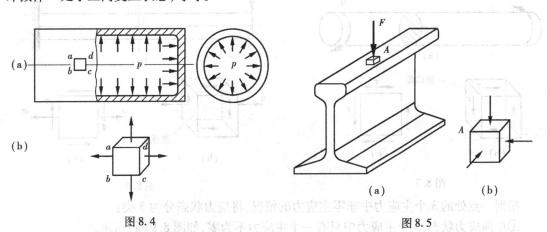

图 8.4　　　　　　　　　　　　　　　图 8.5

因此,要解决上述构件的强度问题,除应全面研究危险点处各截面的应力外,还应研究材料在复杂应力作用下的破坏规律。

一般来说,受力构件内一点处不同方位截面上的应力是不相同的。受力构件内一点处不同方位的微截面上应力的集合,称为**一点处的应力状态**(stress state at a given point)。研究一点处的应力状态,就是要研究通过该点各不同方位截面上应力变化规律,从而确定该点处的最大正应力和最大切应力及其所在截面的方位,为复杂应力状态下的强度计算提供力学参量。

为了研究受力构件内某一点处的应力状态,可以围绕该点取出一个微元体(通常取出一个微小的正六面体),称为**单元体**(element)。例如,如图 8.4(b)、图 8.5(b)所示。

由于单元体是微元体,故可认为,在单元体的每个面上应力都是均匀的,且各相互平行平面上的应力是相等的。例如,如图 8.6(b)、图 8.7(b)、图 8.8(b)所示分别表示轴向拉伸、扭转、弯曲等基本变形杆件上任一点的应力状态。

单元体的表面就是应力作用面。在受力

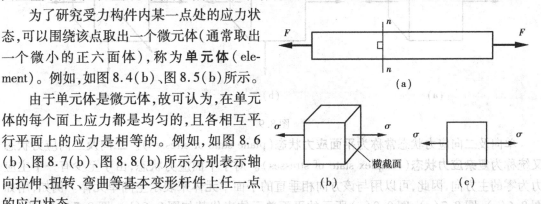

图 8.6

构件某一点取出的单元体的所有截面中,切应力为零的截面称为**该点的应力主平面**,简称为**主平面**(principal plane)。例如,如图 8.6(b)所示单元体的各个表面及如图 8.7(b)、图 8.8(b)所示单元体的前后一对表面均为主平面。由主平面构成的单元体称为**主单元体**(principal element)。例如,如图 8.6(b)所示的单元体。主平面的法线方向称为**应力主方向**,简称**主方向**(principal direction)。主平面上的正应力称为**主应力**(principal stress)。用弹性力学方法可以证明:受力构件中任一点至少可以找到 3 个相互垂直的主方向,因而每一点处都至少有 3 个相互垂直的主平面,但每一点处只有 3 个独立的主应力。

一点处的 3 个主应力用 σ_1,σ_2,σ_3 表示,通常按代数值由大到小顺序排列,即 $\sigma_1 \geqslant \sigma_2 \geqslant \sigma_3$。

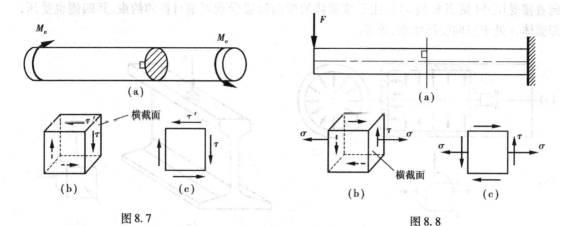

图 8.7　　　　　　　　　　　　图 8.8

根据一点处的 3 个主应力中非零主应力的情况,将应力状态分为 3 类:

①单向应力状态:3 个主应力中只有一个主应力不为零,如图 8.9(a)所示。

②二向应力状态:3 个主应力中有两个主应力不为零,如图 8.9(b)所示。

③三向(或空间)应力状态:3 个主应力均不为零,如图 8.9(c)所示。

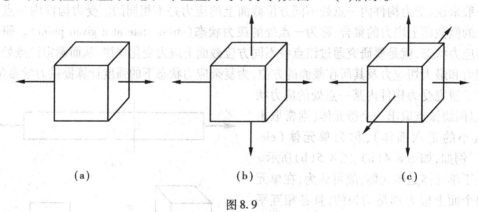

图 8.9

　　单向及二向应力状态常称为**平面应力状态**(plane state of stresses)。二向及三向应力状态又统称为**复杂应力状态**(complex state of stresses)。对于平面应力状态,由于至少有一个主应力为零的主方向,因此,可以用与该方向相垂直的平面单元体来表示空间单元体。例如,用如图 8.6(c)、图 8.7(c)、图 8.8(c)所示的平面单元体来代替如图 8.6(b)、图 8.7(b)、图 8.8(b)所示的空间单元体。

　　应当注意,一个应力状态与另一个应力状态叠加,不一定属于原有应力状态。

8.2　平面应力状态分析的解析法

8.2.1　方位角与应力分量的正负号约定

　　平面应力状态的一般形式如图 8.10(a)所示。在垂直于 x 轴的截面即所谓 x 面上,作用有应力 σ_x,τ_{xy},在垂直于 y 轴的截面即 y 面上,作用有应力 σ_y,τ_{yx}。根据切应力互等定理,

$\tau_{xy} = \tau_{yx}$。若 $\sigma_x, \sigma_y, \tau_{xy}$ 均为已知,现在研究与 z 轴平行的任一斜截面 ef 上的应力。

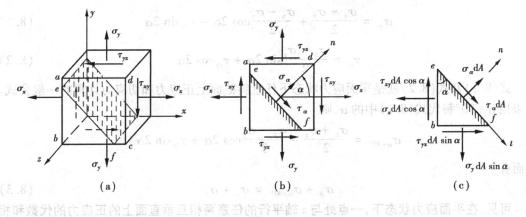

图 8.10

为便于分析,首先对方位角 α 以及各截面上应力分量的正负号做如下约定:

①α 角——从 x 轴逆时针转至 α 面外法线 n 者为正;反之为负。α 角的取值区间为 $[0, \pi]$ 或 $\left[-\dfrac{\pi}{2}, \dfrac{\pi}{2}\right]$。

②正应力——拉应力为正;压应力为负。

③切应力——τ_{xy}, τ_α 以使微元体绕微元体内任意点有顺时针方向转动趋势者为正;反之为负。τ_{yx} 由切应力互等定理确定其具体指向。

如图 8.10 中所示的 α 角、正应力 σ_x, σ_y 及切应力 τ_{xy}, τ_α 均为正。

8.2.2　平面应力状态下任意斜截面上的应力公式

为确定平面应力状态下任意斜截面上的应力,利用截面法,沿截面 ef 将微体切开,并选左边部分 ebf 为研究对象。设截面 ef 的面积为 dA,则截面 eb 与 bf 的面积分别为 $dA \cos \alpha$ 与 $dA \sin \alpha$,微体 ebf 的受力如图 8.10(c)所示,该部分沿 α 斜截面法向与切向的平衡方程分别为:

$$\sum F_n = 0$$

$$\sigma_\alpha dA - (\sigma_x dA \cdot \cos \alpha) \cdot \cos \alpha - (\sigma_y dA \cdot \sin \alpha) \cdot \sin \alpha +$$
$$(\tau_{xy} dA \cdot \cos \alpha) \cdot \sin \alpha + (\tau_{yx} dA \cdot \sin \alpha) \cdot \cos \alpha = 0 \tag{a}$$

$$\sum F_t = 0$$

$$\tau_\alpha dA - (\sigma_x dA \cdot \cos \alpha) \cdot \sin \alpha + (\sigma_y dA \cdot \sin \alpha) \cdot \cos \alpha -$$
$$(\tau_{xy} dA \cdot \cos \alpha) \cdot \cos \alpha + (\tau_{yx} dA \cdot \sin \alpha) \cdot \sin \alpha = 0 \tag{b}$$

式中,$\tau_{xy} = \tau_{yx}$,由此得

$$\sigma_\alpha = \sigma_x \cos^2 \alpha + \sigma_y \sin^2 \alpha - 2\tau_{xy} \sin \alpha \cos \alpha \tag{c}$$

$$\tau_\alpha = (\sigma_x - \sigma_y) \sin \alpha \cos \alpha + \tau_{xy} (\cos^2 \alpha - \sin^2 \alpha) \tag{d}$$

将三角关系式

$$\cos^2 \alpha = \frac{1 + \cos 2\alpha}{2} \qquad \sin^2 \alpha = \frac{1 - \cos 2\alpha}{2}$$

$$2 \sin \alpha \cos \alpha = \sin 2\alpha$$

代入式(c)和式(d)，经整理后得

$$\sigma_\alpha = \frac{\sigma_x + \sigma_y}{2} + \frac{\sigma_x - \sigma_y}{2}\cos 2\alpha - \tau_{xy}\sin 2\alpha \tag{8.1}$$

$$\tau_\alpha = \frac{\sigma_x - \sigma_y}{2}\sin 2\alpha + \tau_{xy}\cos 2\alpha \tag{8.2}$$

式(8.1)和式(8.2)就是平面应力状态下任意斜截面上正应力和切应力计算的一般公式。如果用 $\alpha + 90°$ 替代式(8.1)中的 α，则

$$\sigma_{\alpha+90°} = \frac{\sigma_x + \sigma_y}{2} - \frac{\sigma_x - \sigma_y}{2}\cos 2\alpha + \tau_{xy}\sin 2\alpha$$

从而有

$$\sigma_\alpha + \sigma_{\alpha+90°} = \sigma_x + \sigma_y \tag{8.3}$$

可见，在平面应力状态下，一点处与 z 轴平行的任意两相互垂直面上的正应力的代数和相等，即是一个不变量。

8.2.3　平面应力状态下的正应力极值——主应力

由式(8.1)和式(8.2)可知，当 σ_x，σ_y 和 τ_{xy} 已知时，σ_α 和 τ_α 将随斜截面方位 α 的不同而不同。由

$$\frac{\mathrm{d}\sigma_\alpha}{\mathrm{d}\alpha} = -(\sigma_x - \sigma_y)\sin 2\alpha - 2\tau_{xy}\cos 2\alpha \overset{令}{=} 0$$

设正应力取极值时的 α 角为 α_0，有

$$\tan 2\alpha_0 = \frac{-2\tau_{xy}}{\sigma_x - \sigma_y} \tag{8.4}$$

由三角函数知

$$\tan 2(\alpha_0 \pm 90°) = \tan 2\alpha_0$$

故除 α_0 外，$\alpha_0 + 90°$（或 $\alpha_0 - 90°$）也满足式(8.4)，即 σ_α 存在两个极值，且极值正应力所在平面互相垂直。在按式(8.4)求 α_0 时，需借助

$$\sin 2\alpha_0 = \frac{-2\tau_{xy}}{\sqrt{(\sigma_x - \sigma_y)^2 + 4\tau_{xy}^2}}, \quad \cos 2\alpha_0 = \frac{\sigma_x - \sigma_y}{\sqrt{(\sigma_x - \sigma_y)^2 + 4\tau_{xy}^2}} \tag{8.5}$$

由 $-2\tau_{xy}$，$\sigma_x - \sigma_y$ 分别确定 $\sin 2\alpha_0$，$\cos 2\alpha_0$ 的正负符号，从而唯一地确定出 α_0 值。将式(8.5)代入式(8.1)，得 σ_α 的两个极值 σ_{max}（对应 α_0），σ_{min}（对应 $\alpha_0 \pm 90°$）为

$$\sigma_{\substack{max\\min}} = \frac{\sigma_x + \sigma_y}{2} \pm \sqrt{\left(\frac{\sigma_x - \sigma_y}{2}\right)^2 + \tau_{xy}^2} \tag{8.6}$$

将式(8.4)代入式(8.2)，可得 $\tau_{\alpha_0} = 0$，即极值正应力所在平面为主平面，也即极值正应力就是主应力。

如图8.10所示平面应力状态的单元体，由于 z 面上切应力为零，因此，z 面也是主平面，z 面上的正应力也是主应力，只不过该主应力等于零。因此，平面应力状态下一点处的3个主应力为 σ_{max}，σ_{min} 及零，按其代数值由大到小顺序排列，并分别用 σ_1，σ_2，σ_3 表示，且 $\sigma_1 \geq \sigma_2 \geq \sigma_3$。

8.2.4　平面应力状态下的切应力极值

与正应力相类似，α 斜截面上的切应力 τ_α 也随斜截面方位 α 的改变而变化。由

$$\frac{d\tau_\alpha}{d\alpha} = (\sigma_x - \sigma_y)\cos 2\alpha - 2\tau_{xy}\sin 2\alpha \overset{\text{令}}{=} 0$$

设切应力极值时的 α 角为 θ_0,有

$$\tan 2\theta_0 = \frac{\sigma_x - \sigma_y}{2\tau_{xy}} \tag{8.7}$$

式(8.7)给出 θ_0 与 $\theta_0 + 90°$ 两个值,可见**切应力极值所在平面为两组相互垂直的平面**。比较式(8.4)和式(8.7),有

$$\tan 2\alpha_0 \cdot \tan 2\theta_0 = -1 \tag{8.8}$$

式(8.8)表明,θ_0 与 α_0 相差 $45°$,即**切应力的极值作用面与正应力的极值作用面互成 $45°$ 的夹角**。将由式(8.7)确定的 θ_0 代入式(8.2),得切应力的极值 τ_{max}(对应 θ_0),τ_{min}(对应 $\theta_0 \pm 90°$)为

$$\tau_{\substack{max\\min}} = \pm\sqrt{\left(\frac{\sigma_x - \sigma_y}{2}\right)^2 + \tau_{xy}^2} \tag{8.9}$$

利用式(8.6),得

$$\tau_{\substack{max\\min}} = \pm\frac{\sigma_{max} - \sigma_{min}}{2} \tag{8.10}$$

式(8.9)和式(8.10)同为切应力极值的计算公式。τ_{max} 与 τ_{min} 的绝对值相等,τ_{max} 与 τ_{min} 所在截面互相垂直,这与切应力互等定理是一致的。

利用三角关系,将式(8.7)代入式(8.1),得极值切应力作用面上的正应力为

$$\sigma_{\theta_0} = \sigma_{\theta_0+90°} = \frac{\sigma_x + \sigma_y}{2} \tag{8.11}$$

即切应力极值作用平面上,一般存在正应力。

例8.1 某受力体内某点的应力状态如图 8.11(a)所示,试求该点处 a-b 面上的正应力和切应力。图中应力单位为 MPa。

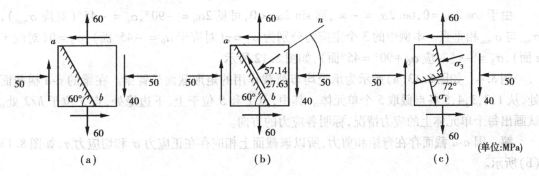

图 8.11

解 由题已知:$\sigma_x = -50$ MPa,$\sigma_y = 60$ MPa,$\tau_{xy} = 40$ MPa,$\alpha = 30°$。根据式(8.1)和式(8.2),该点处 a-b 面上的正应力和切应力分别为

$$\sigma_\alpha = \frac{\sigma_x + \sigma_y}{2} + \frac{\sigma_x - \sigma_y}{2}\cos 2\alpha - \tau_{xy}\sin 2\alpha$$

$$= \left(\frac{-50 + 60}{2} + \frac{-50 - 60}{2}\cos 60° - 40\sin 60°\right)\text{MPa} = -57.14 \text{ MPa}$$

$$\tau_\alpha = \frac{\sigma_x - \sigma_y}{2} \cdot \sin 2\alpha + \tau_{xy}\cos 2\alpha$$

$$= \left(\frac{-50 - 60}{2}\sin 60° + 40\cos 60°\right)\text{MPa} = -27.63\ \text{MPa}$$

该点处 a-b 面上的正应力和切应力如图 8.11(b)所示。

例 8.2 试求例 8.1 所述点的应力状态的主应力和主方向。

解 由式 8.6 和式 8.4 得 σ_{max}, σ_{min} 及其 σ_{max} 与 x 轴夹角 α_0

$$\sigma_{\substack{max\\min}} = \frac{\sigma_x + \sigma_y}{2} \pm \sqrt{\left(\frac{\sigma_x - \sigma_y}{2}\right)^2 + \tau_{xy}^2}$$

$$= \frac{-50 + 60}{2}\text{MPa} \pm \sqrt{\left(\frac{-50 - 60}{2}\right)^2 + 40^2}\ \text{MPa} = \pm\substack{73.01\\63.01}\ \text{MPa}$$

$$\tan 2\alpha_0 = \frac{-2\tau_{xy}}{\sigma_x - \sigma_y} = \frac{-2 \times 40}{-50 - 60} = \frac{8}{11}$$

因为 $\sin 2\alpha_0$, $\cos 2\alpha_0$ 均为负，可见 $2\alpha_0$ 位于第三象限，有 $2\alpha_0 = -144.0°$，$\alpha_0 = -72.0°$（对应 σ_{max}），而 σ_{min} 与 σ_{max} 相垂直。在本例中，单元体的主应力分别为 $\sigma_1 = 73.01$ MPa，$\sigma_2 = 0$，$\sigma_3 = -63.01$ MPa，如图 8.11(c)所示。

例 8.3 试求如图 8.12 所示纯剪切平面应力状态的主应力及其方向。

解 由题意，有 $\sigma_x = \sigma_y = 0$，$\tau_{xy} = \tau$

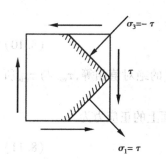

图 8.12

$$\sigma_{\substack{max\\min}} = \frac{\sigma_x + \sigma_y}{2} \pm \sqrt{\left(\frac{\sigma_x - \sigma_y}{2}\right)^2 + \tau_{xy}^2} = \pm\tau$$

$$\tan 2\alpha_0 = \frac{-2\tau_{xy}}{\sigma_x - \sigma_y} = \frac{-2\tau}{0} = -\infty$$

由于 $\cos 2\alpha_0 = 0$，$\tan 2\alpha_0 = -\infty$，而 $\sin 2\alpha_0 < 0$，可见 $2\alpha_0 = -90°$，$\alpha_0 = -45°$（对应 σ_{max}），σ_{min} 与 σ_{max} 相垂直。本例中的 3 个主应力分别为 $\sigma_1 = \tau$（对应于 $\alpha_0 = -45°$ 面），$\sigma_2 = 0$（对应于 z 面），$\sigma_3 = -\tau$（对应 $\alpha_0 + 90° = 45°$面），如图 8.12 所示。

例 8.4 如图 8.13(a)所示为承受均布荷载作用的矩形截面悬臂梁。在梁的 a-a 横截面处，从 1，2，3，4，5 各点截取 5 个单元体。其中，点 1 和 5 位于上、下边缘处，点 3 位于 $h/2$ 处。试画出每个单元体上的应力情况，标明各应力的方向。

解 因 a-a 截面存在弯矩和剪力，所以该截面上相应存在正应力 σ 和切应力 τ，如图 8.13(b)所示。

a-a 截面上的 1，5 两点切应力等于零，只有正应力；3 点位于中性轴上，正应力等于零，只有切应力；2，4 两点既有正应力，又有切应力，但 2 点的正应力为拉应力、4 点的正应力为压应力。

各单元体上的应力情况如图 8.13(c)所示。

例 8.5 已知受力体内某点处在互成 60°的两截面上的应力如图 8.14(a)所示。试求该点处的主应力及主平面位置。

解 将两个已知面之一视为 x 面，另一面视为 α 面，并作辅助 y 面，如图 8.14(b)所示。

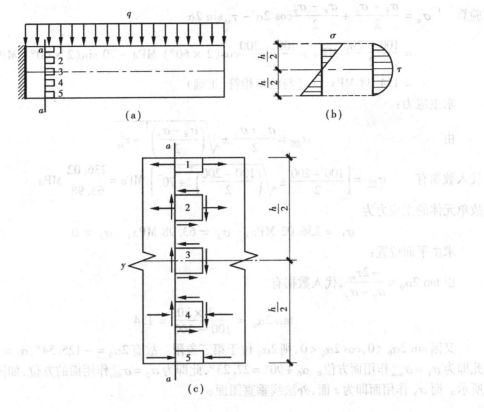

图 8.13

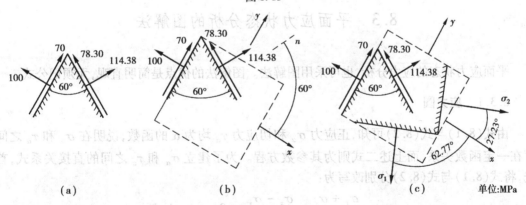

图 8.14

这时 $\sigma_x = 100$ MPa, $\tau_{xy} = 70$ MPa, $\alpha = 60°$, $\sigma_\alpha = 114.38$ MPa, $\tau_\alpha = -78.30$ MPa。

由

$$\tau_\alpha = \frac{\sigma_x - \sigma_y}{2}\sin 2\alpha + \tau_{xy}\cos 2\alpha$$

解得

$$\sigma_y = \sigma_x + \frac{2(\tau_{xy}\cos 2\alpha - \tau_\alpha)}{\sin 2\alpha}$$

$$= 100 \text{ MPa} + \frac{2[70 \cdot \cos(2 \times 60°) - (-78 \cdot 30)]}{\sin(2 \times 60°)} \text{ MPa}$$

$$= 200 \text{ MPa}$$

验算　　$\sigma_\alpha = \dfrac{\sigma_x + \sigma_y}{2} + \dfrac{\sigma_x - \sigma_y}{2}\cos 2\alpha - \tau_{xy}\sin 2\alpha$

$$= \frac{100 + 200}{2}\text{MPa} + \frac{100 - 200}{2}\cos(2 \times 60°)\,\text{MPa} - 70\sin(2 \times 60°)\,\text{MPa}$$

$$= 114.38\ \text{MPa} \quad (\text{与已知相符,正确})$$

求主应力:

由 　　　　　　　　　$\sigma_{\substack{\max \\ \min}} = \dfrac{\sigma_x + \sigma_y}{2} \pm \sqrt{\left(\dfrac{\sigma_x - \sigma_y}{2}\right)^2 + \tau_{xy}^2}$

代入数据有　　　$\sigma_{\substack{\max \\ \min}} = \left[\dfrac{100 + 200}{2} \pm \sqrt{\left(\dfrac{100 - 200}{2}\right)^2 + 70^2}\right]\text{MPa} = \dfrac{236.02}{63.98}\text{MPa}$

故单元体的主应力为

$$\sigma_1 = 236.02\ \text{MPa}, \quad \sigma_2 = 63.98\ \text{MPa}, \quad \sigma_3 = 0$$

求主平面位置:

由 $\tan 2\alpha_0 = \dfrac{-2\tau_{xy}}{\sigma_x - \sigma_y}$,代入数据有

$$\tan 2\alpha_0 = \frac{-2 \times 70}{100 - 200} = 1.4$$

又因 $\sin 2\alpha_0 < 0$, $\cos 2\alpha_0 < 0$,则 $2\alpha_0$ 位于第三象限。故有 $2\alpha_0 = -125.54°$,$\alpha_0 = -62.77°$,此即为 $\sigma_1 = \sigma_{\max}$ 作用面方位。$\alpha_0 + 90° = 27.23°$,此即为 $\sigma_2 = \sigma_{\min}$ 作用面的方位,如图8.14(c)所示。而 σ_3 作用面即为 z 面,外法线垂直图面。

8.3　平面应力状态分析的图解法

平面应力状态的应力分析,也可采用图解法。图解法的优点是简明直观,无须记公式。

8.3.1　应力圆

由式(8.1)与式(8.2)可知,正应力 σ_α 和切应力 τ_α 均为 α 的函数,说明在 σ_α 和 τ_α 之间存在一定函数关系,而上述二式则为其参数方程。为了建立 σ_α 和 τ_α 之间的直接关系式,首先,将式(8.1)与式(8.2)分别改写为:

$$\sigma_\alpha - \frac{\sigma_x + \sigma_y}{2} = \frac{\sigma_x - \sigma_y}{2}\cos 2\alpha - \tau_{xy}\sin 2\alpha$$

$$\tau_\alpha = \frac{\sigma_x - \sigma_y}{2}\sin 2\alpha + \tau_{xy}\cos 2\alpha$$

然后,将以上二式各自平方后相加,得

$$\left(\sigma_\alpha - \frac{\sigma_x + \sigma_y}{2}\right)^2 + \tau_\alpha^2 = \left(\frac{\sigma_x - \sigma_y}{2}\right)^2 + \tau_{xy}^2 \tag{8.12}$$

可以看出,在以 σ 为横坐标轴,τ 为纵坐标轴的平面内,式(8.12)的轨迹为圆,其圆心 C 的坐标为 $\left(\dfrac{\sigma_x + \sigma_y}{2}, 0\right)$,半径为 $R = \sqrt{\left(\dfrac{\sigma_x - \sigma_y}{2}\right)^2 + \tau_{xy}^2}$。这个圆称为**应力圆**(stress circle),它是德国

工程师莫尔(O. Mohr)于 1882 年首先提出的,故又称为**莫尔圆**(Mohr's circle)。

8.3.2　应力圆的画法

(1)画应力圆

应力圆是通过单元体上已知的 $\sigma_x,\sigma_y,\tau_{xy}$ 来画出的,下面结合如图 8.15(a)所示单元体的应力情况,说明画应力圆的一般步骤。

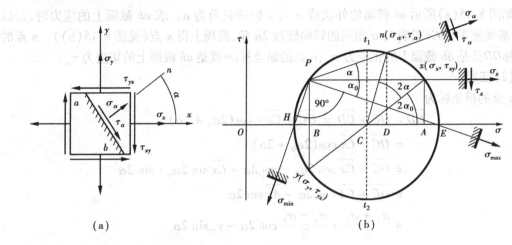

（a）　　　　　　　　　　　　　　（b）

图 8.15

①取坐标系,以 σ 轴为横轴,τ 轴为纵轴。并选定适当的比例尺。

②在 σ 轴上从原点 O 量取 $\overline{OA}=\sigma_x$(σ_x 为正时向正向量取,为负时向负向量取),由 A 点引 σ 轴的垂线并在垂线上量取 $\overline{Ax}=\tau_{xy}$(τ_{xy} 为正时沿 τ 轴正向量取,为负时沿 τ 轴负向量取),得 x 点。x 点的坐标为(σ_x,τ_{xy})。

③在 σ 轴上量取 $\overline{OB}=\sigma_y$,由 B 点引 σ 轴的垂线并在垂线上量取 $\overline{By}=\tau_{yx}$(τ_{xy} 为正时,沿 τ 负向量取,反之则相反)得 y 点。y 点的坐标为 $y(\sigma_y,-\tau_{xy})$。

④直线连接 x 点和 y 点,交 σ 轴于 C 点。

⑤以 C 为圆心,$\overline{Cx}$ 为半径画圆即为应力圆(见图 8.15(b))。

(2)证明

在图 8.15(b)中,$\overline{OA}=\sigma_x$,$\overline{OB}=\sigma_y$,且点 C 为 $\overline{AB}$ 的中点,故有

$$\overline{OC}=\overline{OB}+\frac{\overline{AB}}{2}=\sigma_y+\frac{\sigma_x-\sigma_y}{2}=\frac{\sigma_x+\sigma_y}{2}$$

可见圆心的坐标为$\left(\dfrac{\sigma_x+\sigma_y}{2},0\right)$。

在直角 $\triangle CAx$ 中,$\overline{Ax}=\tau_{xy}$,$\overline{CA}=\dfrac{\overline{AB}}{2}=\dfrac{\sigma_x-\sigma_y}{2}$,故圆的半径为

$$R=\overline{Cx}=\sqrt{\overline{CA}^2+\overline{Ax}^2}=\sqrt{\left(\frac{\sigma_x-\sigma_y}{2}\right)^2+\tau^2}$$

由此得证上述作图方法正确。

8.3.3 通过应力圆求任意斜截面上的应力

(1)σ_α,τ_α 的求法

应力圆上的点与单元体上的面存在一一对应关系。应力圆上任一点的两个坐标均代表单元体某一截面上的应力,横坐标代表正应力 σ_α,纵坐标代表切应力 τ_α。下面以如图 8.15(a)所示 ab 截面为例,说明具体求法。

如图 8.15(a)所示 ab 截面的外法线 n 与 x 轴的夹角为 α。求 ab 截面上的应力时,是以 Cx 为基线使半径 Cx 沿着与 α 相同的转向转过 2α 角,圆周上得 n 点(见图 8.15(b))。n 点的横坐标 $\overline{OD}$ 就是 ab 截面上的正应力 σ_α;n 点的纵坐标 $\overline{Dn}$ 就是 ab 截面上的切应力 τ_α。

(2)证明

n 点的横坐标为

$$\begin{aligned}
\overline{OD} &= \overline{OC} + \overline{CD} = \overline{OC} + \overline{Cn} \cdot \cos(2\alpha_0 + 2\alpha) \\
&= \overline{OC} + \overline{Cx}\cos(2\alpha_0 + 2\alpha) \\
&= \overline{OC} + \overline{Cx}\cos 2\alpha_0 \cdot \cos 2\alpha - \overline{Cx}\sin 2\alpha_0 \cdot \sin 2\alpha \\
&= \overline{OC} + \overline{CA}\cos 2\alpha - \overline{Ax}\sin 2\alpha \\
&= \frac{\sigma_x + \sigma_y}{2} + \frac{\sigma_x - \sigma_y}{2}\cos 2\alpha - \tau_{xy}\sin 2\alpha \\
&= \sigma_\alpha
\end{aligned}$$

n 点的纵坐标为

$$\begin{aligned}
\overline{Dn} &= \overline{Cn}\sin(2\alpha_0 + 2\alpha) = \overline{Cx}\sin(2\alpha_0 + 2\alpha) \\
&= \overline{Cx}\sin 2\alpha_0\cos 2\alpha + \overline{Cx}\cos 2\alpha_0\sin 2\alpha \\
&= \overline{CA}\sin 2\alpha + \overline{Ax}\cos 2\alpha \\
&= \frac{\sigma_x - \sigma_y}{2}\sin 2\alpha + \tau_{xy}\cos 2\alpha \\
&= \tau_\alpha
\end{aligned}$$

可见,n 点的横坐标和纵坐标分别与按式(8.1)和式(8.2)计算的结果相同。这就证明了作图求解方法的正确性。

(3)在应力圆上直观地表示出截面的方位和应力指向

由于应力圆上的点与单元体上的面存在一一对应关系。则过圆周上任意两点(如点 x、点 n)引平行于单元体对应两斜截面(x 面、α 面)法线的直线,得交点 P。又由于 Px,Pn 间夹角为 α,而圆周上点 x,点 n 所对应的圆周角也为 α,故可知点 P 一定位于圆周上,点 P 称为**极点**。从极点 P 向圆周上任一点(如 x 点,n 点)引射法,则射线 Px 为 x 面的外法线,Pn 为 α 面的外法线。x 面和 α 面及其应力情况如图 8.15(b)所示。

8.3.4 用应力圆求主应力、主平面方位及切应力极值

应力圆与 σ 轴的交点为 E 和 H,其纵坐标(即切应力)为零,因此,应力圆上 E 点和 H 点与单元体上的主平面相对应,这两点的横坐标都代表主应力。据如图 8.15 所示几何关系,有

$$\begin{matrix} \sigma_{\max} \\ \sigma_{\min} \end{matrix} = \frac{\overline{OE}}{\overline{OH}} = \frac{\overline{OC} + \overline{CE}}{\overline{OC} - \overline{CH}} = \overline{OC} \pm \overline{Cx} = \frac{\sigma_x + \sigma_y}{2} \pm \sqrt{\left(\frac{\sigma_x - \sigma_y}{2}\right)^2 + \tau_{xy}^2}$$

与式(8.6)相同。

而主平面的方位角

$$\tan 2\alpha_0 = -\frac{\overline{Ax}}{\overline{CA}} = \frac{-2\tau_{xy}}{\sigma_x - \sigma_y}$$

与式(8.4)相同。

E 点和 H 点所代表的主平面及其应力如图8.15(b)所示。由图8.15(b)不难看出,应力圆上 t_1 点的纵坐标最大,t_2 点的纵坐标最小,且

$$\tau_{\min}^{\max} = \pm Ct_1 = \pm \overline{Cx} = \pm \overline{CE}$$

$$= \pm \sqrt{\left(\frac{\sigma_x - \sigma_y}{2}\right)^2 + \tau_{xy}^2} = \pm \frac{\sigma_{\max} - \sigma_{\min}}{2}$$

与式(8.9)和式(8.10)相同。

不难证明,正应力极值面与切应力极值面互成45°夹角。

例8.6　受力物体内某点的应力情况如图8.16(a)所示,试用图解法求 ab 截面上的应力及单元体的主应力。

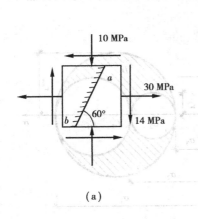

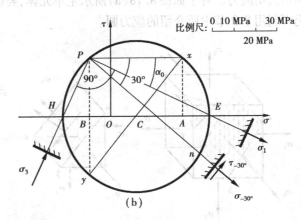

图 8.16

解　已知:$\sigma_x = 30$ MPa,$\sigma_y = -10$ MPa,$\tau_{xy} = 14$ MPa,$\alpha = -30°$。

1)按图8.16中给定的比例尺,根据应力圆作图步骤作出如图8.16(b)所示应力圆,并找到极点 P。

2)求 ab 面上的应力。

过极点 P,以 Px 为基线,沿顺时针方向量取 $\alpha = 30°$ 并作射线 $\overline{Pn}$ 交圆于 n 点,则 n 点的横坐标和纵坐标分别为 ab 截面上的正应力和切应力。按比例尺量得 $\sigma_{\alpha = -30°} = 32.2$ MPa,$\tau_{\alpha = -30°} = -10.3$ MPa,如图8.16(b)所示。

3)求主应力。应力圆与 σ 轴交于 E,H 两点,则按比例尺量得 $\sigma_{\max} = 34.4$ MPa,$\sigma_{\min} = -14.4$ MPa,$\alpha_0 = -17.5°$。故该点处的3个主应力为 $\sigma_1 = \sigma_{\max} = 34.4$ MPa,$\sigma_2 = 0$,$\sigma_3 = \sigma_{\min} = -14.4$ MPa。σ_1,σ_3 作用面方位如图8.16(b)所示。

8.4 空间应力状态简介

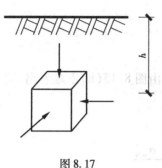

图 8.17

工程结构物都是由三维体构件组成的,在建立相应的强度条件时,必须按三维考虑才符合实际。因此,在研究了三向应力状态的一种特殊情况——平面应力状态后,还应将它们返回到三向应力状态作进一步分析。另外,在工程中本身存在不少三向应力状态问题,例如,处于地层一定深处的单元体(见图8.17),在地应力作用下处于三向受压应力状态;螺钉在拉伸时,从其螺纹根部截面的内部取出的单元体则处于三向受拉应力状态。

空间应力状态分析较之平面应力状态要复杂得多,本节只讨论 3 个主应力 $\sigma_1 \geqslant \sigma_2 \geqslant \sigma_3$ 均已知的三向应力状态,对于单元体各面上既有正应力,又有切应力的三向应力状态,可以用弹性力学方法求得这 3 个主应力。

要对危险点处于复杂应力状态下的构件进行强度计算,常需确定这些点处的最大正应力和最大切应力。对于如图 8.18(a)所示主单元体,要确定该点处的最大正应力和最大切应力,仍可利用8.3 节中所介绍的应力圆。

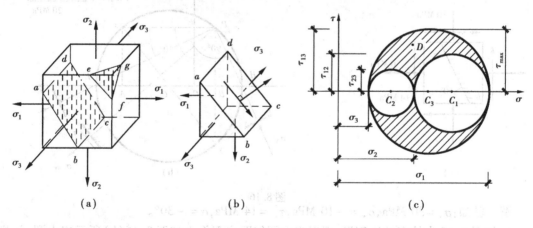

| (a) | (b) | (c) |

图 8.18

首先来分析与其中一个主平面(例如主应力 σ_3 所在的平面)垂直的斜截面上的应力。为此,取如图 8.18(b)所示分离体,并考虑其平衡。由于主应力 σ_3 所在的平面上是一对自相平衡的力,因而 $abcd$ 斜截面上的正应力 σ、切应力 τ 与 σ_3 无关,只由主应力 σ_1 和 σ_2 来决定,可简化为只受 σ_1 和 σ_2 作用的平面应力状态。由 σ_1 和 σ_2 决定的平面应力状态的应力圆为图 8.18(c)中以 C_1 为圆心的圆。此圆上各点坐标表示垂直于 σ_3 所在平面的各截面上的应力,其切应力极值为 $\tau_{12} = \dfrac{\sigma_1 - \sigma_2}{2}$。

同理,垂直于 σ_1(或 σ_2)所在平面的各截面上的应力由图 8.18(c)中以 C_2(或 C_3)为圆心的应力圆上的各点坐标表示,其切应力极值为 $\tau_{23} = \dfrac{\sigma_2 - \sigma_3}{2}\left(\tau_{13} = \dfrac{\sigma_1 - \sigma_3}{2}\right)$。

用弹性力学方法可以证明,主单元体中代表与 3 个主平面斜交的任意斜截面(见图 8.18(a)的 efg 截面)上应力的 D 点,必位于上述 3 个应力圆所围成的阴影范围以内。

综上所述,对于一个空间应力状态单元体,可以作出 3 个应力圆(见图 8.18(c)),简称**三向应力圆**。由三向应力圆可以看出,在三向应力状态下,代数值最大和最小的正应力为

$$\sigma_{max} = \sigma_1, \quad \sigma_{min} = \sigma_3 \tag{8.13}$$

而最大切应力为

$$\tau_{max} = \tau_{13} = \frac{\sigma_1 - \sigma_3}{2} \tag{8.14}$$

显然,式(8.13)和式(8.14)也适用于二向和单向应力状态。

例 8.7 单元体各面上的应力如图 8.19 所示。试求出单元体的主应力及最大切应力。

解 选取如图 8.19 所示 $Oxyz$ 参考系。

由于该单元体 z 面无切应力,因此 z 平面为主平面,因而 $\sigma_z = -20$ MPa 是主应力之一。故与 z 平面正交的各截面上的应力与主应力 σ_z 无关。于是,可依据 x, y 平面上的应力,求出与 σ_z 正交的另外两个主应力。

已知 $\sigma_x = 60$ MPa, $\sigma_y = 20$ MPa, $\tau_{xy} = -20$ MPa

由

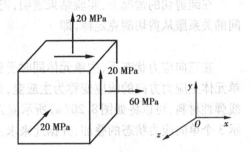

图 8.19

$$\sigma_{\substack{max\\min}} = \frac{\sigma_x + \sigma_y}{2} \pm \sqrt{\left(\frac{\sigma_x - \sigma_y}{2}\right)^2 + \tau_{xy}^2}$$

有

$$\sigma_{\substack{max\\min}} = \frac{60 + 20}{2} \text{ MPa} \pm \sqrt{\left(\frac{60 - 20}{2}\right)^2 + (-20)^2} \text{ MPa}$$

$$= 40 \text{ MPa} \pm 28.28 \text{ MPa} = \begin{array}{l} 68.28 \text{ MPa} \\ 11.72 \text{ MPa} \end{array}$$

故单元体的主应力为

$$\sigma_1 = \sigma_{max} = 68.28 \text{ MPa}, \sigma_2 = \sigma_{min} = 11.72 \text{ MPa}, \sigma_3 = \sigma_z = -20 \text{ MPa}$$

单元体的最大切应力为

$$\tau_{max} = \frac{\sigma_1 - \sigma_3}{2} = 44.14 \text{ MPa}$$

8.5 广义胡克定律 体应变

在后续章节中,要考虑单元体的变形,本节将讨论应力与应变间的关系。

8.5.1　广义胡克定律

在第 2 章中已经介绍，在单向拉伸（压缩）条件下，对于理想弹性材料，当正应力不超过材料的比例极限时，沿正应力方向的线应变 ε 和沿垂直于正应力方向的横向线应变 ε' 分别为

$$\varepsilon = \frac{\sigma}{E}$$

$$\varepsilon' = -\mu\varepsilon = -\mu\frac{\sigma}{E}$$

在纯剪切的情况下，实验结果表明，当切应力不超过剪切比例极限时，切应力和切应变之间的关系服从剪切胡克定律，即

$$\tau = G\gamma$$

在三向应力状态下，主单元体同时受到主应力 σ_1，σ_2 及 σ_3 作用，如图 8.20(a) 所示。沿单元体主应力方向的线应变称为**主应变**，并分别用 ε_1，ε_2 及 ε_3 表示。对于连续均质各向同性线弹性材料，可以将如图 8.20(a) 所示应力状态视为如图 8.20(b)、图 8.20(c)、图 8.20(d) 所示 3 个单向应力状态的叠加，并据此来求主应变。

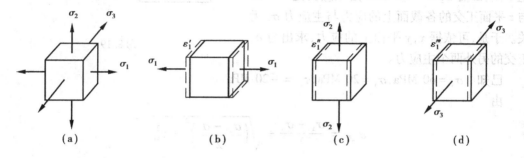

图 8.20

在 σ_1 单独作用下，沿主应力 σ_1，σ_2 及 σ_3 方向的线应变分别为

$$\varepsilon_1' = \frac{\sigma_1}{E}, \quad \varepsilon_2' = \varepsilon_3' = -\mu\frac{\sigma_1}{E}$$

同理，在 σ_2 和 σ_3 分别单独作用时，上述应变分别为

$$\varepsilon_2'' = \frac{\sigma_2}{E}, \quad \varepsilon_1'' = \varepsilon_3'' = -\mu\frac{\sigma_2}{E}$$

$$\varepsilon_3''' = \frac{\sigma_3}{E}, \quad \varepsilon_1''' = \varepsilon_2''' = -\mu\frac{\sigma_3}{E}$$

将同方向的线应变叠加，得在 σ_1，σ_2 及 σ_3 共同作用下主单元体的主应变为

$$\left.\begin{aligned}
\varepsilon_1 &= \frac{1}{E}\left[\sigma_1 - \mu(\sigma_2 + \sigma_3)\right] \\
\varepsilon_2 &= \frac{1}{E}\left[\sigma_2 - \mu(\sigma_3 + \sigma_1)\right] \\
\varepsilon_3 &= \frac{1}{E}\left[\sigma_3 - \mu(\sigma_1 + \sigma_2)\right]
\end{aligned}\right\} \tag{8.15}$$

式(8.15)中的 σ_1，σ_2 及 σ_3 均以代数值代入，求出的主应变为正值表示伸长，负值表示缩短。主应变的排列顺序为 $\varepsilon_1 \geqslant \varepsilon_2 \geqslant \varepsilon_3$。

在普遍情况下，描述一点的应力状态需要 6 个独立的应力分量，即 $\sigma_x, \sigma_y, \sigma_z$ 和 $\tau_{xy}, \tau_{yz}, \tau_{zx}$（见图 8.21）。这种普遍情况，可以看作是 3 组单向应力和 3 组纯剪切的组合。由理论证明及实验证实，对于**各向同性材料，当变形很小且在线弹性范围内、线应变只与正应力有关，而与切应力无关；切应变只与切应力有关，而与正应力无关，而且切应力引起的切应变互不耦联。**于是线应变可以按推导式（8.15）的方法求得，而切应变由剪切胡克定律得到。因此，复杂应力状态下应力与应变的关系为

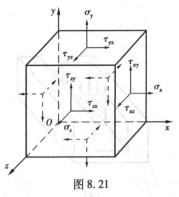

图 8.21

$$\varepsilon_x = \frac{1}{E}[\sigma_x - \mu(\sigma_y + \sigma_z)], \quad \gamma_{xy} = \frac{\tau_{xy}}{G}$$

$$\varepsilon_y = \frac{1}{E}[\sigma_y - \mu(\sigma_z + \sigma_x)], \quad \gamma_{yz} = \frac{\tau_{yz}}{G} \right\}$$ (8.16)

$$\varepsilon_z = \frac{1}{E}[\sigma_z - \mu(\sigma_x + \sigma_y)], \quad \gamma_{zx} = \frac{\tau_{zx}}{G}$$

式中，E 为弹性模量，μ 为泊松比，G 为切变模量。E, μ 及 G 均为与材料有关的弹性常数。对理想弹性体，3 个常数之间存在如下关系

$$G = \frac{E}{2(1+\mu)}$$ (8.17)

式（8.15）或式（8.16）称为**广义胡克定律**（generalization Hooke law）。

广义胡克定律对于二向及单向应力状态也适用。在一般平面应力状态（见图 8.22）下，单元体必有一个主应力为零的主平面，设为 z 面，这时有 $\sigma_z = 0$，$\tau_{zx} = \tau_{zy} = 0$，于是，式（8.16）退化为

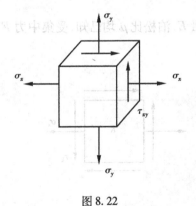

图 8.22

$$\varepsilon_x = \frac{1}{E}(\sigma_x - \mu\sigma_y)$$

$$\varepsilon_y = \frac{1}{E}(\sigma_y - \mu\sigma_x) \right\}$$ (8.18)

$$\varepsilon_z = -\frac{\mu}{E}(\sigma_x + \sigma_y)$$

$$\gamma_{xy} = \frac{\tau_{xy}}{G}$$

例 8.8　如图 8.23（a）所示边长为 150 mm 的正方体混凝土块，很紧密地放在绝对刚性的槽内，刚槽的高、宽均为 150 mm，混凝土块的顶面上作用有 $p = 25$ MPa 的均布压力，已知混凝土的泊松比 $\mu = 0.22$。当不计混凝土与槽间的摩擦时，试求混凝土块中沿 x, y, z 3 个方向的正应力 σ_x, σ_y 及 σ_z。

解　选择如图 8.23 所示的参考系。在压力 p 作用下，混凝土块要发生变形，由于槽是刚性的，混凝土块沿 x 方向的变形受阻，因此，沿 x 方向无线应变而存在正应力，即 $\varepsilon_x = 0$，$\sigma_x \neq 0$；沿 z 方向无任何阻碍，可自由变形，该方向只发生变形而无应力，即 $\varepsilon_z \neq 0$，$\sigma_z = 0$；沿 y 方向有 p

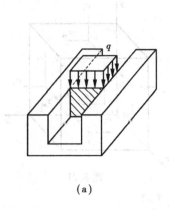

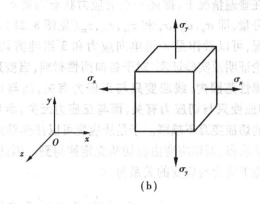

(a)   (b)

图 8.23

作用,该方向上既产生正应力又发生变形,且 $\sigma_y = -p = -25$ MPa。混凝土内各点的应力状态如图 8.23(b)所示,应力均设为拉应力。

根据广义胡克定律,有

$$\varepsilon_x = \frac{1}{E}(\sigma_x - \mu\sigma_y) = 0$$

由此得

$$\sigma_x = \mu\sigma_y = 0.22 \times (-25)\text{MPa} = -5.5 \text{ MPa}$$

式中,负值表示 σ_x 为压应力。

例 8.9 如图 8.24(a)所示矩形截面梁,材料的弹性模量 E,泊松比 μ 均已知,受集中力 F 作用,试求 m-m 截面上 K 点与水平成 45°方向的线应变。

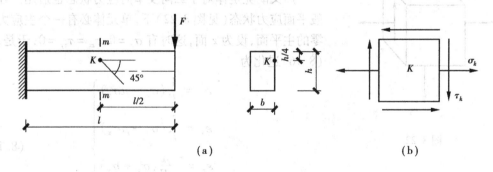

(a)   (b)

图 8.24

解 1)m-m 截面的内力为

$$F_{\text{S}} = F, M = -\frac{1}{2}F \cdot l$$

2)m-m 截面上 K 点的应力为

$$\sigma_k = \frac{M}{I_z}y = \frac{\frac{1}{2}F \cdot l \cdot \frac{h}{4}}{\frac{1}{12}bh^3} = \frac{3F \cdot l}{2bh^2}$$

$$\tau_k = \frac{F_S \cdot S_z^*}{I_z b} = \frac{F \cdot b \cdot \frac{h}{4} \cdot \frac{3}{8}h}{\frac{1}{12}bh^3 \cdot b} = \frac{9F}{8bh}$$

3）K 点的应力状态如图 8.24（b）所示。其中 $\sigma_x = \sigma_k, \sigma_y = 0, \tau_{xy} = \tau_k, \alpha = -45°$

4）由平面应力状态斜截面上正应力计算公式

$$\sigma_\alpha = \frac{\sigma_x - \sigma_y}{2} + \frac{\sigma_x - \sigma_y}{2}\cos 2\alpha - \tau_{xy}\sin 2\alpha$$

有

$$\sigma_{-45°} = \frac{\frac{3F \cdot l}{2bh^2}}{2} + \frac{\frac{3F \cdot l}{2bh^2}}{2}\cos[2 \times (-45°)] - \frac{9F}{8bh} \cdot \sin[2 \times (-45°)] = \frac{3Fl}{4bh^2} + \frac{9F}{8bh}$$

$$\sigma_{45°} = \frac{3Fl}{4bh^2} + \frac{3Fl}{4bh}\cos(2 \times 45°) - \frac{9F}{8bh} \cdot \sin(2 \times 45°) = \frac{3Fl}{4bh^2} - \frac{9F}{8bh}$$

5）由广义胡克定律

$$\varepsilon_{-45°} = \frac{1}{E}[\sigma_{-45°} - \mu\sigma_{45°}] = \frac{1}{E}\left[\frac{3Fl}{4bh^2} + \frac{9F}{8bh} - \mu\left(\frac{3Fl}{4bh^2} - \frac{9F}{8bh}\right)\right] = \frac{3(1-\mu)Fl}{4Ebh^2} + \frac{9(1+\mu)F}{8Ebh}$$

8.5.2 各向同性材料的体积应变

构件在受力变形后，通常将引起体积变化。应力状态下每单位体积的体积改变称为**体积应变**或**体应变**，用 ε_V 表示。

现研究各向同性材料在空间应力状态（见图 8.18（a））下主单元体的体积应变。

设单元体在变形前各棱边的长度分别为 dx, dy 和 dz，则变形前单元体的体积为

$$V_0 = dxdydz$$

单元体变形后各棱边的长度分别为 $(1+\varepsilon_1)dx, (1+\varepsilon_2)dy$ 和 $(1+\varepsilon_3)dz$。因此，变形后单元体的体积为

$$V' = (1+\varepsilon_1)dx \cdot (1+\varepsilon_2)dy \cdot (1+\varepsilon_3)dz$$

展开上式，并在小变形条件下略去线应变乘积项的高阶微量，得

$$V' = (1+\varepsilon_1+\varepsilon_2+\varepsilon_3)dxdydz$$

由体积应变的定义，得

$$\varepsilon_V = \frac{V'-V_0}{V_0} = \frac{(1+\varepsilon_1+\varepsilon_2+\varepsilon_3)dxdydz - dxdydz}{dxdydz} = \varepsilon_1 + \varepsilon_2 + \varepsilon_3 \tag{8.19}$$

将广义胡克定律式（8.15）代入式（8.19），经简化后得

$$\varepsilon_V = \frac{1-2\mu}{E}(\sigma_1 + \sigma_2 + \sigma_3) \tag{8.20}$$

式（8.20）表明，小变形时的连续均匀各向同性线弹性体，一点处的体积应变 ε_V 与该点处的 3 个主应力的代数和成正比。

在纯剪切平面应力状态下，$\sigma_1 = -\sigma_3 = \tau_{xy}, \sigma_2 = 0$，由式（8.20）可知，$\varepsilon_V = 0$，即在小变形条件下，切应力不引起各向同性材料的体积应变。因此，对于如图 8.21 所示空间一般应力状态下，材料的体积应变只与 3 个线应变 $\varepsilon_x, \varepsilon_y$ 和 ε_z 有关。于是，仿照上述推导可得

$$\varepsilon_V = \frac{1-2\mu}{E}(\sigma_x + \sigma_y + \sigma_z) \tag{8.21}$$

可见，小变形时的连续均匀各向同性线弹性体，一点处的体积应变与通过该点的任意 3 个相互垂直的平面上的正应力之和成正比，而与切应力无关。

8.6　复杂应力状态的应变能密度

弹性体在外力作用下将产生变形，在变形过程中，外力将做功，并将此功积蓄在弹性体内，通常称积蓄在弹性体内的这种能量为**应变能**，用符号 V_ε 表示。而将弹性体每单位体积内积蓄的应变能称为**应变能密度**，用符号 v_ε 表示。

在单向应力状态时，设单元体各棱边长度为 dx，dy 和 dz，作用于 x 方向的应力为 σ，如图 8.25(a)所示。

作用在单元体上的外力 σdydz 在其作用方向的位移 εdx 上所做的功为

$$dW = \int_0^\varepsilon \sigma dydz \cdot d\varepsilon dx$$

对于线性弹性材料，$\sigma = E\varepsilon$，故

$$dW = Edxdydz\int_0^\varepsilon \varepsilon d\varepsilon = \frac{1}{2}E\varepsilon^2 dxdydz$$

根据能量守恒定律，外力功全部积蓄到弹性体内，转换为弹性体的应变能

$$dV_\varepsilon = dW = \frac{1}{2}E\varepsilon^2 dxdydz$$

单元体的应变能密度为

$$v_\varepsilon = \frac{dV_\varepsilon}{dV} = \frac{dW}{dV} = \frac{\frac{1}{2}E\varepsilon^2 dxdydz}{dxdydz}$$

于是

$$v_\varepsilon = \frac{1}{2}E\varepsilon^2 = \frac{1}{2}\sigma\varepsilon = \frac{\sigma^2}{2E} \tag{8.22}$$

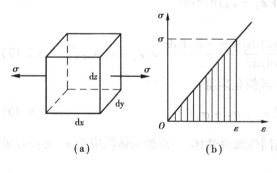

图 8.25

可见应变能密度为如图 8.25(b)所示阴影部分面积。

在三向应力状态下，弹性体应变能与外力功在数值上仍然相等。**对于线弹性范围内，小变形条件下的受力物体，所积蓄的应变能只取决于外力和变形的最终值，而与加载次序无关**。因为，若以不同加载顺序可以得到不同的应变能，那么，按一个储存能量较多的顺序加载，而按一个储存能量较少的顺序卸载，则完成一个循环后，弹性体内将增加能量。显然，这与能量守恒定律相矛盾。为便于分析，这里假设单元体各面上的

应力都是按一定比例由零增加到终值。如图 8.26(a)所示主单元体,在线弹性情况下,每一个主应力与相应主应变之间仍保持线性关系,因而与每一主应力相应的应变能密度仍可由式(8.22)计算。

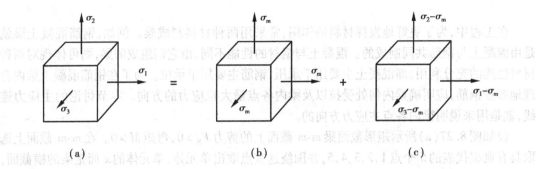

图 8.26

于是三向应力状态的应变能密度为

$$v_\varepsilon = \frac{1}{2}(\sigma_1\varepsilon_1 + \sigma_2\varepsilon_2 + \sigma_3\varepsilon_3) \tag{8.23}$$

将广义胡克定律代入式(8.23),并经整理后得

$$v_\varepsilon = \frac{1}{2E}[\sigma_1^2 + \sigma_2^2 + \sigma_3^2 - 2\mu(\sigma_1\sigma_2 + \sigma_2\sigma_3 + \sigma_3\sigma_1)] \tag{8.24}$$

一般情况下,单元体将同时发生体积改变和形状改变。与单元体体积改变对应的那一部分应变能密度称为**体积改变能密度**,并用 v_V 表示;而与形状改变对应的应变能密度称为**畸变能密度**,并用 v_d 表示,即

$$v_\varepsilon = v_V + v_d \tag{8.25}$$

将如图 8.26(a)所示单元体表示为如图 8.26(b)、图 8.26(c)所示两部分叠加。图 8.26(b)中的 3 个主应力相等,其值为平均应力值,即

$$\sigma_m = \frac{1}{3}(\sigma_1 + \sigma_2 + \sigma_3)$$

由式(8.21)知,如图 8.26(b)与图 8.26(a)所示单元体的体应变 ε_V 相等,因此,它们的体积改变能密度相等。

因为如图 8.26(b)所示的 3 个主应力相等,变形后的形状与原来的形状相似,即只发生体积改变而无形状改变,因而全部应变能密度为体积改变能密度 v_V。由式(8.24)得

$$v_V = \frac{1}{2E}[\sigma_m^2 + \sigma_m^2 + \sigma_m^2 - 2\mu(\sigma_m^2 + \sigma_m^2 + \sigma_m^2)] = \frac{1-2\mu}{6E}(\sigma_1 + \sigma_2 + \sigma_3)^2 \tag{8.26}$$

将式(8.24)、式(8.26)代入式(8.25),经整理后得三向应力状态下单元体的畸变能密度 v_d 为

$$v_d = v_\varepsilon - v_V = \frac{1+\mu}{6E}[(\sigma_1 - \sigma_2)^2 + (\sigma_2 - \sigma_3)^2 + (\sigma_3 - \sigma_1)^2] \tag{8.27}$$

式(8.27)将在强度理论中得到应用。

8.7 梁的主应力及主应力迹线的概念

在工程中,为了更好地发挥材料的作用,常采用两种材料制成梁。例如,钢筋混凝土梁就是由混凝土与钢筋共同制成的。混凝土与钢材的性能不同,由它们组成的梁,则可体现对两种材料性能的充分利用,即混凝土主要用于承压,钢筋主要用于承拉。为了在钢筋混凝土梁内合理地布置钢筋,应明确梁内何处受拉以及梁内各点最大拉应力的方向。本节讨论的主应力迹线,就是用来说明梁内各点主应力方向的。

设如图8.27(a)所示矩形截面梁 m-m 截面上的剪力 $F_S > 0$,弯矩 $M > 0$。在 m-m 截面上选取具有典型代表的5个点1,2,3,4,5,并围绕这些点取出单元体,单元体的 x 面是梁的横截面,其上正应力 σ_x 和切应力 τ_{xy} 按公式 $\sigma = \dfrac{M}{I_z} y$ 和 $\tau = \dfrac{F_S S_z^*}{I_z b}$ 求出。单元体的 y 面是梁的水平纵截面,其上 $\sigma_y = 0$,τ_{yx} 与 τ_{xy} 由切应力互等定理确定。如图8.27(b)所示。这时,不管 σ_x 及 τ_{xy} 正负如何,梁内各点的主应力总是为

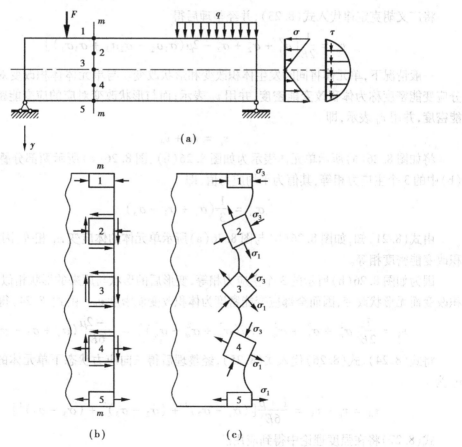

图 8.27

$$\left.\begin{array}{l} \sigma_1 = \dfrac{\sigma}{2} + \sqrt{\left(\dfrac{\sigma}{2}\right)^2 + \tau^2} \\[2mm] \sigma_2 = 0 \\[2mm] \sigma_3 = \dfrac{\sigma}{2} - \sqrt{\left(\dfrac{\sigma}{2}\right)^2 + \tau^2} \end{array}\right\} \tag{8.28}$$

显然,由式(8.28)求得的梁内任一点处的两个不等于零的主应力中,σ_1 必为拉应力称为**主拉应力**,σ_3 必为压应力称为**主压应力**。

主应力的方向可通过主平面的方位来确定,即通过

$$\tan 2\alpha_0 = -\frac{2\tau}{\sigma}$$

来确定。上式中,α_0 是随 σ 和 τ 的不同而不同,可见梁内不同点的主应力方向不同。$m\text{-}m$ 截面上 5 个点的主应力状态单元体如图 8.27(c)所示。

为了直观地表示梁内主应力方向的连续变化特性,可以在梁 xy 平面内绘出两族正交曲线,一族曲线上每一点的切线方向为该点处的主拉应力方向,另一族曲线上每一点的切线方向为该点处的主压应力方向。这两组曲线称为**主应力迹线**。前者为**主拉应力迹线**,后者为**主压应力迹线**。如图 8.28(a)所示为受均布荷载的简支梁的主应力迹线,实线为主拉应力迹线,虚线为主压应力迹线。

对于钢筋混凝土梁,画出主应力迹线后,便可根据主应力迹线来布置钢筋,如图 8.28(b)所示。

顺便指出,主应力迹线是与梁的支座形式及梁上的荷载有关的。

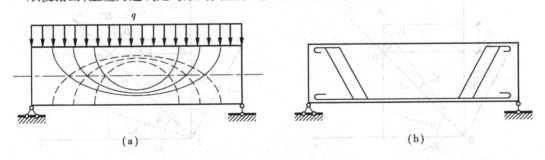

图 8.28

8.8　平面应力状态下的应变分析

在实验应力分析中,通常使用应变计,如电阻应变计等,以测量研究对象在自由表面上某一点处的应变。在这种应变测量中,往往要测定测点处沿几个方向的线应变,以便确定该点处的主应变大小及方向,进而用 8.5 节中公式确定主应力。为此要研究平面应力状态下一点处在该平面内的应变随方向不同而改变的规律。

207

8.8.1 一点处任意方向的应变

设所研究的点 O 处,在 Oxy 直角坐标系内的线应变 ε_x,ε_y 及切应变 γ_{xy} 为已知。现在来讨论与 x 轴成 α 角(规定逆时针转为正)的 n 方向的线应变 ε_α 及直角 $\angle not$ 的改变量即相应的切应变 γ_α,如图 8.29(a)所示。

由于所研究的变形在弹性范围内,且都是微小的,因此可假设围绕 O 点沿任意给定方向的微段,线应变是均匀的且作刚性转动,于是可先分别计算出由各应变分量 ε_x,ε_y,γ_{xy} 单独存在时的 ε_α,γ_α,然后再按叠加原理将它们相加,以求得 ε_x,ε_y,γ_{xy} 同时存在时的线应变 ε_α 及切应变 γ_α。

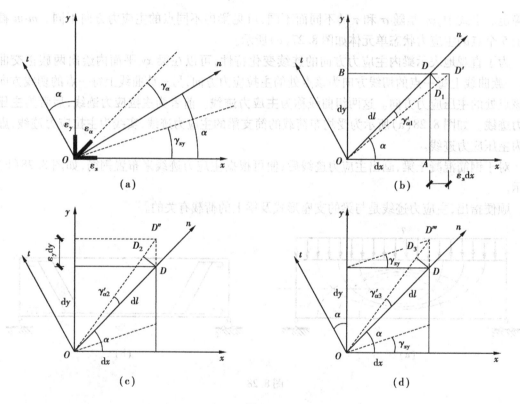

图 8.29

如图 8.29(b),图 8.29(c),图 8.29(d)所示分别表示由应变分量 ε_x,ε_y,γ_{xy} 单独存在时,微段 $\overline{OD} = \mathrm{d}l$ 长度的变化及 $\overline{OD}$ 线方位的变化。

首先,推导线应变 ε_α 的表达式

由如图 8.29(b)所示可知,$\varepsilon_{\alpha 1} = \dfrac{\overline{D_1 D'}}{\mathrm{d}l} = \dfrac{\varepsilon_x \mathrm{d}x \cos \alpha}{\mathrm{d}x / \cos \alpha} = \varepsilon_x \cos^2 \alpha$

由如图 8.29(c)所示可知,$\varepsilon_{\alpha 2} = \dfrac{\overline{D_2 D''}}{\mathrm{d}l} = \dfrac{\varepsilon_y \mathrm{d}y \sin \alpha}{\mathrm{d}y / \sin \alpha} = \varepsilon_y \sin^2 \alpha$

由如图 8.29(d)所示可知,$\varepsilon_{\alpha 3} = \dfrac{\overline{D_3 D'''}}{\mathrm{d}l} = \dfrac{\gamma_{xy} \mathrm{d}x \sin \alpha}{\mathrm{d}x / \cos \alpha} = \gamma_{xy} \sin \alpha \cos \alpha$

按叠加原理可知,在 ε_x,ε_y 和 γ_{xy} 同时存在时,O 点处沿 n 方向的线应变为

$$\varepsilon_\alpha = \varepsilon_{\alpha1} + \varepsilon_{\alpha2} + \varepsilon_{\alpha3} = \varepsilon_x\cos^2\alpha + \varepsilon_y\sin^2\alpha + \gamma_{xy}\sin\alpha\cos\alpha$$

经三角函数关系变换后得

$$\varepsilon_\alpha = \frac{\varepsilon_x + \varepsilon_y}{2} + \frac{\varepsilon_x - \varepsilon_y}{2}\cos 2\alpha + \frac{\gamma_{xy}}{2}\sin 2\alpha \tag{8.29}$$

若以 $\alpha+90°$ 代替式(8.29)中的 α,有

$$\varepsilon_{\alpha+90°} = \frac{\varepsilon_x + \varepsilon_y}{2} - \frac{\varepsilon_x - \varepsilon_y}{2}\cos 2\alpha - \frac{\gamma_{xy}}{2}\sin 2\alpha \tag{8.30}$$

由式(8.29)和式(8.30)可知

$$\varepsilon_\alpha + \varepsilon_{\alpha+90°} = \varepsilon_x + \varepsilon_y \tag{8.31}$$

即在平面应力状态下,一点处与 z 轴垂直的任意两相互垂直方向上的线应变的代数和相等。

其次,再推导切应变 γ_α 的表达式。

必须注意 γ_α 是直角的改变量,而如图8.29(b)、图8.29(c)、图8.29(d)所示均只画出了直角 $\angle not$ 的一条直角边 on 转过的角度,因此,还必须考虑另一条直角边 ot 转过的角度,然后再代数和。

由如图8.29(b)所示知,on 边转过的角度 $\gamma'_{\alpha1}$ 使直角 $\angle not$ 增大,其值为

$$\gamma'_{\alpha1} = \frac{\overline{DD_1}}{\overline{OD}} = \frac{\varepsilon_x dx\sin\alpha}{dx/\cos\alpha} = \varepsilon_x\sin\alpha\cos\alpha$$

式中,以 $\alpha+90°$ 代替 α,即为 ot 边转过的角度

$$\gamma''_{\alpha1} = -\varepsilon_x\sin\alpha\cos\alpha$$

式中,负号表示 $\gamma''_{\alpha1}$ 角的转向与 $\gamma'_{\alpha1}$ 角相反,因此,$\gamma''_{\alpha1}$ 角也使直角 $\angle not$ 增大。故

$$\gamma_{\alpha1} = -2\varepsilon_x\sin\alpha\cos\alpha = -\varepsilon_x\sin 2\alpha$$

同理,由如图8.29(c)所示可知,on 边转过的角度

$$\gamma'_{\alpha2} = \frac{\overline{DD_2}}{\overline{OD}} = \frac{\varepsilon_y dy\cos\alpha}{dy/\sin\alpha} = \varepsilon_y\sin\alpha\cos\alpha$$

与之对应的 ot 边转过的角度

$$\gamma''_{\alpha2} = -\varepsilon_y\sin\alpha\cos\alpha$$

而 $\gamma'_{\alpha2}$ 与 $\gamma''_{\alpha2}$ 都使直角 $\angle not$ 减小,故

$$\gamma_{\alpha2} = \varepsilon_y\sin 2\alpha$$

由如图8.29(d)所示可知,on 边转过的角度

$$\gamma'_{\alpha3} = \frac{\overline{DD_3}}{\overline{OD}} = \frac{\gamma_{xy}dx\cos\alpha}{dy/\cos\alpha} = \gamma_{xy}\cos^2\alpha$$

与之对应的 ot 边转过的角度

$$\gamma''_{\alpha3} = \gamma_{xy}\sin^2\alpha$$

而 $\gamma'_{\alpha3}$ 使直角 $\angle not$ 减小,$\gamma''_{\alpha3}$ 使直角 $\angle not$ 增大,因此

$$\gamma_{\alpha3} = \gamma_{xy}\cos^2\alpha - \gamma_{xy}\sin^2\alpha = \gamma_{xy}\cos 2\alpha$$

按叠加原理,在 ε_x,ε_y 和 γ_{xy} 同时存在时,直角 $\angle not$ 的改变量即为切应变 γ_α,故

$$\gamma_\alpha = \gamma_{\alpha1} + \gamma_{\alpha2} + \gamma_{\alpha3} = -\varepsilon_x\sin 2\alpha + \varepsilon_y\sin 2\alpha + \gamma_{xy}\cos 2\alpha$$

或

$$-\frac{\gamma_\alpha}{2} = \frac{\varepsilon_x - \varepsilon_y}{2}\sin 2\alpha - \frac{\gamma_{xy}}{2}\cos 2\alpha \tag{8.32}$$

8.8.2 主应变的数值与方向

由式(8.29)知，一点处的线应变 ε_α 是 α 角的连续函数，于是

$$\frac{d\varepsilon_\alpha}{d\alpha} = -(\varepsilon_x - \varepsilon_y)\sin 2\alpha + \gamma_{xy}\cos 2\alpha \overset{\diamond}{=} 0$$

得 ε_α 取得极值时的方位角 α_0

$$\tan 2\alpha_0 = \frac{\gamma_{xy}}{\varepsilon_x - \varepsilon_y} \tag{8.33}$$

显然 $\alpha_0 + 90°$ 也满足式(8.33)。将式(8.33)的三角关系代入式(8.32)，有 $\gamma_{\alpha_0} = 0$，可见相互垂直的两个极值线应变方向上对应的切应变为零，称**极值应变为主应变**。

将式(8.33)代表的三角关系代入式(8.29)，经整理后得

$$\varepsilon_{\substack{\max\\\min}} = \frac{\varepsilon_x + \varepsilon_y}{2} \pm \sqrt{\left(\frac{\varepsilon_x - \varepsilon_y}{2}\right)^2 + \left(\frac{\gamma_{xy}}{2}\right)^2} \tag{8.34}$$

在平面应力状态下，$\varepsilon_{\max}, \varepsilon_{\min}$ 分别代表垂直于 z 方向的两个相互垂直的主应变，而 z 方向的主应变可参照式(8.18)计算 ε_z。但如何根据这 3 个主应变的大小，按约定 $\varepsilon_1 \geqslant \varepsilon_2 \geqslant \varepsilon_3$ 来排序，应由 $\varepsilon_{\max}, \varepsilon_{\min}$ 及 ε_z 的代数值来确定。

可以证明，对于各向同性材料，式(8.33)确定的 α_0 也满足式(8.4)，**即主应力与相应主应变的方向是一致的**。请读者自行证明。

式(8.29)及式(8.32)与式(8.1)及式(8.2)对比，可以看出，将式(8.1)及式(8.2)中的 $(\sigma_\alpha, \sigma_x, \sigma_y)$ 换成 $(\varepsilon_\alpha, \varepsilon_x, \varepsilon_y)$，将 (τ_α, τ_{xy}) 换成 $\left(-\frac{\gamma_\alpha}{2}, -\frac{\gamma_{xy}}{2}\right)$，则两者是一致的。因此，根据式(8.29)及式(8.32)，一点处任意方向的应变 $\varepsilon_\alpha, \gamma_\alpha$ 及主应变 $\varepsilon_{\max}, \varepsilon_{\min}$ 也可用与平面应力状态分析中的应力圆法相类似的**应变圆法**进行图解。这时，应以 $\left(\varepsilon, -\frac{\gamma}{2}\right)$ 替换应力圆中的 (σ, τ)，即在应变圆中以线应变 ε 为横坐标，以切应变之半 $\frac{\gamma}{2}$ 为纵坐标，并取纵坐标向下为正。其余与应力圆相同，这里从略。

例 8.10 已知某点 $\varepsilon_x = 5 \times 10^{-4}$，$\varepsilon_y = 1.4 \times 10^{-4}$，$\gamma_{xy} = -3.6 \times 10^{-4}$。求主应变 $\varepsilon_{\max}$，$\varepsilon_{\min}$ 及其方向。

解 1)解析法。

根据式(8.34)，该点处 $\varepsilon_{\max}, \varepsilon_{\min}$ 为

$$\begin{aligned}
\varepsilon_{\substack{\max\\\min}} &= \frac{\varepsilon_x + \varepsilon_y}{2} \pm \sqrt{\left(\frac{\varepsilon_x - \varepsilon_y}{2}\right)^2 + \left(\frac{\gamma_{xy}}{2}\right)^2} \\
&= \frac{(5 + 1.4) \times 10^{-4}}{2} \pm \sqrt{\left[\frac{(5 - 1.4) \times 10^{-4}}{2}\right]^2 + \left(\frac{-3.6 \times 10^{-4}}{2}\right)^2} \\
&= (3.2 \pm 2.55) \times 10^{-4} \\
&= \begin{matrix} 5.75 \times 10^{-4} \\ 0.65 \times 10^{-4} \end{matrix}
\end{aligned}$$

根据式(8.33)

$$\tan 2\alpha_0 = \frac{\gamma_{xy}}{\varepsilon_x - \varepsilon_y} = \frac{-3.6 \times 10^{-4}}{(5-1.4) \times 10^{-4}} = -1$$

因 $\sin 2\alpha_0 < 0$，$\cos 2\alpha_0 > 0$，所以 $2\alpha_0$ 位于第四象限，其值为 $2\alpha_0 = -45°$，$\alpha_0 = -22.5°$。即主应变 $\varepsilon_{\max}$ 的方向为自 x 轴顺时针方向旋转 $22.5°$，$\varepsilon_{\min}$ 的方向与 $\varepsilon_{\max}$ 的方向垂直，自 x 轴逆时针方向旋转 $67.5°$。

2)图解法。

选择 $\varepsilon - \dfrac{\gamma}{2}$ 坐标系，并选定比例尺。以 $\left(\varepsilon_x, \dfrac{\gamma_{xy}}{2}\right) = (5 \times 10^{-4}, -1.8 \times 10^{-4})$ 及 $\left(\varepsilon_y, -\dfrac{\gamma_{xy}}{2}\right) = (1.4 \times 10^{-4}, 1.8 \times 10^{-4})$ 为坐标，确定 x，y 两点，连接 x，y 两点成直线段，交 ε 轴于 C 点。以 C 点为圆心，$\overline{Cx}$ 为半径画应变圆，如图 8.30 所示。应变圆与 ε 轴交于 A，B 两点，A，B 两点的横坐标就是主应变 $\varepsilon_{\max}$，$\varepsilon_{\min}$。按图示比例尺量得 $\varepsilon_{\max} = 5.75 \times 10^{-4}$，$\varepsilon_{\min} = 0.65 \times 10^{-4}$。过 x 点和 y 点作平行于 x 面和 y 面外法线的直线，交应变圆于 P，以 P 为极点，向 A，B 点引射线 PA，PB，它们分别为主应变 $\varepsilon_{\max}$，$\varepsilon_{\min}$ 的方向线，并量得 PA 与 ε 轴夹角为 $22.5°$，此即为 $\alpha_0 = -22.5°$。$\varepsilon_{\min}$ 的方向线 PB 与 $\varepsilon_{\max}$ 的方向线 PA 垂直，如图 8.30 所示。

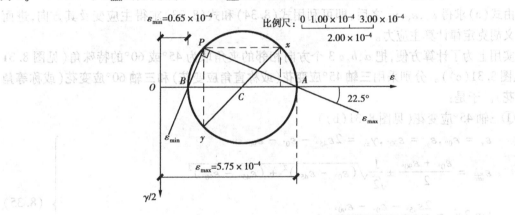

图 8.30

8.8.3 应变花——已知一点处的3个线应变求主应变 $\varepsilon_{\max}$ 及 $\varepsilon_{\min}$

如果能用实验方法测出受力体上某点 K 处的主应变 $\varepsilon_{\max}$ 和 $\varepsilon_{\min}$，则由广义胡克定律就可得到主应力，并由于主应变与主应力的方向一致，因此主应变的方向也就是主应力的方向。由平面应力状态下的应变分析可知，只要测出 K 点处的 ε_x，ε_y 和 γ_{xy}，即可由式(8.34)和式(8.33)求出 K 点处的主应变大小和方向。对于线应变 ε_x 和 ε_y，可以很容易用粘贴电阻应变片，由电阻应变仪测出，而切应变 γ_{xy} 则很难测定。因此，工程中常采用的办法是测 3 个不同方向 a，b，c 的线应变 ε_a，ε_b，ε_c（见图 8.31(a)），并通过计算，先求 ε_x，ε_y 及 γ_{xy}，再按式(8.34)和式(8.33)确定主应变 $\varepsilon_{\max}$ 和 $\varepsilon_{\min}$ 的大小和方向。

设 α_a，α_b，α_c 为 3 个已知方向 a，b，c 与 x 轴间的夹角，ε_a，ε_b，ε_c 为 a，b，c 方向的已知线应变，由式(8.29)有

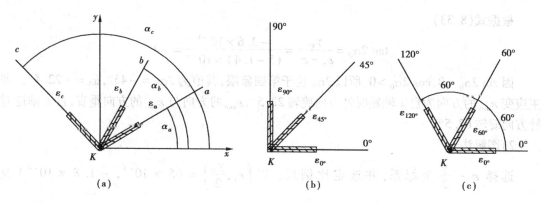

图 8.31

$$\left.\begin{array}{l}\varepsilon_a = \dfrac{\varepsilon_x + \varepsilon_y}{2} + \dfrac{\varepsilon_x - \varepsilon_y}{2}\cos 2\alpha_a + \dfrac{\gamma_{xy}}{2}\sin 2\alpha_a \\[2mm] \varepsilon_b = \dfrac{\varepsilon_x + \varepsilon_y}{2} + \dfrac{\varepsilon_x - \varepsilon_y}{2}\cos 2\alpha_b + \dfrac{\gamma_{xy}}{2}\sin 2\alpha_b \\[2mm] \varepsilon_c = \dfrac{\varepsilon_x + \varepsilon_y}{2} + \dfrac{\varepsilon_x - \varepsilon_y}{2}\cos 2\alpha_c + \dfrac{\gamma_{xy}}{2}\sin 2\alpha_c\end{array}\right\} \qquad (a)$$

由式(a)求得 $\varepsilon_x, \varepsilon_y, \gamma_{xy}$ 之后,即可利用式(8.34)和式(8.33)求得主应变及其方向,进而由广义胡克定律计算主应力。

实用上为了计算方便,把 a, b, c 3 个方向相邻的夹角取为 45°或 60°的特殊角(见图 8.31(b)、图 8.31(c))。分别采用**三轴 45°应变花**(或称**直角应变花**)和**三轴 60°应变花**(或称**等角应变花**)。于是:

①三轴 45°应变花(见图 8.31(b))

$$\left.\begin{array}{l}\varepsilon_x = \varepsilon_{0°}, \varepsilon_y = \varepsilon_{90°}, \gamma_{xy} = 2\varepsilon_{45°} - \varepsilon_{0°} - \varepsilon_{90°} \\[2mm] \varepsilon_{\substack{\max \\ \min}} = \dfrac{\varepsilon_{0°} + \varepsilon_{90°}}{2} \pm \dfrac{1}{\sqrt{2}}\sqrt{(\varepsilon_{0°} - \varepsilon_{45°})^2 + (\varepsilon_{45°} - \varepsilon_{90°})^2} \\[2mm] \tan 2\alpha_0 = \dfrac{2\varepsilon_{45°} - \varepsilon_{0°} - \varepsilon_{90°}}{\varepsilon_{0°} - \varepsilon_{90°}} \\[2mm] \sigma_{\substack{\max \\ \min}} = \dfrac{E}{2(1-\mu)}(\varepsilon_{0°} + \varepsilon_{90°}) \pm \dfrac{E}{\sqrt{2}(1+\mu)}\sqrt{(\varepsilon_{0°} - \varepsilon_{45°})^2 + (\varepsilon_{45°} - \varepsilon_{90°})^2}\end{array}\right\} \quad (8.35)$$

②三轴 60°应变花(见图 8.31(c))

$$\left.\begin{array}{l}\varepsilon_x = \varepsilon_{0°}, \varepsilon_y = \dfrac{2\varepsilon_{60°} + 2\varepsilon_{120°} - \varepsilon_{0°}}{3}, \gamma_{xy} = \dfrac{2}{\sqrt{3}}(\varepsilon_{60°} - \varepsilon_{120°}) \\[2mm] \varepsilon_{\substack{\max \\ \min}} = \dfrac{\varepsilon_{0°} + \varepsilon_{60°} + \varepsilon_{120°}}{3} \pm \dfrac{\sqrt{2}}{3}\sqrt{(\varepsilon_{0°} - \varepsilon_{60°})^2 + (\varepsilon_{60°} - \varepsilon_{120°})^2 + (\varepsilon_{120°} - \varepsilon_{0°})^2} \\[2mm] \tan 2\alpha_0 = \dfrac{\sqrt{3}(\varepsilon_{60°} - \varepsilon_{120°})}{2\varepsilon_{0°} - \varepsilon_{60°} - \varepsilon_{120°}} \\[2mm] \sigma_{\substack{\max \\ \min}} = \dfrac{E(\varepsilon_{0°} + \varepsilon_{60°} + \varepsilon_{120°})}{3(1-\mu)} \pm \dfrac{\sqrt{2}E}{3(1+\mu)}\sqrt{(\varepsilon_{0°} - \varepsilon_{60°})^2 + (\varepsilon_{60°} - \varepsilon_{120°})^2 + (\varepsilon_{120°} - \varepsilon_{0°})^2}\end{array}\right\}$$

$$(8.36)$$

思 考 题

8.1　什么是一点处的应力状态？什么是平面应力状态？试列举平面应力状态的实例。

8.2　什么是单向、二向与三向应力状态？什么是复杂应力状态？

8.3　如何用解析法确定平面应力状态任一斜截面的应力？关于应力与方位角的正负符号有何规定？

8.4　什么是主平面？什么是主应力？如何确定主应力的大小与方位？

8.5　如何画应力圆？如何利用该圆确定任一斜截面的应力？如何确定最大正应力与最大切应力？

8.6　如何画三向应力状态的应力圆？如何确定最大正应力与最大切应力？

8.7　什么是广义胡克定律？该定律是如何建立的？应用条件是什么？

8.8　某单元体上的应力情况如思考题 8.8 图所示，已知 $\sigma_x = \sigma_y$。试求该点处垂直于纸面的任意斜截面上的正应力、切应力及主应力，从而可得出什么结论？

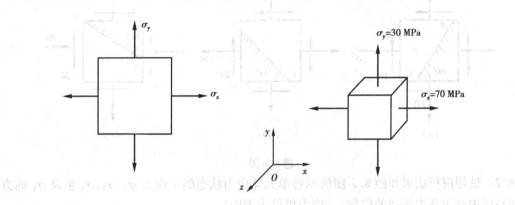

思考题 8.8 图思考题 8.9 图

8.9　某单元体的应力情况如思考题 8.9 图所示。欲求该点处的最大切应力，现分别按下列两种方法计算：

(1)按平面应力状态的极值切应力计算

$$\tau'_{max} = \sqrt{\left(\frac{\sigma_x - \sigma_y}{2}\right)^2 + \tau_{xy}^2} = 20 \text{ MPa}$$

(2)视平面应力状态为空间应力状态的特例($\sigma_1 = 70$ MPa，$\sigma_2 = 30$ MPa，$\sigma_3 = 0$)按空间应力状态的最大切应力公式计算

$$\tau''_{max} = \frac{\sigma_1 - \sigma_3}{2} = 35 \text{ MPa}$$

问：该点处的最大切应力？分别指出 τ'_{max} 和 τ''_{max} 所在截面的方位。

8.10　试证明如思考题 8.10 图所示板件 A 点处各截面的正应力及切应力均为零。

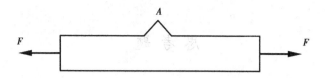

思考题 8.10 图

8.1　什么是一点处的应力状态？应该怎样表示？一般应从何种意义上去理解应力状态的概念。

8.2　什么是主平面、主应力和主方向？当它们确定后，又怎样对应应力状态进行分析？

8.3　通过同一点的任一平面上正应力之和等于常数，是否同一点处各方向的正应力之和也为常数？

8.4　什么是平面应力状态？如何确定主应力的大小和方向？

习　题

8.1　试用解析法求如题 8.1 图所示各单元体 a-b 面上的应力(应力单位为 MPa)。

答　(a)$\sigma_\alpha = 87.14$ MPa,$\tau_\alpha = -24.33$ MPa

　　(b)$\sigma_\alpha = 30$ MPa,$\tau_\alpha = -50$ MPa

　　(c)$\sigma_\alpha = 34.82$ MPa,$\tau_\alpha = 11.65$ MPa

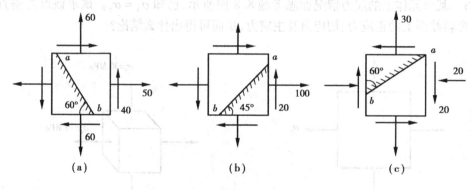

(a)　　　　　　　　(b)　　　　　　　　(c)

题 8.1 图

8.2　试用解析法求如题 8.2 图所示各单元体应力状态的主应力 $\sigma_1,\sigma_2,\sigma_3$ 值及 σ_1 的方位,并在图中画出各主平面的位置。(应力单位为 MPa)

答　(a)$\sigma_1 = 170$ MPa,$\sigma_2 = 70$ MPa,$\sigma_3 = 0,\alpha_0 = 108.43°$

　　(b)$\sigma_1 = 72.43$ MPa,$\sigma_2 = 0,\sigma_3 = -12.43$ MPa,$\alpha_0 = -22.5°$

　　(c)$\sigma_1 = 37.02$ MPa,$\sigma_2 = 0,\sigma_3 = -27.02$ MPa,$\alpha_0 = 70.7°$

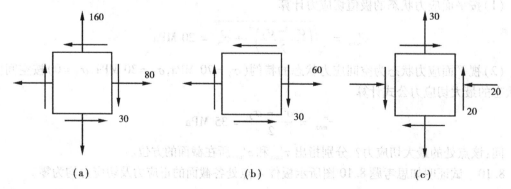

(a)　　　　　　　　(b)　　　　　　　　(c)

题 8.2 图

8.3 如题 8.3 图所示简支梁承受均布荷载,试在 m-m 横截面处从 1,2,3,4,5 点截取出 5 个单元体(点 1,5 位于上下边缘处、点 3 位于 $h/2$ 处),并标明各单元体上的应力情况。(标明存在何种应力及应力方向)

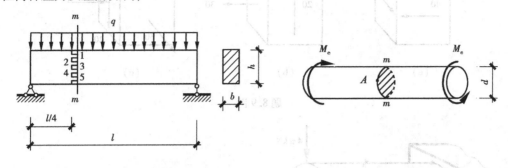

题 8.3 图　　　　　　　　　　　题 8.4 图

8.4 直径 $d = 80$ mm 的受扭圆杆如题 8.4 图所示,已知 m-m 截面边缘处 A 点的两个非零主应力分别为 $\sigma_1 = 50$ MPa,$\sigma_3 = -50$ MPa。试求作用在杆件上的外力偶矩 M_e。

答　$M_e = 5.02$ kN·m

8.5 已知一点处两个斜截面上的应力如题 8.5 图所示,试用解析法求主应力及其方向,并画出主平面及主应力。(应力单位为 MPa)

答　(a)$\sigma_1 = 441$ MPa,$\sigma_2 = 159$ MPa,$\sigma_3 = 0$,σ_3 与 ab 面夹角 22.5°(顺时针方向)

(b)$\sigma_1 = 11.2$ MPa,$\sigma_2 = 0$,$\sigma_3 = -71.2$ MPa,σ_3 与 ab 面夹角 52°(逆时针方向)

(c)$\sigma_1 = 8.2$ MPa,$\sigma_2 = 0$,$\sigma_3 = -48.2$ MPa,σ_3 与 ab 面夹角 37.5°(顺时针方向)

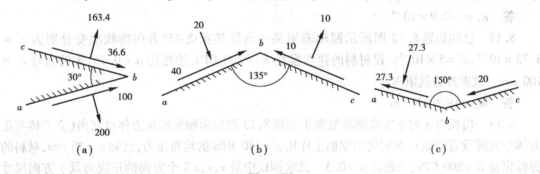

题 8.5 图

8.6 试用图解法求解题 8.1。

8.7 试用图解法求解题 8.2。

8.8 试用图解法求解题 8.5。

8.9 各单元体上的应力情况如题 8.9 图所示。试求主应力及最大切应力。(应力单位为 MPa)

答　(a)$\sigma_1 = 40$ MPa,$\sigma_2 = 0$,$\sigma_3 = -40$ MPa,$\tau_{max} = 40$ MPa

(b)$\sigma_1 = 30$ MPa,$\sigma_2 = 20$ MPa,$\sigma_3 = -20$ MPa,$\tau_{max} = 25$ MPa

(c)$\sigma_1 = 30$ MPa,$\sigma_2 = 4.72$ MPa,$\sigma_3 = -84.72$ MPa,$\tau_{max} = 57.36$ MPa

8.10 试求如题 8.10 图所示杆件上 A 点处的主应力。

答　$\sigma_1 = 121.7$ MPa,$\sigma_2 = 0$,$\sigma_3 = -33.7$ MPa

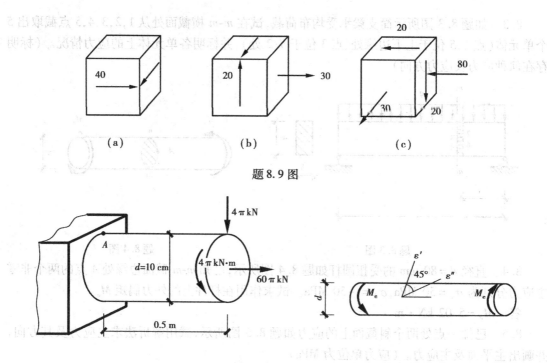

题 8.9 图

题 8.10 图 题 8.12 图

8.11 已知主单元体的 $\sigma_3 = 0$，沿主应力 σ_1，σ_2 方向的主应变分别为 $\varepsilon_1 = 1.7 \times 10^{-4}$，$\varepsilon_2 = 0.4 \times 10^{-4}$，材料的泊松比 $\mu = 0.3$，求主应变 ε_3。

答 $\varepsilon_3 = -0.9 \times 10^{-4}$

8.12 已知如题 8.12 图所示圆轴表面某一点处某互成 45°方向的线应变分别为 $\varepsilon' = 3.75 \times 10^{-4}$，$\varepsilon'' = 5 \times 10^{-4}$。设材料的弹性模量 $E = 200$ GPa，泊松比 $\mu = 0.25$，轴的直径 $d = 100$ mm。试求外力偶矩 M_e。

答 $M_e = 19.6$ kN·m

8.13 边长为 a 的正方体钢块放置于如题 8.13 图所示刚模的正方体空穴内（立方体与正方体空穴间没有空隙），在钢块的顶面上作用 $p = 140$ MPa 的均布压力，已知 $a = 20$ mm，材料的弹性模量 $E = 200$ GPa，泊松比 $\mu = 0.3$。试求钢块中沿 x，y，z 3 个方向的正应力及 y 方向尺寸的改变。

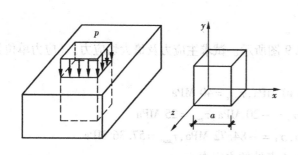

题 8.13 图

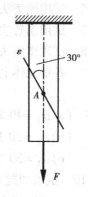

题 8.14 图

答　$\sigma_x = \sigma_z = -60$ MPa, $\sigma_y = -140$ MPa

8.14　如题 8.14 图所示钢杆,横截面尺寸为 20 mm × 40 mm,材料的弹性模量 $E = 200$ GPa,泊松比 $\mu = 0.3$,已知 A 点与轴成 30°方向的线应变 $\varepsilon = 270 \times 10^{-6}$。试求荷载 F 值。

答　$F = 64$ kN。

8.15　如题 8.15 图所示工字形钢梁,材料的弹性模量为 E,泊松比为 μ,横截面腹板厚度为 d、对 z 轴的惯性矩为 I、中性轴以上部分对中性轴的静矩为 S,今测得中性层 K 点处与轴线成 45°方向的线应变为 ε,试求荷载 F。

答　$F = \dfrac{2E\varepsilon Id}{S(1+\mu)}$

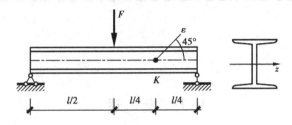

题 8.15 图

8.16　试利用纯剪切应力状态,证明在弹性范围内切应力不引起体积应变。

8.17　用 45°应变花测得受力构件表面上某点处的应变值为 $\varepsilon_{0°} = -2.67 \times 10^{-4}$, $\varepsilon_{45°} = -5.7 \times 10^{-4}$, $\varepsilon_{90°} = 7.9 \times 10^{-4}$,材料的弹性模量 $E = 200$ GPa,泊松比 $\mu = 0.25$。试求该点处的主应变及主应力的数值和方向。

答　$\varepsilon_1 = 12.467 \times 10^{-4}$, $\varepsilon_3 = -7.24 \times 10^{-4}$, $\alpha_0 = -61.2°$, $\sigma_1 = 55.9$ MPa, $\sigma_2 = 0$, $\sigma_3 = -106$ MPa

8.18　用 60°应变花测得受力构件表面上某点处的应变值为 $\varepsilon_{0°} = 4 \times 10^{-4}$, $\varepsilon_{60°} = -3 \times 10^{-4}$, $\varepsilon_{120°} = 2.5 \times 10^{-4}$,材料的弹性模量 $E = 200$ GPa,泊松比 $\mu = 0.25$。试求该点处的主应变及主应力的数值和方向。

答　$\varepsilon_1 = 5.423 \times 10^{-4}$, $\varepsilon_3 = -3.089 \times 10^{-4}$, $\alpha_0 = -24.13°$, $\sigma_1 = 99.2$ MPa, $\sigma_2 = 0$, $\sigma_3 = -37$ MPa

第 9 章
强度理论

9.1 概 述

在前面研究杆件基本变形的强度问题时,所用的强度条件是以杆件横截面上的最大正应力,或最大切应力为依据的,即

$$\sigma_{max} \leqslant [\sigma] \ \text{或} \ \tau_{max} \leqslant [\tau]$$

而材料的许用应力$[\sigma]$和$[\tau]$是通过拉伸(压缩)试验和剪切试验,测定出材料破坏时横截面上的极限应力,然后除以适当的安全因数得到的。像这种直接根据试验结果建立强度条件的方法,只对危险点是单向应力状态或纯剪切应力状态的特殊情况才是可行的。

对于危险点处于复杂应力状态的构件,3 个主应力 $\sigma_1, \sigma_2, \sigma_3$ 之间的比例有无限多种可能,要在每一种比例下都通过对材料的直接试验来确定其极限应力值,试验工作量大,且难以得到一般规律。因此,试验只能作为辅助手段。

人们经过长期大量观察和研究各类各向同性材料在不同受力条件下的破坏现象,发现不论材料破坏的表面现象如何复杂,其破坏形式主要是脆性断裂和屈服失效两种类型。于是,人们根据对材料破坏现象的分析,推测引起破坏的原因,提出各种假说,认为材料某种类型的破坏是由某种因素引起的。这种关于材料破坏因素的假说称为**强度理论**。按照强度理论,无论简单或复杂应力状态,引起破坏的因素是相同的。这样就可以通过某种类型破坏的最简单试验,测定该因素的极限值,来建立复杂应力状态的强度条件。

解释材料破坏因素的一些假说是否正确,或适用于什么情况. 必须由实践来检验。实际上,也正是在反复试验与实践的基础上,强度理论才逐步得到发展并日趋完善。下面介绍工程中关于各向同性材料在常温、静载荷条件下几个常用的强度理论。

9.2　常用的强度理论

9.2.1　关于断裂的强度理论

脆性断裂(brittle fracture)一般是对脆性材料而言,破坏时,材料没有明显的塑性变形,突然断裂。例如,铸铁拉伸、扭转破坏。这类破坏与σ_{max}(拉)、ε_{max}(拉)有关。

(1)最大拉应力理论——第一强度理论

由于**最大拉应力理论**是最早提出来的强度理论,故也称为**第一强度理论**。它是根据 W. J. M. 兰金(W. J. M. Rankine)的最大正应力理论改进而得出的。该理论认为,最大拉应力是引起材料发生脆性断裂的主要因素。即认为无论是什么应力状态,只要材料内一点的最大拉应力σ_1达到同类材料单向拉伸断裂时的极限应力σ^0,材料就发生脆性断裂破坏。于是脆性断裂准则为

$$\sigma_1 = \sigma^0 \tag{9.1}$$

将极限应力σ^0除以安全因数得许用应力$[\sigma]$,因此,强度条件为

$$\sigma_1 \leqslant [\sigma] \quad (\sigma_1 > 0) \tag{9.2}$$

铸铁等脆性材料在单向拉伸时,断裂发生在拉应力最大的横截面,脆性材料的扭转也是沿拉应力最大的螺旋面发生断裂。这些都与最大拉应力理论相符。试验表明,该理论同样适用于脆性材料在二向或三向受拉的强度计算,对于存在有压应力的脆性材料,只要最大压应力值不超过最大拉应力值,也是正确的。这一理论没有考虑另外两个主应力的影响,且对没有拉应力的应力状态也无法应用。

(2)最大伸长线应变理论——第二强度理论

最大伸长线应变理论是根据 J.-V. 彭塞利(J.-V. Poncelet)的最大线应变理论改进而得出的。该理论认为,最大伸长线应变是引起材料发生脆性断裂的主要因素。即认为无论是什么应力状态,只要材料内一点的最大伸长线应变ε_1达到同类材料单向拉伸脆性断裂时最大伸长线应变的极限值ε^0时,材料就发生脆性断裂破坏。于是脆性断裂准则为

$$\varepsilon_1 = \varepsilon^0 \tag{a}$$

假设单向拉伸直到断裂时,仍可用胡克定律

$$\varepsilon^0 = \frac{\sigma^0}{E} \tag{b}$$

由广义胡克定律,有

$$\varepsilon_1 = \frac{1}{E}[\sigma_1 - \mu(\sigma_2 + \sigma_3)] \tag{c}$$

将式(b)、式(c)代入式(a),该理论的脆性断裂准则改写为

$$\sigma_1 - \mu(\sigma_2 + \sigma_3) = \sigma^0 \tag{9.3}$$

相应的强度条件为

$$\sigma_1 - \mu(\sigma_2 + \sigma_3) \leqslant [\sigma] \tag{9.4}$$

最大伸长线应变理论也称为**第二强度理论**。

石料或混凝土等脆性材料受轴向压缩时,如在试验机的压头与试块的接触面上加润滑剂,以减小摩擦力的影响,试件将沿垂直于压力的方向裂开。裂开的方向也就是 ε_1 的方向。铸铁在拉-压二向应力状态,且压应力较大的情况下,试验结果也与这一理论接近。但是,该理论用于工程上的可靠性很差,现在很少采用。

9.2.2 关于屈服的强度理论

塑性破坏(plastic failure)一般是对塑性材料而言的,破坏时,以出现屈服或产生显著的塑性变形为标志。例如,低碳钢拉伸屈服时,出现与轴线成 45° 的滑移线。这类破坏与最大切应力 τ_{max}、畸变能密度有关。

(1)最大切应力理论——第三强度理论

它是由法国 C. -A. de 库仑(C. -A. de Coulomb)于 1773 年和 H. 特雷斯卡(H. Tresca)于 1868 年分别提出和研究的。最大切应力理论又称为 **H. Tresca 屈服准则**或**第三强度理论**。该理论认为,最大切应力是引起材料发生塑性屈服的主要因素。即认为无论是什么应力状态,只要材料内一点的最大切应力 τ_{max} 达到同类材料单向拉伸屈服时切应力的屈服极限 τ_s,材料就在该点处出现屈服或发生显著的塑性变形。其屈服准则为

$$\tau_{max} = \tau_s$$

由于 $\tau_{max} = \dfrac{\sigma_1 - \sigma_3}{2}$,$\tau_s = \dfrac{\sigma_s}{2}$,于是屈服准则改写为

$$\sigma_1 - \sigma_3 = \sigma_s \tag{9.5}$$

相应的强度条件为

$$\sigma_1 - \sigma_3 \leqslant [\sigma] \tag{9.6}$$

最大切应力理论较好地解释了屈服现象。例如,低碳钢拉伸屈服时沿与轴线成 45° 的方向出现滑移线,这是材料内部沿这一方向相对滑移造成的,而该方向的斜截面上切应力恰为最大。这一理论的不足之处是忽略了 σ_2 的影响。在二向应力状态下,与实验资料比较,理论结果偏于安全。

(2)畸变能密度理论——第四强度理论

它是波兰 M. T. Hnber 于 1904 年从总应变理论改进而来的。德国 R. Von Mises 于 1913 年,美国 H. Hencky 于 1925 年均对这一理论作过进一步研究和阐述。畸变能密度理论也称为 **R. Von Mises 屈服准则**或**第四强度理论**。该理论认为,畸变能密度是引起材料发生屈服的主要因素。即认为无论是什么应力状态,只要材料内一点的畸变能密度 v_d 达到同类材料在单向拉伸屈服时的畸变能密度的极限值 v_d^0,材料就会发生屈服。于是屈服准则为

$$v_d = v_d^0$$

在复杂应力状态下,畸变能密度 v_d 为

$$v_d = \frac{1+\mu}{6E}\left[(\sigma_1 - \sigma_2)^2 + (\sigma_2 - \sigma_3)^2 + (\sigma_3 - \sigma_1)^2\right]$$

在单向拉伸屈服时的畸变能密度的极限值 v_d^0 为

$$v_d^0 = \frac{1+\mu}{6E}\left[2\sigma_s^2\right]$$

于是屈服准则改写为

$$\sqrt{\frac{1}{2}\left[(\sigma_1 - \sigma_2)^2 + (\sigma_2 - \sigma_3)^2 + (\sigma_3 - \sigma_1)^2\right]} = \sigma_s \tag{9.7}$$

相应的强度条件为

$$\sqrt{\frac{1}{2}\left[(\sigma_1 - \sigma_2)^2 + (\sigma_2 - \sigma_3)^2 + (\sigma_3 - \sigma_1)^2\right]} \leqslant [\sigma] \tag{9.8}$$

这一理论与实验结果吻合的程度比第三强度理论更好。

从式(9.2)、式(9.4)、式(9.6)、式(9.8)来看,可用一个统一的形式表示为

$$\sigma_r \leqslant [\sigma]$$

其中,σ_r 称为**相当应力**(equivalent stress)。4 个强度理论的相当应力分别为

$$\sigma_{r1} = \sigma_1$$

$$\sigma_{r2} = \sigma_1 - \mu(\sigma_2 + \sigma_3)$$

$$\sigma_{r3} = \sigma_1 - \sigma_3$$

$$\sigma_{r4} = \sqrt{\frac{1}{2}\left[(\sigma_1 - \sigma_2)^2 + (\sigma_2 - \sigma_3)^2 + (\sigma_3 - \sigma_1)^2\right]}$$

对于梁来说,由于 $\sigma_{\substack{1\\3}} = \frac{\sigma}{2} \pm \sqrt{\left(\frac{\sigma}{2}\right)^2 + \tau^2}$,$\sigma_2 = 0$,于是第三、第四强度理论的相当应力为

$$\sigma_{r3} = \sqrt{\sigma^2 + 4\tau^2} \tag{9.9}$$

$$\sigma_{r4} = \sqrt{\sigma^2 + 3\tau^2} \tag{9.10}$$

关于以上 4 个强度理论的应用,一般来说,如铸铁、石料、混凝土、玻璃等脆性材料通常以脆断方式破坏,宜选用第一和第二强度理论。如低碳钢、铝、铜等塑性材料通常以屈服的方式失效,宜选用第三和第四强度理论。

应该指出,在不同应力状态下,即便是同一材料也可能有不同的失效形式。例如,低碳钢在单向拉伸时以屈服的形式失效,但低碳钢制成的螺栓受拉伸时,会沿螺纹根部横截面发生脆断。这是因为该横截面上大部分材料处于三向受拉应力状态。当 3 个主应力数值接近时,由屈服准则式(9.5)或式(9.7)看出,屈服将很难出现。又如,铸铁单向受拉时以脆断形式破坏。但如以淬火钢球压在铸铁板上,接触点附近的材料处于三向受压状态,随着压力的增大,铸铁板会出现明显的凹坑,这表明已出现屈服现象。

因此,无论是塑性或脆性材料,在三向拉应力状态的情况下,都将以脆性断裂的形式破坏,宜采用最大拉应力理论。在三向压应力状态的情况下,都可引起塑性变形,宜采用第三或第四强度理论。但应指出,对于塑性材料,由于不可能从单向拉伸试验得到材料发生脆断的极限应力,因此,式(9.2)中的许用应力不能取单向拉伸的许用应力值,而应用发生脆断时的最大主应力 σ_1 除以安全因数。同样,因脆性材料不可能由单向拉伸试验得到材料发生屈服的极限应力,因此,式(9.6)或式(9.8)中的许用应力也不能用脆性材料在单向拉伸时的许用拉应力值。

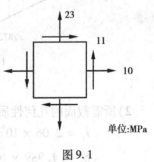

单位:MPa

图 9.1

例 9.1　已知铸铁构件上危险点处的应力状态如图 9.1 所示。若铸铁拉伸许用应力 $[\sigma_t] = 30$ MPa,试校核该点处的强度。

解 本例中 $\sigma_x = 10$ MPa，$\sigma_y = 23$ MPa，$\tau_{xy} = -11$ MPa，则

$$\sigma_{\substack{\max \\ \min}} = \frac{\sigma_x + \sigma_y}{2} \pm \sqrt{\left(\frac{\sigma_x - \sigma_y}{2}\right)^2 + \tau_{xy}^2}$$

$$= \frac{10 + 23}{2} \text{ MPa} \pm \sqrt{\left(\frac{10 - 23}{2}\right)^2 + 11^2} \text{ MPa} = \begin{array}{c} 29.28 \text{ MPa} \\ 3.72 \text{ MPa} \end{array}$$

3 个主应力分别为 $\sigma_1 = 29.28$ MPa，$\sigma_2 = 3.72$ MPa，$\sigma_3 = 0$。因为铸铁为脆性材料，故采用第一强度理论。

$$\sigma_{r1} = \sigma_1 = 29.28 \text{ MPa} < [\sigma_t] = 30 \text{ MPa}$$

故此危险点的应力满足强度条件。

例 9.2 两端简支的工字形钢板梁，梁的尺寸及梁上荷载如图 9.2 所示。已知 $F = 750$ kN，材料的许用应力 $[\sigma] = 170$ MPa，$[\tau] = 100$ MPa。试全面校核梁的强度。

解 1）可能的危险点位置。

梁的剪力图和弯矩图如图 9.2(a)所示，$M_{\max} = 787.5$ kN·m，$F_{S,\max} = 375$ kN。可知危险截面为 C 截面的左、右邻截面，且两者危险程度相同。危险截面上应力分布如图 9.2(b)所示。可见，可能的危险点为 C 截面的左、右邻截面上的上、下边缘处的点（正应力最大），中性轴处的点（切应力最大），腹板与翼缘交界处的点（D 或 E 点的正应力和切应力都比较大）。

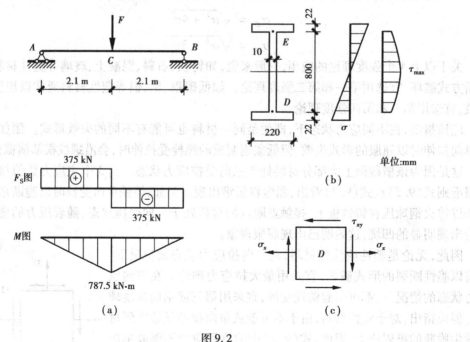

图 9.2

2）所需截面的几何性质。

$$I_z = 2.06 \times 10^9 \text{ mm}^4, W_z = 4.88 \times 10^6 \text{ mm}^3, S_{z,\max} = 2.79 \times 10^6 \text{ mm}^3,$$

$$S_z^D = 1.989 \times 10^6 \text{ mm}^3, b = 10 \text{ mm}, y_D = 400 \text{ mm}$$

3）校核正应力强度。

$$\sigma_{\max} = \frac{M_{\max}}{W_z} = \frac{787.5 \times 10^6 \text{ N} \cdot \text{mm}}{4.88 \times 10^6 \text{ mm}^3} = 161.37 \text{ MPa} < [\sigma] = 170 \text{ MPa}$$

满足正应力强度条件。

4）校核切应力强度。

$$\tau_{max} = \frac{F_{S,max}S_{z,max}}{bI_z} = \frac{375 \times 10^3 \text{ N} \times 2.79 \times 10^6 \text{ mm}^3}{10 \text{ mm} \times 2.06 \times 10^9 \text{ mm}^4} = 50.79 \text{ MPa} < [\tau] = 100 \text{ MPa}$$

满足切应力强度条件。

5）按第三强度理论校核 D 点的强度。

首先算出 C 截面的左或右邻横截面上 D 点的正应力 σ_x 和切应力 τ_{xy}。

$$\sigma_x = \frac{M_{max}}{I_z} \cdot y_D = \frac{787.5 \times 10^6 \text{ N} \cdot \text{mm}}{2.06 \times 10^9 \text{ mm}^4} \times 400 \text{ mm} = 152.91 \text{ MPa}$$

$$\tau_{xy} = \frac{F_{S,max}S_z}{bI_z} = \frac{375 \times 10^3 \text{ N} \times 19.89 \times 10^5 \text{ mm}^3}{10 \text{ mm} \times 2.06 \times 10^9 \text{ mm}^4} = 36.21 \text{ MPa}$$

$$\sigma_{r3} = \sqrt{\sigma_x^2 + 4\tau_{xy}^2} = 169.19 \text{ MPa} < [\sigma] = 170 \text{ MPa}$$

满足强度条件。

综上所述，该梁满足强度条件。

例9.3　试分别根据第三或第四强度理论，确定塑性材料在纯剪切时的许用切应力 $[\tau]$ 与同种材料单向拉（压）时的许用应力 $[\sigma]$ 之间的关系。

解　对于如图 9.3 所示纯剪切状态，有 $\sigma_x = \sigma_y = 0$，$\tau_{xy} = \tau$，于是

$$\sigma_1 = \tau, \quad \sigma_2 = 0, \quad \sigma_3 = -\tau$$

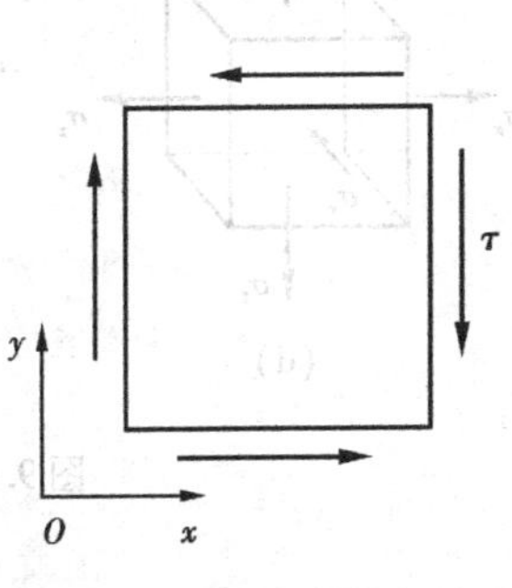

根据第三强度理论

$$\sigma_{r3} = \sigma_1 - \sigma_3 = 2\tau \leqslant [\sigma]$$

得切应力 τ 的许用值为

$$[\tau] = \frac{[\sigma]}{2} = 0.5[\sigma]$$

根据第四强度理论

$$\sigma_{r4} = \sqrt{\frac{1}{2}\left[(\sigma_1 - \sigma_2)^2 + (\sigma_2 - \sigma_3)^2 + (\sigma_3 - \sigma_1)^2\right]} = \sqrt{3}\tau \leqslant [\sigma]$$

得切应力 τ 的许用值为

$$[\tau] = \frac{[\sigma]}{\sqrt{3}} = 0.577[\sigma]$$

图 9.3

因此塑性材料的许用切应力通常取为

$$[\tau] = (0.5 \sim 0.577)[\sigma]$$

例9.4　如图 9.4（a）所示两端封闭的薄壁圆筒受内压 p 作用。圆筒部分的内直径为 D，厚度为 t，且 $t \ll D$。试分别按第三和第四强度理论写出薄壁圆筒壁上 K 点的相当应力表达式。

解　1）求 K 点处沿筒轴向的应力 σ_x。

取如图 9.4（b）所示分离体。由圆筒及其受力的对称性，且 $t \ll D$，因此，圆筒部分横截面上正应力 σ_x，可认为在横截面上各点处相等。由 $\sum F_{ix} = 0$，有

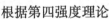

$$\sigma_x \cdot \pi D \cdot t - p \cdot \frac{\pi}{4}D^2 = 0$$

223

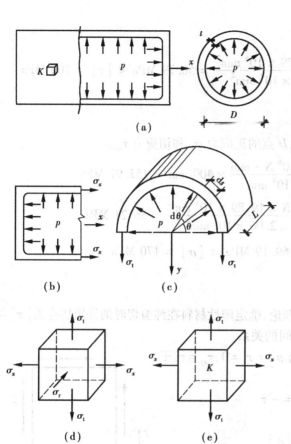

图 9.4

$$\sigma_x = \frac{pD}{4t}$$

2)求 K 点处的周向应力 σ_t。

取如图 9.4(c)所示分离体,设分离体纵向长度为 L,且 $t \ll D$,因此可认为在纵截面上各点处的止应力 σ_t 是相等的,并称为**周向应力**。由 $\sum F_{iy} = 0$,有

$$\sigma_t \cdot 2tL - \int_0^\pi pds \cdot L \cdot \sin\theta = 0$$

$$\sigma_t = \frac{\int_0^\pi p \cdot \frac{D}{2} \sin\theta \cdot d\theta}{2t}$$

$$= \frac{p \cdot \frac{D}{2}(-\cos\theta)\Big|_0^\pi}{2t} = \frac{pD}{2t}$$

3)求 K 点处的径向应力 σ_r。

取如图 9.4(d)所示分离体,由平衡条件知,$|\sigma_{r\,max}| = p$

比较 $|\sigma_{r\,max}|$ 与 σ_x 和 σ_t,有

$$\frac{|\sigma_{r\,max}|}{\sigma_x} = \frac{p}{\frac{pD}{4t}} = \frac{4t}{D}, \quad \frac{|\sigma_{r\,max}|}{\sigma_t} = \frac{2t}{D}$$

因 $t \ll D$,故 $|\sigma_{r\,max}| \ll \sigma_x$ 或 $|\sigma_{r\,max}| \ll \sigma_t$,故工程中常不考虑 σ_r 的影响。于是 K 点的应力状态可近似为如图 9.4(e)所示二向应力状态。

4)第三、第四强度理论的相当应力。

由如图 9.4(e)知,K 点处,$\sigma_1 = \sigma_t = \frac{pD}{2t}$,$\sigma_2 = \sigma_x = \frac{pD}{4t}$,$\sigma_3 = 0$

代入第三、第四强度理论的相当应力表达式有

$$\sigma_{r3} = \sigma_1 - \sigma_3 = \frac{pD}{2t}$$

$$\sigma_{r4} = \sqrt{\frac{1}{2}[(\sigma_1 - \sigma_2)^2 + (\sigma_2 - \sigma_3)^2 + (\sigma_3 - \sigma_1)^2]} = \frac{\sqrt{3}pD}{4t}$$

9.3 莫尔强度理论

前述 4 个强度理论都是假设应力状态中某种因素是引起材料破坏的主要因素,因此不可避免地存在片面性。另外,第三、第四强度理论只适用于抗拉和抗压破坏性能相同或相近的材料,而对于像岩石、混凝土、土壤等抗拉和抗压强度不相等的材料是不适合的。这些材料在二

向或三向应力状态而 σ_1 和 σ_3 分别为拉应力和压应力,且 σ_1 在数值上小于 σ_3 的情形,第一强度理论也是不适合的。为了校核这类材料在上述情形时的强度,德国 D. Mohr 于 1900 年提出了莫尔强度理论。

莫尔强度理论并不简单地假设材料的破坏是由某一因素达到了其极值而引起的,它是以各种应力状态下材料的破坏试验结果为依据而建立起来的带有一定经验性的强度理论。

莫尔强度理论认为材料的破坏,不仅取决于最大主应力 σ_1 和最小主应力 σ_3 的大小,而且还与材料的拉压性质及其抗拉、压强度极限的比例有关。其强度条件是由若干处于不同破坏状态的莫尔圆的包络线来确定的。

我们知道,一点的应力状态可以用 3 个应力圆表示。如图 9.5(a)所示单元体,其上 3 个主应力分别为 $\sigma_1, \sigma_2, \sigma_3$,根据主应力可画出此单元体的三向应力圆,如图 9.5(b)所示。

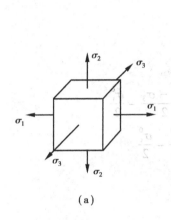
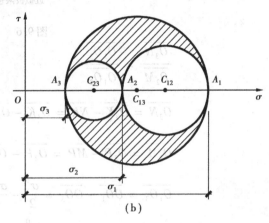

图 9.5

由图 9.5(b)可知,代表一点处应力状态中最大正应力和最大切应力的点均在由 σ_1 和 σ_3 所决定的最大应力圆上,因此,莫尔认为单由最大应力圆就足以决定极限应力状态,即开始发生屈服或脆断时的应力状态,而不必考虑中间主应力 σ_2 对材料强度的影响。

按材料在破坏时的主应力 σ_1, σ_3 所作的应力圆,称为**极限应力圆**。设想拥有一台材料万能试验机,它能使试件处于任意的应力状态,并且 3 个主应力($\sigma_1, \sigma_2, \sigma_3$)可以根据需要按任意给定的比例改变。莫尔认为,根据试验所得的在各种应力状态下的极限应力圆具有一条公共的**极限包络线**。不同材料具有不同的极限包络线。从理论上讲,只要找到了同一材料在不同应力状态下的极限包络线,建立这种材料失效准则的问题就变简单了。**若以危险点的 σ_1 和 σ_3 作出的应力圆位于该材料的极限包络线之内,则此危险点就不会破坏;若这个应力圆与包络线相切,则此危险点就会发生破坏,相应切点所代表的单元体平面就是破坏面。**

然而,要按照试验数据绘出一系列极限应力圆并从而确定出极限包络线,事实上并不容易。并且即使绘出了这种包络线,要应用它来确定某一应力状态下的极限应力圆,也很不方便,因此,在工程应用中,一般用轴向拉伸极限应力圆和轴向压缩极限应力圆的公切线近似地代替极限包络线,如图 9.6 所示。

设受力构件内危险点处于极限应力状态,则其极限应力圆(见图 9.6 中虚线圆)与近似包络线相切于 K 点。此时 O_1L, O_2P 和 O_3K 与公切线 PL 垂直,再作 O_1M 平行于公切线 PL 交 O_2P, O_3K 于 M 和 N。利用 $\triangle O_1NO_3 \backsim \triangle O_1MO_2$,可得

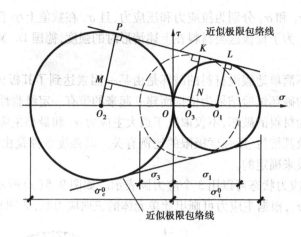

图 9.6

$$\frac{\overline{O_3N}}{\overline{O_2M}} = \frac{\overline{O_1O_3}}{\overline{O_1O_2}} \tag{a}$$

其中
$$\overline{O_3N} = \overline{O_3K} - \overline{NK} = \overline{O_3K} - \overline{O_1L} = \frac{\sigma_1 - \sigma_3}{2} - \frac{\sigma_t^0}{2}$$

$$\overline{O_2M} = \overline{O_2P} - \overline{MP} = \overline{O_2P} - \overline{O_1L} = \frac{\sigma_c^0}{2} - \frac{\sigma_t^0}{2}$$

$$\overline{O_1O_3} = \overline{OO_1} - \overline{OO_3} = \frac{\sigma_t^0}{2} - \frac{\sigma_1 + \sigma_3}{2}$$

$$\overline{O_1O_2} = \overline{OO_1} + \overline{OO_2} = \frac{\sigma_t^0}{2} + \frac{\sigma_c^0}{2}$$

将以上各式代入式（a），化简整理后得莫尔强度理论的失效准则为

$$\sigma_1 - \frac{\sigma_t^0}{\sigma_c^0}\sigma_3 = \sigma_t^0 \tag{9.11}$$

考虑安全因数后，得出莫尔强度理论的强度条件为

$$\sigma_{rM} = \sigma_1 - \frac{[\sigma_t]}{[\sigma_c]}\sigma_3 \leqslant [\sigma_t] \tag{9.12}$$

式中　σ_{rM}——莫尔强度理论的相当应力。σ_1,σ_3 取代数值，σ_t^0,σ_c^0 或 $[\sigma_t],[\sigma_c]$ 取绝对值。

莫尔强度理论一般适用于脆性材料和低塑性材料，特别适用于抗拉和抗压强度不等的脆性材料。莫尔强度理论在土力学和岩石力学中得到广泛应用。

例 9.5　已知一铸铁构件中，某 K_1 点处的最大主应力为 50 MPa，某 K_2 点处的最大切应力为 150 MPa。试按莫尔强度理论计算 K_1 点处的最小主应力，以及 K_2 点处的主应力值。铸铁的抗拉强度极限和抗压强度极限分别为 $\sigma_t^0 = 140$ MPa，$\sigma_c^0 = 650$ MPa。

解　1）由题意 $\sigma_1 = 50$ MPa，$\sigma_t^0 = 140$ MPa，$\sigma_c^0 = 650$ MPa

根据式（9.11），有

$$\sigma_1 - \frac{\sigma_t^0}{\sigma_c^0}\sigma_3 = \sigma_t^0$$

代入数值，有

$$50 \text{ MPa} - \frac{140}{650}\sigma_3 = 140 \text{ MPa}$$

解出

$$\sigma_3 = -418 \text{ MPa}$$

2）由题意已知 $\sigma_t^0 = 140$ MPa，$\sigma_c^0 = 650$ MPa，$\tau_{max} = 150$ MPa

根据式（9.11）有

$$\sigma_1 - \frac{\sigma_t^0}{\sigma_c^0}\sigma_3 = \sigma_t^0$$

代入数值，有

$$\sigma_1 - \frac{140}{650}\sigma_3 = 140 \text{ MPa} \tag{a}$$

再根据 $\tau_{max} = \frac{\sigma_1 - \sigma_3}{2}$，有

$$\sigma_1 - \sigma_3 = 2\tau_{max} = 300 \text{ MPa} \tag{b}$$

联立式（a）、式（b）解得

$$\sigma_1 = 96 \text{ MPa}, \sigma_3 = -204 \text{ MPa}$$

思 考 题

9.1 什么是强度理论？金属材料破坏主要有几种形式？相应有几类强度理论？

9.2 目前常用的几种强度理论的基本观点是什么？如何建立相应的强度条件？各适用于何范围？

9.3 当材料处于单向与纯剪切的组合应力状态时，如何建立相应的强度条件？

9.4 如何建立薄壁圆筒的周向与轴向正应力公式？应用条件是什么？如何建立薄壁圆筒的强度条件？

9.5 水管在冬天常有冻裂现象，根据作用与反作用原理，水管壁与管内所结冰之间的相互作用力应该相等，为什么结果不是冰被压碎而是水管往往冻裂？

9.6 一个空间单元体，3个主应力相等且为压应力，根据第三、第四强度理论，这种应力状态下是不会导致破坏的，这种说法是否正确？为什么？

9.7 将沸水倒入厚玻璃杯里，玻璃杯内、外壁的受力情况如何？若因此而发生破裂，问破坏是从内壁开始，还是从外壁开始，为什么？

习 题

9.1 某铸铁杆件危险点处的应力状态如题9.1图所示，已知材料的许用拉应力 $[\sigma_t] = 40$ MPa 试校核该点的强度。图中应力单位为 MPa。

答 $\sigma_{r1} = 34.08$ MPa

9.2 试比较如题9.2图所示正方形截面棱柱体在下列两种情况下的相当应力 σ_{r3}，弹性

227

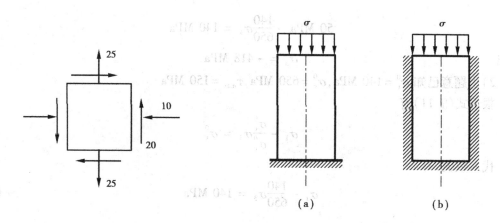

题9.1图 题9.2图

常数 E,μ 均为已知。图9.2(a)棱柱体自由受压;图9.2(b)棱柱体在刚性方模中受压。

答 (a)$\sigma_{r3}=\sigma$ (b)$\sigma_{r3}=\dfrac{1-2\mu}{1-\mu}\sigma$

9.3 导轨与车轮接触处的主应力为 -450 MPa, -300 MPa, -500 MPa。若导轨的许用应力为$[\sigma]=175$ MPa,试按第四强度理论校核其强度。

答 $\sigma_{r4}=180.4$ MPa

9.4 已知脆性材料的许用拉应力$[\sigma]$与泊松比 μ,试根据第一与第二强度理论确定该材料纯剪切时的许用剪应力$[\tau]$。

答 $[\tau_1]=[\sigma]$, $[\tau_2]=\dfrac{[\sigma]}{1+\mu}$

9.5 截面及尺寸如题9.5图所示伸臂梁,承受集中荷载 $F=130$ kN 作用,材料的许用正应力$[\sigma]=170$ MPa,许用切应力$[\tau]=100$ MPa。试全面校核梁的强度。

答 $\sigma_{max}=154.45$ MPa,$\tau_{max}=62.73$ MPa,$\sigma_{r3}=169.36$ MPa

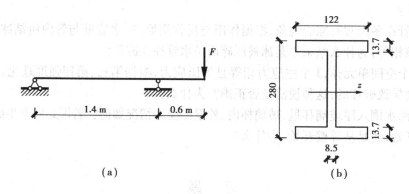

(a) (b)

题9.5图

9.6 两端简支的钢板梁,梁的截面尺寸及梁上荷载如题9.6图所示,已知 $F=120$ kN, $q=2$ kN/m,材料的许用正应力$[\sigma]=160$ MPa,许用切应力$[\tau]=100$ MPa。试全面校核梁的强度。

答 $\sigma_{max}=131.7$ MPa,$\tau_{max}=59.5$ MPa,$\sigma_{r3}=144.8$ MPa

9.7 如题9.7图所示圆柱形薄壁封闭容器,受外压 $p=15$ MPa 作用,试按第四强度理论

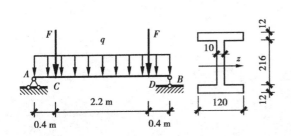

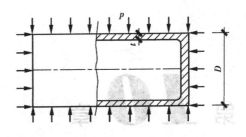

题 9.6 图　　　　　　　　　　　　　　　　题 9.7 图

确定其壁厚 t。容器外直径 $D = 80$ mm，材料的许用应力 $[\sigma] = 160$ MPa。

　　答　$t \geqslant 3.25$ mm

　　9.8　如题 9.8 图所示，一薄壁圆筒同时承受扭矩和轴力作用。已知 $M_x = 25$ kN·m，$F_N = 140$ kN，圆筒的平均半径 $r_0 = 100$ mm，材料的许用应力 $[\sigma] = 100$ MPa，试按最大切应力理论设计圆筒壁厚 t。

　　答　$t \geqslant 8.26$ mm。

　　9.9　如题 9.9 图所示为两端封闭铸铁薄壁圆筒，其内径 $d = 200$ mm，壁厚 $t = 9$ mm，承受内压 $p = 3$ MPa，且在两端受轴向压力 $F_N = 150$ kN 的作用，材料的许用拉应力 $[\sigma_t] = 40$ MPa，许用压应力 $[\sigma_c] = 160$ MPa，试按莫尔强度理论进行强度校核。

　　答　$\sigma_{rM} = 35.5$ MPa

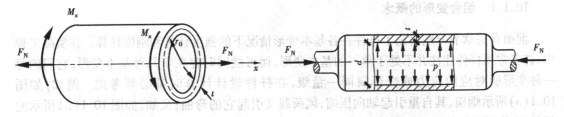

题 9.8 图　　　　　　　　　　　　　　题 9.9 图

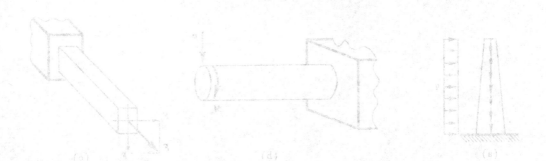

第 10 章
组合变形

答 12.4 MPa

6.8 如图10.8所示，一减速箱低速轴受载荷作用，已知啮合力 $F_n = 25$ kN·m，$t = 140$ kN，圆周力（切向力）$F_t = ?$ kN·mm，径向力（径向）$F_r = ?$ kN，试求最大切应力为多少（不计自重）？

答 12.5 MPa

6.9 如图10.9所示，一圆轴两端固定，其直径 $d = 200$ mm，受扭矩 $t = 9$ kN·m，求变形……
$F = 30$ kN 时，轴的扭转 t 与 …… t 材料抗扭 …… 90 MPa。

答 92.5 MPa

10.1 概 述

本章内容是应用叠加法计算工程中常见的杆件组合变形问题。通过本章的学习,不只是解决组合变形的问题,也是对前面各章的整理和复习。

10.1.1 组合变形的概念

前面有关章节分别讨论了杆件在各基本变形情况下的强度计算和刚度计算。在实际工程中,许多常用杆件往往并不处于单一的基本变形,而可能同时存在着几种基本变形,它们的每一种变形所对应的应力或变形属同一量级,在杆件设计计算时都必须考虑。例如,如图 10.1(a)所示烟囱,其自重引起轴向压缩,风荷载又引起它的弯曲;又如,如图 10.1(b)所示的杆件,F 作用下杆件发生弯曲变形,主动力偶 M_e 作用下杆件发生扭转变形,F,M_e 共同作用下,杆件同时发生弯曲和扭转两个基本变形;再如,如图 10.1(c)所示梁,F_y 作用下梁在 xy 面内发生平面弯曲,F_z 作用下梁在 xz 面内发生平面弯曲,F_y,F_z 共同作用下,梁同时在两个相互垂直的形心主惯性平面内发生平面弯曲。杆件在荷载作用下,同时产生两种或两种以上基本变形的情况称为**组合变形**(combined deformation)。

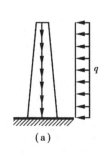
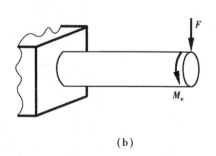
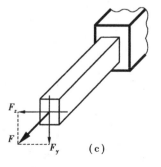

(a)　　　　　　　　　　(b)　　　　　　　　　　(c)

图 10.1

10.1.2　组合变形的求解方法

在小变形、线弹性材料的前提下,杆件同时存在的几种基本变形,它们的每一种基本变形都是彼此独立的,即在组合变形中的任一种基本变形都不会改变另外一种基本变形相应的应力和变形。这样,对于组合变形问题就能够用叠加原理来进行计算。具体的方法及步骤是:

①荷载标准化。找出构成组合变形的所有基本变形,将荷载化简为只引起这些基本变形的相当力系。

②基本变形计算。按构件原始形状和尺寸,计算每一组基本变形的应力和变形。

③综合。将各种基本变形在同一点上产生的应力叠加,对危险点根据强度理论作强度计算;将各基本变形在同一横截面上产生的位移合成,校核杆件的刚度。

本章着重介绍斜弯曲、轴向拉伸(压缩)与弯曲、偏心拉(压)、弯曲与扭转等工程中常见的几种组合变形。

10.2　斜弯曲

在第 6 章讨论过平面弯曲,例如,如图 10.2(a)所示的矩形截面梁,外力 F_1,F_2 作用于同一纵向平面内,作用线通过截面的弯心,且与形心主惯性轴之一平行,梁弯曲后,梁的挠曲线位于外力所在的形心主惯性平面内,这类弯曲为**平面弯曲**。如图 10.2(b)所示的矩形截面梁,外力 F 的作用线虽然通过截面的弯心,但它与截面的形心主惯性轴斜交,此时,梁弯曲后的挠曲线不再位于外力 F 所在的纵向平面内,这类弯曲则称为**斜弯曲**(oblique bending)。所谓斜弯曲是指当横向外力通过截面的弯曲中心,但与形心主轴不平行或外力偶矩矢垂直于轴线,但与形心主轴斜交时产生的组合变形。本节主要研究斜弯曲时的应力和变形计算。

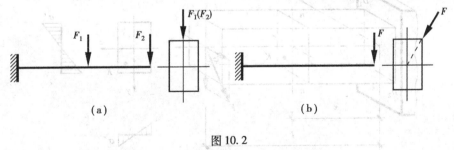

图 10.2

现以如图 10.3 所示矩形截面梁为例介绍斜弯曲的求解方法。

10.2.1　斜弯曲的内力计算

先将外力 F 沿横截面两个形心主轴方向分解为 F_y,F_z

$$F_y = F \cos \varphi, F_z = F \sin \varphi$$

F_y 单独作用下,梁在 Oxy 平面内发生平面弯曲,中性轴为 z 轴,弯矩为 M_z。F_z 单独作用下,梁在 Oxz 平面内发生平面弯曲,中性轴为 y 轴,弯矩为 M_y。任意横截面 n-n 内的弯矩值是

$$M_z = F_y(l-x) = F\cos\varphi(l-x) = M \cdot \cos\varphi \atop M_y = F_z(l-x) = F\sin\varphi(l-x) = M \cdot \sin\varphi \biggr\} \tag{a}$$

式中，$M = F(l-x)$是外力 F 引起的 n-n 截面上的总弯矩值，通常由 M_y，M_z 的矢量和求得

$$M = \sqrt{M_y^2 + M_z^2} \tag{b}$$

10.2.2　横截面上任意点的应力

在横截面 n-n 上任意点 $K(y,z)$ 处，对应于 M_z，M_y 两平面弯曲的正应力分别为

$$\sigma' = -\frac{M_z}{I_z}y, \quad \sigma'' = \frac{M_y}{I_y}z \tag{c}$$

F_y 和 F_z 共同作用下，按叠加原理，因 K 点处 σ' 和 σ'' 具有相同的方位，应取代数和，故 K 点的正应力为

$$\sigma = \sigma' + \sigma'' = -\frac{M_z}{I_z}y + \frac{M_y}{I_y}z \tag{10.1}$$

或写成

$$\sigma = \sigma' + \sigma'' = M\left(\frac{\sin\varphi}{I_y}z - \frac{\cos\varphi}{I_z}y\right) \tag{10.2}$$

式(10.1)就是图10.3所示斜弯曲时横截面上任一点的正应力计算公式。式中，I_y 和 I_z 分别是横截面对形心主惯性轴 y，z 的惯性矩；y 和 z 分别是欲求应力点的坐标。在上述分析中，已考虑到集中力 F 使第一象限内的点 $K(y,z)$ 产生的应力的正负符号，即拉应力为正，压应力为负，故使用式(10.1)或式(10.2)时，直接代入横截面上任意点带正负符号的坐标 (y,z) 值，就能够反映该点正应力 σ 的实际正负。

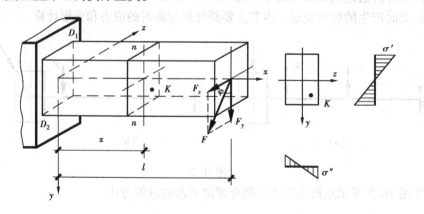

图 10.3

10.2.3　中性轴位置的确定

设横截面上中性轴上各点的坐标为 (y_0, z_0)，因中性轴上各点的正应力等于零，把 (y_0, z_0) 代入式(10.1)有

$$\frac{M_y}{I_y}z_0 - \frac{M_z}{I_z}y_0 = 0 \tag{10.3}$$

可见,斜弯曲的中性轴是一条通过截面形心、与形心主轴斜交的直线。将式(a)代入式(10.3)得

$$\frac{\sin \varphi}{I_y}z_0 - \frac{\cos \varphi}{I_z}y_0 = 0 \tag{d}$$

设中性轴与 z 轴的夹角为 α(见图10.4),由式(d)得

$$\tan \alpha = \frac{y_0}{z_0} = \frac{I_z}{I_y}\tan \varphi \tag{10.4}$$

上式即为确定中性轴位置的公式。

与平面弯曲类似,斜弯曲时,横截面上的正应力以中性轴为界,一侧为拉应力,另一侧为压应力,各点的正应力值与该点到中性轴的距离成正比,最大正应力位于距中性轴最远处(见图10.4、图10.5中的 D_1 或 D_2 点)。横截面上正应力的分布规律如图10.4所示。

一般情况下,式(10.4)中的 I_y,I_z 值不相等,故 $\alpha \neq \varphi$,中性轴不垂直于荷载作用面,但总是偏向 I_{min} 主惯性轴。例如,当 $I_z > I_y$ 时,由式(10.4)可知,$\alpha > \varphi$,中性轴偏向主惯性矩较小的 y 轴;当 $I_z < I_y$ 时,$\alpha < \varphi$,中性轴偏向主惯性矩较小的 z 轴。

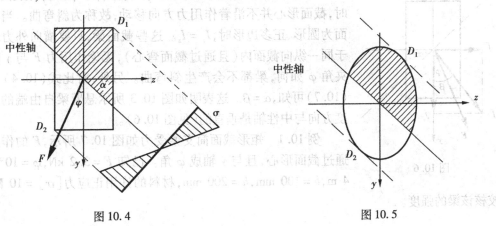

图 10.4　　　　　　　　　　　　　　　　图 10.5

10.2.4　斜弯曲梁的强度计算

中性轴位置确定后,对斜弯曲杆件来说,就不难算出危险截面上的最大拉应力和最大压应力。对于矩形截面、工字形截面及槽形截面等具有棱角的截面,常可以不预先确定中性轴的位置,直接由同一横截面的 M_y 和 M_z 判定出点 D_1 或 D_2 为应力绝对值最大的点,将 y_{max},z_{max} 代入式(10.1)得到这两点的应力表达式。若截面形状没有明显棱角,可作中性轴的平行线,使之与截面相切于 D_1 和 D_2 点,则 D_1 或 D_2 距中性轴最远,其正应力绝对值必为最大值(见图10.5)。

在梁的斜弯曲问题中,一般不考虑切应力的影响,直接对危险截面上的危险点进行正应力强度计算,其强度条件为

$$\sigma_{max} = \left| \frac{M_z}{I_z}y + \frac{M_y}{I_y}z \right|_{max} \leqslant [\sigma] \tag{10.5}$$

对于矩形、工字形及槽形截面梁，则可写成

$$\sigma_{\max} = \left| \frac{M_y}{W_y} + \frac{M_z}{W_z} \right|_{\max} \leqslant [\sigma]$$

10.2.5　斜弯曲梁的变形计算

梁在斜弯曲情况下的变形，仍可根据叠加原理求解。如图 10.3 所示悬臂梁在自由端的挠度就等于力 F 的分量 F_y，F_z 在各自弯曲平面内的挠度的矢量和。因为

$$f_y = \frac{F_y l^3}{3EI_z} = \frac{F l^3}{3EI_z}\cos\varphi, \quad f_z = \frac{F_z l^3}{3EI_y} = \frac{F l^3}{3EI_y}\sin\varphi$$

故梁的自由端总挠度为

$$f = \sqrt{f_y^2 + f_z^2} \tag{10.6}$$

设总挠度 f 的方向与 y 轴之间的夹角为 β（见图 10.6），则

$$\tan\beta = \frac{f_z}{f_y} = \frac{I_z}{I_y}\tan\varphi \tag{10.7}$$

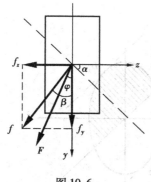

图 10.6

试校核该梁的强度。

由式（10.7）可知，若截面的 $I_y \neq I_z$，则 $\beta \neq \varphi$。表明梁在变形时，截面形心并不沿着作用力方向移动，故称为斜弯曲。当横截面为圆形、正多边形时，$I_y = I_z$。这些截面梁，只要横向外力作用于同一纵向截面内（且通过截面弯心），无论作用力 F 与 y 轴的夹角 φ 如何，梁都不会产生斜弯曲。另外，对比式（10.4）和式（10.7）可知，$\alpha = \beta$。这表明如图 10.3 所示悬臂梁自由端的总挠度方向与中性轴是垂直的（见图 10.6）。

例 10.1　矩形截面简支梁受力如图 10.7 所示，F 的作用线通过截面形心，且与 y 轴成 φ 角。已知 $F = 3.2$ kN，$\varphi = 10°$，$l = 4$ m，$b = 100$ mm，$h = 200$ mm，材料的许用正应力 $[\sigma] = 10$ MPa。

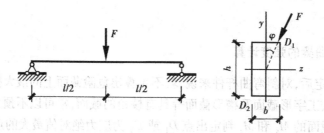

图 10.7

解　根据梁的受力，梁中的最大正应力发生在跨中截面的角点（D_1 或 D_2）处。将荷载沿截面的二对称轴方向分解为 F_y 和 F_z，它们引起的跨中截面上的弯矩分别为

$$M_{z,\max} = \frac{1}{4}F_y l = \frac{1}{4}Fl\cos\varphi = \frac{1}{4} \times 3.2\text{ kN} \times 4\text{ m} \times 0.985 = 3.15\text{ kN}\cdot\text{m}$$

$$M_{y,\max} = \frac{1}{4}F_z l = \frac{1}{4}Fl\sin\varphi = \frac{1}{4} \times 3.2\text{ kN} \times 4\text{ m} \times 0.174 = 0.56\text{ kN}\cdot\text{m}$$

梁中的最大正应力为

$$\sigma_{max} = \frac{M_{z,max}}{W_z} + \frac{M_{y,max}}{W_y}$$

$$= \frac{3.15 \times 10^6 \text{ N} \cdot \text{mm}}{\frac{1}{6} \times 100 \times 200^2 \text{ mm}^3} + \frac{0.56 \times 10^6 \text{ N} \cdot \text{mm}}{\frac{1}{6} \times 200 \times 100^2 \text{ mm}^3}$$

$$= 6.41 \text{ MPa} < [\sigma]$$

满足正应力强度条件。

例 10.2 悬臂梁承受如图 10.8 所示铅垂力 F_1 及水平力 F_2 的作用,试求矩形截面和圆形截面时梁内最大正应力。

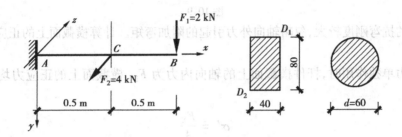

图 10.8

解 悬臂梁在 F_1 作用下,在 xy 平面内产生平面弯曲,在 F_2 作用下,在 xz 平面内产生平面弯曲,故该梁的变形为两个平面弯曲的组合即斜弯曲。两平面内的最大弯矩都发生在 A 截面上,其值分别为

$$M_{z,max} = 2 \text{ kN} \cdot \text{m}, \quad M_{y,max} = 2 \text{ kN} \cdot \text{m}$$

由于该梁为等截面梁,故 A 截面为危险截面。

对于矩形截面,D_1 点同时存在最大拉应力,而 D_2 点同时存在最大压应力,其值为

$$\sigma_{max} = \frac{M_{z,max}}{W_z} + \frac{M_{y,max}}{W_y} = \frac{2 \times 10^6 \text{ N} \cdot \text{mm}}{\frac{1}{6} \times 40 \times 80^2 \text{ mm}^3} + \frac{2 \times 10^6 \text{ N} \cdot \text{mm}}{\frac{1}{6} \times 80 \times 40^2 \text{ mm}^3} = 140.6 \text{ MPa}$$

对于圆形截面,由于通过形心的任意轴都为形心主轴,即任意方向的弯矩都有对应的形心主轴,为求最大应力,必须先求出危险截面上的总弯矩值,然后根据平面弯曲正应力公式计算最大正应力。

$$M_{max} = \sqrt{M_{y,max}^2 + M_{z,max}^2} = \sqrt{2^2 + 2^2} \text{ kN} \cdot \text{m} = 2.83 \text{ kN} \cdot \text{m}$$

$$\sigma_{max} = \frac{M_{max}}{W} = \frac{2.83 \times 10^6 \text{ N} \cdot \text{mm}}{\frac{\pi}{32} \times 60^3 \text{ mm}^3} = 133.5 \text{ MPa}$$

10.3 轴向拉伸(压缩)与弯曲的组合变形

杆件上同时作用有轴向外力和横向外力时,轴向外力使杆件轴向拉伸(压缩),横向

外力使杆件弯曲,此时杆件的变形为轴向拉伸(压缩)与弯曲的组合变形。如图10.1(a)所示的烟囱就是轴向压缩与弯曲组合变形的实例。下面结合如图10.9所示的杆件,说明轴向拉(压)与弯曲组合变形时的横截面正应力计算和强度校核。横截面上切应力一般很小,可忽略。

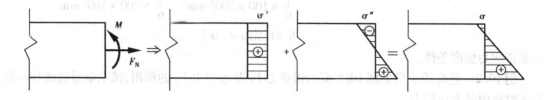

图10.9

设杆件的抗弯刚度较大,忽略轴向外力引起的附加弯矩。计算横截面上的正应力时,仍采用叠加法。

轴向外力单独作用时,杆件横截面上的轴向内力为 F_N,横截面上的正应力均匀分布,其值为

$$\sigma' = \frac{F_N}{A}$$

横向外力单独作用时,杆件发生平面弯曲,横截面上的弯矩为 M,横截面上任一点的正应力为

$$\sigma'' = \frac{M}{I_z}y$$

轴向外力和横向外力同时作用时,横截面的轴力 F_N 与弯矩 M 同时存在,横截面上任一点的正应力为

$$\sigma = \sigma' + \sigma'' = \frac{F_N}{A} + \frac{M}{I_z}y \tag{10.8}$$

横截面上的最大正应力发生在截面的上或下边缘处,其值为

$$\sigma_{\substack{max \\ min}} = \frac{F_N}{A} \pm \frac{M}{W_z}$$

杆件危险截面上的最大正应力发生在弯矩最大截面的上或下边缘,且危险点处于单向应力状态,故强度条件为

$$\sigma_{max} = \left| \frac{F_N}{A} \pm \frac{M_{max}}{W_z} \right| \leqslant [\sigma] \tag{10.9}$$

这里应指明一点:上述计算方法只有在杆件的抗弯刚度 EI 较大,横向外力产生的挠度远远小于横截面尺寸时才适用。当轴向拉伸与弯曲变形组合时,计算结果偏于安全;当轴向压缩与弯曲变形组合时,计算结果偏于不安全。

例10.3 矩形截面悬臂梁受力如图10.10所示,已知 $l = 2$ m,$b = 100$ mm,$h = 200$ mm,$F_1 = 3$ kN,$F_2 = 2$ kN,$M_e = 2$ kN·m。试求梁横截面上的最大拉应力和最大压应力。

解 1)内力计算。

$$F_N = F_1 = 3 \text{ kN}, \qquad |M|_{max} = \left| -F_2 \cdot \frac{l}{2} - M_e \right| = 4 \text{ kN·m}$$

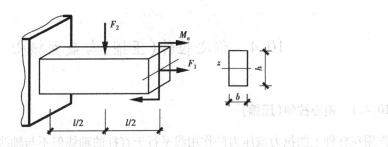

图 10.10

2）最大拉应力发生在固定端截面的上边缘处,其值为

$$\sigma_{t,max} = \frac{F_N}{A} + \frac{|M|_{max}}{W_z} = \frac{F_N}{bh} + \frac{|M|_{max}}{\frac{1}{6}bh^2}$$

$$= \frac{3 \times 10^3 \text{ N}}{100 \times 200 \text{ mm}^2} + \frac{4 \times 10^6 \text{ N} \cdot \text{mm}}{\frac{1}{6} \times 100 \times 200^2 \text{ mm}^3}$$

$$= 6.15 \text{ MPa}$$

3）最大压应力发生在固定端截面的下边缘处,其值为

$$\sigma_{c,max} = \frac{F_N}{A} - \frac{|M|_{max}}{W_z} = -5.85 \text{ MPa}$$

例 10.4　如图 10.11（a）所示结构中,横梁 *BD* 为工20a的工字钢,已知 $F = 20$ kN, $l_1 = 2.5$ m, $l_2 = 1.5$ m,钢材的许用应力$[\sigma] = 160$ MPa。试校核横梁 *BD* 的强度。

解　横梁 *BD* 的受力图如图 10.11（b）所示。由平衡条件得

$$F_{NAC} = 64 \text{ kN}　F_{Bx} = 55.43 \text{ kN}$$

从如图 10.11（b）所示的受力图可知,横梁的 *BC* 段轴力图如图 10.11（c）所示;横梁的弯矩图如图 10.11（d）所示。这样,横梁在 *BC* 段既存在轴力,又存在弯矩,属轴向拉伸与弯曲的组合变形。显然,*C* 的左邻截面为危险截面,该截面的上边缘处拉应力最大,其值为

$$\sigma_{t,max} = \frac{F_N}{A} + \frac{M_C}{W_z}$$

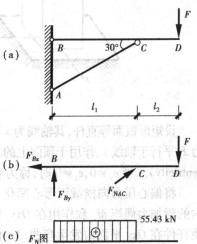

图 10.11

工20a的几何量,在型钢表中查得

$$A = 35.6 \text{ cm}^2 = 35.6 \times 10^2 \text{ mm}^2$$

$$W_z = 237 \text{ cm}^3 = 237 \times 10^3 \text{ mm}^3$$

将 A, W_z 代入上式,得

$$\sigma_{t,max} = \frac{55.43 \times 10^3 \text{ N}}{35.6 \times 10^2 \text{ mm}^2} + \frac{30 \times 10^6 \text{ N} \cdot \text{mm}}{237 \times 10^3 \text{ mm}^3} = 142.15 \text{ MPa} < [\sigma]$$

满足强度条件。

10.4　偏心拉伸(压缩)与截面核心

10.4.1　偏心拉伸(压缩)

作用在杆件上的拉力或压力的作用线平行于直杆的轴线但不与轴线重合,此时,杆件发生的变形称为**偏心拉伸或压缩**(eccentric tension or compression)。偏心拉伸(压缩)是轴向拉伸(压缩)与弯曲的组合变形。在小变形、线弹性材料的前提下,仍用叠加法计算。下面以如图10.12(a)所示的偏心压缩为例进行分析。

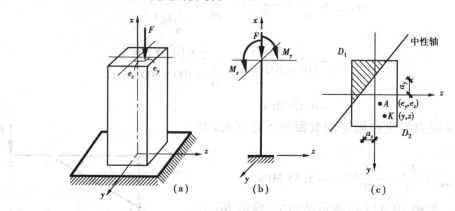

图 10.12

设矩形截面等直杆,其轴线为 x 轴,截面的两个形心主惯轴分别为 y 轴和 z 轴,又设偏心压力 F 平行于轴线 x、作用于顶面上的 $A(e_y, e_z)$ 点,e_y, e_z 分别为压力 F 至 z 轴和 y 轴的**偏心距**(eccentricity)。当 $e_y \neq 0, e_z \neq 0$ 时,称为双向偏心压缩;而 e_y, e_z 之一为零,则称为单向偏心压缩。

将偏心压力向横截面形心简化,如图10.12(b)所示,有轴向压力 F 以及作用在 Oxz 平面内的附加力偶矩 M_y 和作用在 Oxy 平面内的附加力偶矩 M_z。此时,F 使杆件发生轴向压缩,M_z 使杆件在 Oxy 平面内发生弯曲,M_y 使杆件在 Oxz 平面内发生弯曲,即双向偏心压缩(拉伸)为轴向压缩(拉伸)与两个平面弯曲的组合变形。

各个横截面的内力分别为

$$F_N = -F, \quad M_y = Fe_z, \quad M_z = Fe_y$$

在任意横截面 mn 上任意点 $K(y, z)$ 处,其正应力为

$$\sigma = -\left(\frac{F}{A} + \frac{M_y}{I_y}z + \frac{M_z}{I_z}y \right) \tag{10.10}$$

式中,A 为横截面面积;I_y, I_z 为横截面的形心主惯性矩。引入横截面对形心主惯性轴的回转半径 $i_y^2 = I_y/A, i_z^2 = I_z/A$,并将 $M_y = Fe_z, M_z = Fe_y$ 代入式(10.10),得

$$\sigma = -\frac{F}{A}\left(1 + \frac{e_z}{i_y^2}z + \frac{e_y}{i_z^2}y \right) \tag{10.11}$$

为了确定横截面为任意形状的偏心受压杆件的危险点位置,需要先确定中性轴的位置。设中性轴上任意点的坐标为 (y_0, z_0),中性轴上各点的正应力等于零,由式(10.11)得,中性轴方程为

$$1 + \frac{e_z}{i_y^2}z_0 + \frac{e_y}{i_z^2}y_0 = 0 \qquad (10.12)$$

式(10.12)表明,偏心拉伸(压缩)时,横截面的中性轴是一条不通过横截面形心的直线。设 a_y,a_z 分别表示中性轴在 y,z 坐标轴上的截距,由式(10.12)得

$$a_y = -\frac{i_z^2}{e_y}, \qquad a_z = -\frac{i_y^2}{e_z} \qquad (10.13)$$

式(10.13)表明,中性轴与偏心集中力作用点位于形心的两侧。如图 10.12(c)所示,中性轴将横截面划分为拉伸和压缩两个区域,在离中性轴最远的点处为危险点(D_1,D_2),而危险点又处于单向应力状态,可按强度条件

$$\sigma_{\max} \leqslant [\sigma]$$

进行强度计算。

例 10.5　如图 10.13 所示受力杆件中,F 的作用线与棱 AB 重合,F,l,b,h 均为已知。试求杆件横截面上的最大应力并说明其位置。

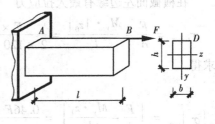

图 10.13

解　将力 F 平移至横截面形心处后,对 z 轴和 y 轴的附加力偶矩的大小分别为

$$M_y = F \cdot \frac{b}{2}, \quad M_z = F \cdot \frac{h}{2}$$

轴向拉力 F 作用下,横截面上的拉应力均匀分布,其值为 $\frac{F}{A}$。M_y 作用下,横截面上 y 轴的右侧受拉,最大拉应力在截面的右边缘处,其值为 $\frac{M_y}{W_y}$。M_z 作用下,横截面上 z 轴的上侧受拉,最大拉应力在截面的上边缘处,其值为 $\frac{M_z}{W_z}$。三者共同作用下,横截面的右边缘与上边缘的交点 D 处拉应力最大,其值为

$$\sigma_{t,\max} = \frac{F_N}{A} + \frac{M_y}{W_y} + \frac{M_z}{W_z} = \frac{F}{bh} + \frac{F \cdot \dfrac{b}{2}}{\dfrac{1}{6}b^2h} + \frac{F \cdot \dfrac{h}{2}}{\dfrac{1}{6}bh^2} = \frac{7F}{bh}$$

例 10.6　如图 10.14(a)所示某压力机铸铁框架,立柱截面尺寸如图 10.14(b)所示。已知材料的许用拉应力和许用压应力分别为 $[\sigma_t] = 30$ MPa,$[\sigma_c] = 120$ MPa。试按立柱强度确定许用荷载 $[F]$。

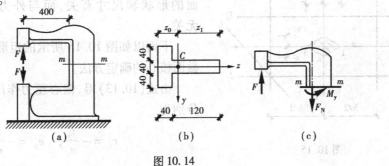

|(a)|(b)|(c)|

图 10.14

解 1）几何量的计算。设横截面形心 C 到左边缘的距离为 z_0，有

$$z_0 = \frac{\sum A_i z_{iC}}{\sum A_i} = \frac{120 \times 40 \times 20\ mm^3 + 120 \times 40 \times (40 + 60)\ mm^3}{120 \times 40\ mm^2 + 120 \times 40\ mm^2} = 60\ mm$$

$$I_y = \frac{1}{3} \times 120 \times 60^3\ mm^4 + \frac{1}{3} \times 40 \times (160 - 60)^3\ mm^4 - \frac{1}{3}(120 - 40) \times (60 - 40)^3\ mm^4$$

$$= 2.18 \times 10^7\ mm^4$$

2）内力计算。根据 $m\text{-}m$ 截面以上部分的平衡条件，可求得该截面上内力为

$$F_N = F \qquad (kN)$$

$$M_y = F(400 + z_0) \times 10^{-3}\ kN \cdot m = 0.46F\ kN \cdot m$$

3）确定许用荷载 $[F]$。

在横截面左边缘有最大拉应力

$$\sigma_{t,max} = \frac{F}{A} + \frac{M_y \cdot |z_0|}{I_y} = \frac{F \times 10^3\ N}{2 \times 120 \times 40\ mm^2} + \frac{0.46F \times 10^6\ N \cdot mm \times 60\ mm}{2.18 \times 10^7\ mm^4} \leq 30\ MPa$$

求得

$$F = 21.9\ kN$$

$$|\sigma_c|_{max} = \left| \frac{F}{A} - \frac{M_y \cdot z_1}{I_y} \right| = \frac{0.46F \times 10^6\ N \cdot mm \times 100\ mm}{2.18 \times 10^7\ mm^4} - \frac{F \times 10^3\ N}{2 \times 120 \times 40\ mm^2} \leq 120\ MPa$$

求得

$$F \leq 59.8\ kN$$

故，压力机的许用荷载应为 $F = 21.9\ kN$。

10.4.2 截面核心

由式（10.13）可知，对偏心受压杆来说，当偏心压力 F 作用点的位置变化时，中性轴在坐标轴上的截距也随之变化。可见只要偏心压力 F 的作用点在截面形心附近的某一区域时，中性轴就与截面相切或相离，这样，在偏心压力作用下，横截面上只产生压应力，而不出现拉应力。通常将该区域称为**截面核心**（core of a cross section）。

截面核心的概念在工程中是有意义的。工程中的受压构件常采用砖、石、混凝土等材料，这些材料的抗拉强度远远小于其抗压强度，当偏心压力作用在截面核心内时，杆件横截面上就不会出现拉应力，有利于发挥材料的抗压潜力。

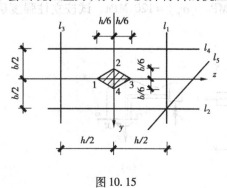

图 10.15

截面核心是截面的一种几何特征，它只与截面的形状和尺寸有关，而与外力的大小及材料无关。

下面以如图 10.15 所示的矩形截面为例，分析截面核心的确定方法。

由式（10.13）得，偏心压力作用点坐标 (e_z, e_y) 分别为

$$e_z = -\frac{i_y^2}{a_z}, \quad e_y = -\frac{i_z^2}{a_y} \qquad (10.14)$$

矩形截面的切线 l_1 作为中性轴,其截距为 $a_z = h/2$,$a_y = \infty$,代入式(10.14),并注意到 $i_z^2 = b^2/12$,$i_y^2 = h^2/12$,可得

$$e_{z1} = -\frac{i_y^2}{a_z} = -\frac{h^2/12}{h/2} = -\frac{h}{6}, \quad e_{y1} = -\frac{i_z^2}{a_y} = 0$$

即为偏心压力作用点 1 的坐标 $\left(-\frac{h}{6}, 0\right)$ 。

矩形截面的切线 l_2 作为中性轴,其截矩为 $a_z = \infty$,$a_y = b/2$,代入式(10.14),得

$$e_{z2} = -\frac{i_y^2}{a_z} = 0, \quad e_{y2} = -\frac{i_z^2}{a_y} = -\frac{\frac{b^2}{12}}{\frac{b}{2}} = -\frac{b}{6}$$

即为偏心压力作用点 2 的坐标 $\left(0, -\frac{b}{6}\right)$ 。

同理,矩形截面的切线 l_3 ,l_4 作为中性轴,偏心压力作用点 3,4 的坐标分别为 $\left(\frac{h}{6}, 0\right)$,$\left(0, \frac{b}{6}\right)$ 。

按照上述方法,矩形截面的切线 l_5 (过角点 A)作为中性轴,将 $(z_0, y_0) = \left(\frac{h}{2}, \frac{b}{2}\right)$ 代入式(10.12)得

$$1 + \frac{6}{h}e_z + \frac{6}{b}e_y = 0$$

即通过矩形截面角点 A 的所有直线作为中性轴时,相应的偏心压力的作用点 (e_z, e_y) 在一条直线上。这是普遍规律,即过同一点的若干中性轴,对应的偏心压力作用点位于一条直线上。因而,当中性轴绕 A 点从 l_1 位置转动到(转向以中性轴与截面相切为准)到 l_2 位置时,偏心压力作用点从 1 点沿过 1,2 两点的直线移动到 2 点。因此,1,2 两点间的直线段为截面核心的部分边界。同理,再连接 2,3 点,3,4 点,4,1 点间的直线段,所构成的区域即为截面核心。

例 10.7　试确定如图 10.16 所示圆截面的截面核心。

解　圆形截面的任一直径轴均为形心主惯性轴,且 $I_y = I_z = \pi d^4/64$,$A = \pi d^2/4$,相应的形心主惯性半径 $i_y = i_z = d/4$ 。过 A 点作切线 l_1 ,以 l_1 作为中性轴,其截距为 $a_z = d/2$,$a_y = \infty$,代入式(10.14),得

$$e_{z1} = -\frac{i_y^2}{a_z} = -\frac{\frac{d^2}{16}}{\frac{d}{2}} = -\frac{d}{8}, \quad e_{y1} = -\frac{i_z^2}{a_y} = 0$$

此即截面核心边界上的点 1 的坐标。

圆是轴对称图形,以 O 点为圆心,以 $d/8$ 为半径画出的圆,即为圆截面截面核心的边界。

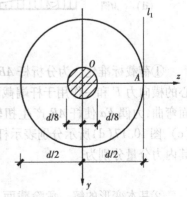

图 10.16

10.5 弯曲与扭转的组合变形

一般机械传动轴,大多同时受到扭转力偶和横向力的作用,通常发生扭转与弯曲的组合变形。由于传动轴大都是圆截面的,故以圆截面杆为例,讨论杆件发生扭转与弯曲组合变形时的强度计算。

设一直径为 d 的等直圆杆 AB,A 端固定,B 端具有与 AB 成直角的刚臂,并承受铅垂力 F 作用,如图 10.17(a)所示。

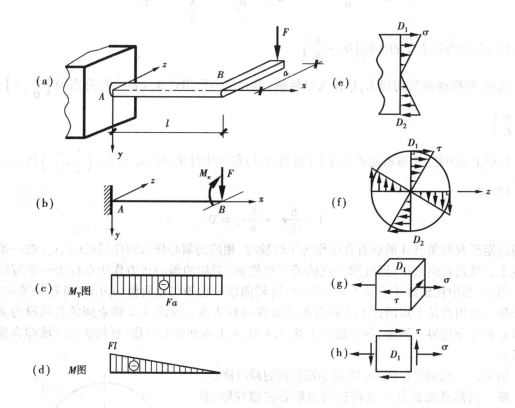

图 10.17

①荷载标准化。为分析杆 AB 的内力,将力 F 向 B 点平行移动,得一作用于杆端横截面形心的横向力 F 和一作用于杆端截面的力偶矩 $M_e = Fa$(见图 10.17(b))。力 F 使杆 AB 产生平面弯曲,力偶 Fa 使杆 AB 产生扭转。可见,杆 AB 产生弯曲与扭转的组合变形。如图 10.17(c)、图 10.17(d)所示分别表示杆 AB 的扭矩图和弯矩图,可见,杆的危险截面为固定端截面,其内力分量分别为

$$M = Fl, \quad M_T = M_e = Fa$$

②基本变形的解。危险截面上,弯矩产生的弯曲正应力呈线性分布,离中性轴 z 最远的 D_1,D_2 两点分别具有最大拉应力和最大压应力(见图 10.17(e))。扭矩产生的扭转切应力,沿径向呈线性分布,截面的圆周上各点具有最大切应力(见图 10.17(f))。其最大弯曲正应力和最大扭转切应力分别为

$$\sigma = \frac{M}{W}, \quad \tau = \frac{M_T}{W_p} \tag{a}$$

③叠加。D_1, D_2 两点同时具有最大弯曲正应力和最大扭转切应力,因而是危险点。以 D_1 点为例进行研究。取出单元体,其应力状态如图 10.17(g)所示。由于是二向应力状态,单元体画成如图 10.17(h)所示的平面单元体,其 3 个主应力为

$$\begin{matrix} \sigma_1 \\ \sigma_3 \end{matrix} = \frac{\sigma}{2} \pm \frac{1}{2}\sqrt{\sigma^2 + 4\tau^2}, \quad \sigma_2 = 0 \tag{b}$$

对于塑性材料制成的杆件,选用第三或第四强度理论来建立强度条件,分别有按其相当应力表达式的强度条件为

$$\sigma_{r3} = \sigma_1 - \sigma_3 = \sqrt{\sigma^2 + 4\tau^2} \leqslant [\sigma] \tag{10.15a}$$

$$\sigma_{r4} = \sqrt{\sigma^2 + 3\tau^2} \leqslant [\sigma] \tag{10.15b}$$

将式(a)代入式(10.15a),且注意到 $W_p = 2W = \pi d^2/16$,得到用弯矩 M 和扭矩 M_T 表示的第三强度理论表达式为

$$\sigma_{r3} = \sqrt{\sigma^2 + 4\tau^2} = \sqrt{\left(\frac{M}{W}\right)^2 + 4\left(\frac{M_T}{W_p}\right)^2} = \frac{\sqrt{M^2 + M_T^2}}{W}$$

若设

$$M_{r3} = \sqrt{M^2 + M_T^2}$$

则 M_{r3} 称为第三强度理论的相当弯矩,于是写出强度条件为

$$\sigma_{r3} = \frac{M_{r3}}{W} = \frac{1}{W}\sqrt{M^2 + M_T^2} \leqslant [\sigma] \tag{10.16a}$$

同理,可以引入与第四强度理论相应的相当弯矩 M_{r4},于是有

$$\sigma_{r4} = \frac{M_{r4}}{W} = \frac{1}{W}\sqrt{M^2 + 0.75M_T^2} \leqslant [\sigma] \tag{10.16b}$$

应用式(10.15a)和式(10.15b)或式(10.16a)和式(10.16b)时应注意:这些公式是从圆形杆件导出的,故它们只适用于圆形截面的弯、扭组合变形。对于非圆形截面杆,例如矩形杆,如果存在弯矩 M_y, M_z 及扭矩 M_T 时,则要根据具体情况分析危险点,并分别由相应 M_y 和 M_z 求出危险点的两个弯曲正应力,然后叠加出危险点的正应力;求危险点的扭转切应力也必须按矩形截面杆扭转公式计算,然后代入式(10.15a)、式(10.15b)求得 σ_{r3}, σ_{r4} 进行强度校核。

例 10.8　皮带传动装置如图 10.18(a)所示。主动轮的半径 $R_1 = 300$ mm,重量 $W_1 = 250$ N,主动轮上的皮带方向与 z 轴平行,$F_1 = 2$ kN。从动轮的半径 $R_2 = 200$ mm,重量 $W_2 = 150$ N,皮带方向与 y 轴平行。轴材料的许用应力 $[\sigma] = 80$ MPa,试按第四强度理论选择轴的直径 d。

解　1)受力分析。作用在主动轮上的外力偶矩为

$$M_e = (2F_1 - F_1)R_1 = 0.6 \text{ kN} \cdot \text{m}$$

从动轮上

$$M_e = (2F_2 - F_2)R_2 = F_2 R_2$$

$$F_2 = \frac{M_e}{R_2} = \frac{0.6 \text{ kN} \cdot \text{m}}{0.2 \text{ m}} = 3 \text{ kN}$$

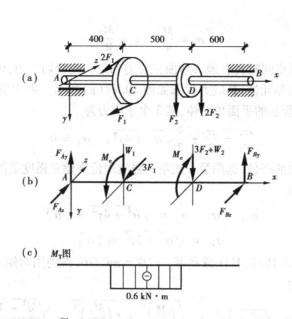

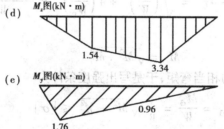

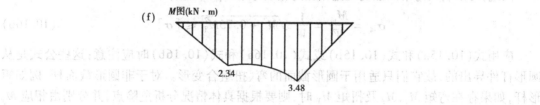

图 10.18

将轴上受力简化为如图 10.18(b) 所示的受力图。根据平衡方程,可分别求得 A,B 支座的反力分别为

$$F_{Ay} = 3.84 \text{ kN}, F_{Az} = 4.4 \text{ kN}, F_{By} = 5.56 \text{ kN}, F_{Bz} = 1.6 \text{ kN}$$

2)内力分析。根据轴的受力图,作出扭矩图如图 10.18(c) 所示;在 xy 面内作平面弯曲的弯矩图 M_z 如图 10.18(d) 所示;在 xz 平面内作平面弯曲的弯矩图 M_y 如图 10.18(e) 所示。对于截面为圆形的轴,任意直径轴都为形心主惯性轴,为了计算最大的弯曲正应力,必须将两个相互垂直平面内的弯矩 M_y 和 M_z 合成,得

$$M(x) = \sqrt{M_y^2(x) + M_z^2(x)} \tag{10.17}$$

根据图 10.18(d)、图 10.18(e) 和式(10.17) 绘出合弯矩图如图 10.18(f) 所示。可以证明①合弯矩的最大值发生在轴段 CD 的边界截面 C 或 D 上。合弯矩的最大值是 3.48 kN·m。

---

① 孙仁博,王天明. 材料力学[M]. 北京:中国建筑工业出版社. 1995.

轴的危险截面为 D 的左邻截面,扭矩和合弯矩分别为

$$M_\mathrm{T} = 0.6 \text{ kN} \cdot \text{m}, \quad M = 3.48 \text{ kN} \cdot \text{m}$$

3)选择截面。按第四强度理论,根据式(10.16b)有

$$\sigma_{r4} = \frac{1}{W}\sqrt{M^2 + 0.75 M_\mathrm{T}^2} = \frac{32\sqrt{M^2 + 0.75 M_\mathrm{T}^2}}{\pi d^3} \leqslant [\sigma]$$

得

$$d \geqslant \sqrt[3]{\frac{32\sqrt{M^2 + 0.75 M_\mathrm{T}^2}}{\pi[\sigma]}} = 76.5 \text{ mm}$$

按强度条件可选轴的直径 $d = 77$ mm。

<h2 style="text-align:center">思　考　题</h2>

10.1　解组合变形采用什么基本方法? 它有什么前提?

10.2　求解矩形截面斜弯曲问题时,合弯矩 M 矩矢方向若为 z' 方向,为什么不能直接用 $\sigma = \dfrac{M}{I_{z'}} \cdot y'$ 计算应力(y' 与 z' 垂直),而将外力(或内力)分解到两个形心主轴上再进行计算?

10.3　圆形截面、正多边形截面梁在两个相互垂直的平面内发生对称弯曲时,是否可以按式(10.5)对两个弯曲正应力进行叠加计算最大正应力? 为什么?

10.4　如思考题10.4图所示 Z 字形截面悬臂梁受集中力作用,试分析对其进行强度计算的具体步骤。

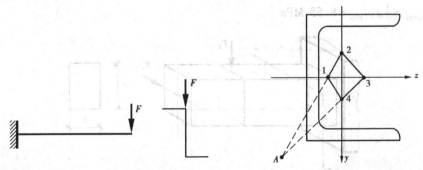

思考题10.4图　　　　　　　　　　　　　思考题10.5图

10.5　如思考题10.5图所示横截面为槽钢的柱,四边形1234 是其截面核心,若有一作用线平行于柱轴线的集中力 F 作用于12边和34边延长线的交点 A。试确定中性轴的大致位置,并说明理由。

10.6　下列第三强度理论的强度条件

$$\sigma_{t3} = \sigma_1 - \sigma_3 \leqslant [\sigma]$$

$$\sigma_{t3} = \sqrt{\sigma^2 + 4\tau^2} \leqslant [\sigma]$$

$$\sigma_{t3} = \frac{1}{W}\sqrt{M^2 + M_\mathrm{T}^2} \leqslant [\sigma]$$

它们各在何种条件下适用?

习　题

10.1　不同截面的悬臂梁如题 10.1 图所示,在梁的自由端均作用有垂直于梁轴线的集中力 F。问:(1)哪些属于基本变形? 哪些属于组合变形? (2)属组合变形者是由哪些基本变形组合的?

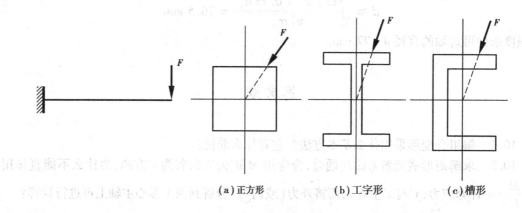

（a）正方形　　　　　　　（b）工字形　　　　　　　（c）槽形

题 10.1 图

10.2　如题 10.2 图所示木制矩形截面悬臂梁,在垂直和水平对称面内分别受到 $F_2 = 2.4$ kN,$F_1 = 1.0$ kN 作用,已知木材的顺纹抗拉许用应力 $[\sigma_t] = 10.0$ MPa,顺纹抗压许用应力 $[\sigma_c] = 12.0$ MPa,$b = 100$ mm,$h = 200$ mm。试校核木梁的正应力强度。

答　$\sigma_{t,max} = |\sigma_c|_{max} = 8.55$ MPa

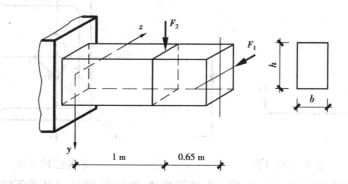

图 10.2 图

10.3　如题 10.3 图所示悬臂木梁,在自由端受集中力 $F = 2$ kN,F 与 y 轴夹角 $\varphi = 10°$,木材的许用正应力 $[\sigma] = 10$ MPa,若矩形截面 $h/b = 3$,试确定截面尺寸。

答　$b = 74$ mm,$h = 222$ mm

10.4　承受均布荷载的矩形截面简支梁如题 10.4 图所示,q 的作用线通过截面形心且与 y 轴成 15° 角,已知 $l = 4$ m,$b = 80$ mm,$h = 120$ mm,材料的许用正应力 $[\sigma] = 10$ MPa。试求梁允许承受的最大荷载 q_{max}。

答　$q_{max} = 0.71$ kN/m

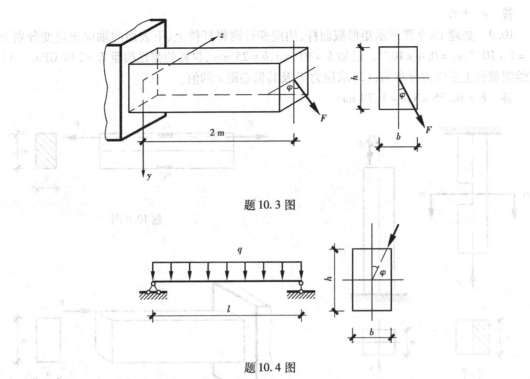

题 10.3 图

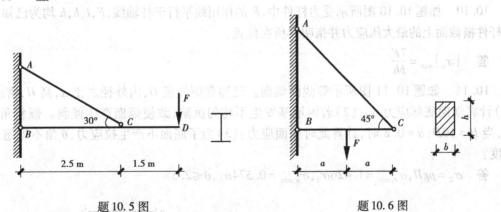

题 10.4 图

10.5 如题 10.5 图所示结构中,*BD* 杆为工 16 工字钢,已知 *F* = 12 kN,钢材的许用应力 $[\sigma]$ = 160 MPa。试校核 *BD* 杆的强度。

答 $\sigma_{\max}$ = 140.4 MPa

<table>
<tr><td>

A
30°
C
D
2.5 m 1.5 m

题 10.5 图
</td><td>

A
B 45° C
a a
F

题 10.6 图
</td></tr>
</table>

10.6 如题 10.6 图所示结构中,*BC* 为矩形截面杆,已知 *a* = 1 m,*b* = 120 mm,*h* = 160 mm,*F* = 6 kN。试求 *BC* 杆横截面上的最大拉应力和最大压应力。

答 $\sigma_{t,\max}$ = 5.7 MPa,$\sigma_{c,\max}$ = 6 MPa

10.7 如题 10.7 图所示正方形截面杆,*F* = 12 kN,许用应力 $[\sigma]$ = 10 MPa,试确定截面边长 *a*。

答 *a* = 98 mm

10.8 如题 10.8 图所示矩形截面偏心受压柱,力 *F* 的作用点位于 *z* 轴上,偏心距为 *e*。*F*,*b*,*h* 均为已知。试求柱的横截面上不出现拉应力时的最大偏心距。

答 $e = h/6$

10.9 如题 10.9 图所示矩形截面杆,用应变计测得杆件上、下表面的轴向正应变分别为 $\varepsilon_a = 1 \times 10^{-3}$,$\varepsilon_b = 0.4 \times 10^{-3}$。已知 $b = 10$ mm,$h = 25$ mm,材料的弹性模量 $E = 210$ GPa。(1)试绘制截面上正应力分布图;(2)求拉力 F 及其偏心距 e 的值。

答 $F = 36.75$ kN,$e = 1.79$ mm

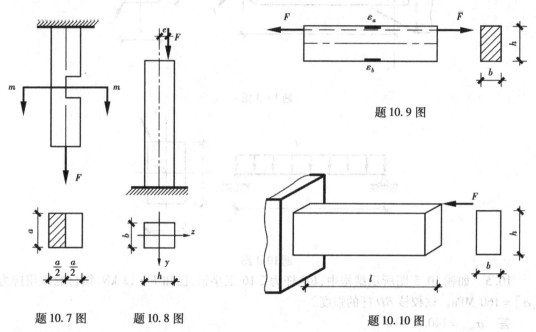

题 10.9 图

题 10.7 图　　题 10.8 图　　题 10.10 图

10.10 如题 10.10 图所示受力杆件中,F 的作用线平行于杆轴线,F,l,b,h 均为已知。试求杆件横截面上的最大压应力并指明其所在位置。

答 $|\sigma_c|_{max} = \dfrac{7F}{bh}$

10.11 如题 10.11 图所示等截面烟囱。已知截面外径 D,内外径之比 α,高 H,密度 ρ。(1)计算烟囱底部应力 σ_0;(2)若因地基发生不均匀沉陷,致使烟囱产生倾斜。倾斜角 $\theta = 1°$,当 $H = 10D$,$\alpha = 0.8$ 时,计算此时底面应力;(3)为了底面不产生拉应力,θ 角不得超过多少度?

答 $\sigma_0 = \rho g H$,$\sigma_{c,max} = 1.426\sigma_0$,$\sigma_{c,min} = 0.574\sigma_0$,$\theta \leqslant 2.3°$

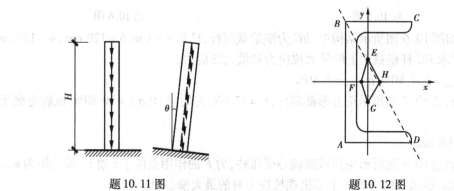

题 10.11 图　　　　　　　题 10.12 图

10.12　如题 10.12 图所示为一直柱的槽形截面，$EFGH$ 为其截面核心，各点坐标分别为 $E(0,m)$，$F(-n,0)$，$G(0,-m)$，$H(q,0)$（m,n,q 均大于 0，且 $n<q$）。若柱在一偏心轴向力作用下，中性轴通过截面 B,D 两点，求轴向力作用点的坐标。

答　$\left(-\dfrac{2qn}{q-n},\ -\dfrac{m(n+q)}{q-n}\right)$

10.13　如题 10.13 图所示直径为 d 的等截面折杆，位于水平面内，杆的 C 端承受垂直向下的荷载 F，已知材料的许用应力 $[\sigma]$。试求：(1)指出危险截面的位置；(2)危险截面上的最大弯曲正应力 $\sigma_{\max}$ 和最大扭转切应力 $\tau_{\max}$；(3)用第三强度理论确定许用荷载 $[F]$。

答　$\sigma_{\max}=\dfrac{32Fa}{\pi d^3}$，　$\tau_{\max}=\dfrac{16Fa}{\pi d^3}$，　$[F]=\dfrac{\sqrt{2}\,\pi d^3[\sigma]}{64a}$

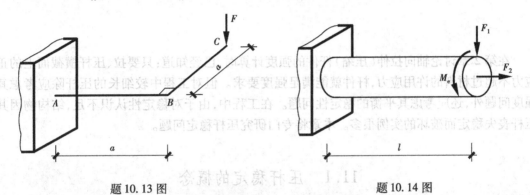

題 10.13 图　　　　　　　　題 10.14 图

10.14　在如题 10.14 图所示的圆截面钢杆中，已知 $l=1$ m，$d=100$ mm，$F_1=6$ kN，$F_2=60$ kN，$M_e=12$ kN·m，材料的许用应力 $[\sigma]=160$ MPa。试校核该杆的强度。

答　$\sigma_{r3}=140.32$ MPa

10.15　如题 10.15 图所示直角拐轴在 x_1-y_1 平面内受荷载 F 的作用，已知 $F=\sqrt{2}$ kN，$l=160$ mm，$d=30$ mm，$[\sigma]=120$ MPa（x_1-y_1 平面与 x-y 平面平行）。试根据第三强度理论校核 AB 轴的强度。

答　$\sigma_{r3}=105.68$ MPa

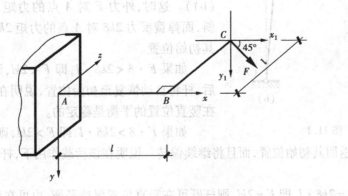

題 10.15 图

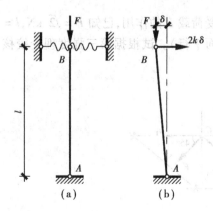

第 **11** 章
压杆稳定

在第 2 章讨论轴向拉伸(压缩)杆件的强度计算时,已经知道:只要拉、压杆横截面上的正应力不超过材料的许用应力,杆件就能满足强度要求。但对工程中较细长的压杆除应考虑其强度问题外,还应考虑其平衡的稳定性问题。在工程中,由于对稳定性认识不足,结构物因其压杆丧失稳定而破坏的实例很多。本章将专门研究压杆稳定问题。

11.1 压杆稳定的概念

11.1.1 弹性系统平衡的稳定性

图 11.1

如图 11.1(a)所示系统,AB 为刚性直杆,该杆 A 端为铰支,B 端用弹簧常数为 k 的两根弹簧支持。在荷载 F 作用下,该杆在竖直位置保持平衡。现在,给杆以微小侧向干扰,使杆 B 端产生微小侧向位移 δ(见图 11.1(b))。这时,外力 F 对 A 点的力矩 $F \cdot \delta$ 使杆更加偏斜,而弹簧反力 $2k\delta$ 对 A 点的力矩 $2k\delta \cdot l$ 使杆 AB 恢复其初始位置。

如果 $F \cdot \delta < 2k\delta \cdot l$,即 $F < 2kl$,则在上述干扰解除后,杆将自动恢复至初始位置,说明在该荷载作用下,杆在竖直位置的平衡是**稳定**的。

如果 $F \cdot \delta > 2k\delta \cdot l$,即 $F > 2kl$,则在干扰解除后,杆不仅不能自动返回其初始位置,而且将继续偏转。说明在该荷载作用下,杆在竖直位置的平衡是**不稳定**的。

如果 $F \cdot \delta = 2k\delta \cdot l$,即 $F = 2kl$,则杆既可在竖直位置保持平衡,也可在微小偏斜状态保持平衡,说明在该荷载作用下,杆处于**临界平衡状态**或称为**随遇平衡状态**。

由此可见,弹性系统在某位置的平衡性质不但与外荷载的大小有关,而且与系统的自身构成特性有关。

250

11.1.2　理想压杆的稳定性

取一根钢锯条,其横截面尺寸为 10 mm×1 mm。若取钢的许用应力$[\sigma]$=200 MPa,则根据强度条件算得钢锯条所能承受的轴向压力值为 2 kN。但若将此钢锯条竖放在桌面上,用手压其上端,则当压力不到 30 N 时,锯条就被明显压弯。显然,这个压力比 3 kN 小得多。当锯条被明显压弯时,就不能再承担更大的压力。由此可见,钢锯条的承载能力并不取决于轴向压缩的抗压强度,而取决于钢锯条受压时能否保持直线形态的平衡。

为便于对压杆的承载能力进行理论研究,通常将压杆假设为由均质材料制成、轴线为直线且外加压力的作用线与压杆轴线重合的理想中心受压直杆力学模型,简称**理想压杆**。

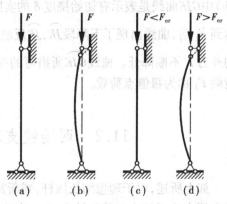

图 11.2

如图 11.2(a)所示为两端球铰支承的理想压杆,未受扰动时,保持直线形态的平衡。然而,如果给杆以微小侧向干扰使其弯曲(见图 11.2(b)),则在去除干扰后将出现两种不同现象:当轴向压力 F 较小时,压杆最终将恢复其原有的直线形状(见图 11.2(c)),当轴向压力 F 较大时,则压杆不仅不能恢复直线形状,甚至会继续弯曲,产生显著的弯曲变形(见图 11.2(d))。

上述现象表明,在轴向压力逐渐增大的过程中,压杆经历了两种不同性质的平衡。当轴向压力 $F<F_{cr}$时,压杆直线形式的平衡是稳定的;而当轴向压力 $F>F_{cr}$时,压杆直线形式的平衡则是不稳定的。使理想压杆直线形式的平衡开始由稳定转变为不稳定的轴向压力值 F_{cr} 称为压杆的**临界轴力**。在临界轴力 F_{cr} 作用下,压杆既可在直线状态保持平衡(未受扰动时),也可在微弯状态保持平衡(受扰动时),即处于随遇平衡状态。因此,当轴向压力达到或超过理想压杆的临界轴力 F_{cr} 时,压杆即产生**失稳**或屈曲现象。与强度、刚度问题一样,失稳也是构件失效的形式之一。

需要指出的是,理想压杆的失稳形式除了弯曲屈曲以外,视截面、长度等因素不同,还可能发生扭转屈曲和弯扭屈曲。

11.1.3　分叉点失稳和极值点失稳

(1)分叉点失稳

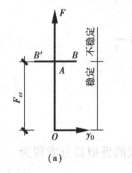

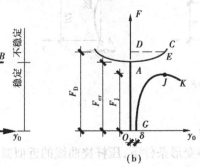

图 11.3

设如图 11.2 所示理想压杆的轴向压力为 F,干扰去除后杆中点挠度为 y_0,在 Oy_0F 坐标系下,F-y_0 关系曲线如图 11.3(a)所示。可见,当 $F<F_{cr}$ 时,$y_0=0$;当 $F=F_{cr}$ 时,y_0 取值视干扰大小而定,在 AB 间变化,但 $\overline{AB}$ 是微量。图 11.3 中 AB' 代表反向干扰时的情况。

当 $F\geqslant F_{cr}$ 时,F-y_0 关系曲线如图 11.3(b)中 $\overparen{AC}$ 所示,其中 $\overparen{AC}$ 曲线是根据大挠度理论计算出

的。曲线$\overset{\frown}{AC}$表示$F > F_{cr}$而失稳时理想压杆不能在微弯状态平衡，如$F = F_D$时，中点挠度y_0为$\overset{\frown}{AC}$曲线上E点对应的横坐标。

可见，对于理想压杆，当$F < F_{cr}$时，F-y_0关系曲线为直线OA；当$F \geqslant F_{cr}$时，AD对应无干扰时的直线位置平衡状态，而$\overset{\frown}{AC}$对应有干扰时的平衡状态。A点称为**分叉点**（bifurcation point）。$\overset{\frown}{OAC}$曲线所描述的失稳现象也称为**分叉点失稳**（bifurcation buckling）。

(2)极值点失稳

与理想压杆相比，实际压杆总是有缺陷的，如初始弯曲、残余应力、荷载偏心等。图11.3(b)中$\overset{\frown}{GJK}$曲线是表示有初始挠度δ的实际压杆的F-y_0关系曲线，其特点是无直线段，外力F达到F_J后，曲线出现了下降段$\overset{\frown}{JK}$，$\overset{\frown}{JK}$反映实际压杆的崩溃现象——压杆急剧弯曲而它能承担的外力F不断降低。曲线$\overset{\frown}{GJK}$所描写的失稳现象称为**极值点失稳**，而将曲线顶点J所对应的荷载F_J称为**极值点荷载**。

11.2　两端铰支理想细长压杆的临界轴力

如上所述，对于理想细长压杆，判断其是否处于稳定的平衡状态，关键在于判断其所受的轴向压力F是否小于临界轴力F_{cr}。在临界轴力F_{cr}作用下，压杆既可在直线状态保持平衡（未受扰动时），也可在微弯状态保持平衡（受扰动时），而微弯状态平衡是求解临界轴力F_{cr}的力学模型。下面以两端铰支细长压杆为例，说明确定临界轴力的方法。

如图11.4(a)所示，设压杆在临界轴力F_{cr}作用下处于微弯平衡状态，并设其挠曲线方程为$y = y(x)$。从微弯平衡状态的压杆中取分离体如图11.4(b)所示，在x截面上的弯矩为

$$M(x) = F_A y(x) = F_{cr} y(x) \tag{a}$$

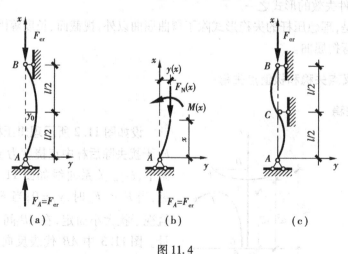

图11.4

当杆内应力不超过材料的比例极限时，在小变形条件下，压杆挠曲线的近似微分方程为

$$EIy'' = -M(x) \tag{b}$$

将式(a)代入式(b),可得

$$EIy'' + F_{cr}y = 0 \tag{c}$$

令

$$k^2 = \frac{F_{cr}}{EI} \tag{d}$$

式(c)可写为

$$y'' + k^2 y = 0 \tag{e}$$

这是一个二阶常系数齐次线性微分方程,其通解为

$$y = A \sin kx + B \cos kx \tag{f}$$

确定式(f)中的积分常数 A,B 所需的位移边界条件为

$$x = 0 \text{ 处}, y = 0$$
$$x = l \text{ 处}, y = 0$$

代入式(f)可得

$$\left. \begin{array}{l} A \times 0 + B \times 1 = 0 \\ A \sin kl + B \cos kl = 0 \end{array} \right\} \tag{g}$$

显然方程组式(g)有零解,即 $A = B = 0$,但由式(f)可得此时的 $y \equiv 0$,这与前面假设压杆处于微弯平衡状态的条件不符。因此,要求方程组式(g)必有非零解,其条件为

$$\begin{vmatrix} 0 & 1 \\ \sin kl & \cos kl \end{vmatrix} = 0$$

解得

$$\sin kl = 0 \tag{h}$$

则

$$kl = \pm n\pi \quad (n = 0, 1, 2, 3, \cdots) \tag{i}$$

结合式(d),可得

$$F_{cr} = k^2 EI = \frac{n^2 \pi^2 EI}{l^2} \quad (n = 0, 1, 2, 3, \cdots) \tag{j}$$

可见 F_{cr} 有一系列的理论取值,但是使压杆保持微弯平衡状态的最小压力才是临界轴力。但 $n = 0$ 时, $F_{cr} = 0$,显然无意义。所以式(j)中 n 的合理最小值是 1,于是

$$F_{cr} = \frac{\pi^2 EI}{l^2} \tag{11.1}$$

式中,E 为材料的弹性模量;**当压杆端部各个方向的约束相同时,I 取为压杆横截面的最小形心主惯性矩**。式(11.1)是瑞士科学家欧拉(Euler)于 1774 年提出的,故该式称为两端铰支理想细长压杆**临界轴力的欧拉公式**。

由式(g)的第一式可得 $B = 0$,又 $n = 1$ 时, $k = \pm \dfrac{\pi}{l}$,所以 $y = \pm A \sin \dfrac{\pi x}{l}$。再假设压杆中点处的最大挠度为 δ,于是根据式(f)可得,挠曲线方程为

$$y = \delta \sin \frac{\pi x}{l} \tag{k}$$

可见,两端铰支理想细长压杆在临界轴力作用下失稳时,其挠曲线为**半波正弦曲线**。式中 δ 的值视干扰大小而定,但 δ 是微量。

需要指出的是，式(j)中的 $n = 2$ 时，对应的情况是如图 11.4(c) 所示中部有支承时的压杆，其失稳挠曲线是两个半波正弦曲线。相当于两根长度为 $l/2$ 的两端铰支细长压杆同时失稳，其相应的临界轴力为 $F_{cr} = \dfrac{\pi^2 EI}{\left(\dfrac{l}{2}\right)^2}$。同理，当 $n = 3, 4, \cdots$ 时可以依此类推。

例 11.1　用 3 号钢制成的圆截面细长杆件，长 1 m，直径 20 mm，两端为球铰支座，端部受有轴向压力 F。材料的屈服极限为 $\sigma_s = 235$ MPa，弹性模量 $E = 210$ GPa，试按强度观点和稳定性观点分别计算其屈服荷载 F_S 及临界轴力 F_{cr}，并加以比较。

解　杆的横截面面积为

$$A = \frac{\pi}{4}d^2 = \frac{\pi}{4} \times 20^2 \text{ mm}^2 = 314.2 \text{ mm}^2$$

横截面的最小惯性矩为

$$I_{\min} = \frac{\pi}{64}d^4 = \frac{\pi}{64} \times 20^4 \text{ mm}^4 = 7\,854 \text{ mm}^4$$

所以

$$F_S = A\sigma_s = 314.2 \text{ mm}^2 \times 235 \text{ MPa} = 73.837 \text{ kN}$$

$$F_{cr} = \frac{\pi^2 EI}{l^2} = \frac{\pi^2 \times 210 \times 10^3 \text{ MPa} \times 7\,854 \text{ mm}^4}{1\,000^2 \text{ mm}^2} = 16.278 \text{ kN}$$

两者之比为

$$F_{cr} : F_S = 16.278 : 73.837 = 1 : 4.536$$

可见，对细长压杆的承载能力起控制作用的是稳定问题。

例 11.2　两端球铰支的中心受压细长压杆，长 1 m，材料的弹性模量 $E = 200$ GPa，考虑采用矩形、等边角钢∟ 45×6、环形 3 种不同截面，如图 11.5 所示。试比较这 3 种截面压杆的稳定性。

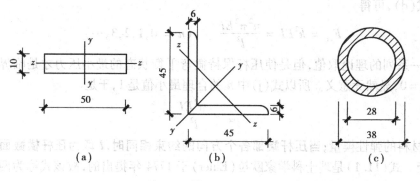

图 11.5

解　1) 矩形截面

$$I_{\min,1} = I_z = \frac{1}{12} \times 50 \text{ mm} \times 10^3 \text{ mm}^3 = 4\,166.6 \text{ mm}^4$$

$$F_{cr,1} = \frac{\pi^2 EI}{l^2} = \frac{\pi^2 \times 200 \times 10^3 \text{ MPa} \times 4\,166.6 \text{ mm}^4}{1\,000^2 \text{ mm}^2} = 8.255 \text{ kN}$$

2) 等边角钢∟ 45×6

$$I_{\min,2} = I_z = 3.89 \text{ cm}^4 = 3.89 \times 10^4 \text{ mm}^4$$

$$F_{cr,2} = \frac{\pi^2 EI}{l^2} = \frac{\pi^2 \times 200 \times 10^3 \text{ MPa} \times (3.89 \times 10^4 \text{ mm}^4)}{1\,000^2 \text{ mm}^2} = 76.79 \text{ kN}$$

3）圆管截面

$$I_{min,3} = \frac{\pi}{64}(D^4 - d^4) = \frac{\pi}{64}(38^4 - 28^4) \text{ mm}^4 = 72\,182 \text{ mm}^4$$

$$F_{cr,3} = \frac{\pi^2 EI}{l^2} = \frac{\pi^2 \times 200 \times 10^3 \text{ MPa} \times 72\,182 \text{ mm}^4}{1\,000^2 \text{ mm}^2} = 142.48 \text{ kN}$$

讨论:3 种截面的面积依次为

$$A_1 = 500 \text{ mm}^2, A_2 = 507.6 \text{ mm}^2, A_3 = \frac{\pi}{4}(38^2 - 28^2) = 518.4 \text{ mm}^2$$

$$A_1 : A_2 : A_3 = 1 : 1.02 : 1.04$$

所以,3 根压杆所用材料的量相差无几,但是

$$F_{cr,1} : F_{cr,2} : F_{cr,3} = I_{min,1} : I_{min,2} : I_{min,3} = 1 : 9.34 : 17.32$$

由此可见,当端部各个方向的约束均相同时,对用同样多的材料制成的压杆,要提高其**临界轴力就要设法提高** I_{min} **的值,且尽可能使** $I_{max} = I_{min}$。从这方面看,圆管截面是最合理的截面。但须注意,应避免为使材料尽量远离中性轴而把圆管直径定得太大,因为在材料消耗量不变的情况下会使管壁太薄,从而可能发生杆的轴线不弯曲,但管壁突然出现绉痕的**局部失稳现象**。

11.3　不同杆端约束下细长压杆临界轴力的欧拉公式

当杆端为其他约束情况时,细长压杆的临界轴力公式可以仿照两端铰支压杆临界轴力公式的推导方法,根据在不同的杆端约束情况下压杆的挠曲线近似微分方程式和挠曲线的边界条件来推导。

下面以如图 11.6(a)所示一端铰支,一端夹支(杆端可沿支承面作微小移动,但不能绕支座转动)的细长理想压杆为例,来说明推导其他杆端约束情形下细长压杆的临界轴力的欧拉公式的方法。

推导　压杆在临界轴力 F_{cr} 作用下,将在微弯情况下保持平衡。选择如图 11.6(a)所示参考系 Axy。

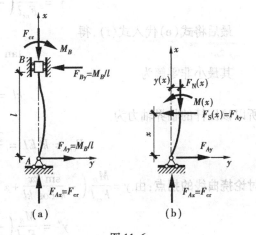

图 11.6

设上端支座约束反力偶矩为 M_B,则 $F_{By} = F_{Ay} = \frac{M_B}{l}, F_{Ax} = F_{cr}$,如图 11.6(a)所示。取分离体如图 11.6(b)所示,可得任意截面的弯矩为

$$M(x) = F_{cr}y - \frac{M_B}{l}x$$

代入挠曲线近似微分方程 $EIy'' = -M$，得

$$EIy'' + F_{\mathrm{cr}}y = \frac{M_B}{l}x \tag{a}$$

令

$$k^2 = \frac{F_{\mathrm{cr}}}{EI}$$

式（a）成为

$$y'' + k^2 y = \frac{M_B}{EIl}x$$

其通解是

$$y = A\sin kx + B\cos kx + \frac{M_B x}{F_{\mathrm{cr}}l} \tag{b}$$

考虑位移边界条件

$$x = 0 \ \text{处}, y = 0 \tag{c}$$
$$x = l \ \text{处}, \theta = \frac{\mathrm{d}y}{\mathrm{d}x} = 0 \tag{d}$$
$$x = l \ \text{处}, y = 0 \tag{e}$$

将式（c）代入式（b），可得 $B = 0$。将式（d）代入式（b），可得

$$A = -\frac{M_B}{F_{\mathrm{cr}}kl\cos kl}$$

于是，挠曲线方程为

$$y = \frac{M_B}{F_{\mathrm{cr}}l}\left(-\frac{\sin kx}{k\cos kl} + x \right) \tag{f}$$

最后将式（e）代入式（f），得

$$\tan kl = kl$$

其最小非零解为

$$kl = 4.493$$

所以该压杆的临界轴力为

$$F_{\mathrm{cr}} = k^2 EI = \frac{20.2EI}{l^2} = \frac{\pi^2 EI}{(0.7l)^2} \tag{11.2}$$

讨论挠曲线的拐点：由 $y = \dfrac{M_B}{F_{\mathrm{cr}}l}\left(-\dfrac{\sin kx}{k\cos kl} + x \right)$，有

$$y'' = \frac{M_B}{F_{\mathrm{cr}}l}\left(-\frac{k\sin kx}{\cos kl} \right) \overset{\text{令}}{=\!=} 0$$

得 $\sin kx = 0$，而其中 $0 \leqslant x \leqslant l$。因此

$$x_1 = 0, \quad x_2 = 0.7l$$

$x_1 = 0$ 为下端铰支座位置，$x_2 = 0.7l$ 为挠曲线的拐点坐标值。铰支座处和拐点（反弯点）处弯矩都为零，且两拐点间的挠曲线段正好是一个半波正弦曲线段。再比较式（11.1）和式（11.2）可知，该压杆可简化为两端铰支压杆，其计算长度为 $l_0 = 0.7l$。

综上所述：**可以利用两端铰支细长压杆的临界轴力公式，采用类比的方法，将微弯平衡挠**

曲线上拐点视为铰,并将压杆在挠曲线两相邻拐点间的一段视为两端铰支压杆,得到其他杆端约束情况下细长压杆的临界轴力的欧拉公式。

理想细长压杆临界轴力欧拉公式统一形式表达为

$$F_{cr} = \frac{\pi^2 EI}{l_0^2} = \frac{\pi^2 EI}{(\mu l)^2} \tag{11.3}$$

式中

$$l_0 = \mu l \tag{11.4}$$

$l_0 = \mu l$ 称为压杆的**计算长度**或**有效长度**(effective length)——即压杆微弯平衡挠曲线两拐点间的一段杆长。l 是压杆的实际长度,μ 称为**长度因数**(coefficient of length)。

几种理想的杆端约束情况下细长压杆的长度因数列在表 11.1 中。表中挠曲线上的 C,D 点为拐点。

表 11.1

支承情况	两端铰支	一端固定另端自由	两端固定	一端固定另端铰支	两端固定但可沿横向相对移动
弹性曲线形状	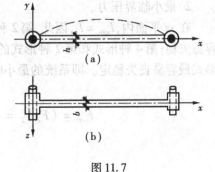				
长度因数 μ	$\mu = 1$	$\mu = 2$	$\mu = 0.5$	$\mu = 0.7$	$\mu = 1$

表 11.1 中的长度因数 μ 都是对理想的杆端约束情况而言的,在各种实际的杆端约束情况下,压杆的长度因数在一般的设计规范中都有具体的规定。

例 11.3　如图 11.7(a)所示一细长压杆,截面为 $b \times h$ 的矩形,就 xy 平面内的弹性曲线而言它是两端铰支,就 xz 平面内的弹性曲线而言它是两端固定,问 b 和 h 的比例应等于多少才合理?

解　在 x-y 平面内弯曲时,因两端铰支,故 $l_0 = l$。弯曲的中性轴为 z 轴,惯性矩应取 I_z

$$(F_{cr})_{xy} = \frac{\pi^2 EI_z}{l_0^2} = \frac{\pi^2 E}{l^2} \cdot \frac{bh^3}{12}$$

在 x-z 平面内弯曲时,因两端固定,故 $l_0 = l/2$。弯曲的中性轴为 y 轴,所以惯性矩应取 I_y

图 11.7

$$（F_{cr}）_{xz} = \frac{\pi^2 EI_y}{(l/2)^2} = \frac{\pi^2 E}{l^2} \cdot 4\left(\frac{hb^3}{12}\right)$$

令$（F_{cr}）_{xy} = （F_{cr}）_{xz}$（这样最合理），得

$$h^2 = 4b^2$$

所以

$$h = 2h$$

例 11.4 两根直径为 d 的圆杆，上、下端分别与刚性板固接，如图 11.8（a）所示。若圆杆为细长压杆，试分析在总压力 F 作用下，系统可能失稳的几种形式，并求出其中最小的临界压力 F_{cr}。

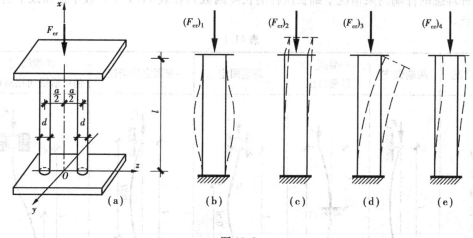

图 11.8

解 1）压杆的几种可能失稳形式。

①每根压杆作为两端固定的压杆分别失稳（见图 11.8（b））。

②两根压杆共同绕 z 轴失稳（见图 11.8（c）），这时杆端约束为下端固定，上端自由。

③两根压杆共同绕 yz 平面内通过 O 点的任一轴（除 z 轴外）失稳（见图 11.8（d）），这时杆端约束为下端固定，上端自由。

④两根压杆两端固定，但上端共同产生 z 方向的位移，每根压杆绕各自形心轴分别失稳（见图 11.8（e））。

2）最小临界压力。

在 yz 平面内，$I_{min} = I_z$，因此，第 2 种形式较第 3 种形式容易失稳；第 4 种形式较第 1 种形式容易失稳；第 4 种形式和第 2 种形式的 I_{min} 相等，但第 2 种形式的长度因数 μ 为最大，故第 2 种形式最容易丧失稳定。即系统的最小临界压力为

$$F_{cr} = （F_{cr}）_2 = \frac{\pi^2 EI}{(\mu l)^2} = \frac{\pi^2 E\left(2 \cdot \frac{\pi d^4}{64}\right)}{(2l)^2} = \frac{\pi^3 E d^4}{128 l^2}$$

11.4　欧拉公式适用范围　临界应力总图

以上所讨论的欧拉公式是以压杆临界平衡时挠曲线的近似微分方程为依据而推导出的,而这个微分方程式只在材料服从胡克定律的条件下才成立。因此,只有在材料服从胡克定律,即杆内的应力不超过材料的比例极限时,才能用欧拉公式来计算压杆的临界轴力。

11.4.1　临界应力　柔度

当中心压杆所受压力等于临界轴力而仍旧直立时,其横截面上的压应力称为**临界应力**(critical stress),用 σ_{cr} 表示,设压杆横截面面积为 A,则

$$\sigma_{cr} = \frac{F_{cr}}{A} = \frac{\pi^2 E}{l_0^2} \cdot \frac{I}{A} \qquad (11.5)$$

又 $I/A = i^2$,i 是截面对中性轴的回转半径,于是得

$$\sigma_{cr} = \frac{\pi^2 E i^2}{l_0^2} = \frac{\pi^2 E}{\left(\frac{\mu l}{i}\right)^2}$$

令

$$\lambda = \frac{l_0}{i} = \frac{\mu l}{i} \qquad (11.6)$$

λ 的量纲为 1,称为压杆的**柔度**或**长细比**(slenderness),**λ 综合地反映了压杆的长度(l)、支承方式(μ)与截面几何性质 (i) 对临界应力的影响**。于是有

$$\sigma_{cr} = \frac{\pi^2 E}{\lambda^2} \qquad (11.7)$$

式(11.7)是欧拉公式的另一表达形式。对同一材料而言,$\pi^2 E$ 是一常数。因此,λ 值决定着 σ_{cr} 的大小,柔度 λ 越大,临界应力 σ_{cr} 越小。

11.4.2　欧拉公式适用范围

如前所述,只有在材料服从胡克定律,即杆内的应力不超过材料的比例极限时,才能用欧拉公式来计算压杆的临界轴力。即

$$\sigma_{cr} \leqslant \sigma_p \qquad (11.8)$$

将式(11.7)代入式(11.8),有

$$\sigma_{cr} = \frac{\pi^2 E}{\lambda^2} \leqslant \sigma_p$$

或

$$\lambda \geqslant \pi \sqrt{\frac{E}{\sigma_p}} \overset{\text{令}}{=} \lambda_p \qquad (11.9)$$

式中,λ_p 表示可用欧拉公式的最小柔度,称为**判别柔度**。通常称 $\lambda \geqslant \lambda_p$ 的压杆为**大柔度杆**或**细长压杆**。因此,只有大柔度杆即细长压杆才能应用欧拉公式。

式(11.9)表明，λ_p 的值仅与材料的弹性模量 E 及比例极限 σ_p 有关，即 λ_p 之值仅随材料而异。

例如，3 号钢：$E \approx 210$ GPa，$\sigma_p \approx 200$ MPa，则

$$\lambda_p = \sqrt{\frac{\pi^2 E}{\sigma_p}} = \sqrt{\frac{\pi^2 (210 \times 10^3)}{200}} = 102$$

再如镍钢（含镍 3.5%）：$E \approx 2.15 \times 10^5$ MPa，$\sigma_p \sim 490$ MPa，则

$$\lambda_p = \sqrt{\frac{\pi^2 (2.15 \times 10^5)}{490}} = 65.8$$

11.4.3 横截面上应力超过比例极限时压杆的临界应力

若压杆的柔度 λ 小于 λ_p，由式(11.7)算出的 σ_{cr} 大于材料的比例极限，表明欧拉公式已不能使用。这类压杆是在应力超过比例极限后失稳的，故称为**非弹性屈曲**或**弹塑性失稳**。对这类压杆，工程计算中一般使用经验公式。这些公式的依据是大量的实验资料。这里只介绍经常使用的直线公式和抛物线公式。

(1)直线公式

直线公式把临界应力 σ_{cr} 与柔度 λ 表示为下列直线关系

$$\sigma_{cr} = a - b\lambda \tag{11.10}$$

式中，a 和 b 是与材料有关的常数。表 11.2 列举了几种材料的 a 和 b 值。

表 11.2 直线经验公式中常数值

材料(σ_b，σ_s/MPa)	a/MPa	b/MPa
Q235 钢 $\sigma_b \geq 372$，$\sigma_s = 235$	304	1.12
优质碳钢 $\sigma_b \geq 471$，$\sigma_s = 306$	461	2.568
硅钢 $\sigma_b \geq 510$，$\sigma_s = 353$	578	3.744
铬钼钢	980.7	5.296
铸铁	332.2	1.454
铝合金	373	2.15
木材	28.7	0.19

柔度很小的短柱，如压缩试验用的金属短柱或混凝土块，受压时并不会像大柔度杆那样出现弯曲变形，主要是因为压应力达到屈服点应力 σ_s（塑性材料）或抗压强度 σ_c^b（脆性材料）而失效。因此，对塑性材料，按式(11.10)算出的临界应力最高只能等于 σ_s。设相应的柔度为 λ_s，则

$$\lambda_s = \frac{a - \sigma_s}{b} \tag{11.11}$$

这是使用直线公式时柔度的最小值。将 $\lambda_s < \lambda < \lambda_p$ 的杆称为**中柔度杆**或**中长杆**，即中柔度杆的稳定性问题属于弹塑性稳定问题。而将 $\lambda \leq \lambda_s$ 的杆称为**小柔度杆**或**短杆**，小柔度杆只有强度问题，而无稳定性问题。

（2）抛物线公式

抛物线公式把临界应力 σ_{cr} 与柔度 λ 表示为下列抛物线关系

$$\sigma_{cr} = a - b\lambda^2 \tag{11.12}$$

式中，a 和 b 是与材料有关的常数。表 11.3 列举了几种材料的 a 和 b 值。**抛物线公式适用于横截面上应力大于材料比例极限的压杆。**

表 11.3　抛物线经验公式中常数值

材料（σ_b，σ_s/MPa）	a/MPa	b/MPa
Q235 钢 $\sigma_b \geqslant 372$，$\sigma_s = 235$	235	0.006 68
Q275 钢 $\sigma_b \geqslant 490$，$\sigma_s = 275$	275	0.008 53
16Mn 钢 $\sigma_b \geqslant 510$，$\sigma_s = 343$	343	0.014 3
铸铁 $\sigma_b = 392$	392	0.036 1

11.4.4　临界应力总图

压杆不论处于何阶段，其临界应力 σ_{cr} 都是柔度 λ 的函数。表示压杆临界应力 σ_{cr} 与柔度 λ 的关系曲线，称为**临界应力总图**。

中心受压直杆的临界应力总图如图 11.9 所示。由临界应力总图可知，计算压杆的临界轴力（或临界应力），应先计算压杆的柔度。根据不同的柔度，选用相应的临界轴力（或临界应力）的计算式。

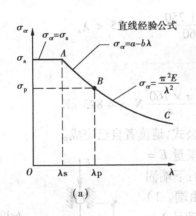
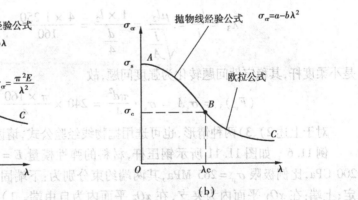

图 11.9

我国结构钢对于不能采用欧拉公式计算临界应力的中心受压直杆，根据试验结果，采用抛物线经验公式。其临界应力总图如图 11.9(b) 所示。曲线 $\overset{\frown}{AB}$ 是按经验公式绘制的（抛物线），曲线 $\overset{\frown}{BC}$ 是按欧拉公式绘制的（双曲线），两曲线交于 B 点，B 点的横坐标为 λ_c，这里 $\lambda_c > \lambda_p$，即将欧拉公式的适用范围作了修正，这样能更好地反映压杆的实际情况。

例 11.5　如图 11.10 所示两端均为球铰支的 3 根圆截面压杆，直径均为 $d = 160$ mm，长度分别为 $l_1 = 2l_2 = 4l_3 = 5$ m，杆材料均为 Q235 钢，$E = 200$ GPa，$\sigma_p = 200$ MPa，$\sigma_s = 240$ MPa，试求各杆临界轴力。

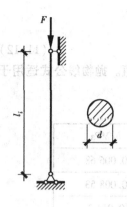

图 11.10

解 对于 Q235 钢

$$\lambda_p = \pi \sqrt{\frac{E}{\sigma_p}} = \pi \sqrt{\frac{200 \times 10^3}{200}} = 99.35$$

$$\lambda_s = \frac{a - \sigma_s}{b} = \frac{304 - 240}{1.12} = 57.14$$

1）对于 $l_1 = 5$ m 的杆

$$\lambda_1 = \frac{l_{01}}{i} = \frac{\mu l_1}{\sqrt{\dfrac{I}{A}}} = \frac{1 \times l_1}{\dfrac{d}{4}} = \frac{4 \times 5\,000}{160} = 125 > \lambda_p$$

欧拉公式适用，故

$$(F_{cr})_1 = \frac{\pi^2 EI}{(\mu l_1)^2} = \frac{\pi^2 \times 200 \times 10^3 \times \pi \times 160^4}{64 \times (1 \times 5\,000)^2}\text{N} = 2\,540\text{ kN}$$

2）对于 $l_2 = 2.5$ m 的杆

$$\lambda_2 = \frac{l_{02}}{i} = \frac{\mu l_2}{\sqrt{\dfrac{I}{A}}} = \frac{1 \times l_2}{\dfrac{d}{4}} = \frac{4 \times 2\,500}{160} = 62.5$$

因 $\lambda_s < \lambda_2 < \lambda_p$，属于中柔度杆，欧拉公式不适用。这里选用直线经验公式计算临界轴力

$$(F_{cr})_2 = \sigma_{cr} A = (a - b\lambda_2) \cdot \frac{\pi d^2}{4} = (304 - 1.12 \times 62.5) \cdot \frac{\pi \times 160^2}{4}\text{N} = 4\,705\text{ kN}$$

3）对于 $l_3 = 1.25$ m 的杆

$$\lambda_3 = \frac{l_{02}}{i} = \frac{\mu l_2}{\sqrt{\dfrac{I}{A}}} = \frac{1 \times l_2}{\dfrac{d}{4}} = \frac{4 \times 1\,250}{160} = 31.25 < \lambda_s$$

是小柔度杆，其稳定性问题转化为强度问题，故

$$(F_{cr})_3 = \sigma_s A = \sigma_s \cdot \frac{\pi d^2}{4} = 240 \times \frac{\pi \times 160^2}{4}\text{N} = 4\,825\text{ kN}$$

对于上述 2）、3）两种情形，也可选用抛物线经验公式，请读者自己完成。

例 11.6 如图 11.11 所示钢压杆，材料的弹性模量 $E =$ 200 GPa，比例极限 $\sigma_p = 265$ MPa，其两端约束分别为：下端固定；上端：在 xOy 平面内为夹支，在 xOz 平面内为自由端。1）计算该压杆的临界轴力；2）从该压杆的稳定角度（在满足 $\lambda \geqslant \lambda_p$ 情况下），b 与 h 的比值应等于多少才合理？

解 1）计算临界轴力。

在 xy 平面内弯曲时，因一端固定，一端夹支，故 $l_{01} = 0.5l = 1\,500$ mm；因弯曲的中性轴为 z 轴，惯性矩应取 I_z，惯性半径取 i_z

$$\lambda_z = \frac{l_{01}}{i_z} = \frac{l_{01}}{\sqrt{\dfrac{I_z}{(bh)}}} = \frac{l_{01}}{b\sqrt{\dfrac{1}{12}}} = 52$$

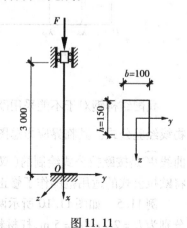

图 11.11

在 xz 平面内弯曲时,因一端固定,一端自由,故 $l_{02} = 2l = 6\ 000\ \text{mm}$,因弯曲的中性轴为 y 轴,惯性矩应取 I_y,惯性半径取 i_y

$$\lambda_y = \frac{l_{02}}{i_y} = \frac{l_{02}}{\sqrt{\frac{I_y}{(bh)}}} = \frac{l_{02}}{h\sqrt{\frac{1}{12}}} = 138.56 > \lambda_z$$

故 λ_y 起决定作用,由

$$\lambda_p = \pi\sqrt{\frac{E}{\sigma_p}} = \pi\sqrt{\frac{200 \times 10^3}{265}} = 86.31 < \lambda_y$$

欧拉公式适用,故

$$F_{cr} = (F_{cr})_y = \frac{\pi^2 E I_y}{(l_{02})^2} = \frac{\pi^2 \times 200 \times 10^3\ \text{MPa} \times \frac{1}{12} \times 100\ \text{mm} \times 150^3\ \text{mm}^3}{6\ 000^2\ \text{mm}^2}$$

$$= 1.54 \times 10^6\ \text{N} = 1.54 \times 10^3\ \text{kN}$$

2)确定合理的 b 与 h 比值。

在满足 $\lambda \geqslant \lambda_p$ 情况下,合理的截面应为

$$(F_{cr})_z = (F_{cr})_y \text{或} \lambda_z = \lambda_y,\text{即}$$

$$\frac{l_{01}}{i_z} = \frac{l_{02}}{i_y}$$

得

$$\frac{1\ 500}{b\sqrt{\frac{1}{12}}} = \frac{6\ 000}{h\sqrt{\frac{1}{12}}}$$

故

$$h/b = 6\ 000/1\ 500 = 4$$

例 11.7   如图 11.12 所示结构中,杆 AB 与 BD 的材料均为 Q235 钢,两杆同为圆截面杆,AB 杆直径为 $d_{AB} = 100\ \text{mm}$, BD 杆直径为 $d_{BD} = 10\ \text{mm}$,$l = 300\ \text{mm}$,承受荷载 F。试求结构的临界荷载值 $[F]$。已知:$E = 200\ \text{GPa}$,$\sigma_p = 200\ \text{MPa}$。

解 1)求 BD 杆判别柔度。对于 Q235 钢

$$\lambda_p = \pi\sqrt{\frac{E}{\sigma_p}} = \pi\sqrt{\frac{200 \times 10^3}{200}} = 99.35$$

2)求 BD 杆所受轴力 F_{NBD}。

本题为一次超静定问题,变形相容条件为

$$y_B = (y_B)_F + (y_B)_{F_{NBD}} = \Delta l_{BD}$$

于是有

$$\frac{5Fl^3}{6EI_{AB}} - \frac{8F_{NBD}l^3}{3EI_{AB}} = \frac{F_{NBD}l}{EA_{BD}}$$

整理后有

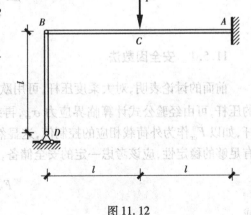

图 11.12

$$F_{NBD} = \frac{\dfrac{5l^2}{6I_{AB}}}{\dfrac{8l^2}{3I_{AB}} + \dfrac{1}{A_{BD}}}F = 0.248F$$

3）求结构的临界荷载[F]。

设结构的临界荷载由 BD 杆的临界轴力决定。由 BD 杆的柔度

$$\lambda = \frac{l_0}{i} = \frac{\mu l}{\sqrt{\dfrac{I}{A}}} = \frac{1 \times l}{\dfrac{d}{4}} = \frac{4 \times 300}{10} = 120 > \lambda_p$$

欧拉公式适用,故 BD 杆的临界轴力为

$$(F_{cr})_{BD} = \frac{\pi^2 EI}{(\mu l)^2} = \frac{\pi^2 \times 200 \times 10^3 \times \pi \times 10^4}{64 \times (1 \times 300)^2} N = 10.77 \text{ kN}$$

则结构的临界荷载为

$$[F] = \frac{(F_{cr})_{BD}}{0.248} = \frac{10.77 \text{ kN}}{0.248} = 43.43 \text{ kN}$$

4）校核 AB 杆的强度。

经计算,AB 杆的危险截面为 A 截面之左邻截面,其截面弯矩为

$$M_{max} = M_A^{左} = 6.567 \text{ kN} \cdot \text{m}$$

故有

$$\sigma_{max} = \frac{M_{max}}{W_z} = \frac{6.567 \times 10^6}{\dfrac{\pi}{32} \cdot 100^3} \text{ MPa} = 66.89 \text{ MPa} < \sigma_p$$

可见,上述假设正确,结构的临界荷载为[F] = 43.43 kN

11.5 压杆的稳定计算

11.5.1 安全因数法

前面的讨论表明,对大柔度压杆,可用欧拉公式计算其临界轴力 F_{cr}。对欧拉公式不适用的压杆,可由经验公式计算临界应力 σ_{cr},再乘以横截面面积求得临界轴力 F_{cr}。对于实际压杆,如以 F_{cr} 作为外荷载相应的控制值,这显然是不安全的。因此,为安全起见,使实际压杆具有足够的稳定性,应该考虑一定的安全储备,于是压杆的**稳定条件**(stability condition)为

$$F_N \leqslant \frac{F_{cr}}{n_{st}} \tag{11.13}$$

或

$$n = \frac{F_{cr}}{F_N} = \frac{\sigma_{cr}}{\sigma} \geqslant n_{st} \tag{11.14}$$

式中,F_N 为压杆的工作轴力,F_{cr} 为压杆的临界轴力,σ 为压杆横截面的工作应力,σ_{cr} 为压杆横截面的临界应力,n 为压杆的工作安全因数,n_{st} 为规定的稳定安全因数。

n_{st} 可以从设计规范或设计手册中查到。一般来说，n_{st} 取值比强度安全因数略高，这是因为一些难以避免的因素，如杆件的初弯曲、压力偏心，材料不均匀和支座的缺陷等，都影响压杆的稳定性，降低临界轴力。

必须注意，由于压杆的临界轴力是由压杆的整体变形来决定的，局部的截面削弱对压杆的整体变形影响很小，所以在计算临界轴力的公式中，I 和 A 都按没削弱的横截面尺寸来计算。对于局部有截面削弱的压杆，除了要进行稳定校核外，还应该对压杆削弱了的横截面进行强度校核。

例 11.8　三角支架受力如图 11.13（a）所示。其中 BC 杆为 10 号工字钢，其弹性模量 $E = 200$ GPa，比例极限 $\sigma_p = 200$ MPa。AB 杆长度为 $l_{AB} = 1.5$ m，若稳定安全因数 $n_{st} = 2.2$，试从 BC 杆的稳定考虑，求结构的许用荷载 $[F]$。

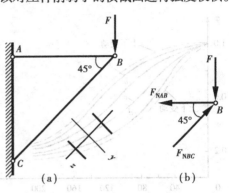

图 11.13

解　考察 BC 杆，其 λ_p 为

$$\lambda_p = \pi \sqrt{\frac{E}{\sigma_p}} = \pi \sqrt{\frac{200 \times 10^3 \text{ MPa}}{200 \text{ MPa}}} = 99.35$$

其截面为 10 号工字钢，查型钢表得

$$i_{min} = i_z = 1.52 \text{ cm} = 15.2 \text{ mm}$$

$$A = 14.345 \text{ cm}^2 = 1\,434.5 \text{ mm}^2$$

其杆端约束为两端铰支，柔度 λ 为

$$\lambda = \frac{l_0}{i_z} = \frac{1 \times l}{i_z} = \frac{1 \times \sqrt{2} \times 1.5 \times 10^3 \text{ mm}}{15.2 \text{ mm}} = 139.6$$

$\lambda > \lambda_p$，欧拉公式适用，故

$$[F_{NBC}] = \frac{F_{cr}}{n_{st}} = \frac{\pi^2 EA}{\lambda^2 n_{st}} = \frac{\pi^2 \times 200 \times 10^3 \text{ MPa} \times 1\,434.5 \text{ mm}^2}{139.6^2 \times 2.2} = 66 \text{ kN}$$

最后考察结点 B 的平衡，如图 11.13（b）所示，可得

$$F = \frac{\sqrt{2}}{2} F_{NBC}$$

所以

$$[F] = \frac{\sqrt{2}}{2} [F_{NBC}] = 46.7 \text{ kN}$$

11.5.2　稳定因数法

由于压杆的临界应力随柔度的增大而降低，因此，设计压杆时所用的许用应力也应随柔度的增加而减小。所以，在桥梁、木结构、钢结构和起重机械的设计中常将式（11.14）改写为

$$\sigma = \frac{F_N}{A} \leqslant \frac{\sigma_{cr}}{n_{st}} = \frac{\sigma_{cr}}{n_{st}} \cdot \frac{\sigma_s}{\sigma_s} = \varphi \cdot \frac{\sigma_s}{n_{st}} = \varphi f$$

或

$$\frac{F_N}{\varphi A} \leqslant f \tag{11.15}$$

式（11.15）称为轴心受压杆件的**稳定条件**。式中，F_N 为压杆的工作轴力；A 为压杆截面的毛截

面面积;f 为考虑一定塑性的材料抗压强度设计值,其值如何确定,请参见相应的《规范》;φ 为压杆的**稳定因数**或**折减因数**,由压杆的材料、长度、横截面形状和尺寸、杆端约束形式等因素决定,即 φ 与材料有关且为柔度 λ 的函数。

在钢压杆中,稳定因数被定义为

$$\varphi = \varphi(\lambda) = \frac{\sigma_{cr}}{\sigma_s} \leqslant 1 \qquad (11.16)$$

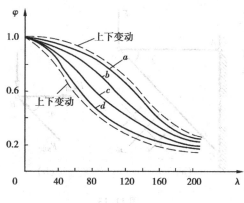

图 11.14 我国的柱子曲线

显然,φ-λ 曲线与 σ_{cr}-λ 曲线的意义相同,均被称为**柱子曲线**。我国钢结构规范组根据自己算出的 96 根钢柱子曲线,经分析研究,最后归纳为如图 11.14 所示 a,b,c 和 d4 条曲线,它们分别对应着 a,b,c 和 d 4 种截面分类。其中 a 类截面的稳定性最好,残余应力影响较小,b 类次之,c 类再次之,d 类最差。关于截面的具体分类情况请参见相关规范。

a 曲线——主要用于轧制工字形截面的强轴(弱轴用 b 曲线)、热轧圆管和方管。

c 曲线——主要用于焊接工字形截面的弱轴,槽形截面的对称主轴。

d 曲线——主要用于厚板截面。

b 曲线——除 a,c,d 曲线之外的情况。

对于不同材料,根据 φ 与 λ 的关系,分别给出 a,b,c 和 d4 类截面的稳定因数 φ 值。表 11.4、表 11.5、表 11.6 和表 11.7 分别给出 Q235 钢(即 3 号钢)a,b,c 和 d4 类截面的 φ 值。

表 11.4 a 类截面轴心受压构件的稳定系数 φ

λ	0	1	2	3	4	5	6	7	8	9
0	1.000	1.000	1.000	1.000	0.999	0.999	0.998	0.998	0.997	0.996
10	0.995	0.994	0.993	0.992	0.991	0.989	0.988	0.986	0.985	0.983
20	0.981	0.979	0.977	0.976	0.974	0.972	0.970	0.968	0.966	0.964
30	0.963	0.961	0.959	0.957	0.955	0.952	0.950	0.948	0.946	0.944
40	0.941	0.939	0.937	0.934	0.932	0.929	0.927	0.924	0.921	0.919
50	0.916	0.913	0.910	0.907	0.904	0.900	0.897	0.894	0.890	0.886
60	0.883	0.879	0.875	0.871	0.867	0.863	0.858	0.854	0.849	0.844
70	0.839	0.834	0.829	0.824	0.818	0.813	0.807	0.801	0.795	0.789
80	0.783	0.776	0.770	0.763	0.757	0.750	0.743	0.736	0.728	0.721
90	0.714	0.706	0.699	0.691	0.684	0.676	0.668	0.661	0.653	0.645
100	0.638	0.630	0.622	0.615	0.607	0.600	0.592	0.585	0.577	0.570

λ	0	1	2	3	4	5	6	7	8	9
110	0.563	0.555	0.548	0.541	0.534	0.527	0.520	0.514	0.507	0.500
120	0.494	0.488	0.481	0.475	0.469	0.463	0.457	0.451	0.445	0.440
130	0.434	0.429	0.423	0.418	0.412	0.407	0.402	0.397	0.392	0.387
140	0.383	0.378	0.373	0.369	0.364	0.360	0.356	0.351	0.347	0.343
150	0.339	0.335	0.331	0.327	0.323	0.320	0.316	0.312	0.309	0.305
160	0.302	0.298	0.295	0.292	0.289	0.285	0.282	0.279	0.276	0.273
170	0.207	0.267	0.264	0.262	0.259	0.256	0.253	0.251	0.248	0.246
180	0.243	0.241	0.238	0.236	0.233	0.231	0.229	0.226	0.224	0.222
190	0.220	0.218	0.215	0.213	0.211	0.209	0.207	0.205	0.203	0.201
200	0.199	0.198	0.196	0.194	0.192	0.190	0.189	0.187	0.185	0.183
210	0.182	0.180	0.179	0.177	0.175	0.174	0.172	0.171	0.169	0.168
220	0.166	0.165	0.164	0.162	0.161	0.159	0.158	0.157	0.155	0.154
230	0.153	0.152	0.150	0.149	0.148	0.147	0.146	0.144	0.143	0.142
240	0.141	0.140	0.139	0.138	0.136	0.135	0.134	0.133	0.132	0.131
250	0.130									

表 11.5　b 类截面轴心受压构件的稳定系数 φ

λ	0	1	2	3	4	5	6	7	8	9
0	1.000	1.000	1.000	0.999	0.999	0.998	0.997	0.996	0.995	0.994
10	0.992	0.991	0.989	0.987	0.985	0.983	0.981	0.978	0.976	0.973
20	0.970	0.967	0.963	0.960	0.957	0.953	0.950	0.946	0.943	0.939
30	0.936	0.932	0.929	0.925	0.922	0.918	0.914	0.910	0.906	0.903
40	0.899	0.895	0.891	0.887	0.882	0.878	0.874	0.870	0.865	0.861
50	0.856	0.852	0.847	0.842	0.838	0.833	0.828	0.823	0.818	0.813
60	0.807	0.802	0.797	0.791	0.786	0.780	0.774	0.769	0.763	0.757
70	0.751	0.745	0.739	0.732	0.726	0.720	0.714	0.707	0.701	0.694
80	0.688	0.681	0.675	0.668	0.661	0.655	0.648	0.641	0.635	0.628
90	0.621	0.614	0.608	0.601	0.594	0.588	0.581	0.575	0.568	0.561
100	0.555	0.549	0.542	0.536	0.529	0.523	0.517	0.511	0.505	0.499
110	0.493	0.487	0.481	0.475	0.470	0.464	0.458	0.453	0.447	0.442

续表

λ	0	1	2	3	4	5	6	7	8	9
120	0.437	0.432	0.426	0.421	0.416	0.411	0.406	0.402	0.397	0.392
130	0.387	0.383	0.378	0.374	0.370	0.365	0.361	0.357	0.353	0.349
140	0.345	0.341	0.337	0.333	0.329	0.326	0.322	0.318	0.315	0.311
150	0.308	0.304	0.301	0.298	0.295	0.291	0.288	0.285	0.282	0.279
160	0.276	0.273	0.270	0.267	0.265	0.262	0.259	0.256	0.254	0.251
170	0.249	0.246	0.244	0.241	0.239	0.236	0.234	0.232	0.229	0.227
180	0.225	0.223	0.220	0.218	0.216	0.214	0.212	0.210	0.208	0.206
190	0.204	0.202	0.200	0.198	0.197	0.195	0.193	0.191	0.190	0.188
200	0.186	0.184	0.183	0.181	0.180	0.178	0.176	0.175	0.173	0.172
210	0.170	0.169	0.167	0.166	0.165	0.163	0.162	0.160	0.159	0.158
220	0.156	0.155	0.154	0.153	0.151	0.150	0.149	0.148	0.146	0.145
230	0.144	0.143	0.142	0.141	0.140	0.138	0.137	0.136	0.135	0.134
240	0.133	0.132	0.131	0.130	0.129	0.128	0.127	0.126	0.125	0.124
250	0.123									

表 11.6 c 类截面轴心受压构件的稳定系数 φ

λ	0	1	2	3	4	5	6	7	8	9
0	1.000	1.000	1.000	0.999	0.999	0.998	0.997	0.996	0.995	0.993
10	0.992	0.990	0.988	0.986	0.983	0.981	0.978	0.976	0.973	0.970
20	0.966	0.959	0.953	0.947	0.940	0.934	0.928	0.921	0.915	0.909
30	0.902	0.896	0.890	0.884	0.877	0.871	0.865	0.858	0.852	0.846
40	0.839	0.833	0.826	0.820	0.814	0.807	0.801	0.794	0.788	0.781
50	0.775	0.768	0.762	0.755	0.748	0.742	0.735	0.729	0.722	0.715
60	0.709	0.702	0.695	0.689	0.682	0.676	0.669	0.662	0.656	0.649
70	0.643	0.636	0.629	0.623	0.616	0.610	0.604	0.597	0.591	0.584
80	0.578	0.572	0.566	0.559	0.553	0.547	0.541	0.535	0.529	0.523
90	0.517	0.511	0.505	0.500	0.494	0.488	0.483	0.477	0.472	0.467
100	0.463	0.458	0.454	0.449	0.445	0.441	0.436	0.432	0.428	0.423

λ	0	1	2	3	4	5	6	7	8	9
110	0.419	0.415	0.411	0.407	0.403	0.399	0.395	0.391	0.387	0.383
120	0.379	0.375	0.371	0.367	0.364	0.360	0.356	0.353	0.349	0.346
130	0.342	0.339	0.335	0.332	0.328	0.325	0.322	0.319	0.315	0.312
140	0.309	0.306	0.303	0.300	0.297	0.294	0.291	0.288	0.285	0.282
150	0.280	0.277	0.274	0.271	0.269	0.266	0.264	0.261	0.258	0.256
160	0.254	0.251	0.249	0.246	0.244	0.242	0.239	0.237	0.235	0.233
170	0.230	0.228	0.226	0.224	0.222	0.220	0.218	0.216	0.214	0.212
180	0.210	0.208	0.206	0.205	0.203	0.201	0.199	0.197	0.196	0.194
190	0.192	0.190	0.189	0.187	0.186	0.184	0.182	0.181	0.179	0.178
200	0.176	0.175	0.173	0.172	0.170	0.169	0.168	0.166	0.165	0.163
210	0.162	0.161	0.159	0.158	0.157	0.156	0.154	0.153	0.152	0.151
220	0.150	0.148	0.147	0.146	0.145	0.144	0.143	0.142	0.140	0.139
230	0.138	0.137	0.136	0.135	0.134	0.133	0.132	0.131	0.130	0.129
240	0.128	0.127	0.126	0.125	0.124	0.124	0.123	0.122	0.121	0.120
250	0.119									

表 11.7　d 类截面轴心受压构件的稳定系数 φ

λ	0	1	2	3	4	5	6	7	8	9
0	1.000	1.000	0.999	0.999	0.998	0.996	0.994	0.992	0.990	0.987
10	0.984	0.981	0.978	0.974	0.969	0.965	0.960	0.955	0.949	0.944
20	0.937	0.927	0.918	0.909	0.900	0.891	0.883	0.874	0.865	0.857
30	0.848	0.840	0.831	0.823	0.815	0.807	0.799	0.790	0.782	0.774
40	0.766	0.759	0.751	0.743	0.735	0.728	0.720	0.712	0.705	0.697
50	0.690	0.683	0.675	0.668	0.661	0.654	0.646	0.639	0.632	0.625
60	0.618	0.612	0.605	0.598	0.591	0.585	0.578	0.572	0.565	0.559
70	0.552	0.546	0.540	0.534	0.528	0.522	0.516	0.510	0.504	0.498
80	0.493	0.487	0.481	0.476	0.470	0.465	0.460	0.454	0.449	0.444
90	0.439	0.434	0.429	0.424	0.419	0.414	0.410	0.405	0.401	0.397

续表

λ	0	1	2	3	4	5	6	7	8	9
100	0.394	0.390	0.387	0.383	0.380	0.376	0.373	0.370	0.366	0.363
110	0.359	0.356	0.353	0.350	0.316	0.343	0.340	0.337	0.334	0.331
120	0.328	0.325	0.322	0.319	0.316	0.313	0.310	0.307	0.304	0.301
130	0.299	0.296	0.293	0.290	0.288	0.285	0.282	0.280	0.277	0.275
140	0.272	0.270	0.267	0.265	0.262	0.260	0.258	0.255	0.253	0.251
150	0.248	0.246	0.244	0.242	0.240	0.237	0.235	0.233	0.231	0.229
160	0.227	0.225	0.223	0.221	0.219	0.217	0.215	0.213	0.212	0.210
170	0.208	0.206	0.204	0.203	0.201	0.199	0.197	0.196	0.194	0.192
180	0.191	0.189	0.188	0.186	0.184	0.183	0.181	0.180	0.178	0.177
190	0.176	0.174	0.173	0.171	0.170	0.168	0.167	0.166	0.164	0.163
200	0.162									

对于木制压杆的稳定因数 φ 值,我国在《木结构设计规范》中,按照树种的强度等级分别给出了以下两组计算公式:

树种强度等级为 TC17,TC15 及 TB20 时,

$$\lambda \leq 75 \quad \varphi = \frac{1}{1 + \left(\dfrac{\lambda}{80}\right)^2} \tag{11.17}$$

$$\lambda > 75 \quad \varphi = \frac{3\,000}{\lambda^2} \tag{11.18}$$

树种强度等级为 TC13,TC11,TB17 及 TB15 时,

$$\lambda \leq 91 \quad \varphi = \frac{1}{1 + \left(\dfrac{\lambda}{65}\right)^2} \tag{11.19}$$

$$\lambda > 91 \quad \varphi = \frac{2\,800}{\lambda^2} \tag{11.20}$$

关于树种强度等级,如 TC17 有柏木、东北落叶松等,TC15 有铁杉、油杉,西南云杉等,TC13 有油松、马尾松、新疆落叶松、红松等。代号后的数字表示树种的抗弯强度(MPa)。详细的树种强度等级及相应的力学性质,可查阅相关规范。

例 11.9 如图 11.15(a)所示结构是由两根直径相同的圆杆组成,杆的材料为 Q235 钢,已知 $h = 0.4$ m,杆直径 $d = 20$ mm,荷载 $F = 15$ kN,其钢材的抗压强度设计值 $f = 215$ MPa,试校核此杆在图平面内的稳定性。

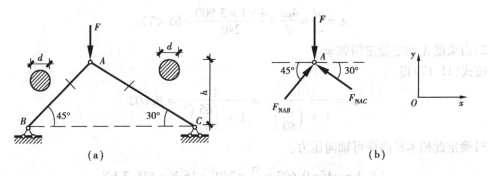

图 11.15

解 1）计算两根压杆所受的轴力。

分析结点 A 并考虑其平衡

$$\sum F_{ix} = 0, \quad F_{NAB}\cos 45° - F_{NAC}\cos 30° = 0$$

$$\sum F_{iy} = 0, \quad F_{NAB}\sin 45° + F_{NAC}\sin 30° - F = 0$$

解得

$$F_{NAB} = 0.896F, \quad F_{NAC} = 0.732F$$

2）计算柔度 λ，并查稳定因数 φ。

$$\lambda_{AB} = \frac{\mu_{AB}l_{AB}}{i_{AB}} = \frac{\mu_{AB}\sqrt{2}h}{\dfrac{d}{4}} = \frac{1 \times \sqrt{2} \times 400}{\dfrac{20}{4}} = 113.14$$

$$\lambda_{AC} = \frac{\mu_{AC}l_{AC}}{i_{AC}} = \frac{\mu_{AC}2h}{\dfrac{d}{4}} = \frac{1 \times 2 \times 400}{\dfrac{20}{4}} = 160$$

根据 λ，查表 11.5 得稳定因数 φ

$$\varphi_{AB} = 0.475 - 0.14 \times (0.475 - 0.470) = 0.474\ 3$$

$$\varphi_{AC} = 0.276$$

3）校核二杆的稳定性。

AB 杆：

$$\frac{F_{NAB}}{\varphi_{AB}A_{AB}} = \frac{0.896F}{\varphi_{AB} \cdot \dfrac{\pi d^2}{4}} = \frac{0.896 \times 15\ 000\ \text{N}}{0.474\ 3 \times \dfrac{\pi \times 20^2}{4}\text{mm}^2} = 90.2\ \text{MPa} < f = 215\ \text{MPa}$$

AC 杆：

$$\frac{F_{NAC}}{\varphi_{AB}A_{AC}} = \frac{0.732F}{\varphi_{AC} \cdot \dfrac{\pi d^2}{4}} = \frac{0.732 \times 15\ 000\ \text{N}}{0.276 \times \dfrac{\pi \times 20^2}{4}\text{mm}^2} = 126.6\ \text{MPa} < f = 215\ \text{MPa}$$

故二杆均满足稳定条件。

例 11.10　有一柏木柱长 $l = 3.9$ m，直径 $d = 240$ mm，两端铰支，材料的抗压强度设计值为 $f = 16$ MPa。试确定此柏木柱的许可轴向压力。

解　1）计算柔度。

$$\lambda = \frac{\mu l}{i} = \frac{4\mu l}{d} = \frac{4 \times 1 \times 3\,900}{240} = 65 < 75$$

2）由柔度 λ 确定稳定因数 φ。

按式（11.17）得

$$\varphi = \frac{1}{1 + \left(\dfrac{\lambda}{80}\right)^2} = \frac{1}{1 + \left(\dfrac{65}{80}\right)^2} = 0.602$$

3）确定此柏木柱的许可轴向压力。

$$[F_N] = \varphi Af = 0.602 \times \frac{\pi}{4} \times 240^2 \times 16 \text{ N} = 435.7 \text{ kN}$$

例 11.11 如图 11.16 所示工字形截面钢压杆，上端球铰支，下端固定。已知 $l = 7$ m，截面为工 50a，材料为 Q235 钢，其抗压强度设计值为 $f = 215$ MPa。为加强其稳定性，在压杆的中间某位置沿 z 方向增加一个铰支座 C，试求：1）铰支座 C 合理位置 x 值；2）该钢压杆的许可轴向压力。

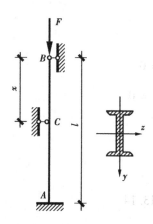

图 11.16

解 1）铰支座 C 合理位置 x 值。

欲使该压杆稳定性最好，须使 $\lambda_{AC} = \lambda_{BC}$，即

$$\frac{(\mu_y)_{AC}l_{AC}}{i_y} = \frac{(\mu_y)_{BC}l_{BC}}{i_y}$$

于是有

$$0.7 \times (l - x) = 1 \cdot x$$

解得

$$x = \frac{7}{17}l = 2\,882.4 \text{ mm}$$

2）该钢压杆的许可轴向压力。

工 50a 的几何性质：

$i_z = 19.7$ cm，$i_y = 3.07$ cm，$A = 119.304$ cm^2

在 xz 平面内弯曲时，

$$\lambda_y = \frac{(\mu_y)_{BC}l_{BC}}{i_y} = \frac{1 \times 2\,882.4}{30.7} = 93.9$$

按 b 类截面查表 11.5，由内插法得

$$\varphi_y = 0.601 - 0.9 \times (0.601 - 0.594) = 0.595$$

在 xy 平面内弯曲时，

$$\lambda_z = \frac{(\mu_z)_{AB}l_{AB}}{i_z} = \frac{0.7 \times 7\,000}{197} = 24.87$$

按 a 类截面查表 11.4，由内插法得

$$\varphi_z = 0.974 - 0.87 \times (0.974 - 0.972) = 0.972\,3$$

因 $\varphi_z > \varphi_y$，故该钢压杆的许可轴向压力由 φ_y 确定，即

$$[F_N] = \varphi_y Af = 0.595 \times 11\,930.4 \times 215 \text{ N} = 1\,526.2 \text{ kN}$$

例 11.12 如图 11.17 所示工字形截面钢压杆，上端自由，下端固定。已知 $l = 2$ m，$F = 220$ kN，材料为 Q235 钢，其抗压强度设计值为 $f = 215$ MPa。试选择工字钢型号。

解　1)问题分析。

由稳定条件式(11.15)可知,压杆的横截面面积应为

$$A \geqslant \frac{F_N}{\varphi f} \qquad (a)$$

然而,稳定因数 φ 之值与横截面的几何性质有关,因而也是未知的。因此,在设计截面时,应采用**试算法**或**逐次逼近法**。

2)第 1 次试算。

设取 $\varphi_1 = 0.5$,则由式(a)得

$$A_1 \geqslant \frac{F_N}{\varphi_1 f} = \frac{220\ 000}{0.5 \times 215}\text{mm}^2 = 2\ 046\ \text{mm}^2$$

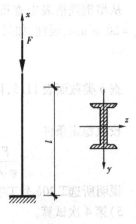

图 11.17

从型钢规格表中查得,工 14 号工字钢的横截面面积 $A_1' = 2\ 151.6\ \text{mm}^2$,最小惯性半径 $i_{\min} = 17.3\ \text{mm}$,因此,如果选用该型钢作压杆,则其柔度为

$$\lambda_1 = \frac{\mu l}{i_{\min}} = \frac{2 \times 2\ 000}{17.3} = 231$$

查 b 类截面表11.5,得

$$\varphi_1' = 0.143$$

校核稳定条件

$$\frac{F_N}{\varphi_1' A_1'} = \frac{220\ 000}{0.143 \times 2\ 151.6}\text{MPa} = 714.7\ \text{MPa} > f$$

说明所选工 14 号工字钢不能满足稳定条件,需重新选择。

3)第 2 次试算。

设取 $\varphi_2 = \frac{1}{2}(\varphi_1 + \varphi_1') = \frac{1}{2}(0.5 + 0.143) = 0.321\ 5$,则由式(a)得

$$A_2 \geqslant \frac{F_N}{\varphi_2 f} = \frac{220\ 000}{0.321\ 5 \times 215}\text{mm}^2 = 3\ 183\ \text{mm}^2$$

从型钢规格表中查得,工 20a 号工字钢的横截面面积 $A_2' = 3\ 557.8\ \text{mm}^2$,最小惯性半径 $i_{\min} = 21.1\ \text{mm}$,因此,如果选用该型钢作压杆,则其柔度为

$$\lambda_2 = \frac{\mu l}{i_{\min}} = \frac{2 \times 2\ 000}{21.1} = 189.6$$

查 b 类截面表11.5,得:

$$\varphi_2' = 0.205$$

校核稳定条件

$$\frac{F_N}{\varphi_2' A_2'} = \frac{220\ 000}{0.205 \times 3\ 557.8}\text{MPa} = 301.6\ \text{MPa} > f$$

说明所选工 20a 号工字钢不能满足稳定条件,需重新选择。

4)第 3 次试算。

取 $\varphi_3 = \frac{1}{2}(\varphi_2 + \varphi_2') = \frac{1}{2}(0.321\ 5 + 0.205) = 0.263$,则由式(a)得

$$A_3 \geqslant \frac{F_N}{\varphi_3 f} = \frac{220\ 000}{0.263 \times 215}\text{mm}^2 = 3\ 890.7\ \text{mm}^2$$

从型钢规格表中查得，工20b号工字钢的横截面面积 $A_3' = 3\,957.8\;\text{mm}^2$，最小惯性半径 $i_{\min} = 20.6\;\text{mm}$，因此，如果选用该型钢作压杆，则其柔度为

$$\lambda_3 = \frac{\mu l}{i_{\min}} = \frac{2 \times 2\,000}{20.6} = 194$$

查b类截面表11.5，得

$$\varphi_3' = 0.197$$

校核稳定条件

$$\frac{F_N}{\varphi_3' A_3'} = \frac{220\,000}{0.197 \times 3\,957.8}\text{MPa} = 282.2\;\text{MPa} > f$$

说明所选工20b号工字钢不能满足稳定条件，需重新选择。

5）第4次试算。

取 $\varphi_4 = \dfrac{1}{2}(\varphi_3 + \varphi_3') = \dfrac{1}{2}(0.263 + 0.197) = 0.23$，则由式(a)得

$$A_4 \geqslant \frac{F_N}{\varphi_4 f} = \frac{220\,000}{0.23 \times 215}\text{mm}^2 = 4\,448.9\;\text{mm}^2$$

从型钢规格表中查得，工22b号工字钢的横截面面积 $A_4' = 4\,652.8\;\text{mm}^2$，最小惯性半径 $i_{\min} = 22.7\;\text{mm}$，因此，如果选用该型钢作压杆，则其柔度为

$$\lambda_4 = \frac{\mu l}{i_{\min}} = \frac{2 \times 2\,000}{22.7} = 176$$

查b类截面表11.5，得

$$\varphi_4' = 0.234$$

校核稳定条件

$$\frac{F_N}{\varphi_4' A_4'} = \frac{220\,000}{0.234 \times 4\,652.8}\text{MPa} = 202.1\;\text{MPa} < f$$

故选工22b号工字钢能满足稳定条件。

11.6   提高压杆稳定性的措施

由压杆的临界轴力及临界应力公式，即 $F_{cr} = \dfrac{\pi^2 EI}{(\mu l)^2}$，$\sigma_{cr} = \dfrac{\pi^2 E}{\lambda^2}$ 或 $\sigma_{cr} = a - b\lambda^2$ 可知，压杆的稳定性取决于以下因素：长度、横截面形状与尺寸、约束情况和材料的力学性能。因此，研究提高压杆稳定性的措施时，应从上述各因素来综合考虑。

（1）选择合理的截面形状

压杆的临界轴力 F_{cr} 或临界应力 σ_{cr} 与形心主惯性矩 I 或惯性半径 i 成正比。因此，在杆的横截面面积相同的条件下，应尽可能地把材料放在离截面形心较远处，即尽量采用 I 或 i 值较大的截面以提高压杆的稳定性。从例11.2也可以看出，圆管截面比矩形、等边角钢更合理。同理，相同面积的箱形截面比矩形截面更合理。再如，有4根相同的等边角钢组成的组合截面，如图11.18(a)所示的布置就远比图11.18(b)所示的布置合理。同理，由两根相同的槽钢组成的组合截面，如图11.19(a)所示的布置就比图11.19(b)所示的布置合理。当然，也不能为了取得较大

的 I 和 i,就无限制地使材料远离截面形心,这样会使压杆截面壁变得很薄,从而可能有局部失稳,发生局部折皱的危险。对由型钢组成的组合压杆,也要用足够强劲的缀条或缀板把分开放置的型钢连成一个整体(见图 11.20),否则,各根型钢变成独立的受压杆件,反而降低稳定性。

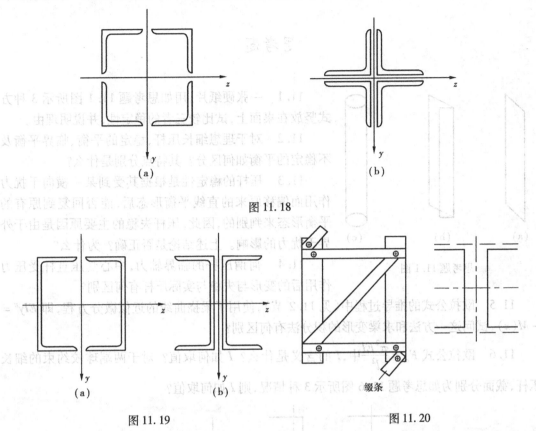

图 11.18

(a)　　　　　　　　　　　(b)

图 11.19　　　　　　　　　　　　　　　　图 11.20

此外,在选择压杆合理的截面形状时,还要考虑杆各方向的约束情况,应尽量实现对两个形心主轴的等稳定性。例如,当压杆的杆端约束沿各方向相同时,应使 $I_y = I_z$,则满足 $\lambda_y = \lambda_z$,此时宜选用环形截面或正方形箱形截面等。当压杆的杆端约束沿两个形心主惯性平面的约束不同时,应尽量使杆沿两个方向柔度 λ 值相等或相近,此时宜选用矩形或工字形截面。

(2)加强压杆的约束

压杆的杆端约束作用越强,则长度因数 μ 越小,柔度 λ 就越小,其临界轴力或临界应力就越大,压杆的稳定性就越好。

(3)减小压杆的长度

压杆的长度越小,柔度 λ 就越小,其临界轴力或临界应力就越大,因此,在可能的情况下,应尽量减小压杆的长度。当长度无法改变时,可以在压杆的中部增加横向约束,以达到间接减小压杆长度的目的。如脚手架与墙体的连接即是提高其稳定性的举措之一。

(4)合理选择材料

压杆的临界轴力或临界应力与材料的弹性模量 E 成正比,E 越大,压杆的稳定性越好。但由于大柔度压杆的临界轴力或临界应力只与材料弹性模量 E 有关,而与材料的强度无关,同时又由于各种钢材的 E 区别不大。因此,对大柔度压杆,从稳定角度看,选用价格较贵的优质合金钢并不比普通钢优越。

对于中、小柔度压杆，临界应力与材料的强度有关，因此，优质合金钢的抗失稳能力在一定程度上优于普通钢。

思考题

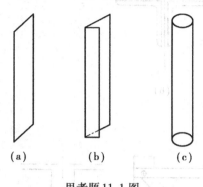

思考题 11.1 图

11.1 一张硬纸片，用如思考题 11.1 图所示 3 种方式竖放在桌面上，试比较三者的稳定性，并说明理由。

11.2 对于理想细长压杆，稳定的平衡、临界平衡及不稳定的平衡如何区分？其特点分别是什么？

11.3 压杆的稳定性是根据其受到某一横向干扰力作用而偏移原来的直线平衡形态后，能否回复到原有的平衡形态来判别的，因此，压杆失稳的主要原因是由于外界干扰力的影响。上述结论是否正确？为什么？

11.4 何谓压杆的临界轴力，中心受压直杆受压力作用后的变形与失稳与实际压杆有何区别？

11.5 欧拉公式的推导过程中（见 11.2 节），使用了梁挠曲线的近似微分方程，即 $EIy'' = -M(x)$，试问这一方法和求梁变形的积分法有何区别？

11.6 欧拉公式 $F_{cr} = \dfrac{\pi^2 EI}{l^2}$ 中，I 的含义是什么？I 如何取值？对于两端球铰约束的细长压杆，截面分别为如思考题 11.6 图所示 3 种情况，则 I 如何取值？

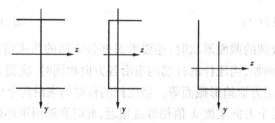

思考题 11.6 图

11.7 两端为球铰支承的等直压杆，其横截面分别为如思考题 11.7 图所示，试问压杆失稳时，杆件将绕横截面上哪一根轴转动？

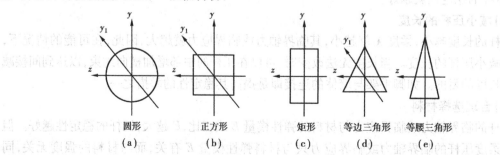

圆形 正方形 矩形 等边三角形 等腰三角形
(a) (b) (c) (d) (e)

思考题 11.7 图

11.8 为何压杆的 $\lambda \geqslant \lambda_p$ 时,该杆为细长杆即可以用欧拉公式? $\lambda \geqslant \lambda_p$ 代表的本质含义是什么?

11.9 试从受压杆的稳定角度比较如思考题 11.9 图所示两种桁架结构的承载力。并分析承载力大的结构采用了何种措施来提高其受压构件的稳定性。

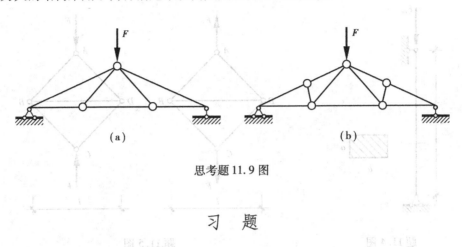

思考题 11.9 图

习 题

11.1 试推导一端固定、一端自由的中心压杆的临界轴力。

11.2 试推导一端固定、一端夹支的中心压杆的临界轴力。

11.3 如题 11.3 图所示诸细长压杆的材料相同,截面也相同,但长度和支承不同,试比较它们的临界轴力的大小,并从大到小排出顺序(只考虑压杆在纸平面内的稳定性)。

答 (d)(b)(a)(e)(f)(c)

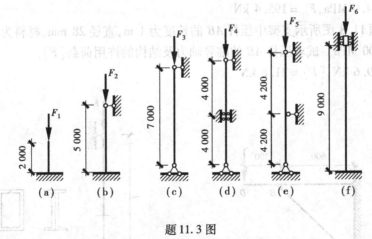

题 11.3 图

11.4 矩形截面细长压杆如题 11.4 图所示,其两端约束情况为:在纸平面内为两端铰支,在出平面内一端固定、一端夹支(不能水平移动与转动)。试分析其横截面高度 b 和宽度 a 的合理比值。

答 $\dfrac{b}{a} = 2$

11.5 5杆相互铰接组成一个正方形和一条对角线的结构如题11.6图所示,设5杆材料相同、截面相同,对角线 BD 长度为 l,求图示两种加载情况下 F 的临界值。

答 (a) $\pi^2 EI/l^2$ (b) $2\sqrt{2}\,\pi^2 EI/l^2$

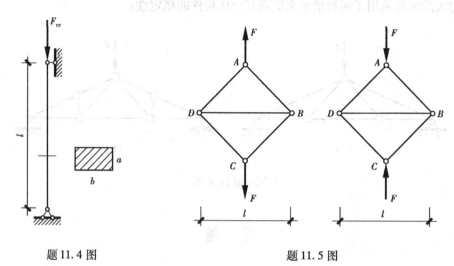

题11.4图   题11.5图

11.6 一木柱长 4 m,上端球铰支、下端固定。截面直径 $d = 100$ mm,弹性模量 $E = 10$ GPa,比例极限 $\sigma_p = 20$ MPa,求其可用欧拉公式计算临界力的最小长细比 λ_p,及临界轴力 F_{cr}。

答 $\lambda_p = 70.2, F_{cr} = 61.8$ kN

11.7 一两端球铰支压杆长 4 m,用工字钢工20a 制成,材料的比例极限 $\sigma_p = 200$ MPa,弹性模量 $E = 200$ GPa,求其临界应力和临界轴力。

答 $\sigma_{cr} = 54.9$ MPa,$F_{cr} = 195.4$ kN

11.8 如题 11.8 图所示支架中压杆 AB 的长度为 1 m,直径 28 mm,材料为 Q235 钢,$E = 200$ GPa,$\sigma_p = 200$ MPa。试求压杆 AB 的临界轴力及结构的许用荷载 $[F]$。

答 $F_{cr} = 59.6$ kN,$[F] = 31.8$ kN

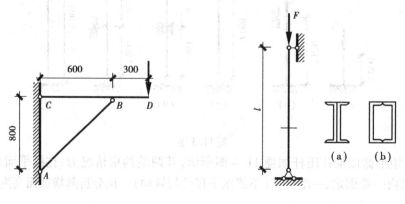

题11.8图   题11.9图

11.9 两端球铰支的压杆是由两根〔18a 号槽钢组成,槽钢按如题 11.9(a)、题 11.9(b) 图所示两种方式布置,槽钢间无间距。已知 $l = 7.2$ m,材料的弹性模量 $E = 200$ GPa,比例极限

$\sigma_p = 200$ MPa。（1）从稳定考虑,试分析（a）、（b）两种布置中哪种布置合理;（2）求合理布置下该杆的临界轴力。

答　$F_{cr} = 548.8$ kN

11.10　如题 11.10 图所示结构中杆 1 和杆 2 材料相同,截面相同,抗弯刚度均为 EI。假设结构因在图平面失稳而丧失承载能力,若角度 θ 只能在 $0 \sim \dfrac{\pi}{2}$ 间变化,且杆足够细长。求使 F 值为最大的 θ 角及结构的最大临界荷载 F_{max}。

答　$\theta = 18.43°, F_{max} = 41.6 \dfrac{EI}{l^2}$

11.11　由 3 根长度均为 l,抗弯刚度均为 EI 的圆杆组成的结构如题 11.11 图所示。设各杆均属大柔度杆,可应用欧拉公式。若考虑结构平面内的稳定性,试问结构的临界荷载为多大?

答　$F_{cr} = (1 + 2\cos\alpha)\dfrac{\pi^2 EI}{l^2}$

11.12　如题 11.12 图所示两端球铰支的圆形截面压杆,已知杆长 $l = 1$ m,直径 $d = 26$ mm,材料的弹性模量 $E = 200$ GPa,比例极限 $\sigma_p = 200$ MPa。如稳定安全因数 $n_{st} = 2$,求该杆的许用荷载 $[F]$。

答　$[F] = 22.1$ kN

11.13　某自制简易起重机如题 11.13 图所示,其 BD 杆为〔20 号槽钢,材料为 Q235 钢,$E = 200$ GPa,$\sigma_p = 200$ MPa。起重机最大起吊重量是 $F = 40$ kN。若规定稳定安全因数 $n_{st} = 4.5$,试校核 BD 杆的稳定性。

答　$n = 5.33 > n_{st} = 4.5$

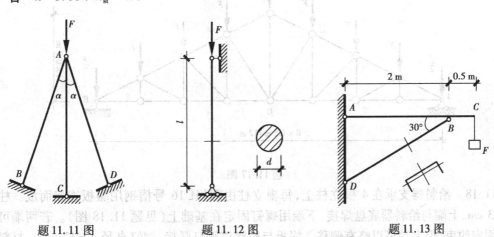

题 11.10 图

题 11.11 图　　题 11.12 图　　题 11.13 图

11.14　如题 11.14 图所示结构中,横梁 AB 为工 14 号工字钢,竖杆 CD 为圆截面直杆,直径 $d = 20$ mm,二杆材料均为 Q235 钢,$E = 200$ GPa,$\sigma_p = 200$ MPa,$\sigma_s = 235$ MPa。已知:$F = 25$ kN,强度安全因数 $K = 1.45$,规定的稳定安全因数 $n_{st} = 1.8$,试校核该结构是否安全。

答 AB 梁 $\sigma_{max} = 153.2$ MPa, CD 杆: $n = 2.05 > n_{st} = 1.8$

11.15 如题 11.15 图所示结构, A 端为固定约束, B, C 端为球铰支。AB 为圆形截面杆, 直径 $d = 80$ mm; BC 为正方形截面杆, 边长 $a = 70$ mm。两杆材料均为 Q235 钢, $E = 200$ GPa, $\sigma_p = 200$ MPa, $l = 3$ m。若规定的稳定安全因数 $n_{st} = 2.5$, 试求结构的许可荷载。

答 $[F] = 160$ kN

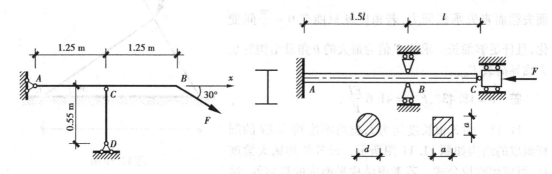

题 11.14 图   题 11.15 图

11.16 两端铰支的木制压杆, 杆长 $l = 3$ m, 横截面为矩形 $b \times h = 10$ cm $\times 12$ cm。材料为 TC17 柏木, $E = 10$ GPa, 抗压强度设计值 $f = 10$ MPa。试求该压杆的许可荷载.

答 $[F] = 33.33$ kN

11.17 三角形木屋架的尺寸及所受荷载如题 11.17 图所示, $F = 9.7$ kN。斜腹杆 CD 横截面为 100 mm $\times 100$ mm 的正方形, 材料为松木, 强度等级为 TC13, 其顺纹抗压强度设计值 $f = 10$ MPa。若按两端铰支考虑, 试校核该压杆的稳定性。

答 $\dfrac{F_N}{\varphi A} = 5.18$ MPa

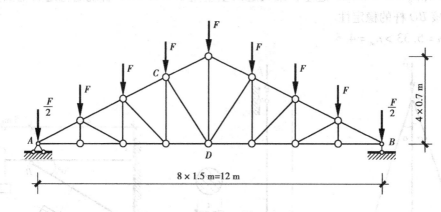

题 11.17 图

11.18 给料器支承在 4 根立柱上, 每根立柱由两根[16 号槽钢用缀板连接而成。柱长 $l = 213$ cm, 上端与给料器底盘焊接, 下端用螺钉固定在基础上(见题 11.18 图)。若两端可简化为固定约束, 但上端可以略有侧移。缀板与槽钢用铆钉联接, 铆钉直径 $d = 12$ mm。材料为 Q235 钢。抗压强度设计值 $f = 215$ MPa, 截面属 b 类截面, 试求: (1)两槽钢的间距 B; (2)缀板间的距离 h; (3)每根立柱的许可荷载 $[F]$。

答 (1) $B = 21.4$ mm   (2) $h = 635.5$ mm   (3) $[F] = 993.7$ kN

11.19 起重机支柱由 4 根等边角钢组成,横截面形状如题 11.19 图所示,截面宽度 $a = 40$ cm,支柱长度 $l = 8$ m,两端铰支,材料为 Q235 钢,抗压强度设计值 $f = 215$ MPa,截面属 b 类截面,支柱的最大压力 $F = 200$ kN。试选择角钢的型号。

答  $\llcorner 40 \times 40 \times 4$

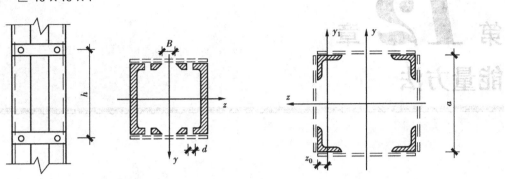

题 11.18 图   题 11.19 图

11.20 由两悬臂梁 AB 与 CD 和圆钢杆 BD 组成的结构如题 11.20 图所示,梁 AB 为矩形截面 20 mm $\times$ 40 mm,梁 CD 为矩形截面 20 mm $\times$ 60 mm,杆 BD 的直径 $d = 8.5$ mm。梁和杆的材料均为 Q235 钢,设梁的许用应力 $[\sigma] = 160$ MPa,杆强度设计值 $f = 215$ MPa,试求结构的许可荷载。

答 $[F] = 2.5$ kN

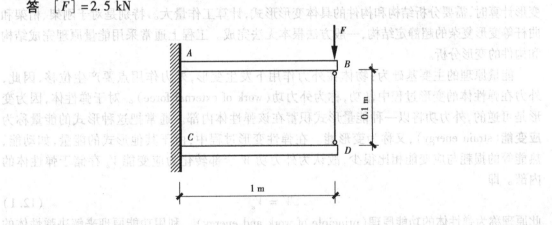

题 11.20 图

第 12 章

能量方法

12.1 概 述

在工程结构分析中，经常需要计算结构和构件的变形。使用一般的方法（如积分法）进行变形计算时，需要分析结构和构件的具体变形形式，计算工作量大。特别是对于刚架、桁架和曲杆等变形复杂的超静定结构，一般方法根本无法完成。工程上通常采用能量原理完成结构和构件的变形分析。

能量原理的主要基础为：物体在外力作用下发生变形，外力作用点要产生位移，因此，外力在弹性体的变形过程中做功，称为**外力功**（work of external force）。对于弹性体，因为变形是可逆的，外力功将以一种能量形式积蓄在该弹性体内部。通常把这种形式的能量称为**应变能**（strain energy），又称为**变形能**。在弹性变形过程中，由于其他形式的能量，如动能、热能等的损耗与应变能相比很少，故认为外力功 W 全部转化为应变能 V_ε 存储于弹性体的内部。即

$$W = V_\varepsilon \tag{12.1}$$

此原理称为弹性体的**功能原理**（principle of work and energy）。利用功能原理来解决弹性体的变形、内力计算的方法，称为**能量法**（energy method）。

在弹性范围内，应变能与外力功是可逆的。这就是说，当外力增加时，外力功可以转化为应变能存储于弹性体内部，而外力减小时，应变能又可以转化为功。

本章介绍的有关能量法的基本原理和方法，如果没有特别地说明，材料的应力应变关系满足胡克定律，限于线性弹性问题。外力为静荷载，即外力从零开始缓慢地增加直到终值，弹性体的变形也从零开始直到对应的数值。

12.2　杆件的应变能计算

应变能的计算是能量法的基础。本节先介绍杆件基本变形时的应变能计算,然后再介绍组合变形时的应变能计算及计算应变能时应注意的事项。

12.2.1　杆件在各种基本变形时的应变能

(1)轴向拉伸或压缩杆的应变能及应变能密度

在线弹性条件下,即应力应变关系满足胡克定律,外力在杆件变形过程中所做的功在数值上等于存储于杆件内部的应变能。如图 12.1(a)所示杆受到轴向拉伸(压缩)的外力 F 作用时,杆件伸长(压缩)了 Δl。当外力从零开始缓慢地增加到 F 值时,F-Δl 曲线如图 12.1(b)所示。从图 12.1(b)可以看出:对应于加载过程中的某一个外力 F_1 的微小增量 $\mathrm{d}F_1$,杆件伸长了 $\mathrm{d}(\Delta l_1)$,它也就是外力作用点处沿外力作用方向与 $\mathrm{d}F_1$ 对应的位移。那么,在外力从 F_1 增加到 $F_1 + \mathrm{d}F_1$ 的过程中,外力功的增量为

$$\mathrm{d}W = F_1 \mathrm{d}(\Delta l_1)$$

当外力从零开始逐渐增加到 F 值时,则外力功为

$$W = \int_0^W \mathrm{d}W = \int_0^{\Delta l} F_1 \mathrm{d}(\Delta l_1)$$

代入 $\mathrm{d}(\Delta l_1) = \dfrac{\mathrm{d}F_1 l}{EA}$,得

$$W = \int_0^F F_1 \cdot \frac{\mathrm{d}F_1 l}{EA} = \frac{F^2 l}{2EA} = \frac{1}{2} F \Delta l \tag{12.2}$$

如图 12.1(b)所示,外力功在数值上等于三角形 OAB 的面积。

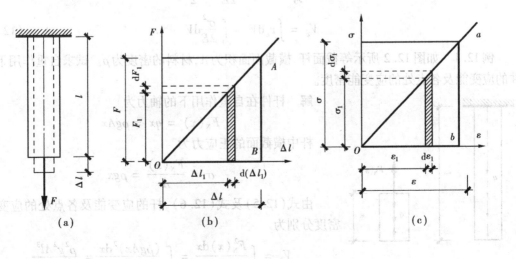

图 12.1

因为

$$F_N = F, \quad \Delta l = \frac{F_N l}{EA}$$

根据功能原理公式(12.1)，则应变能为

$$V_\varepsilon = \frac{1}{2}F\Delta l = \frac{F_N^2 l}{2EA} \tag{12.3}$$

式(12.3)为等截面直杆在轴力为常量条件下的应变能计算公式。如果杆件的轴力 F_N 分段为常量时，应变能应为各段应变能的总和，即

$$V_\varepsilon = \sum_{i=1}^{n} \frac{F_{Ni}^2 l_i}{2E_i A_i} \tag{12.4}$$

当外力比较复杂，沿杆件轴线的轴力为变量 $F_N(x)$ 时，或杆件为变截面杆件时，可以考虑 $\mathrm{d}x$ 微段的应变能为

$$\mathrm{d}V_\varepsilon = \frac{F_N^2(x)}{2EA(x)}\mathrm{d}x \tag{a}$$

积分可得整个杆件的应变能 V_ε 为

$$V_\varepsilon = \int_l \frac{F_N^2(x)}{2EA(x)}\mathrm{d}x \tag{12.5}$$

为了更全面地了解应变能，还要知道单位体积内的应变能，即**应变能密度**(strain-energy density) 由式(a)得应变能密度 v_ε

$$v_\varepsilon = \frac{\mathrm{d}V_\varepsilon}{\mathrm{d}V} = \frac{F_N^2(x)\mathrm{d}x}{2EA \cdot A\mathrm{d}x} = \frac{\sigma^2}{2E} = \frac{1}{2}\sigma\varepsilon$$

显然，应变能密度 v_ε 的数值等于如图 12.1(c)所示三角形 oab 的面积。这样，又可以将上式的应变能密度和应变能式(12.5)改写为

$$v_\varepsilon = \int_0^\varepsilon \sigma_1 \mathrm{d}\varepsilon_1 = \frac{\sigma^2}{2E} = \frac{1}{2}\sigma\varepsilon \tag{12.6}$$

$$V_\varepsilon = \int_V v_\varepsilon \mathrm{d}V = \int_V \frac{\sigma^2}{2E}\mathrm{d}V \tag{12.7}$$

例 12.1 如图 12.2 所示等截面杆，横截面面积为 A，材料的密度为 ρ。试求自重作用下杆件的应变能及各点处的应变能密度。

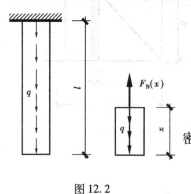

图 12.2

解 杆件在自重作用下的轴力为

$$F_N(x) = qx = \rho gAx$$

杆中横截面的正应力为

$$\sigma = \frac{F_N(x)}{A} = \rho gx$$

由式(12.5)及式(12.6)，杆的应变能及各点处的应变能密度分别为

$$V_\varepsilon = \int_l \frac{F_N^2(x)\mathrm{d}x}{2EA} = \int_0^l \frac{(\rho gAx)^2\mathrm{d}x}{2EA} = \frac{\rho^2 g^2 Al^3}{6E}$$

$$v_\varepsilon = \frac{\sigma^2}{2E} = \frac{\rho^2 g^2 x^2}{2E}$$

(2)剪切变形时的应变能及应变能密度

工程中的剪切变形,一般是与其他变形相伴存在的,且横截面上的切应力是不均匀分布的。在计算其应变能时,应以单元体为基础。

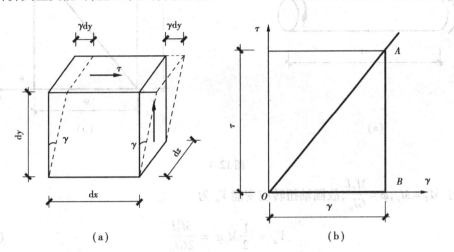

图 12.3

取如图 12.3(a)所示纯剪单元体,其体积为 $dV = dxdydz$。为了分析方便,假设以单元体的底面为基面,当切应力从零开始缓慢增加到终值 τ,切应变由零开始增加到 γ 时,单元体顶面上的剪力 $\tau dxdz$,在相应位移 γdy 上所做的功 dW 为

$$dW = \frac{1}{2}(\tau dxdz) \cdot (\gamma dy) = \frac{1}{2}\tau\gamma dxdydz$$

由于单元体其余各面上的剪力都没有做功,因此,上式的 dW 也就是单元体的外力功,则单元体的应变能为

$$dV_\varepsilon = dW = \frac{1}{2}\tau\gamma dxdydz = \frac{1}{2}\tau\gamma dV$$

剪切变形时的应变能密度为

$$v_\varepsilon = \frac{dV_\varepsilon}{dV} = \frac{1}{2}\tau\gamma = \frac{\tau^2}{2G} \tag{12.8}$$

可见,剪切变形的应变能密度在数值上等于三角形 OAB 的面积。

杆件的剪切应变能为

$$V_\varepsilon = \int_V dV_\varepsilon = \int_V v_\varepsilon dV = \int_V \frac{\tau^2}{2G}dV \tag{12.9}$$

(3)圆轴扭转时的应变能

圆轴扭转时,如果材料应力应变关系处于线弹性范围,则扭矩 M_T 与扭转角 φ 的关系也是一条直线,如图 12.4(b)所示。仿照杆件拉伸应变能的证明,则变形过程中扭矩所做的功在数值上等于三角形 OAB 的面积。有

$$W = \frac{1}{2}M_e\varphi \tag{12.10}$$

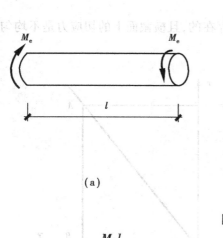

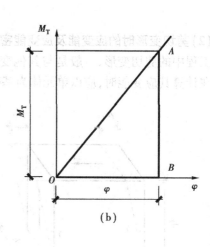

(a)

(b)

图 12.4

由于 $M_T = M_e$，$\varphi = \dfrac{M_T l}{GI_p}$，故圆轴扭转应变能 V_ε 为

$$V_\varepsilon = \frac{1}{2}M_e\varphi = \frac{M_T^2 l}{2GI_p} \tag{12.11}$$

当圆轴的扭矩 M_T 分段为常数时，应变能应为各段应变能的总和，即

$$V_\varepsilon = \sum_{i=1}^{n}\frac{M_{Ti}^2 l_i}{2G_i I_{pi}}$$

如果圆轴的扭矩或者极惯性矩沿圆轴的轴线为变量，则扭转应变能 V_ε 为

$$V_\varepsilon = \int_l \frac{M_T^2(x)}{2GI_p(x)}\mathrm{d}x \tag{12.12}$$

对于非圆截面杆的扭转，则需将式（12.12）中极惯性矩 I_p 换为 I_t。

例 12.2 材料、长度和截面面积均相同的薄壁圆筒和实心圆杆，若杆端受扭转力偶后两杆的最大切应力相等。试求两者的应变能之比。

解 设实心圆杆的横截面半径为 r_1，杆长为 l，由式（12.11）得其应变能为

$$V_{\varepsilon 1} = \frac{M_T^2 l}{2GI_p} = \frac{l}{2GI_p}\cdot\left(\frac{\tau_{max}I_p}{r_1}\right)^2 = \frac{\tau_{max}^2 I_p l}{2Gr_1^2} = \frac{\pi r_1^2 l}{4G}\tau_{max}^2$$

设薄壁圆筒壁中线半径为 r_2，壁厚为 δ，则筒的体积为 $V = 2\pi r_2 \delta l$，应变能密度 $v_\varepsilon = \tau_0^2/(2G)$，其应变能为

$$V_{\varepsilon 2} = \int_V v_\varepsilon \mathrm{d}V = \int_V \frac{\tau_0^2}{2G}\mathrm{d}V = \frac{\pi r_2 \delta l}{G}\tau_0^2$$

因为两者的横截面面积相同，则 $\pi r_1^2 = 2\pi r_2 \cdot \delta$ 且 $\tau_{max} = \tau_0$ 因此，两者应变能之比为

$$\frac{V_{\varepsilon 2}}{V_{\varepsilon 1}} = \frac{\pi r_2 \delta l \tau_0^2/G}{\pi r_1^2 l \tau_{max}^2/(4G)} = \frac{4\delta r_2}{r_1^2} = 2$$

（4）弯曲变形时的应变能

1）纯弯曲梁的应变能

对于等截面梁，设梁的两端面作用弯矩 M，两个端面之间的相对转角为 θ，如图 12.5（a）所

286

示。根据几何关系

$$\theta = \frac{l}{\rho}$$

由于

$$\frac{1}{\rho} = \frac{M}{EI_z}$$

所以

$$\theta = \frac{Ml}{EI_z}$$

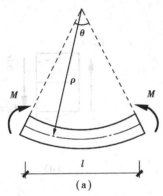

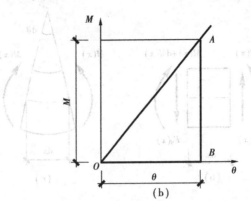

图 12.5

在线弹性条件下,梁的弯矩 M 与端面转角 θ 之间的关系曲线也是一条直线,如图 12.5(b)所示。弯矩 M 所做的功在数值上等于三角形 OAB 的面积。即

$$W = \frac{1}{2}M\theta \tag{12.13}$$

所以纯弯曲杆件的应变能为

$$V_\varepsilon = \frac{1}{2}M\theta = \frac{M^2 l}{2EI_z} \tag{12.14}$$

2)横力弯曲梁的应变能

如图 12.6(a)所示处于横力弯曲的梁,梁横截面上除有弯矩 $M(x)$ 外,还有剪力 $F_S(x)$,但正应力不会引起切应变,切应力也不会引起线应变。这时,梁内任一点处的应变能密度应为与正应力对应的应变能密度及与切应力对应的应变能密度之和;梁的应变能也应是弯曲应变能与剪切应变能之和。由于横力弯曲时,内力弯矩不再是常数,因此取 $\mathrm{d}x$ 微段,如图 12.6(b)所示,则弯矩 $M(x)$ 对应的外力功 $\mathrm{d}W$ 为

$$\mathrm{d}W = \frac{1}{2}M(x)\mathrm{d}\theta$$

$\mathrm{d}x$ 微段的弯曲应变能为

$$\mathrm{d}V_\varepsilon = \frac{1}{2}M(x)\mathrm{d}\theta = \frac{M^2(x)\mathrm{d}x}{2EI_z}$$

所以整个梁的弯曲应变能 V_ε 为

$$V_\varepsilon = \int_l \frac{M^2(x)\mathrm{d}x}{2EI_z} \tag{12.15}$$

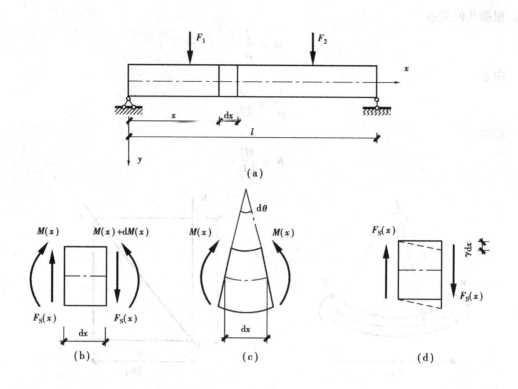

图 12.6

对于剪切应变能,其应变能密度由式(12.8)得

$$v_\varepsilon = \frac{1}{2}\tau\gamma = \frac{\tau^2}{2G}$$

由于在 F_S 作用下的切应力为

$$\tau = \frac{F_S S_z^*}{b I_z}$$

所以弯曲剪切应变能密度为

$$v_\varepsilon = \frac{1}{2G}\left(\frac{F_S S_z^*}{b I_z}\right)^2 \tag{12.16}$$

整个梁的剪切应变能 V_ε 为

$$V_\varepsilon = \int_V v_\varepsilon \mathrm{d}V = \iint_l\left[\iint_A \frac{1}{2G}\left(\frac{F_S S_z^*}{b I_z}\right)^2 \mathrm{d}A\right]\mathrm{d}x$$

令

$$k = \frac{A}{I_z^2}\int_A\left(\frac{S_z^*}{b}\right)^2 \mathrm{d}A \tag{12.17}$$

得

$$V_\varepsilon = \int_l \frac{k F_S^2}{2GA}\mathrm{d}x \tag{12.18}$$

按式(12.17)计算的系数 k,是与截面形状有关的切应力不均匀分布修正系数,称为**剪切形状系数**。对于矩形截面,$k = 1.2$;对于圆形截面,$k = \dfrac{10}{9}$;对于薄壁圆环截面,$k = 2$。对于其他

形状的横截面,剪切形状系数 k 可以根据式(12.17)计算。横力弯曲时的应变能为

$$V_\varepsilon = \int_l \left[\frac{M^2(x)}{2EI_z} + \frac{kF_S^2(x)}{2GA} \right] \mathrm{d}x \tag{12.19}$$

计算表明,对于高跨比较小的细长梁,剪切应变能远小于弯曲应变能,因此在工程结构分析时,一般将剪切应变能略去不计。只有在某些特殊形式下,如工字钢等薄壁截面梁,才需要考虑剪切应变能。

如果引入第 7 章梁的挠曲线近似微分方程 $EI_z y'' = -M(x)$,且不计剪切影响时,弯曲变形的应变能可以写为

$$V_\varepsilon = \int_l \frac{M^2(x)}{2EI_z} \mathrm{d}x = \frac{1}{2} \int_l EI_z (y'')^2 \mathrm{d}x \tag{12.20}$$

根据上述分析,由于构件应变能在数值上等于外力功。在线弹性范围内,式(12.2)、式(12.10)和式(12.13)表示的静荷载外力功可以写作统一表达式

$$W = \frac{1}{2} F\Delta \tag{12.21}$$

式中,F 为广义力;Δ 为广义力作用点,与广义力方位一致的位移称为**广义位移**。如果广义力是轴向力或横向力,则广义位移为对应的线位移;如果广义力为力偶,则广义位移为对应的转角;如果广义力是一对大小相等、方向相反的集中力,则广义位移为对应的相对线位移。

注意,在线弹性条件下,广义力与广义位移之间呈线性关系。对于非线性弹性问题,尽管是弹性变形,功能原理式(12.1)仍然成立,但是应力应变关系不再是线性关系,其应变能 V_ε 计算公式为

$$V_\varepsilon = W = \int_l F\mathrm{d}\Delta \tag{12.22}$$

由于非线性弹性问题,F-Δ 曲线不再是直线,因此,由式(12.22)计算所得应变能的系数不再是 1/2。

例 12.3　简支梁 AB 在 C 处作用集中力 F,如图 12.7 所示。已知梁的抗弯刚度 EI 为常数,试求梁的应变能 V_ε,并且计算 C 点的挠度 y_C。

解　梁的支座反力为 $F_{Ay} = F\dfrac{b}{l}(\uparrow)$,$F_{By} = F\dfrac{a}{l}(\uparrow)$,对于图示坐标系,$AC$ 段弯矩方程为

$$M(x_1) = F_{Ay} x_1 = \frac{Fb}{l} x_1 \qquad (0 \leqslant x_1 \leqslant a)$$

BC 段弯矩方程为

$$M(x_2) = F_{By} x_2 = \frac{Fa}{l} x_2 \qquad (0 \leqslant x_2 \leqslant b)$$

当略去剪力对应变能的影响后,应用式(12.15)有

$$V_\varepsilon = \int_l \frac{M^2(x)}{2EI} \mathrm{d}x = \int_0^a \frac{M^2(x_1)}{2EI} \mathrm{d}x_1 + \int_0^b \frac{M^2(x_2)}{2EI} \mathrm{d}x_2$$

$$= \frac{1}{2EI} \left[\int_0^a \left(\frac{Fb}{l} x_1 \right)^2 \mathrm{d}x_1 + \int_0^b \left(\frac{Fa}{l} x_2 \right)^2 \mathrm{d}x_2 \right]$$

$$= \frac{F^2 a^2 b^2}{6EIl}$$

在变形过程中,外力 F 做功为

$$W = \frac{1}{2}Fy_C$$

根据功能原理，$W = V_\varepsilon$，有

$$y_C = \frac{Fa^2b^2}{3EIl}$$

计算所得的 y_C 为正值，表示位移与外力 F 方向一致。

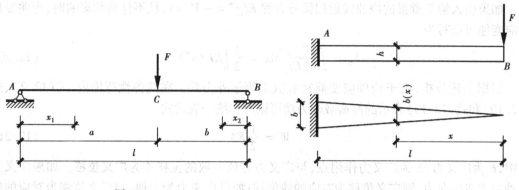

图 12.7   图 12.8

例 12.4 试求如图 12.8 所示变截面悬臂梁自由端 B 点的挠度 y_B。

解 梁的截面宽度 $b(x) = \dfrac{b}{l}x$，其抗弯刚度为

$$EI_z = \frac{Eb(x)h^3}{12} = \frac{Ebh^3x}{12l}$$

忽略剪切影响，应用式（12.15）得应变能为

$$V_\varepsilon = \int_l \frac{M^2(x)}{2EI_z}dx = \int_0^l \frac{(-Fx)^2}{\dfrac{2Ebh^3x}{(12l)}}dx = \frac{3F^2l^3}{Ebh^3}$$

在变形过程中，外力 F 做功为

$$W = \frac{1}{2}Fy_B$$

根据功能原理，$W = V_\varepsilon$，有

$$y_B = \frac{6Fl^3}{Ebh^3}$$

从以上两个例题的分析中可知，由于能量原理应用不涉及变形的具体过程，因此可以不采用统一坐标系；能量原理对于复杂结构的变形分析具有优越性。但是根据上述分析，只有弹性体作用一个广义力，而且是分析广义力作用点沿广义力方向的广义位移才能够直接应用能量原理。为了能够将能量原理应用于结构和构件的变形分析，必须进一步讨论能量关系，建立求解变形的能量方法。

12.2.2 杆件在组合变形时的应变能

下面根据杆件基本变形的应变能表达式，推导杆件在组合变形时的应变能表达式。对于组合变形杆件，横截面上同时存在多个内力分量，为了方便讨论，取杆件的 dx 微段分析，如图12.9 所示。

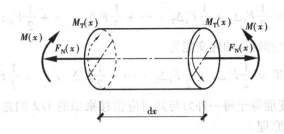

图 12.9

设 dx 微段的两端横截面的内力分别为轴力 $F_N(x)$、扭矩 $M_T(x)$、剪力 $F_S(x)$ 和弯矩 $M(x)$,其中剪力产生的应变能可以忽略不计。上述内力,对于所研究的对象 dx 微段而言均为外力。设 dx 微段的两个端面的相对轴向位移为 $d(\Delta l)$,相对扭转角为 $d\varphi$,相对转角为 $d\theta$。由于 dx 微段的上述广义位移是正交的,因此,各个外力所做的功是相对独立的,互不影响。例如,轴力 $F_N(x)$ 在相对扭转角 $d\varphi$ 和相对转角 $d\theta$ 上不做功,而扭矩 $M_T(x)$ 和弯矩 $M(x)$ 在轴向位移 $d(\Delta l)$ 上也不做功。因此,外力功为

$$dW = \frac{1}{2}F_N(x)d(\Delta l) + \frac{1}{2}M_T(x)d\varphi + \frac{1}{2}M(x)d\theta$$

根据功能原理,存储于 dx 微段内的应变能为

$$dV_\varepsilon = dW = \frac{1}{2}F_N(x)d(\Delta l) + \frac{1}{2}M_T(x)d\varphi + \frac{1}{2}M(x)d\theta$$

$$= \frac{F_N^2(x)}{2EA}dx + \frac{M_T^2(x)}{2GI_p}dx + \frac{M^2(x)}{2EI}dx$$

积分可得整体杆件的应变能

$$V_\varepsilon = \int_l \frac{F_N^2(x)}{2EA}dx + \int_l \frac{M_T^2(x)}{2GI_p}dx + \int_l \frac{M^2(x)}{2EI}dx \tag{12.23}$$

式(12.23)为圆截面杆件在组合变形时的应变能表达式,对于非圆截面杆件,应变能的普遍表达形式为

$$V_\varepsilon = \int_l \frac{F_N^2(x)}{2EA}dx + \int_l \frac{M_T^2(x)}{2GI_t}dx + \int_l \frac{M_y^2(x)}{2EI_y}dx + \int_l \frac{M_z^2(x)}{2EI_z}dx \tag{12.24}$$

12.2.3 应变能的普遍表达式

弹性体受多个外力作用时,由于其变形而各外力作用点产生位移,则各外力在对应位移上做功之代数和,其数值等于弹性体内部存储的应变能。因此,也可以利用外力做功来求解弹性体的应变能。

设某受到约束的弹性体在 n 个广义力 $F_1,F_2,\cdots,F_i,\cdots,F_n$ 共同作用下保持平衡状态,如图 12.10 所示。与广义力相对应的广义位移为 $\Delta_1,\Delta_2,\cdots,\Delta_i,\cdots,\Delta_n$。可以证明:弹性体在变形过程中存储的应变能,只决定于作用在弹性体上的荷载和位移的最终值,与加载的先后次序无关。于是,不管实际加载的情况如何,在计算应变能时,为了计算方便起见,可以假设这些荷载按同一比例从零开始逐渐增大到最终值。如果变形很小、材料是线性弹性的,且弹性体的位移与外力之间的关系是线性的,则在加载过程中各广义力所做的功为

$$W = \frac{1}{2}F_1\Delta_1 + \frac{1}{2}F_2\Delta_2 + \cdots + \frac{1}{2}F_i\Delta_i + \cdots + \frac{1}{2}F_n\Delta_n$$

根据功能原理,线性弹性体的应变能为

$$V_\varepsilon = W = \frac{1}{2}F_1\Delta_1 + \frac{1}{2}F_2\Delta_2 + \cdots + \frac{1}{2}F_i\Delta_i + \cdots + \frac{1}{2}F_n\Delta_n \qquad (12.25)$$

这表示,线弹性体的应变能等于每一外力与其对应位移乘积的1/2的总和。这一结论也称为**克拉贝依隆**(clapeyron)原理。

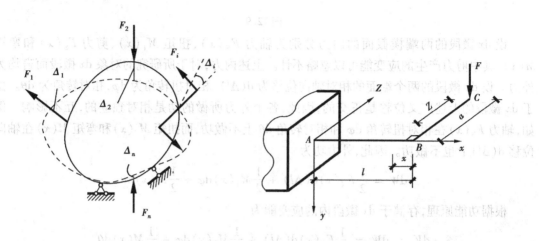

图 12.10   图 12.11

例 12.5　如图 12.11 所示圆截面折杆,荷载 F 沿竖向作用,已知杆的抗弯刚度为 EI,抗扭刚度为 GI_P。试求折杆的应变能。(略去剪力的影响)。

解　折杆各段的内力方程为

BC 段　　$M(z) = -Fz$　　$(0 \leqslant z \leqslant a)$

AB 段　　$M(x) = -Fx$　　$(0 \leqslant x \leqslant l)$

　　　　$M_T(x) = -Fa$　　$(0 \leqslant x \leqslant l)$

按式(12.23)得折杆的应变能为

$$V_\varepsilon = \sum \int_l \left[\frac{F_N^2(x)}{2EA} + \frac{M_T^2(x)}{2GI_P} + \frac{M^2(x)}{2EI} \right] \mathrm{d}x$$

$$= \int_0^a \frac{M^2(z)}{2EI}\mathrm{d}z + \int_0^l \left[\frac{M^2(x)}{2EI} + \frac{M_T^2(x)}{2GI_P} \right] \mathrm{d}x$$

$$= \int_0^a \frac{(-Fz)^2}{2EI}\mathrm{d}z + \int_0^l \left[\frac{(-Fx)^2}{2EI} + \frac{(-Fa)^2}{2GI_P} \right] \mathrm{d}x$$

$$= \frac{F^2(a^3 + l^3)}{6EI} + \frac{F^2 a^2 l}{2GI_P}$$

12.2.4　计算应变能应注意的问题

①应变能恒为正值。

②应变能只与荷载的最终值有关,与加载的先后次序无关。

因为应变能是以应力和应变形式存储在弹性体中的势能,而只有保守力存在势能,它只取决于初始和终止的位置,而与变化过程中的途径无关。

③应变能一般不能叠加计算。

对于线弹性体,广义位移 $\Delta_1, \Delta_2, \cdots, \Delta_i, \cdots, \Delta_n$ 与广义力 $F_1, F_2, \cdots, F_i, \cdots, F_n$ 之间满足线性关系,故克拉贝依隆公式如果采用外力表示,则应变能为外力的二次齐次函数;同理也可以表示为位移的二次齐次函数。由于应变能是外力或者位移的二次函数,因此应变能不满足叠加原理。但是,当荷载产生的变形,不属于同一类型基本变形,且内力功无耦联时,仍可叠加计算。

例 12.6 求如图 12.12 所示悬臂梁的应变能。

解 梁的弯矩方程为 $M(x) = -M_e - Fx$,不计剪力影响,按式(12.15)得应变能为

$$V_\varepsilon = \int_l \frac{M^2(x)}{2EI}\mathrm{d}x = \frac{1}{2EI}\int_0^l (-M_e - Fx)^2 \mathrm{d}x = \frac{M_e^2 l}{2EI} + \frac{F^2 l^3}{6EI} + \frac{M_e F l^2}{2EI} \qquad (\mathrm{b})$$

当仅作用有力偶 M_e 时,在式(b)中令 $F=0$;当仅作用有集中力 F 时,在式(b)中令 $M_e = 0$,并用 $V_{\varepsilon M_e}, V_{\varepsilon F}$ 分别表示其对应的应变能,则有

$$V_{\varepsilon M_e} = \frac{M_e^2 l}{2EI} \qquad V_{\varepsilon F} = \frac{F^2 l^3}{6EI}$$

显然,$V_\varepsilon \neq V_{\varepsilon M_e} + V_{\varepsilon F}$,即这时不能应用叠加法来计算应变能。因为分解后的两种荷载,产生的内力属于同一类型——弯矩。这个结论从外力功的角度,也可以得到验证。

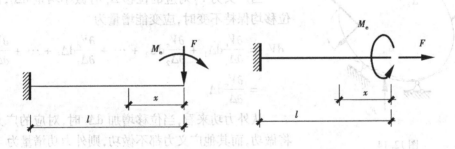

图 12.12   图 12.13

例 12.7 试计算如图 12.13 所示圆杆的应变能。

解 由式(12.23)得圆杆的应变能为

$$V_\varepsilon = \frac{F^2 l}{2EA} + \frac{M_e^2 l}{2GI_p} \qquad (\mathrm{c})$$

当仅作用有力偶 M_e 时,在式(c)中令 $F=0$;当仅作用有集中力 F 时,在式(c)中令 $M_e = 0$,并用 $V_{\varepsilon M_e}, V_{\varepsilon F}$ 分别表示其对应的应变能,则有

$$V_{\varepsilon M_e} = \frac{M_e^2 l}{2GI_p} \qquad V_{\varepsilon F} = \frac{F^2 l}{2EA}$$

显然,$V_\varepsilon = V_{\varepsilon M_e} + V_{\varepsilon F}$,即可以应用叠加法来计算应变能。因为这时的力 F 产生的内力为轴力,力偶 M_e 作用产生的内力为扭矩,而轴力和扭矩不属于同一类型的内力,因此,在计算应变能时,可以应用叠加法。

12.3 卡氏定理

12.3.1 卡氏第一定理

若弹性体上作用有 n 个已知的广义力 $F_1, F_2, \cdots, F_i, \cdots, F_n$，在它们的共同作用下，沿每个广义力方向的广义位移分别为 $\Delta_1, \Delta_2, \cdots, \Delta_i, \cdots, \Delta_n$，则由广义位移表示的应变能 $V_\varepsilon(\Delta_1, \Delta_2, \cdots, \Delta_n)$ 对某个广义位移 Δ_i 的偏导数，等于与广义位移 Δ_i 相对应的广义力 F_i，即

$$\frac{\partial V_\varepsilon}{\partial \Delta_i} = F_i \quad (i = 1, 2, \cdots, n) \tag{12.26}$$

该定理称为**卡氏第一定理**（First Castigliano's Theorem），它是意大利工程师卡斯蒂利亚诺（A. Castigliano）于 1873 年提出的，故得其名。式（12.26）对线性弹性体或非线性弹性体都适用。

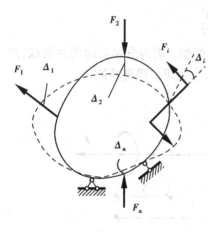

图 12.14

证明 设弹性体上的已知广义力如图 12.14 所示。这时，弹性体内的应变能为

$$V_\varepsilon = W = \sum_{i=1}^{n} \int_0^{\Delta_i} F_i \mathrm{d}\Delta = V_\varepsilon(\Delta_1, \Delta_2, \cdots, \Delta_n)$$

当广义力 F_i 对应的位移 Δ_i 有微小增量 $\mathrm{d}\Delta_i$，而其他位移均保持不变时，应变能增量为

$$\mathrm{d}V_\varepsilon = \frac{\partial V_\varepsilon}{\partial \Delta_1}\mathrm{d}\Delta_1 + \frac{\partial V_\varepsilon}{\partial \Delta_2}\mathrm{d}\Delta_2 + \cdots + \frac{\partial V_\varepsilon}{\partial \Delta_i}\mathrm{d}\Delta_i + \cdots + \frac{\partial V_\varepsilon}{\partial \Delta_n}\mathrm{d}\Delta_n$$

$$= \frac{\partial V_\varepsilon}{\partial \Delta_i}\mathrm{d}\Delta_i$$

从外力功来看，当位移增加 $\mathrm{d}\Delta_i$ 时，对应的广义力 F_i 将做功，而其他广义力都不做功，则外力功增量为

$$\mathrm{d}W = F_i \mathrm{d}\Delta_i$$

根据功能原理，有 $\mathrm{d}V_\varepsilon = \mathrm{d}W$，即

$$\frac{\partial V_\varepsilon}{\partial \Delta_i} = F_i$$

例 12.8 试用卡氏第一定理计算如图 12.15(a) 所示杆系在点 C 处沿力 F 方向的位移 Δ。两杆的长度均为 l，横截面面积为 A，其材料相同，且均为线弹性的。

解 此杆系中的两杆在荷载由零增至终值 F 时，各杆伸长 Δl，因而使施力点 A 发生了位移 Δ。由几何关系

$$\varepsilon = \frac{\Delta l}{l} = \frac{\sqrt{l^2 + \Delta^2} - l}{l} = \left[1 + \left(\frac{\Delta}{l}\right)^2\right]^{\frac{1}{2}} - 1$$

$$= 1 + \frac{1}{2}\left(\frac{\Delta}{l}\right)^2 - \frac{1}{2 \cdot 4}\left(\frac{\Delta}{l}\right)^4 + \cdots - 1 \approx \frac{1}{2}\left(\frac{\Delta}{l}\right)^2$$

则杆的应力为 $\sigma = E\varepsilon = \frac{E}{2}\left(\frac{\Delta}{l}\right)^2$，轴力为 $F_N = A\sigma = \frac{EA}{2}\left(\frac{\Delta}{l}\right)^2$，杆系的应变能为

$$V_\varepsilon = \sum_{i=1}^{2} \frac{F_{\mathrm{N}i}^2 l_i}{2E_i A_i} = 2 \cdot \frac{1}{2EA} \left[\frac{EA}{2} \left(\frac{\Delta}{l} \right)^2 \right]^2 l = \frac{EA}{4l^3} \Delta^4$$

应用卡氏第一定理,得

$$\frac{\partial V_\varepsilon}{\partial \Delta} = \frac{EA}{l^3} \Delta^3 = F$$

因此,所求位移 Δ 为

$$\Delta = l \sqrt[3]{\frac{F}{EA}}$$

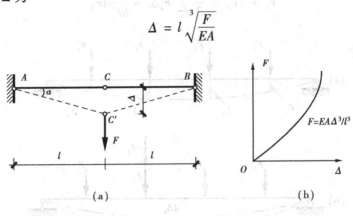

图 12.15

在图 12.15(b)中绘出了 F-Δ 间的非线性关系曲线。

　　由以上分析可见,两杆的材料虽为线弹性的,但位移 Δ 与荷载 F 之间的关系却是非线性的,像这种非线性弹性问题称为几何非线性弹性问题。凡是由外荷载引起的变形对杆件的内力发生影响的问题,都属于几何非线性弹性问题。本例中的杆系,偏心受压细长杆等,它们都是几何非线性的。另外,本例题中的结构是几何可变(瞬变)的特殊结构,加载后结构不能在原来的位置上保持平衡,而是在变形后的 $AC'B$ 位置保持平衡,这时两杆的内力均为 $F_{\mathrm{N}} = \dfrac{F}{2 \sin \alpha} \approx \dfrac{Fl}{2\Delta}$,与点 C 的位移有关,且数值很大,在实际工程中不能采用。

12.3.2　卡氏第二定理

　　若线弹性体上作用有 n 个广义力 $F_1, F_2, \cdots, F_i, \cdots, F_n$,沿每个广义力方向的广义位移分别为 $\Delta_1, \Delta_2, \cdots, \Delta_i, \cdots, \Delta_n$,则由广义力表示的应变能 $V_\varepsilon(F_1, F_2, \cdots, F_n)$ 对某个广义力 F_i 的偏导数,等于与广义力 F_i 相对应的广义位移 Δ_i,即

$$\frac{\partial V_\varepsilon}{\partial F_i} = \Delta_i \qquad (i = 1, 2, \cdots, n) \tag{12.27}$$

该定理称为**卡氏第二定理**(Second Castigliano's theorem),它仅适用于线性弹性体。

　　卡氏第二定理可以通过余能原理等方法证明。以下将利用弹性体应变能与荷载加载次序的无关性,即应变能仅仅取决于荷载终值的性质加以推导证明。

　　设如图 12.16 所示线弹性体上作用一组相互独立的广义力 $F_1, F_2, \cdots, F_i, \cdots, F_n$,在各广义力作用点处的相应广义位移为 $\Delta_1, \Delta_2, \cdots, \Delta_i, \cdots, \Delta_n$。现欲求弹性体在广义力 F_i 作用点处的相应广义位移 Δ_i。

　　根据功能原理可知,该弹性体的应变能等于各外力做功之和。设弹性体的应变能 V_ε 为外

力 $F_1, F_2, \cdots, F_i, \cdots, F_n$ 的函数。即

$$V_\varepsilon = V_\varepsilon(F_1, F_2, \cdots, F_i, \cdots, F_n) = \frac{1}{2}\sum_{i=1}^{n}F_i\Delta_i$$

如果任意一个外力 F_i 有增量 $\mathrm{d}F_i$，则应变能也有对应的增量 $\dfrac{\partial V_\varepsilon}{\partial F_i}\mathrm{d}F_i$，总应变能为

$$V_\varepsilon + \mathrm{d}V_\varepsilon = \frac{1}{2}\sum_{i=1}^{n}F_i\Delta_i + \frac{\partial V_\varepsilon}{\partial F_i}\mathrm{d}F_i \qquad (\text{a})$$

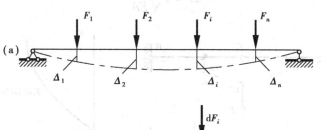

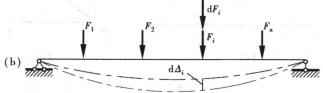

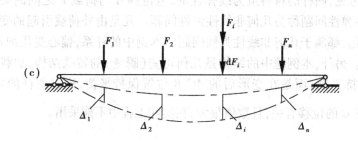

图 12.16

因为弹性体的应变能与外力的加载次序无关，因此，可以将上述两组荷载的作用次序颠倒。首先在弹性体上作用第 1 组力为 $\mathrm{d}F_i$，然后再作用第 2 组外力 $F_1, F_2, \cdots, F_i, \cdots, F_n$（见图 12.16(c)）。由于弹性体满足胡克定律和小变形条件，因此，两组外力引起的变形是很小的，而且相互独立互不影响。

当作用第一组力 $\mathrm{d}F_i$ 时，$\mathrm{d}F_i$ 的作用点沿力作用方向的位移为 $\mathrm{d}\Delta_i$，应变能等于外力功为 $\dfrac{1}{2}\mathrm{d}F_i\mathrm{d}\Delta_i$。再施加 $F_1, F_2, \cdots, F_i, \cdots, F_n$ 时，除产生应变能 $\sum\limits_{i=1}^{n}\dfrac{1}{2}F_i\Delta_i$ 外，$\mathrm{d}F_i$ 将作为常力在位移 Δ_i 上做功，其值为 $\mathrm{d}F_i\Delta_i$。于是，总应变能为

$$\frac{1}{2}\mathrm{d}F_i\mathrm{d}\Delta_i + \frac{1}{2}\sum_{i=1}^{n}F_i\Delta i + \mathrm{d}F_i\Delta_i \qquad (\text{b})$$

根据应变能与荷载加载次序无关，由式(a)等于式(b)，得

$$V_\varepsilon + \frac{\partial V_\varepsilon}{\partial F_i}\mathrm{d}F_i = \frac{1}{2}\mathrm{d}F_i\mathrm{d}\Delta_i + V_\varepsilon + \mathrm{d}F_i\Delta_i$$

略去高阶微量,得

$$\Delta_i = \frac{\partial V_\varepsilon}{\partial F_i} \qquad\qquad\qquad (证毕)$$

由于卡氏第二定理在推导过程中,基于功能原理,并应用了仅适用于线弹性体的式 (12.21),即 $V_\varepsilon = W = \sum\limits_{i=1}^{n}\dfrac{1}{2}F_i\Delta_i$,因此,卡氏第二定理只适用于线性弹性体结构。

应用卡氏定理尚需注意,如果在欲求广义位移的点处,没有与之相应的广义力作用时,则需要在该点处施加一个虚拟的广义力 F_i,并计算结构在包括 F_i 在内的所有外力作用下的应变能,将应变能对虚拟的广义力求偏导数后,再令 F_i 为零,即可求得该点的位移。

将式(12.23)表示的弹性体应变能代入式(12.27),则

$$\Delta_i = \frac{\partial V_\varepsilon}{\partial F_i} = \frac{\partial}{\partial F_i}\left[\int_l \frac{F_N^2(x)}{2EA}\mathrm{d}x + \int_l \frac{M_T^2(x)}{2GI_p}\mathrm{d}x + \int_l \frac{M^2(x)}{2EI_z}\mathrm{d}x\right]$$

由于上式的积分是对杆件轴线坐标 x 的,而偏导数运算是对广义力 F_i 的,因此,可以先求偏导数然后积分。这样位移公式可以写成

$$\Delta_i = \frac{\partial V_\varepsilon}{\partial F_i} = \int_l \frac{F_N(x)}{EA}\frac{\partial F_N(x)}{\partial F_i}\mathrm{d}x + \int_l \frac{M_T(x)}{GI_p}\frac{\partial M_T(x)}{\partial F_i}\mathrm{d}x + \int_l \frac{M(x)}{EI_z}\frac{\partial M(x)}{\partial F_i}\mathrm{d}x \qquad (12.28)$$

例 12.9　悬臂梁 AB 作用荷载如图 12.17 所示。已知梁的抗弯刚度为 EI,试用卡氏第二定理求 A 截面的挠度 y_A 和转角 θ_A。

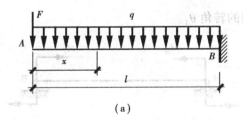
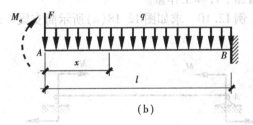

(a)　　　　　　　　　　　　　　　(b)

图 12.17

解　1)首先求 A 截面的挠度 y_A。

梁的弯矩方程为

$$M(x) = -Fx - \frac{1}{2}qx^2 \qquad (0 \leq x \leq l)$$

弯矩方程对于集中力 F 的偏导数为

$$\frac{\partial M(x)}{\partial F} = -x$$

根据卡氏第二定理,有

$$y_A = \frac{\partial V_\varepsilon}{\partial F} = \int_l \frac{M(x)}{EI}\frac{\partial M(x)}{\partial F}\mathrm{d}x = \frac{1}{EI}\int_0^l \left(-Fx - \frac{1}{2}qx^2\right)(-x)\mathrm{d}x$$

$$= \frac{1}{EI}\left(\frac{1}{3}Fl^3 + \frac{1}{8}ql^4\right)$$

结果为正,表示挠度与外力 F 的方向一致。

2）求 A 截面的转角 θ_A。

A 截面上虽然作用集中力，但没有与转角相对应的广义力即力偶作用，因此不能直接应用卡氏第二定理，故应在 A 截面施加一个虚拟的外力偶 M_e，如图 12.17(b) 所示。弯矩方程及其对应的偏导数为

$$M(x) = M_e - Fx - \frac{1}{2}qx^2 \qquad 0 \leq x \leq l$$

$$\frac{\partial M(x)}{\partial M_e} = 1$$

根据卡氏第二定理，有

$$\theta_A = \frac{\partial V_e}{\partial M_e} = \int_l \frac{M(x)}{EI} \frac{\partial M(x)}{\partial M_e} dx = \frac{1}{EI} \int_0^l \left(M_e - Fx - \frac{1}{2}qx^2 \right) dx$$

$$= \frac{1}{EI} \left(M_e l - \frac{Fl^2}{2} - \frac{ql^3}{6} \right)$$

令 $M_e = 0$，得

$$\theta_A = -\frac{Fl^2}{2EI} - \frac{ql^3}{6EI}$$

结果为负，表示 θ_A 与虚拟力偶 M_e 的转向相反。

应该注意，应用卡氏第二定理求位移时，经常遇到杆件上没有作用与所求位移相对应的广义力，这时需要施加一个与所求位移相对应的广义力，但所求位移不是由虚加的广义力产生的，故一旦偏导数求解完成，则可令附加广义力为零，不要在积分之后才令附加广义力为零，否则增加了计算工作量。

例 12.10 求如图 12.18(a) 所示简支梁 A 端的转角 θ_A。

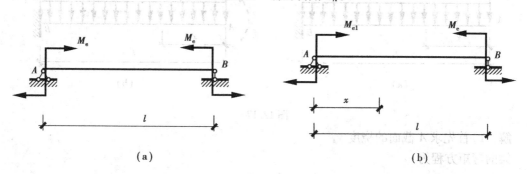

$$(a) \qquad\qquad\qquad (b)$$

图 12.18

解 A,B 两端作用大小相等转向相反的力偶 M_e，欲求 θ_A，根据卡氏第二定理，应该是变形能 V_ε 对 A 点的力偶 M_e 求偏导数，而不是对 B 点的力偶 M_e 求偏导数，两者不可混淆。因此，在求支座反力、列弯矩方程及弯矩方程求偏导数时应使两个力偶有所区别。设 A 点的力偶为 M_{e1}，A 端支座反力 $F_{Ay} = \dfrac{M_e - M_{e1}}{l}$（↑）弯矩方程及其相应偏导数为

$$M(x) = M_{e1} + \frac{M_e - M_{e1}}{l}x$$

$$\frac{\partial M(x)}{\partial M_{e1}} = 1 - \frac{x}{l}$$

代入卡氏第二定理的表达式，并令 $M_{e1} = M_e$ 可得

$$\theta_A = \int_l \frac{M(x)}{EI} \frac{\partial M(x)}{\partial M_{e1}} dx = \frac{1}{EI} \int_0^l M_e \left(1 - \frac{x}{l}\right) dx = \frac{M_e l}{2EI}$$

如果不对两端力偶予以区分，则

$$M(x) = M_e, \qquad \frac{\partial M(x)}{\partial M_e} = 1$$

$$\theta = \int_l \frac{M(x)}{EI} \frac{\partial M(x)}{\partial M_e} dx = \frac{1}{EI} \int_0^l M_e dx = \frac{M_e l}{EI}$$

显然不是 A 端转角。请读者分析 θ 所表示的位移。

例 12.11　如图 12.19 所示正方形铰接体系，由 5 根材料相同、截面相同的杆件组成，在节点 A, B 受一对力 F 作用。已知：F, l, E, A，试求 AB 两点间的水平相对位移 Δ_{AB} 和 C, D 间的竖直相对位移 Δ_{CD}。

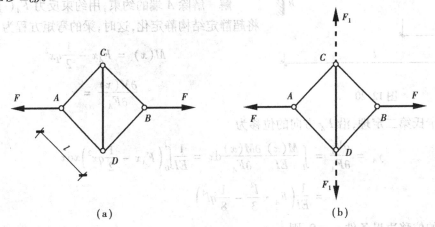

(a)　　　　　　　　(b)

图 12.19

解　1）计算 Δ_{AB}。

各杆的轴力

$$F_{NAC} = F_{NCB} = F_{NBD} = F_{NDA} = \frac{\sqrt{2}}{2} F$$

$$F_{NCD} = -F$$

铰接系统的应变能等于各杆应变能之和，即

$$V_\varepsilon = \frac{4}{2EA} \left(\frac{\sqrt{2}}{2} F\right)^2 \cdot l + \frac{1}{2EA} (-F)^2 \cdot \sqrt{2} l = \left(1 + \frac{\sqrt{2}}{2}\right) \frac{F^2 l}{EA}$$

由卡氏第二定理，得

$$\Delta_{AB} = \frac{\partial V_\varepsilon}{\partial F} = \frac{(2 + \sqrt{2}) Fl}{EA}$$

2）计算 Δ_{CD}。

在 C, D 两点没有与竖直相对位移 Δ_{CD} 相应的广义力，因此不能直接应用卡氏第二定理，故应在 C, D 两点施加一个虚拟的大小相等、方向相反、作用线竖直的一对广义力 F_1，如图 12.19 （b）所示。CD 杆的轴力为

$$F_{NCD} = F_1 - F$$

其他杆的轴力不变,故应变能为

$$V_\varepsilon = \frac{4}{2EA}\left(\frac{\sqrt{2}F}{2}\right)^2 l + \frac{(F_1 - F)^2}{2EA} \cdot \sqrt{2}l$$

由卡氏第二定理,得

$$\Delta_{CD} = \frac{\partial V_\varepsilon}{\partial F_1}\bigg|_{F_1=0} = -\frac{\sqrt{2}Fa}{EA}$$

结果为负,说明 Δ_{CD} 与所设 F_1 方向相反。

通过此例分析,例 12.10 中转角 θ 的含义是不言而喻的。

例 12.12 求如图 12.20 所示的超静定梁的支座反力 F_A。

解 解除 A 端的约束,用约束反力 F_A(↑)代替,将超静定结构静定化,这时,梁的弯矩方程为

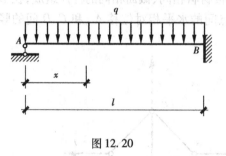

图 12.20

$$M(x) = F_A x - \frac{1}{2}qx^2$$

$$\frac{\partial M(x)}{\partial F_A} = x$$

根据卡氏第二定理,沿 F_A 方向的位移为

$$y_A = \frac{\partial V_\varepsilon}{\partial F_A} = \int_l \frac{M(x)}{EI}\frac{\partial M(x)}{\partial F_A}\mathrm{d}x = \frac{1}{EI}\int_0^l\left(F_A x - \frac{1}{2}qx^2\right)x\mathrm{d}x$$

$$= \frac{1}{EI}\left(F_A \cdot \frac{l^2}{3} - \frac{1}{8}ql^4\right)$$

由梁的位移边界条件 $y_A = 0$,则

$$F_A = \frac{3}{8}ql \qquad (\uparrow)$$

运用卡氏第二定理时,问题的解就不再受直接用功能原理时外力必须单一的限制,而适用于对任意多个荷载的线弹性系统,求任意截面处的挠度和转角。在没有作用荷载或没有与所求位移相对应荷载时,只需施加一个与所求位移相对应的虚拟广义力,并写出包含虚拟广义力在内的内力方程,在求完偏导数之和,令虚拟广义力为零。运用卡氏第二定理即可求得该截面对应的位移。

12.4 功的互等定理和位移互等定理

12.4.1 功的互等定理

功的互等定理(reciprocal theorem of work)是意大利的 E. 贝蒂(E. Betti)1872 年和英国的瑞利(Rayleigh)1873 年分别独立提出的,故又称**贝蒂-瑞利互等功定理**。

以下以简支梁为例证明功的互等定理。简支梁如图 12.21(a)所示,在截面 1 作用横向荷

载 F_1,简支梁在 F_1 的作用下发生变形,截面 1 的挠度为 Δ_{11},截面 2 的挠度为 Δ_{21};如在截面 2 作用横向荷载 F_2,在 F_2 作用下发生变形,截面 1 的挠度为 Δ_{12},截面 2 的挠度为 Δ_{22},如图12.21 (b)所示。这里广义位移 Δ_{ij} 的第 1 个脚标 i 表示位移发生的位置 i 点,沿 F_i 的方向;第 2 个脚标 j 表示该广义位移是由作用于 j 点的广义力 F_j 引起的。

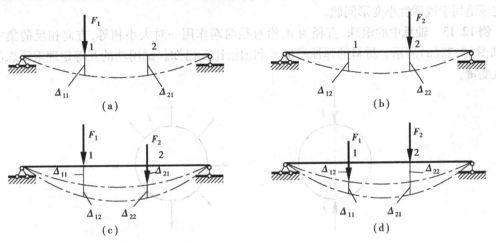

图 12.21

现在采用两种不同的加载次序,分别计算外力功。

首先在 1 点加载 F_1,然后在 2 点加载 F_2,如图 12.21(c)所示。整个加载过程,外力所做的总功为

$$V_\varepsilon = W_1 = \frac{1}{2}F_1\Delta_{11} + \frac{1}{2}F_2\Delta_{22} + F_1\Delta_{12}$$

第 2 种加载方式为,首先在 2 点加载 F_2,然后在 1 点加载 F_1,如图 12.21(d)所示。整个加载过程,外力所做的总功为

$$V_\varepsilon = W_2 = \frac{1}{2}F_2\Delta_{22} + \frac{1}{2}F_1\Delta_{11} + F_2\Delta_{21}$$

由于弹性体的应变能仅仅取决于荷载的最终值,而与加载的次序无关,因此,上述两种加载方式所得的应变能应该相等,即

$$W_1 = W_2$$

整理可得

$$F_1\Delta_{12} = F_2\Delta_{21} \tag{12.29}$$

式(12.29)表明,广义力 F_1 在 F_2 引起的广义位移 Δ_{12} 所做功等于广义力 F_2 在 F_1 引起的广义位移 Δ_{21} 所做的功,这一关系称为功的互等定理。**功的互等定理的一般表述为:如在某线弹性体上作用两组广义力,则第 1 组力在第 2 组引起的位移上所做的功,等于第 2 组力在第 1 组引起的位移上所做的功。**该定理适用于线弹性小变形的情况。

12.4.2　位移互等定理

在功的互等定理中,若两组广义力都只包含一个广义力,且数值相等,这时功的互等定理,便转化为位移互等定理。在式(12.29)中令 $F_1 = F_2$,有

$$\Delta_{12} = \Delta_{21} \tag{12.30}$$

位移互等定理(reciprocal theorem of displacement)可表述为:若在线弹性体上,作用有两个数值相同的荷载(力或力偶)F_1 和 F_2,则在 F_1 单独作用下,F_2 作用点处产生沿 F_2 方向的广义位移(线位移或角位移),在数值上等于在 F_2 单独作用下,F_1 作用点处沿 F_1 方向的广义位移。该定理适用于线弹性小变形问题。

例 12.13 轴承中的滚珠,直径为 d,沿直径两端作用一对大小相等,方向相反的集中力 F,如图 12.22(a)所示。材料的弹性模量 E 和泊松比 μ 已知。试用功的互等定理求滚珠的体积改变量。

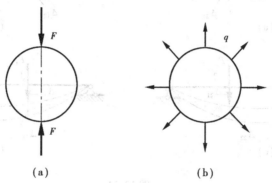

（a）　　　　　　　　　（b）

图 12.22

解 设原系统为第 1 状态,如图 12.22(a)所示。为了应用功的互等定理,设滚珠作用均匀法向拉力 q(与广义位移为体积改变对应)为第 2 状态,如图 12.22(b)所示,由功的互等定理

$$q(\Delta V)_F = -F(\Delta d)_q$$

式中,$(\Delta V)_F$ 为原系统第一状态下滚珠的体积改变量;$(\Delta d)_q$ 为辅助系统,即第 2 状态下滚珠直径改变量。

在第 2 状态下,滚珠内各点均处于三向应力状态,且 $\sigma_1 = \sigma_2 = \sigma_3 = q$。根据广义胡克定律,有

$$(\Delta d)_q = \varepsilon \cdot d = \frac{1}{E}[\sigma_1 - \mu(\sigma_2 + \sigma_3)]d = \frac{q}{E}(1 - 2\mu)d$$

所以

$$(\Delta V)_F = -\frac{1 - 2\mu}{E}Fd$$

式中,负号表示体积的改变在压力作用下是减少的。

例 12.14 一形状不规则的弹性容器。已知,若在标准大气压 p_0 下,在容器的 A,B 两点上,沿 AB 作用大小相等、方向相反的一对力 F 时,由容器口 C 上量得流出的空气体积为 V_0。今考虑容器中充满了不可压流体,再压入一定体积 V_1 的此种流体,测得容器中压力为 p,此时 A,B 两点的距离增加为多少?

解 运用功的互等定理解决此问题。设容器壳表面为曲面 S,它受荷载后变形的两种状态是:第 1 种状态,在标准大气压 p_0 下受一对力 F 作用,容器壳表面各点位移为 $\vec{\delta}(S)$。

第 2 种状态,容器受内压 $(p - p_0)\vec{n}$(沿表面外法线方向)作用,壳表面各点位移为 $\vec{\delta}'(S)$,设其中 A,B 间的相对位移为 $\Delta\overline{AB}$。

由功的互等定理,状态 1 的一对荷载 F 在状态 2 的位移 $\Delta \overline{AB}$ 上做功,等于状态 2 的荷载 $(p - p_0)\vec{n}$ 在状态 1 的位移上做的功,即

$$F \cdot (- \Delta \overline{AB}) = (p - p_0) \iint_S \vec{\delta}(S) \cdot \vec{n} dS$$

式中,$\vec{n}$ 为壳表面一点的外法线单位向量;dS 为该点处壳表面微元面积;$\vec{\delta}(S) \cdot \vec{n}$ 是壳表面所围体积在一对力 F 作用下的法向缩小的厚度。

$$\iint_S \vec{\delta}(S) \cdot \vec{n} dS = - V_0$$

所以

$$\Delta \overline{AB} = \frac{p - p_0}{F} = V_0$$

应该注意:这里的原系统应视为内压力 p_0 的容器,则内压 p 系指再加内压$(p - p_0)$。(此题选自 1988 年全国青年力学竞赛试题)

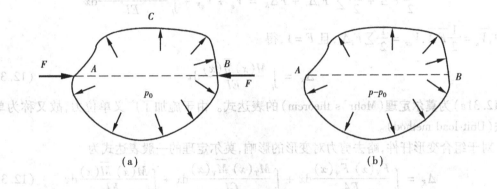

图 12.23

12.5　莫尔定理

基于能量原理的结构变形分析方法是多样的,本节介绍莫尔积分方法。莫尔积分又称为单位荷载法,与卡氏定理比较,单位荷载法具有计算工作量小和简单的特点。

12.5.1　利用功能原理推证莫尔定理

以下通过应变能概念推导莫尔定理。为了简化推证过程,以简支梁弯曲变形为例说明莫尔积分的基本概念。然后根据功能原理,很容易推广到任意的杆系结构。

假设简支梁在任意荷载作用下,如图 12.24 所示,其弯矩方程为 $M(x)$,应变能为

$$V_{\varepsilon F} = \int_l \frac{M^2(x)}{2EI} dx \tag{a}$$

现欲求梁上任意点 K 处的广义位移 Δ_K。为此假设在上述荷载作用之前,在 K 点处沿广义位移 Δ_K 的方向先作用一个单位广义力 $\overline{F}(\overline{F} = 1)$,如图 12.24(b) 所示。$\overline{F}$ 在 K 点处产生的相

应广义位移为$\overline{\Delta}$,梁的弯矩方程为$\overline{M}(x)$,其应变能为

$$\overline{V}_\varepsilon = \int_l \frac{\overline{M}^2_{(x)}}{2EI}dx \tag{b}$$

然后再将荷载作用于梁上,如图12.24(c)所示,如果材料服从胡克定律,而且结构为小变形,根据叠加原理,梁的弯矩方程为$M(x)+\overline{M}(x)$,其应变能V_ε为

$$V_\varepsilon = \int_l \frac{\left[M(x)+\overline{M}(x)\right]^2}{2EI}dx = \int_l \frac{M^2(x)}{2EI}dx + \int_l \frac{\overline{M}^2(x)}{2EI}dx + \int_l \frac{M(x)\,\overline{M}(x)}{EI}dx$$

$$= V_{\varepsilon F} + \overline{V}_\varepsilon + \int_l \frac{M(x)\,\overline{M}(x)}{EI}dx \tag{c}$$

外力功W为

$$W = \frac{1}{2}\overline{F}\cdot\overline{\Delta} + \frac{1}{2}\sum F_i\Delta_i + \overline{F}\Delta_K \tag{d}$$

根据功能原理由式(c)和式(d),有

$$\frac{1}{2}\overline{F}\,\overline{\Delta} + \frac{1}{2}\sum F_i\Delta_i + \overline{F}\Delta_K = \overline{V}_\varepsilon + V_{\varepsilon F} + \int_l \frac{M(x)\,\overline{M}(x)}{EI}dx$$

其中,$\overline{V}_\varepsilon = \frac{1}{2}\overline{F}\,\overline{\Delta}$,$V_{\varepsilon F} = \frac{1}{2}\sum F_i\Delta_i$,且$\overline{F}=1$,得

$$\Delta_K = \int_l \frac{M(x)\,\overline{M}(x)}{EI}dx \tag{12.31a}$$

式(12.31a)为**莫尔定理**(Mohr's theorem)的表达式。由于施加了广义单位力,故又称为**单位力法**(Unit-load method)。

对于组合变形杆件,略去剪力对变形的影响,莫尔定理的一般表达式为

$$\Delta_K = \int_l \frac{F_N(x)\,\overline{F}_N(x)}{EA}dx + \int_l \frac{M_T(x)\,\overline{M}_T(x)}{GI_p}dx + \int_l \frac{M(x)\,\overline{M}(x)}{EI}dx \tag{12.31b}$$

式中,$\overline{F}_N(x)$,$\overline{M}_T(x)$,$\overline{M}(x)$分别为单位力$\overline{F}$引起的杆件轴力、扭矩和弯矩。

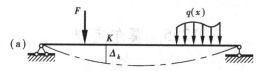

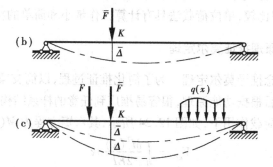

图12.24

12.5.2　利用卡氏第二定理推证莫尔定理

仍以如图 12.24(a)所示梁的弯曲问题为例,利用卡氏第二定理求 K 点的广义位移 Δ_K。现在 K 点施加一个与 Δ_K 相应的虚拟广义力 F_K。由卡氏第二定理式(12.28),得

$$\Delta_K = \int_l \frac{M(x)}{EI} \frac{\partial M(x)}{\partial F_K} \mathrm{d}x \tag{e}$$

设在 K 点单独作用与 Δ_K 相应的单位广义力时,其弯矩方程为 $\overline{M}(x)$,在荷载作用下的弯矩方程为 $M(x)$,根据叠加原理,在荷载和广义力 F_K 共同作用下的弯矩方程及其偏导数为

$$M_1(x) = M(x) + F_K \overline{M}(x) \tag{f}$$

$$\frac{\partial M_1(x)}{\partial F_K} = \overline{M}(x) \tag{g}$$

将式(f)、式(g)代入式(e),得

$$\Delta_K = \int_l \frac{[M(x) + F_K \overline{M}(x)]\overline{M}(x)}{EI} \mathrm{d}x$$

令,$F_K = 0$ 得

$$\Delta_K = \int_l \frac{M(x)\overline{M}(x)}{EI} \mathrm{d}x \tag{h}$$

式(h)正是莫尔定理的表达式。

在莫尔定理的推导中应用了叠加原理和以胡克定律为基础的应变能表达式,因此,式(12.31b)适用于线弹性结构。但是,应该注意的是莫尔积分并不是仅仅适用于线弹性问题,对于非线性弹性体也成立,其表达式为

$$\Delta_K = \int_l \overline{F}_N(x)\mathrm{d}\delta + \int \overline{M}_T(x)\mathrm{d}\varphi + \int \overline{M}(x)\mathrm{d}\theta \tag{12.32}$$

式中,$\overline{F}_N(x)$,$\overline{M}_T(x)$ 和 $\overline{M}(x)$ 为单位力引起的内力;$\mathrm{d}\delta$,$\mathrm{d}\varphi$ 和 $\mathrm{d}\theta$ 为实际作用荷载引起的变形。

例 12.15　活塞环如图 12.25 所示,AB 之间有一微小切口,一对集中力 F 作用于切口两侧的 A,B。试求 A,B 之间的相对位移 Δ_{AB}。已知环的抗弯刚度为 EI,抗拉压刚度为 EA。忽略剪力对于变形的影响。

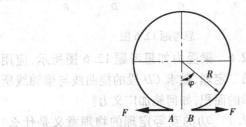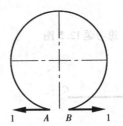

图 12.25

解　由于计算的是 A,B 之间的相对位移,即 A,B 两点的位移差,故在 A,B 两点之间施加一对方向相反的单位力。

环在外力作用下的内力方程为

$$M = FR(1 - \cos\varphi)$$

$$F_N = -F\cos\varphi$$

单位力作用下的内力方程为

$$\overline{M} = R(1 - \cos\varphi)$$
$$\overline{F}_N = -\cos\varphi$$

代入式(12.31b)，可得

$$\Delta_{AB} = \int_l \frac{M\overline{M}}{EI}dx + \int_l \frac{F_N\overline{F}_N}{EA}dx$$

$$= \frac{2}{EI}\int_0^\pi FR^2(1 - \cos\varphi)^2 R d\varphi + \frac{2}{EA}\int_0^\pi F\cos^2\varphi R d\varphi$$

$$= \frac{3\pi FR^3}{EI} + \frac{\pi FR}{EA}$$

思考题

12.1 什么叫广义位移？广义位移的量纲如何确定？

12.2 对于线性弹性问题，外力功 $W = \frac{1}{2}F\Delta$。对于非线性弹性问题，当所用材料仍为线弹性材料时，是否可用上式计算应变能？为什么？

12.3 应变能计算为什么一般不能应用叠加原理？而在某些条件下又可以采用叠加方法计算应变能，这需要什么条件？

12.4 应用卡氏第二定理求解结构位移时，施加的虚拟广义力 F 或 M_e 有什么意义？对于附加广义力求偏导数后又令其等于零，为什么还要施加？

12.5 梁受力如思考题12.5图所示，试问可否采用 $\frac{\partial V_\varepsilon}{\partial F}$ 计算 A 点的挠度？

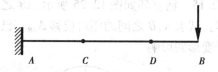

思考题12.5图

思考题12.6图

12.6 梁受力如思考题12.6图所示，应用卡氏第二定理，欲求 CD 段的挠曲线与梁轴线所夹图形的面积，如何施加广义力？

12.7 功的互等定理的物理意义是什么？什么叫位移互等定理？

12.8 如思考题12.8图所示的两根悬臂梁，其抗弯刚度相同，各受集中力 F 作用。试问 C 点的挠度与 E 点挠度有何关系？

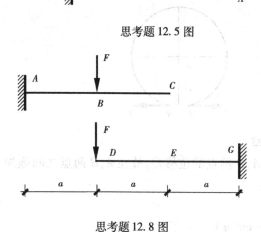

思考题12.8图

习　题

12.1　试求如题 12.1 图所示两根圆杆的应变能,并比较其结果。已知两杆的长度相同,材料也相同。

答　$V_{\varepsilon a} = \dfrac{2F^2 l}{\pi E d^2}, V_{\varepsilon b} = \dfrac{7}{16} V_{\varepsilon a}$

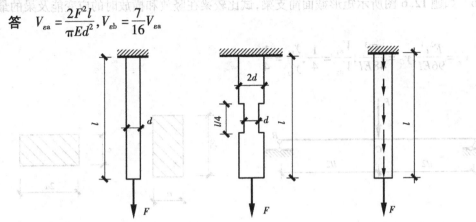

(a)　　　　　　　(b)

题 12.1 图　　　　　　　　题 12.2 图

12.2　试求如题 12.2 图所示等截面杆的应变能。已知杆的横截面面积为 A,材料的密度为 ρ。

答　$V_{\varepsilon} = \dfrac{1}{6EA}(3F^2 l + 3F\rho gAl + \rho^2 g^2 A^2 l^3)$

12.3　如题 12.3 图所示厚度为 t,截面为矩形的锥形杆,下端作用集中力 F。试求该杆的应变能及下端的位移 Δ。

答　$V_{\varepsilon} = \dfrac{F^2 l}{2Et(B-b)} \ln \dfrac{B}{b}, \Delta = \dfrac{Fl}{Et(B-b)} \ln \dfrac{B}{b}$

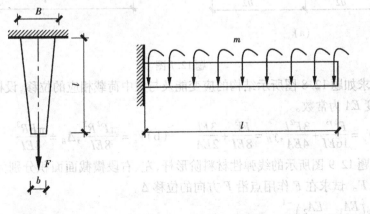

题 12.3 图　　　　　　　　　题 12.5 图

12.4　试用应变能密度的概念证明理想弹性材料的 3 个弹性常数 E, μ, G 间的关系为 $G = \dfrac{E}{2(1 + \mu)}$。

12.5　如题 12.5 图所示圆轴受集度为 m 的均匀分布外力偶作用。试求轴的应变能。

答　$V_\varepsilon = \dfrac{m^2 l^3}{6 G I_{\mathrm{p}}}$

12.6　如题 12.6 图所示矩形截面简支梁,试比较梁在竖放和横放时的应变能及梁的最大挠度值。

答　$V_\varepsilon = \dfrac{F^2 l^3}{96 E I}, \quad y_C = \dfrac{F l^3}{48 E I}, \quad \dfrac{V_{\varepsilon_1}}{V_{\varepsilon_2}} = \dfrac{1}{4}, \quad \dfrac{y_{c_1}}{y_{c_2}} = \dfrac{1}{4}$

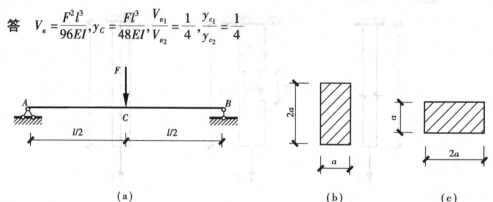

题 12.6 图

12.7　试求如题 12.7 图所示各梁的应变能及与集中荷载相应的位移。设梁的抗弯刚度 EI 为常数。

答　(a) $V_\varepsilon = \dfrac{M_{\mathrm{e}}^2 l}{3 E I}, \quad \theta_A = \dfrac{2 M_{\mathrm{e}}}{3 E I} l$　　(b) $V_\varepsilon = \dfrac{F^2 l^3}{48 E I}, \quad y_C = y_D = \dfrac{F l^3}{48 E I}$

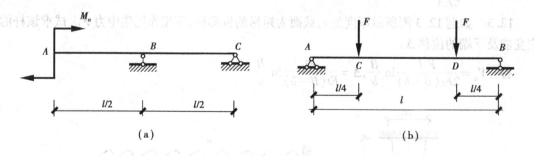

题 12.7 图

12.8　试求如题 12.8 图所示结构的应变能及与集中荷载相应的位移,设杆件的抗弯刚度 EI、抗拉压刚度 EA 为常数。

答　(a) $V_\varepsilon = \dfrac{F^2 l^3}{16 E I} + \dfrac{3 F^2 l}{4 E A}, \quad y_B = \dfrac{F l^3}{8 E I} + \dfrac{3 F l}{2 E A}$　　(b) $V_\varepsilon = \dfrac{\pi F^2 R^3}{8 E I}, \quad \Delta_B = \dfrac{\pi F R^3}{4 E I}$

12.9　如题 12.9 图所示的线弹性材料阶形杆,左、右段横截面面积分别为 A_1, A_2,在变阶处作用集中力 F。试求在 F 作用点沿 F 方向的位移 Δ。

答　$\Delta = F\left(\dfrac{E A_1}{a} + \dfrac{E A_2}{l - a} \right)^{-1}$

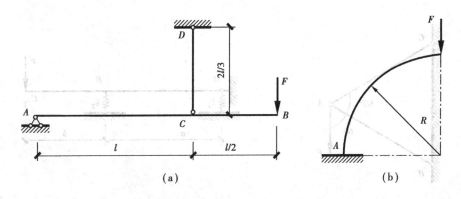

(a)　　　　　　　　　　(b)

题 12.8 图

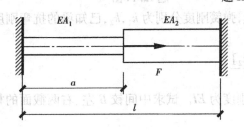

题 12.9 图

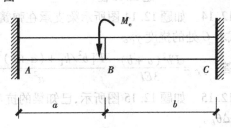

题 12.10 图

12.10　如题 12.10 图所示的圆截面杆,其抗扭刚度为 GI_P。试用卡氏第一定理求 B 截面的扭转角。

答　$\varphi_B = \dfrac{M_e ab}{(a+b)GI_P}$

12.11　如题 12.11 图所示桁架各杆的材料相同,横截面面积均为 A,试求 C 点的水平位移 Δ_{CH}。

答　$\Delta_{CH} = \dfrac{1 + 2\sqrt{2}}{2EA} Fl$

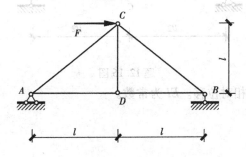

题 12.11 图

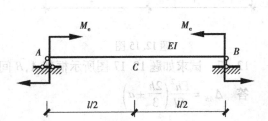

题 12.12 图

12.12　试用卡氏第二定理求如题 12.12 图所示梁的 θ_A 和 y_c。

答　$\theta_A = \dfrac{M_e l}{2EI}, y_c = \dfrac{M_e l^2}{8EI}$

12.13　试用卡氏第二定理计算如题 12.13 图所示结构 A 处的竖向及水平位移。各杆的 EA 相同。

答　$\Delta_{CV} = \dfrac{2Fl}{EA}, \Delta_{CH} = 0$

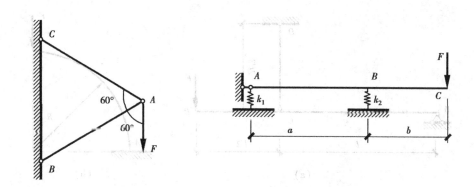

题 12.13 图　　　　　　　　　　题 12.14 图

12.14 如题 12.14 图所示梁支承在弹簧上,弹簧刚度分别为 k_1,k_2,已知梁的抗弯刚度为 EI,试求 C 处的挠度 y_C。

答 $$y_C=\frac{Fb^2(a+b)}{3EI}+\frac{F[b^2/k_1+(a+b)^2/k_2]}{a^2}$$

12.15 如题 12.15 图所示,已知梁的抗弯刚度为 EI。试求中间铰 B 左、右两截面的相对转角 $\Delta\theta_B$。

答 $$\Delta\theta_B=\frac{7ql^3}{24EI}$$

12.16 试求如题 12.16 图所示梁在变形前、后轴线之间所围面积 ΔA。梁的抗弯刚度 EI 为常数。

答 $$\Delta A=\frac{5Fl^4}{384EI}$$

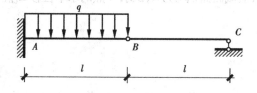

题 12.15 图　　　　　　　　　　题 12.16 图

12.17 试求如题 12.17 图所示框架 A,B 间的相对位移。EI 为常数。

答 $$\Delta_{AB}=\frac{Fh^2}{EI}\left(\frac{2h}{3}+a\right)$$

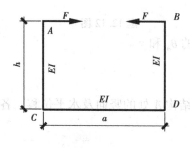

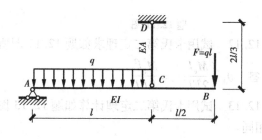

题 12.17 图　　　　　　　　　　题 12.18 图

12.18 试求如题 12.18 图所示结构 B 点的竖直位移。已知 AB 的抗弯刚度为 EI,CD 的抗拉压刚度为 EA。

答 $\Delta_{AV} = \dfrac{5ql^4}{48EI} + \dfrac{2ql^2}{EA}$

12.19 试求如题 12.19 图所示结构 C 点的竖直位移。已知 BC 为 1/4 圆形曲杆,其抗弯刚度为 EI,AC 杆的抗拉压刚度为 EA。

答 $\Delta_{CV} = \dfrac{Fl}{EA} + \dfrac{Fl^3}{EI}(\pi - 3)$

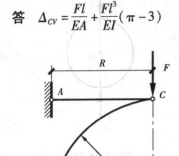

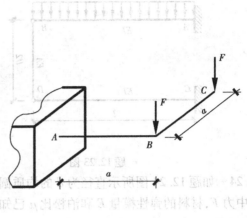

题 12.19 图   题 12.20 图

12.20 如题 12.20 图所示直径为 d 的圆形截面水平直角折杆,受两个铅垂集中力作用,试用卡氏第二定理求 C 点铅垂位移及 C 截面绕平行于 AB 的轴的转角。

答 $\Delta_{CV} = \dfrac{5Fa^3}{3EI} + \dfrac{Fa^3}{GI_{\mathrm{p}}}, \varphi_C = \dfrac{Fa^2}{2EI} + \dfrac{Fa^2}{GI_{\mathrm{p}}}$

12.21 如题 12.21 图所示一水平放置的半圆形曲杆,设 EI 和 GI_{p} 均为已知常数。试求 F 力作用点 C 的垂直位移 Δ_C。

答 $\Delta_C = \dfrac{\pi FR^3}{2EI} + \dfrac{3\pi FR^3}{2GI_{\mathrm{p}}}$

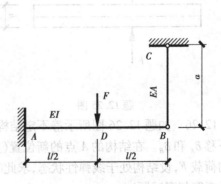

题 12.21 图   题 12.22 图

12.22 试用卡氏第二定理求如题 12.22 图所示结构中 BC 杆的内力。

答 $F_{NBC} = \dfrac{5FAl^3}{16(3aI + Al^3)}$

12.23 试用卡氏第二定理求如题 12.23 图所示超静定结构中 *BD* 杆的轴力。假定 *BD* 杆的 $EA = \dfrac{3EI}{2l^2}$。

答 $F_{NBD} = \dfrac{ql}{8}$

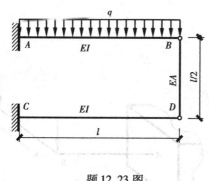

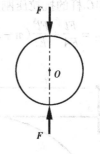

题 12.23 图　　　　　　　　　题 12.24 图

12.24 如题 12.24 图所示直径为 *d* 的均质圆盘,沿直径两端作用一对大小相等,方向相反的集中力 *F*,材料的弹性模量 *E* 和泊松比 μ 已知。设圆盘为单位厚度,试求圆盘变形后的面积改变率 $\dfrac{\Delta A}{A}$。（选自 1988 年全国青年力学竞赛试题）

答 $\dfrac{\Delta A}{A} = \dfrac{4(1-\mu)}{\pi dE}F$

12.25 设如题 12.25 图所示弹性杆件,受力后处于线弹性小变形状态。试求杆的伸长量。

答 $\Delta_{AB} = \dfrac{\mu F h}{EA}$

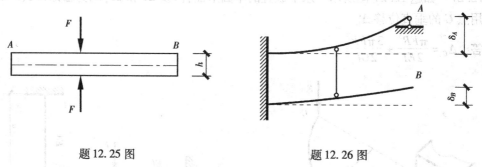

题 12.25 图　　　　　　　　　题 12.26 图

12.26 如题 12.26 图所示静不定结构的铰链 *A* 拆除后,装配应力消除,*A*,*B* 两点分别垂直下移 δ_A 和 δ_B。在结构的 *A* 点的新位置(无装配应力位置)重新安装铰 *A*,并在 *B* 点作用一向下的荷载 *F*,设结构处于线弹性状态,求此时铰链 *A* 的约束反力。（选自第三届周培源大学生力学竞赛复赛试题）

答 $F_{RA'} = \dfrac{F\delta_B}{\delta_A}$

13.1 概 述

前面研究了构件在静荷载作用下的强度、刚度和稳定性问题。所谓**静荷载**(static load),是指构件所承受的荷载从零开始缓慢地增加到最终值,然后不再随时间而变化的荷载。静荷载作用下构件内部各个质点的加速度很小,可以忽略不计。如果当荷载引起构件内部各个质点的加速度比较显著,不能忽略它对变形和应力的影响时,这种荷载就称为**动荷载**(dynamic load)。例如,起重机加速上升或下降时的吊重对吊索作用,打桩用的汽锤冲击于桩体等都属于动荷载。构件在动荷载作用下产生的应力和变形分别称为**动应力**(dynamic stress)和**动变形**(dynamic deformation)。

构件在动荷载作用下的承载能力与静荷载有明显不同。一是相同水平的荷载引起的构件应力水平不相等,一般动荷载相比静荷载引起的应力极值要高得多;二是构件材料在动荷载作用下的材料性能与静荷载作用下材料性能不同。因此,动荷载问题的研究分为两个方面:一方面是由动荷载引起的动应力、动应变和动位移的计算;另一方面是动荷载下的材料行为。工程界对于不同形式的动应力通过一些专门学科分析讨论。

实验证明,在静荷载作用下服从胡克定律的材料,只要动应力不超过比例极限,在动荷载作用下胡克定律仍然成立,并且弹性模量也与静荷载作用下相同。

根据加载速度和应力随时间变化的情况不同,工程中常遇到下列 3 类动荷载:

①做等加速运动或等速转动时构件的惯性力。

②冲击荷载,它的特点是加载时间短,荷载的大小在极短时间内有较大的变化,因此,加速度及其变化都很剧烈,不易直接测定。

③周期性荷载,它的特点是在多次循环中,荷载相继呈现相同的时间历程。

本章只介绍动荷载的基本知识,在解决实际问题时,需遵照有关规范要求进行分析计算。

13.2 达朗贝尔原理在求解构件动应力中的应用

13.2.1 构件做等加速度直线运动时的动应力

构件承受静荷载时，根据静力平衡方程可确定内力。对于以等加速直线运动的构件，只要确定其上各点的加速度 $\vec{a}$，就可以应用达朗贝尔原理施加惯性力，如果为集中质量 m，则惯性力为集中力

$$\vec{F}^{\mathrm{I}} = -m\vec{a} \tag{13.1a}$$

如果是连续分布质量，则作用在微元质量上的惯性力为

$$\mathrm{d}\vec{F}^{\mathrm{I}} = -\mathrm{d}m\vec{a} \tag{13.1b}$$

由牛顿第二定律可得

$$\sum \vec{F} + \vec{F}^{\mathrm{I}} = 0 \tag{13.2a}$$

或

$$\sum \vec{F} + \int_m -\vec{a}\,\mathrm{d}m = 0 \tag{13.2b}$$

即可按照静荷载作用下的分析方法对构件进行动应力计算以及强度与刚度设计。

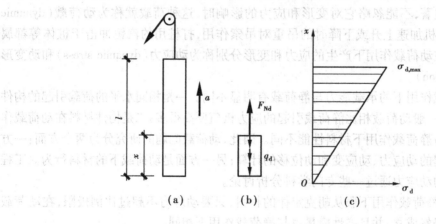

图 13.1

以如图 13.1(a)所示的起重机起吊重物为例。已知杆件的杆长为 l，横截面面积为 A，材料的密度为 ρ，起吊的加速度为 a。设杆件的质量沿杆轴线均匀分布，则其自重和惯性力沿杆轴线也均匀分布，设其集度分别为 q_s 及 q^{I}，则

$$q_s = A\rho g, q^{\mathrm{I}} = A\rho a$$

设动荷载集度为 q_d，有

$$q_d = q_s + q^{\mathrm{I}} = A\rho g\left(1 + \frac{a}{g}\right) = q_s\left(1 + \frac{a}{g}\right) \tag{13.3}$$

设任意横截面上的轴力为 F_{Nd}，由截面法，有

$$F_{\text{Nd}} = q_{\text{d}}x = A\rho gx\left(1 + \frac{a}{g}\right) \tag{a}$$

动应力为

$$\sigma_{\text{d}} = \frac{F_{\text{Nd}}}{A} = \rho gx\left(1 + \frac{a}{g}\right) \tag{b}$$

当 $a = 0$ 时,杆件为静荷载作用,相应的静应力为

$$\sigma_{\text{s}} = \rho gx \tag{c}$$

将式(c)代入式(b),得

$$\sigma_{\text{d}} = \sigma_{\text{s}}\left(1 + \frac{a}{g}\right) \tag{d}$$

引入因数 K_{d}

$$K_{\text{d}} = 1 + \frac{a}{g} \tag{13.4}$$

K_{d} 称为**动荷因数**(coefficient in dynamic load)。

将式(13.4)代入式(d),得

$$\sigma_{\text{d}} = K_{\text{d}}\sigma_{\text{s}} \tag{13.5}$$

式(13.5)表明,动应力等于静应力乘以动荷载因数。

由式(b)可知,动应力 σ_{d} 沿轴线按线性规律分布(见图 13.1(c)),当 $x = l$ 时,得到最大动应力

$$\sigma_{\text{d,max}} = \rho gl\left(1 + \frac{a}{g}\right) = K_{\text{d}}\sigma_{\text{s,max}}$$

杆的强度条件为

$$\sigma_{\text{d,max}} = K_{\text{d}}\sigma_{\text{s,max}} \leqslant [\sigma] \tag{13.6}$$

式中, $[\sigma]$ 为材料在静荷载作用下的许用应力。

若材料服从胡克定律,则杆的动伸长 δ_{d} 与静伸长 δ_{s} 之间也存在同样的关系

$$\delta_{\text{d}} = K_{\text{d}}\delta_{\text{s}} \tag{13.7}$$

总之,根据动静法,将惯性力系虚加在运动杆件上,使之在原有外力和惯性力共同作用下构件处于形式上的平衡状态,从而将动荷载问题转化为静荷载问题而求解。

例 13.1 如图 13.2(a)所示一长度 $l = 12$ m 的工 16 热轧工字钢,以加速度 $a = 6$ m/s² 起吊该钢梁,试求工字钢的最大正应力。

解 查表可得钢梁自重 $q = 20.5$ kg/m $= 200.9$ N/m。惯性力集度为 $\frac{q}{g}a$,梁的动荷载集度 q_{d} 为

$$q_{\text{d}} = q + \frac{q}{g}a = q\left(1 + \frac{a}{g}\right) = 323.9 \text{ N/m}$$

如图 13.2(b)所示为受力图,画弯矩图如图 13.2(c)所示,最大弯矩为

$$M_{\text{d,max}} = 1\,943.4 \text{ N} \cdot \text{m}$$

则工字钢梁起吊时的最大动应力为

$$\sigma_{\text{d,max}} = \frac{M_{\text{d,max}}}{W_z} = \frac{1\,943.4 \times 10^3 \text{ N} \cdot \text{mm}}{21.2 \times 10^3 \text{ mm}^3} = 91.7 \text{ MPa}$$

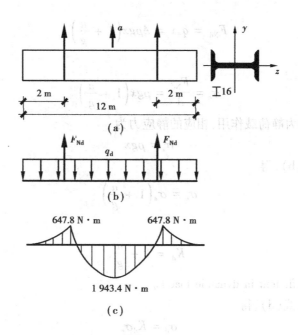

图 13.2

13.2.2 构件做匀速转动时的动应力

当构件做匀速转动时，构件上各质点有向心加速度，向心加速度的大小为 $r\omega^2$，r 是质点到转轴的距离，ω 是构件的角速度。对这类问题仍可用动静法，通过在构件上施加假想的惯性力系，将动力问题化为静力问题求解。现以如图 13.3(a) 所示的飞轮轮缘为例进行分析。

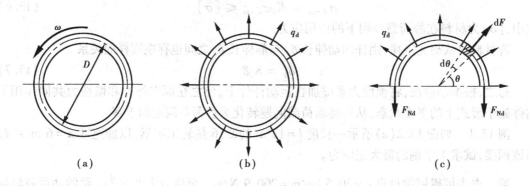

图 13.3

由于在设计飞轮时，常将飞轮质量尽量配置到轮缘处以增大飞轮的惯性。因此，若不计轮辐影响，可将飞轮简化为一个绕飞轮轴以角速度 ω 旋转的薄壁圆环，如图 13.3(b) 所示。设圆环厚为 δ，直径为 $D(D \gg \delta)$，横截面面积为 A，材料的密度为 ρ。在单位宽度的微段弧长上的离心惯性力为

$$dF = (dm)r\omega^2 = \rho\delta dS \cdot \frac{D}{2}\omega^2$$

旋转圆环的离心惯性力组成径向的均布荷载，如图 13.3(b) 所示，有

$$q_d = \frac{dF}{dS} = \frac{\rho \delta D}{2} \omega^2$$

截取飞轮的一半作为研究对象,如图 13.3(c) 所示。作为薄壁圆环,由于飞轮轮缘很薄,因此假设横截面正应力近似均匀分布。横截面内力只有轴力 F_{Nd},根据平衡方程 $\sum F_y = 0$,即

$$-2F_{Nd} + \int_S q_d \sin \varphi dS = 0$$

得

$$F_{Nd} = \frac{\rho \delta D^2 \omega^2}{4}$$

$$\sigma_d = \frac{F_{Nd}}{A} = \frac{\rho}{4} D^2 \omega^2 = \rho v^2 \tag{13.8}$$

其中,v 为圆环轴线上的点的线速度,$v = \frac{D}{2}\omega$。

式(13.8)表明:旋转飞轮横截面上的动应力与角速度的平方成正比,而与圆环的壁厚、环宽以及横截面面积无关;高速旋转的构件内存在相当大的拉应力,尤其是半径较大的构件。因此,为保证构件安全工作,必须严格限制构件的转速。

飞轮的动应力强度条件为

$$\sigma_d = \rho v^2 \leqslant [\sigma] \tag{13.9}$$

例 13.2　如图 13.4(a) 所示一根长为 l,横截面面积为 A,材料密度为 ρ 的等直杆 OB,杆水平放置,O 端与刚性竖直轴 z 连接。杆以角速度 ω 绕 z 轴做匀角速转动。试求动荷载与动应力沿杆轴方向的分布规律。

解　杆 OB 绕 z 轴做匀角速转动,杆内任一点的切向加速度为零,法向加速度为

$$a_n = x\omega^2$$

相应的惯性力沿杆轴方向分布,方向与法向加速度相反,由式(13.1b)得

$$q_d = \frac{dF^I}{dx} = \frac{dm \cdot a_n}{dx} = \frac{x\omega^2 A\rho dx}{dx} = A\rho\omega^2 x$$

q_d 与 x 成正比,分布规律如图 13.4(b) 所示。

若忽略杆的自重引起的变形,则杆 OB 在 q_d 作用下产生轴向变形,由截面法得距离转轴为任意值 x 的横截面上的轴力即轴力方程为

$$F_{Nd}(x) = \int_x^l q_d dx = \frac{A\rho\omega^2}{2}(l^2 - x^2)$$

任意横截面的动应力为

$$\sigma_d(x) = \frac{F_{Nd}(x)}{A} = \frac{\rho\omega^2}{2}(l^2 - x^2)$$

其分布规律如图 13.4(d) 所示。

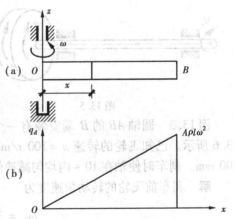
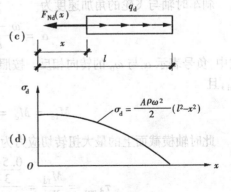

图 13.4

317

13.2.3 构件做匀角加速转动时的动应力

以如图 13.5 所示的受扭圆轴为例进行分析。轴的一端有一个质量很大的飞轮,轴的另一端施加力偶矩为 M_e 的力偶使飞轮以等角加速度 α 转动。采用动静法求解此问题,飞轮的惯性力矩为

$$M_d = J\alpha$$

式中,J 为飞轮对轴的转动惯量,其量纲为[质量][长度]^{2}或[力][长度][时间]^2;M_d 的转向与 α 转向相反。由截面法可得该轴横截面上的扭矩 M_{Td} 为

$$M_{Td} = M_d = J\alpha$$

因此,轴在动荷载作用下的最大切应力为

$$\tau_{d,max} = \frac{M_{Td}}{W_p} = \frac{J\alpha}{W_p} \tag{13.10}$$

强度条件为

$$\tau_{d,max} = \frac{J\alpha}{W_p} \leqslant [\tau] \tag{13.11}$$

式中,$[\tau]$ 为圆轴在静载时材料的许用切应力。

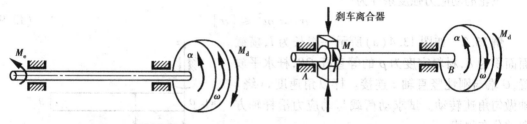

图 13.5　　　　　　　　　　　　　图 13.6

例 13.3　圆轴 *AB* 的 *B* 端安装有一个质量很大的飞轮,另一端 *A* 装有刹车离合器如图 13.6 所示。已知飞轮的转速 $n = 100$ r/min,转动惯量 $J = 0.5$ kN·m·s^2。*AB* 轴的直径 $d = 100$ mm。刹车时使轴在 10 s 内均匀减速停止转动。求轴内最大动应力。

解　刹车前飞轮的转动角速度为

$$\omega_0 = \frac{2\pi n}{60} = \frac{10\pi}{3} \text{ rad/s}$$

刹车时轴与飞轮的角加速度为

$$\alpha = \frac{\omega - \omega_0}{t} = -\frac{\pi}{3} \text{ rad/s}^2$$

式中,负号表示 α 与 ω_0 的转向相反。按照动静法,在飞轮上施加与 α 转向相反的惯性力偶矩 M_d,且

$$M_{Td} = M_d = -J\alpha = \frac{0.5\pi}{3} \text{ kN·m}$$

此时轴横截面上的最大扭转切应力为

$$\tau_{d,max} = \frac{M_{Td}}{W_p} = \frac{\dfrac{0.5\pi}{3} \times 10^6 \text{ N·mm}}{\dfrac{\pi}{16} \times 100^3 \text{ mm}^3} = 2.67 \text{ MPa}$$

13.3　能量法在求解构件受冲击时的应力和变形中的应用

前面已提到落锤打桩的问题,打桩时锤体下落打击桩柱,在极短的时间内锤体的速度降低到零,这类现象称为**冲击**(impact)。所谓冲击,是指因力、速度和加速度等参量急剧变化而激起的系统的瞬态运动。在冲击过程中,运动中的物体(如锤体)称为**冲击物**,而阻止冲击物运动的物体(如桩)称为**被冲击物**。工程中,杆件受冲击作用的实例很多,如汽锤锻造、旋转飞轮或传动轴突然制动等都是常见的冲击问题。工程构件由冲击引起的应力称为**冲击应力**(impact stress)。

冲击问题的特点是结构受外力作用的时间极短,加速度的变化剧烈,很难精确测定。根据加速度确定某一瞬时结构所受的冲击荷载是很困难的,动静法已不适用。因此,工程上使用偏于保守的能量法近似计算冲击时构件内的最大动应力和最大动变形。

在冲击问题的工程简便计算中,通常作如下假定:

①冲击物为刚体,被冲击物为不计质量的变形体,冲击过程中材料服从胡克定律,冲击过程的碰撞系数取为零。

②冲击过程中只有动能、势能和应变能之间的转换,无其他能量损耗。

③不考虑被冲击构件内应力波的传播,假定在瞬间构件各处同时变形。

因此,由能量守恒定律可知,在冲击过程中,冲击物所减少的动能 E_k 和势能 E_p 之和应等于被冲击物所增加的弹性应变能 V_ε,即

$$E_k + E_p = V_\varepsilon \qquad (13.12)$$

式(13.12)为用能量法求解冲击问题的基本方程。

13.3.1　自由落体冲击

由于产生各种变形的弹性杆件都可看做是一个弹簧,只是各种情况的弹簧刚度不同而已。设冲击物的重量为 Q,从距弹簧顶端为 h 的高度自由落下。重物与弹簧接触后速度迅速减小,最后为零,此时弹簧的变形最大,用 Δ_d 表示。下面来求 Δ_d 的表达式。

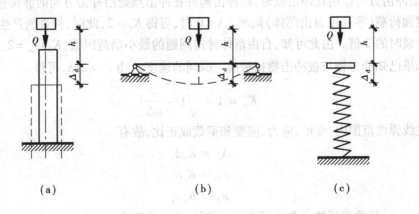

(a)　　　　　　　　　(b)　　　　　　　　　(c)

图 13.7

由如图 13.7（c）所示可知，弹簧达到最大变形 Δ_d 时，冲击物减少的势能为

$$E_p = Q(h + \Delta_d)$$

由于冲击物的初速度与最终速度都等于零，所以没有动能的变化，即

$$E_k = 0$$

被冲击物的应变能 V_{ed} 等于冲击荷载在冲击过程中所做的功。由于冲击荷载和位移分别由零增加到最终值 F_d 和 Δ_d，由式（12.21）得

$$V_{ed} = \frac{1}{2}F_d\Delta_d = \frac{1}{2}k\Delta_d^2$$

式中，k 为弹簧系数，代表弹性杆件的刚度。

根据能量守恒定律式（13.12），得

$$Q(h + \Delta_d) = \frac{1}{2}k\Delta_d^2 \tag{a}$$

$\dfrac{Q}{k}$ 为重力 Q 以静荷载的方式作用于弹簧上产生的静位移 Δ_s，则式（a）又可改写为

$$\Delta_d^2 - 2\Delta_s\Delta_d - 2\Delta_s h = 0 \tag{b}$$

由此解出

$$\Delta_d = \Delta_s\left(1 \pm \sqrt{1 + \frac{2h}{\Delta_s}}\right)$$

为了求得位移的最大值 Δ_d，上式中根号前的符号应取正号，即

$$\Delta_d = \Delta_s\left(1 + \sqrt{1 + \frac{2h}{\Delta_s}}\right) \tag{13.13}$$

引入记号

$$K_d = \frac{\Delta_d}{\Delta_s} = 1 + \sqrt{1 + \frac{2h}{\Delta_s}} \tag{13.14}$$

K_d 称为自由落体冲击动荷因数。

讨论：

①动荷因数 K_d 表达式（式 13.14）中的静位移 Δ_s 的物理意义是：以冲击物的重量 Q 作为静荷载，沿冲击方向作用在冲击点时，被冲击构件在冲击点处沿冲击方向的静位移。

②突加荷载（零高度自由落体）问题。$h = 0$ 时，可得 $K_d = 2$，此时，构件所产生的应力和位移是静荷载时的 2 倍。由此可知，自由落体冲击问题的最小动荷因数 $(K_d)_{min} = 2$。

③如果已知冲击物与被冲击物接触前一瞬间的速度 v，由 $v^2 = 2gh$，可得

$$K_d = 1 + \sqrt{1 + \frac{v^2}{g\Delta_s}} \tag{13.15}$$

④在线弹性范围内，变形、应力、应变和荷载成正比，故有

$$\Delta_d = K_d\Delta_s \tag{13.16a}$$

$$\sigma_d = K_d\sigma_s \tag{13.16b}$$

$$\varepsilon_d = K_d\varepsilon_s \tag{13.16c}$$

式中，$\Delta_s, \sigma_s, \varepsilon_s$ 是欲求值的点在静荷载下的位移、应力和应变。

例 13.4 正方形横截面简支梁如图 13.8（a）所示，重物重量 $Q = 1$ kN，自高度 $h = 50$ mm

自由下落冲击梁的中点 C。已知梁的跨度 $l=3$ m，正方形横截面边长 $b=120$ mm，材料的弹性模量 $E=200$ GPa。（1）若梁的两端为刚性支座；（2）若梁的两端为弹簧刚度相同的弹性支座，弹簧刚度 $k=100$ N/mm。试求这两种情况下，梁的最大弯曲正应力和中点 C 的挠度 $y_{C,\mathrm{d}}$。

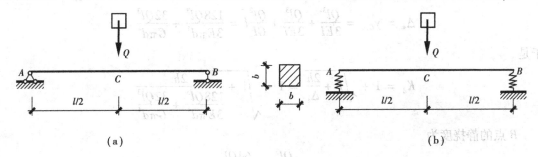

图 13.8

解　1）梁的两端为刚性支座，简支梁中点 C 的静挠度为

$$y_{C,\mathrm{s}} = \frac{Ql^3}{48EI} = \frac{1\times10^3\ \mathrm{N}\times3\,000^3\ \mathrm{mm}^3}{48\times200\times10^3\ \mathrm{MPa}\times\frac{1}{12}\times120^4\ \mathrm{mm}^4} = 0.163\ \mathrm{mm}$$

由式（13.14）得冲击动荷因数为

$$K_{\mathrm{d}} = 1 + \sqrt{1 + \frac{2h}{\Delta_{\mathrm{s}}}} = 1 + \sqrt{1 + \frac{2\times50\ \mathrm{mm}}{0.163\ \mathrm{mm}}} = 25.8$$

梁中最大静应力为

$$\sigma_{\mathrm{s,max}} = \frac{M_{\mathrm{max}}}{W_z} = \frac{\frac{Ql}{4}}{W_z} = \frac{\frac{6}{4}\times1\times10^3\ \mathrm{N}\times3\,000\ \mathrm{mm}}{120^3\ \mathrm{mm}^3} = 2.6\ \mathrm{MPa}$$

梁的最大正应力为

$$\sigma_{\mathrm{d,max}} = K_{\mathrm{d}}\sigma_{\mathrm{s,max}} = 25.8\times2.6\ \mathrm{MPa} = 67.1\ \mathrm{MPa}$$

冲击荷载作用下梁中点 C 的挠度为

$$y_{C,\mathrm{d}} = K_{\mathrm{d}}y_{C,\mathrm{s}} = 4.2\ \mathrm{mm}$$

2）梁的两端为弹性支座。与刚性支座相比，不同之处在于梁的静位移包括弹簧变形

$$\Delta_{C,\mathrm{s}} = \frac{Ql^3}{48EI} + \frac{Q}{2k} = 0.163\ \mathrm{mm} + \frac{1\times10^3\ \mathrm{N}}{2\times100\ \mathrm{N/mm}} = 5.16\ \mathrm{mm}$$

由式（13.14）得冲击动荷因数为

$$K_{\mathrm{d}} = 1 + \sqrt{1 + \frac{2h}{\Delta_{\mathrm{s}}}} = 1 + \sqrt{1 + \frac{2\times50\ \mathrm{mm}}{5.16\ \mathrm{mm}}} = 5.51$$

梁的最大冲击弯曲正应力为

$$\sigma_{\mathrm{d,max}} = K_{\mathrm{d}}\sigma_{\mathrm{s,max}} = 5.51\times2.6\ \mathrm{MPa} = 14.3\ \mathrm{MPa}$$

冲击荷载作用下梁中点 C 的挠度为

$$\Delta_{C,\mathrm{d}} = K_{\mathrm{d}}\Delta_{C,\mathrm{s}} = 28.4\ \mathrm{mm}$$

比较上述两种支承形式，梁的刚性支承改为弹性支承后，由于增加了梁的静位移，使得动荷因数大幅下降，从而使梁的冲击应力大幅降低。

例13.5　如图 13.9 所示一直角 L 形折杆，A,B,C 3 点在同一水平面内，杆的横截面为直

径为 d 的圆形。材料的弹性模量为 E、剪切弹性模量为 G。设有一重量为 Q 的重物从高度为 h 处自由落到 C 点，试求折杆在 B 点处的挠度。

解 首先求静位移 Δ_s，它是将 Q 作为静荷载作用于 C 点时，C 点处的挠度 $y_{C,s}$：

$$\Delta_s = y_{C,s} = \frac{Ql^3}{3EI} + \frac{Ql^3}{3EI} + \frac{Ql^2}{GI_p}l = \frac{128Ql^3}{3E\pi d^4} + \frac{32Ql^3}{G\pi d^4}$$

于是

$$K_d = 1 + \sqrt{1 + \frac{2h}{\Delta_s}} = 1 + \sqrt{1 + \frac{2h}{\dfrac{128Ql^3}{3E\pi d^4} + \dfrac{32Ql^3}{G\pi d^4}}}$$

B 点的静挠度为

$$y_{B,s} = \frac{Ql^3}{3EI} = \frac{64Ql^3}{3E\pi d^4}$$

因此，B 点的最大动挠度为

$$y_{B,d} = K_d \cdot y_{B,s} = \frac{64Ql^3}{3E\pi d^4}\left(1 + \sqrt{1 + \frac{2h}{\dfrac{128Ql^3}{3E\pi d^4} + \dfrac{32Ql^4}{G\pi d^4}}}\right)$$

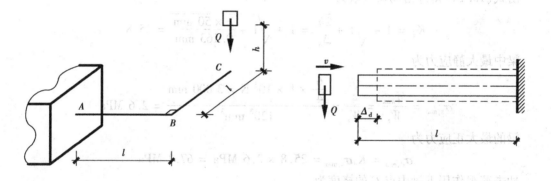

图 13.9   图 13.10

13.3.2 水平冲击

设重量为 Q 的物体以水平速度 v 冲击构件，如图 13.10 所示。由于冲击过程中系统的势能不变，因此，系统的能量关系为

$$\frac{1}{2}\frac{Q}{g}v^2 = \frac{1}{2}F_d\Delta_d = \frac{1}{2}k\Delta_d^2 \tag{c}$$

仍以 $\Delta_s = \dfrac{Q}{k}$ 表示构件受轴向静荷载作用时的静位移，得

$$\Delta_d^2 = \frac{\Delta_s}{g}v^2$$

解得

$$\Delta_d = \sqrt{\frac{v^2\Delta_s}{g}} = \sqrt{\frac{v^2}{g\Delta_s}}\Delta_s$$

于是，水平冲击动荷因数为

$$K_d = \frac{\Delta_d}{\Delta_s} = \sqrt{\frac{v^2}{g\Delta_s}} \tag{13.17}$$

式中，Δ_s 为静位移，其物理意义与自由落体冲击时相同。

13.3.3　起吊重物的冲击

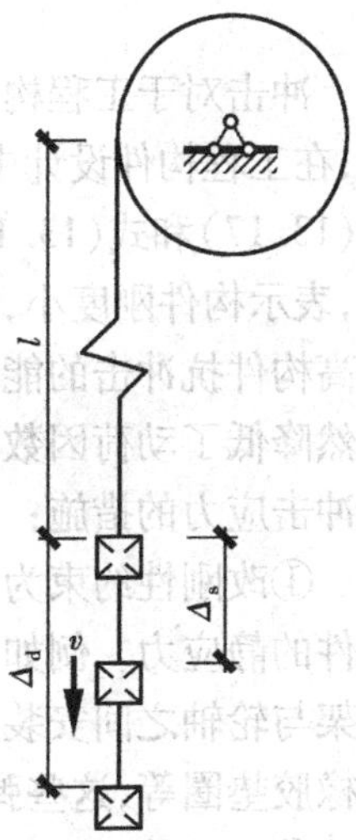

如图 13.11 所示一钢绳下端挂一重量为 Q 的物体，以速度 v 匀速下降。当卷筒突然被刹住时，物体的速度由 v 迅速减到零，这时钢绳受到冲击荷载作用。下面来求钢绳内的最大动应力。

当卷筒刚被刹住时，物体的速度为 v，钢绳已有静伸长 Δ_s；冲击后，当重物速度降为零时，钢绳的最大总伸长为 Δ_d。因此，在冲击过程中，重物的动能减少为

$$E_k = \frac{1}{2}\frac{Q}{g}v^2$$

势能减少为

$$E_p = Q(\Delta_d - \Delta_s)$$

钢绳的弹性应变能增加为

$$V_{ed} = \frac{1}{2}F_d\Delta_d - \frac{1}{2}Q\Delta_s$$

钢绳的能量关系为

$$\frac{1}{2}\frac{Q}{g}v^2 + Q(\Delta_d - \Delta_s) = \frac{1}{2}F_d\Delta_d - \frac{1}{2}Q\Delta_s \tag{d}$$

图 13.11

在线弹性范围内

$$F_d = \frac{\Delta_d}{\Delta_s}Q$$

将上式代入式(d)，经整理，得

$$\Delta_d^2 - 2\Delta_d\Delta_s + \left(\Delta_s^2 - \frac{\Delta_s v^2}{g}\right) = 0$$

由上式解出 Δ_d，得

$$\Delta_d = \Delta_s\left(1 + \sqrt{\frac{v^2}{g\Delta_s}}\right)$$

因此，起吊重物的动荷因数为

$$K_d = \frac{\Delta_d}{\Delta_s} = 1 + \sqrt{\frac{v^2}{g\Delta_s}} \tag{13.18}$$

上面仅介绍了几种常见冲击情况下的应力及位移计算公式。对于其他冲击问题，都可以从基本方程(13.12)出发，推导出相应的公式。

13.4　提高构件抗冲击能力的措施

冲击对于工程构件的应力和变形的影响,对于大多数问题,集中反映在动荷因数上。因此,在工程构件设计中,降低动荷因数就能有效地减小构件的冲击应力和变形。由式(13.14)式(13.17)和式(13.18)可以看到,静位移 Δ_s 越大,动荷因数 K_d 越小。这是因为静位移 Δ_s 大,表示构件刚度小,构件柔软,能更多地吸收冲击物的能量,从而降低冲击荷载和冲击应力,提高构件抗冲击的能力。但应注意,在设法增加静位移时,应当尽量避免增大静应力。否则,虽然降低了动荷因数 K_d,却增加了静应力 σ_s,其结果未必能降低冲击应力。下面介绍 4 种减小冲击应力的措施:

①改刚性约束为弹性约束或在构件间设置弹性元体。这样既增大了静位移,又不会改变构件的静应力。例如,在大块玻璃为墙的新型建筑物中,玻璃墙通过弹性吸盘固定;在火车车厢架与轮轴之间安装压缩弹簧;在汽车车梁与轮轴之间安装叠板弹簧;车窗玻璃与窗框之间嵌入橡胶垫圈等,这些弹性元件不仅起了缓震缓冲作用,还能吸收一部分的冲击动能。

②尽量采用等强度杆件。在最大静应力相同的杆件中,等强度杆件的刚度最小,静位移最大。等强度杆各点变形比较均匀,受冲击时杆件吸收的能量能较均匀地分布全杆,使动应力降低。如图 13.12(a)、图 13.12(b)所示材料相同的两杆,其最大静应力相同,但 $(\Delta_s)_a < (\Delta_s)_b$,因此 $(K_d)_a > (K_d)_b$。这说明虽然(a)杆的体积大于(b)杆的体积,但(a)杆的冲击应力却大于(b)杆的冲击应力,所以(b)杆的抗冲击性能优于(a)杆。因此,在受冲击杆件中,应尽量避免在部分长度内削弱截面。像螺栓这一类零件,不可避免某部分削弱,为提高其抗冲击能力,往往不采用如图 13.13(a)所示的形式,而是将光杆部分的直径接近于螺纹段的内径(见图 13.13(b))或在螺杆内钻孔(见图 13.13(c)),以使螺栓全长范围内成为准等强度杆,以提高其抗冲击能力。

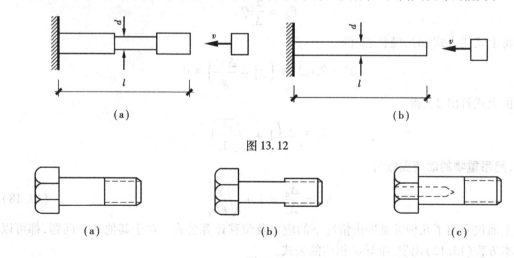

图 13.12

图 13.13

③增大等强度杆的体积。如图 13.14 所示的等强度杆受水平冲击时,其冲击应力为

$$\sigma_d = K_d \sigma_s = \sqrt{\frac{v^2}{g\Delta_s}} \cdot \frac{Q}{A} = \sqrt{\frac{v^2}{g} \cdot \frac{EA}{Ql}} \cdot \frac{Q}{A} = \sqrt{\frac{v^2 EQ}{gAl}}$$

由上式可见,杆件的体积 Al 越大,冲击应力 σ_d 越小。这是由于变形均匀发生在整体构件内,冲击时的能量转化为应变能平均分散于整个构件,体积越大,则单位体积吸收的应变能越小,动应力降低。例如:钻孔机的汽缸盖常受活塞强有力的冲击,汽缸盖上的短螺栓容易发生破坏(见图 13.15(a)),若改用长螺栓(见图 13.15(b)),就具有较强的抗冲击能力。

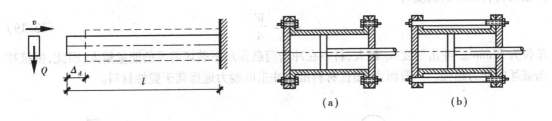

图 13.14　　　　　　　　　　　　　　　　图 13.15

④选用低弹性模量的材料。弹性模量小则静位移 Δ_s 大,可降低动荷因数,从而降低冲击应力。但需注意,弹性模量低的材料往往强度指标也低,所以采取这项措施时,还必须校核构件的强度。

13.5　冲击韧度

冲击荷载作用不仅使得工程构件的工作原理与静荷载完全不同,而且材料抵抗静荷载和冲击荷载的能力也是不同的。随着变形速度的提高,材料的弹性极限和屈服极限也随之提高,特别是对有明显屈服阶段的材料,这种提高尤为明显。如图 13.16 所示给出了优质低碳钢的屈服极限 σ_s 与冲击速度的关系。

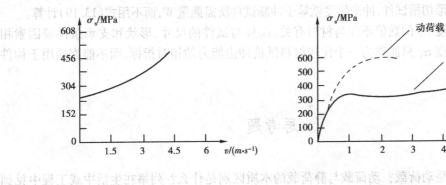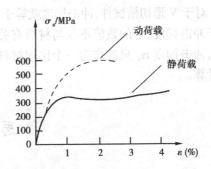

图 13.16　　　　　　　　　　　　　　　　图 13.17

如图 13.17 所示表示软钢在静荷载与冲击荷载的作用下单向拉伸时的应力-应变曲线的示意图。可以看出,在动荷载作用下材料的塑性变形小于静荷载下的塑性变形,即材料在动荷载下比较脆,变形速度越大,材料就越脆。因此,在动荷载尤其在冲击荷载作用下,材料的塑性性能较静荷载时差。

工程中衡量材料抵抗冲击破坏的性能指标称为**冲击韧度**(impact toughness)。冲击韧度是通过冲击实验测定的。

冲击实验使用带有切槽的弯曲试件(见图 13.18(b))，试件放置在冲击实验机的支座上，并使切槽位于弯曲变形的受拉边。冲击实验机的摆锤从一定高度 H_0 处自由下落冲击试件，摆锤将试件冲击断裂后，惯性作用使得摆锤在高度 H_1 处，如图 13.18(a)所示。根据能量原理，试件冲击断裂需要的能量等于摆锤做功 W，且 $W = G(H_0 - H_1)$。设试件切槽处净截面积为 A，则定义材料的冲击韧度为

$$\alpha_k = \frac{W}{A} \tag{13.19}$$

单位为 J/mm^2。冲击韧度 α_k 越大，材料在冲击荷载作用下破坏需要的能量越大，因此，抵抗冲击破坏的能力越强。一般而言，塑性材料抵抗冲击的能力远远高于脆性材料。

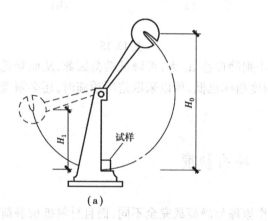 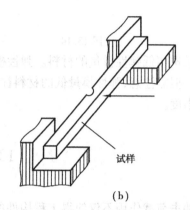

图 13.18

标准试件的切槽一般有两种形式，U 形和 V 形。对 V 形切槽试件，由于切口形状不同，它比 U 形切槽试件更加高度应力集中。因此，同一种材料的两种切槽试件测得的冲击韧度值是不能比较的。对于 V 形切槽试件，冲击韧度就等于冲断试件所需能量 W，而不用式(13.19)计算。

由于冲击韧度 α_k 的数值不仅与材料有关，而且与试件的尺寸、形状和支承条件等因素相关，因此，冲击韧度 α_k 只能作为一个比较材料抵抗冲击能力的相对指标，而不能直接用于构件的设计计算。

思考题

13.1 什么是动荷载？动荷载与静荷载的本质区别是什么？列举在生活中或工程中见到的动荷载的实例。

13.2 什么是动荷因数？动荷因数的力学意义是什么？

13.3 构件做匀速转动或转轴突然制动时的应力计算，不能使用动荷因数，为什么？

13.4 要提高旋转构件(飞轮)的强度，拟采用增加横截面尺寸的方法即加宽加厚构件的做法，此方法是否有效？为什么？

13.5 冲击动荷因数与哪些因素有关？为什么刚度越大的构件越容易受到冲击破坏？为什么缓冲弹簧可以承受比较大的冲击荷载？

13.6 悬臂梁上方有重物落下,落于悬臂梁的自由端的动荷因数与落于梁中点的动荷因数是否相等?落于中点危险还是落于自由端危险?为什么?若落于悬臂梁的近固定端处,动荷因数、动应力又如何变化?为什么?

13.7 柱体 AB 长度为 l,下端固定,在 C 点受到沿水平方向的运动物体冲击,如思考题 13.7 图所示。已知冲击物体的重量为 Q,与柱接触的速度为 v,若要求 B 截面的动位移,其动荷因数 K_d 公式中的静位移应是哪一截面处的静位移?

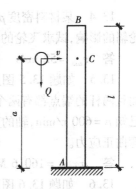

思考题 13.7 图

习 题

13.1 重量为 G 的钢球固接在摆线的端点,摆线与铅垂线的最大偏斜角等于 α,试求当钢球自由摆动时摆线的最大内力。

答 $F_N = G(3 - 2\cos\alpha)$

13.2 如题 13.2 图所示两杆件,其长度为 l,横截面面积 A,材料的密度 ρ 均相同,仅约束情况不同:一杆水平放置在一排滚子上,另一杆则一端固定。试求两杆离右端为 x 处横截面上的应力各为多少?

答 (a) $F_N(x) = (1 - \dfrac{x}{l})F$, (b) $F_N(x) = F$

题 13.2 图

(a) (b)

13.3 桥式起重机上悬挂物重量为 G,匀速向前移动,速度为 v。当起重机突然停止时,重物像单摆一样向前摆动。若吊索长 l,问此时吊索和梁上的应力将增大百分之几?(不计吊索质量)

答 $\dfrac{v^2}{gl} \times 100\%$

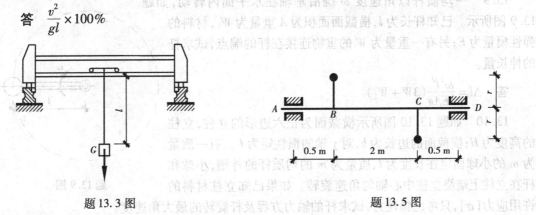

题 13.3 图   题 13.5 图

13.4 某材料密度 $\rho = 7\,410 \text{ kg/m}^3$，许用应力为 20 MPa。用此材料制成飞轮，若不计飞轮轮辐的影响，试求飞轮的最大圆周速度。

答 $v_{\max} = 52 \text{ m/s}$

13.5 如题 13.5 图所示轴以等角速度 ω 在轴承 A 和 D 内旋转，在轴上固定着两个杆件，而且两杆的端点都有两个重力 $G = 100 \text{ N}$ 的小球，两杆在同一平面内，且与支座的距离相等。已知 $n = 600 \text{ r/min}$，轴的直径 $d = 60 \text{ mm}$，$r = 250 \text{ mm}$，轴和杆的自重不计，试求轴内引起的最大弯曲正应力。

答 $\sigma_{\text{d,max}} = 160.6 \text{ MPa}$

13.6 如题 13.6 图所示机车车轮以 $n = 300 \text{ r/min}$ 的速度旋转。平行杆 AB 的横截面为矩形，$h = 56 \text{ mm}$，$b = 28 \text{ mm}$，长 $l = 2 \text{ m}$，$r = 250 \text{ mm}$，连杆材料的密度 $\rho = 7.8 \times 10^3 \text{ kg/m}^3$。试确定平行杆最危险的位置和杆内最大应力。

答 $\sigma_{\text{d,max}} = 107 \text{ MPa}$

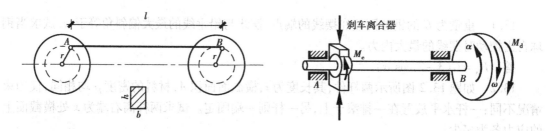

题 13.6 图　　　　　　　　　　　题 13.7 图

13.7 在直径 $d = 100 \text{ mm}$ 的轴上装有转动惯量 $J = 0.5 \text{ kN} \cdot \text{m} \cdot \text{s}^2$ 的飞轮，如题 13.7 图所示，轴的转速 $n = 300 \text{ r/min}$。制动开始作用后，在 20 转内将飞轮刹停，试求轴内的最大切应力。

答 $\tau_{\text{d,max}} = 10 \text{ MPa}$

13.8 如题 13.8 图所示，飞轮做等角速度转动，最大圆周速度 $v = 30 \text{ m/s}$，材料的密度 $\rho = 7.41 \times 10^3 \text{ kg/m}^3$。若不计轮辐的影响，试求轮缘内的正应力。

答 $\sigma_{\text{d}} = 6.67 \text{ MPa}$

题 13.8 图

13.9 一均质杆以角速度 ω 绕沿垂轴在水平面内转动，如题 13.9 图所示。已知杆长为 l，横截面面积为 A 重量为 W_1，材料的弹性模量为 E；另有一重量为 W 的重物连接在杆的端点，试求杆的伸长量。

答 $\Delta l = \dfrac{\omega^2 l^2}{3EAg}(3W + W_1)$

13.10 如题 13.10 图所示横截面为正六边形的立柱，立柱的高度为 H；横截面的边长为 b，对 y 轴的惯性矩为 I。有一质量为 m 的小球固定在长度为 l、质量为 m 的均质杆的外端，小球和杆在立柱上端绕立柱中心轴匀角速旋转。如果已知立柱材料的许用应力 $[\sigma]$，只考虑惯性力，试求杆的轴力方程及杆旋转的最大角速度。

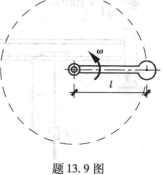

题 13.9 图

$$\mathbf{答} \quad F_{\mathrm{Nd}}(x)=\frac{m\omega^{2}}{2l}(l^{2}-x^{2})+ml\omega^{2}, \qquad \omega_{\max}=\sqrt{\frac{2I[\sigma]}{3mlHb}}$$

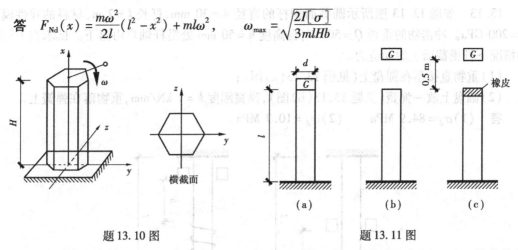

题 13.10 图   题 13.11 图

13.11 直径 $d=300$ mm,长为 $l=6$ m 的圆木桩,下端固定,上端受重力 $G=2$ kN 的物体作用,如题 13.11 图所示。木材的弹性模量 $E_1=10$ GPa。求下列 3 种情况下的木桩的最大正应力。

（1）物体以静载的方式作用于木桩;

（2）物体自桩顶上方 0.5 m 处自由下落;

（3）在桩顶放置直径为 150 mm,厚为 40 mm 的橡皮垫,其弹性模量 $E_2=8$ MPa。物体也从桩顶上方 0.5 m 处自由下落。

$\mathbf{答}$ （1）$\sigma_s=0.028\,3$ MPa （2）$\sigma_{d,\max}=6.9$ MPa （3）$\sigma_{d,\max}=1.2$ MPa

13.12 试写出如题 13.12 图所示各种冲击情况下,动荷因数 K_d 中的静位移 Δ_s 的表达式,已知各梁的抗弯刚度为 EI。（图(d)中忽略杆的轴向变形）

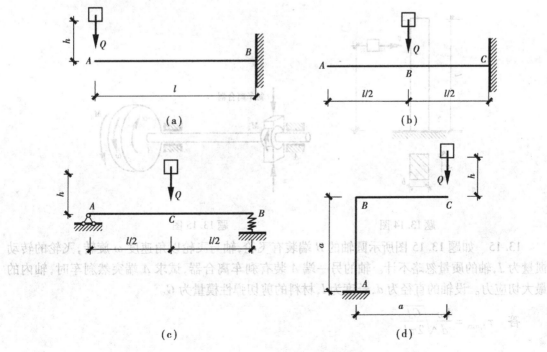

题 13.12 图

13.13 如题 13.13 图所示圆截面钢杆的直径 $d=30$ mm，杆长 $l=2$ m，材料的弹性模量 $E=200$ GPa。冲击物的重量 $Q=500$ N，自高度 $h=50$ mm 处沿杆轴自由落下。试求在下列两种情况下杆横截面上的动应力。

(1)重物直接落在圆盘上(见题 13.13(a)图)；

(2)圆盘上放一弹簧(见题 13.13(b)图)，弹簧刚度 $k=1$ kN/mm，重物落在弹簧上。

答 (1)$\sigma_d=84.9$ MPa　　(2)$\sigma_d=10.7$ MPa

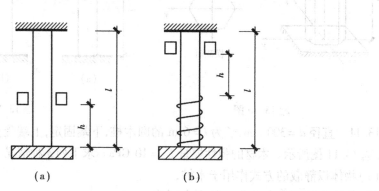

(a)　　　　　　(b)

题 13.13 图

13.14 一重量 $Q=1$ kN 的物体以水平速度 $v=1.5$ m/s 冲击竖立的木桩，如题 13.14 图所示。已知 $l=6$ m，$a=4$ m，横截面尺寸为 $b=100$ mm，$h=200$ mm，木材的弹性模量 $E=10$ GPa。(1)试求木桩横截面的最大动应力 $\sigma_{d,max}$；(2)若 Q 值增大 1 倍，最大动应力为多大？

答 (1)$\sigma_{d,max}=16.1$ MPa　　(2)$\sigma_{d,max}=22.7$ MPa

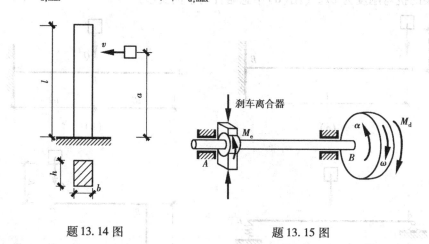

题 13.14 图　　　　　　题 13.15 图

13.15 如题 13.15 图所示圆轴的 B 端装有飞轮，轴与飞轮以角速度 ω 旋转，飞轮的转动惯量为 J，轴的质量忽略不计。轴的另一端 A 装有刹车离合器，试求 A 端突然刹车时，轴内的最大切应力。设轴的直径为 d，长度为 l，材料的剪切弹性模量为 G。

答 $\tau_{d,max}=\dfrac{4\omega}{d}\sqrt{\dfrac{GJ}{2\pi l}}$

13.16　如题 13.16 图所示两相同梁 AB, CD，自由端间距 $\Delta = \dfrac{Ql^3}{3EI}$。当重为 Q 的重物突然加于 AB 梁的 B 点时，求 CD 梁 C 点的挠度 f。（选自第三届全国周培源大学生力学竞赛试题）

答　$f = \dfrac{\Delta}{\sqrt{2}}$

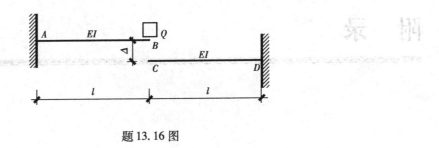

题 13.16 图

13.16 ...

附 录

附录 A 简单荷载作用下梁的转角和挠度

序号	支承和荷载情况	梁端转角	最大挠度	挠曲线方程式
1		$\theta_B = \dfrac{Fl^2}{2EI}$	$y_{max} = \dfrac{Fl^3}{3EI}$	$y = \dfrac{Fx^2}{6EI}(3l - x)$
2		$\theta_B = \dfrac{Fa^2}{2EI}$	$y_{max} = \dfrac{Fa^2}{6EI}(3l - a)$	$y = \dfrac{Fx^2}{6EI}(3a - x)$ $0 \leqslant x \leqslant a$ $y = \dfrac{Fa^2}{6EI}(3x - a)$ $a \leqslant x \leqslant l$
3		$\theta_B = \dfrac{ql^3}{6EI}$	$y_{max} = \dfrac{ql^4}{8EI}$	$y = \dfrac{qx^2}{24EI}(x^2 + 6l^2 - 4lx)$
4		$\theta_B = \dfrac{q_0 l^3}{24EI}$	$y_{max} = \dfrac{q_0 l^4}{30EI}$	$y = \dfrac{q_0 x^2}{120EIl}(10l^3 - 10l^2 x + 5lx^2 - x^3)$

序号	支承和荷载情况	梁端转角	最大挠度	挠曲线方程式
5		$\theta_B = \dfrac{M_e l}{EI}$	$y_{max} = \dfrac{M_e l^2}{2EI}$	$y = \dfrac{M_e x^2}{2EI}$
6		$\theta_A = -\theta_B$ $= \dfrac{Fl^2}{16EI}$	$y_{max} = \dfrac{Fl^3}{48EI}$	$y = \dfrac{Fx}{48EI}(3l^2 - 4x^2)$ $0 \leqslant x \leqslant \dfrac{l}{2}$
7		$\theta_A =$ $\dfrac{Fab(l+b)}{6EIl}$ $\theta_B =$ $\dfrac{-Fab(l+a)}{6EIl}$	设 $a > b$ $y_{max} =$ $\dfrac{Fb}{9\sqrt{3}EIl}(l^2-b^2)^{3/2}$ 在 $x =$ $\dfrac{\sqrt{l^2-b^2}}{3}$ 处	$y = \dfrac{Fbx}{6EIl}(l^2 - b^2 - x^2)$ $0 \leqslant x \leqslant a$ $y = \dfrac{F}{EI}\left[\dfrac{b}{6l}(l^2 - b^2 - x^2)x + \dfrac{1}{6}(x-a)^3\right]$ $a \leqslant x \leqslant l$
8		$\theta_A = -\theta_B$ $= \dfrac{ql^3}{24EI}$	$y_{max} = \dfrac{5ql^4}{384EI}$	$y = \dfrac{qx}{24EI}(l^3 - 2lx^2 + x^3)$
9		$\theta_A = \dfrac{7q_0 l^3}{360EI}$ $\theta_B = -\dfrac{q_0 l^3}{45EI}$	$x = 0.519l$ 时， $y_{max} = \dfrac{5.01q_0 l^4}{768EI}$	$y = \dfrac{q_0 x}{360EIl}$ $(7l^4 - 10l^2 x^2 + 3x^4)$
10		$\theta_A = \dfrac{M_e l}{6EI}$ $\theta_B = -\dfrac{M_e l}{3EI}$	$y_{max} = \dfrac{M_e l^2}{9\sqrt{3}EI}$ 在 $x = \dfrac{1}{\sqrt{3}}$ 处	$y = \dfrac{M_e x}{6EIl}(l^2 - x^2)$

续表

序号	支承和荷载情况	梁端转角	最大挠度	挠曲线方程式
11		$\theta_A = \dfrac{M_e}{6EIl}$ $(6al - 3a^2 - 2l^2)$ $\theta_B = \dfrac{M_e}{6EIl}$ $(l^2 - 3a^2)$ 当 $a = b = l/2$ 时, $\theta_A = \theta_B = \dfrac{M_e l}{24EI}$	当 $x = \dfrac{1}{\sqrt{3}}$ $\sqrt{l^2 - 3b^2}$ 时, $y_{max1} =$ $\dfrac{M_e(l^2 - 3b^2)^{3/2}}{9\sqrt{3}\,EIl}$ 当 $x = \dfrac{1}{\sqrt{3}}$ $\sqrt{l^2 - 3a^2}$ 时, $y_{max2} =$ $-\dfrac{M_e(l^2 - 3a^2)^{3/2}}{9\sqrt{3}\,EIl}$	$y = \dfrac{M_e x}{6EIl}$ $(l^2 - 3b^2 - x^2)$ $(0 \leqslant x \leqslant a)$ $y = -\dfrac{M_e(l-x)}{6EIl}$ $[l^2 - 3a^2 - (l-x)^2]$ $(a \leqslant x \leqslant l)$

附录 B　型钢表

附表 1　热扎等边角钢（GB 9787—1988）

符号意义：b——边宽度；
d——边厚度；
r——内圆弧半径；
r_1——边端内圆弧半径；

I——惯性矩；
i——惯性半径；
W——截面系数；
z_0——重心距离。

角钢号数	尺寸/mm			截面面积/cm²	理论质量/(kg·m⁻¹)	外表面积/(m²·m⁻¹)	参考数值										
							$x-x$			x_0-x_0			y_0-y_0			x_1-x_1	z_0
	b	d	r				I_x /cm⁴	i_x /cm	W_x /cm³	I_{x_0} /cm⁴	i_{x_0} /cm	W_{x_0} /cm³	I_{y_0} /cm⁴	i_{y_0} /cm	W_{y_0} /cm³	I_{x_1} /cm⁴	/cm
2	20	3	3.5	1.132	0.889	0.078	0.40	0.59	0.29	0.63	0.75	0.45	0.17	0.39	0.20	0.81	0.60
	20	4		1.459	1.145	0.077	0.50	0.58	0.36	0.78	0.73	0.55	0.22	0.38	0.24	1.09	0.64
2.5	25	3	3.5	1.432	1.124	0.098	0.82	0.76	0.46	1.29	0.95	0.73	0.34	0.49	0.33	1.57	0.73
	25	4		1.859	1.459	0.097	1.03	0.74	0.59	1.62	0.93	0.92	0.43	0.48	0.40	2.11	0.76
3.0	30	3	4.5	1.749	1.373	0.117	1.46	0.91	0.68	2.31	1.15	1.09	0.61	0.59	0.51	2.71	0.85
	30	4		2.276	1.786	0.117	1.84	0.90	0.87	2.92	1.13	1.37	0.77	0.58	0.62	3.63	0.89
3.6	36	3	4.5	2.109	1.656	0.141	2.58	1.11	0.99	4.09	1.39	1.61	1.07	0.71	0.76	4.68	1.00
	36	4		2.756	2.163	0.141	3.29	1.09	1.28	5.22	1.38	2.05	1.37	0.70	0.93	6.25	1.04
	36	5		3.382	2.654	0.141	3.95	1.08	1.56	6.24	1.36	2.45	1.65	0.70	1.09	7.84	1.07

续表

角钢号数	尺寸/mm			截面面积 /cm²	理论质量 /(kg·m⁻¹)	外表面积 /(m²·m⁻¹)	参考数值										
	b	d	r				$x-x$			x_0-x_0			y_0-y_0			x_1-x_1	z_0 /cm
							I_x /cm⁴	i_x /cm	W_x /cm³	I_{x_0} /cm⁴	i_{x_0} /cm	W_{x_0} /cm³	I_{y_0} /cm⁴	i_{y_0} /cm	W_{y_0} /cm³	I_{x_1} /cm⁴	
4.0	40	3	5	2.359	1.852	0.157	3.59	1.23	1.23	5.69	1.55	2.01	1.49	0.79	0.96	6.41	1.09
	40	4		3.086	2.422	0.157	4.60	1.22	1.60	7.29	1.54	2.58	1.91	0.79	1.19	8.56	1.13
		5		3.791	2.976	0.156	5.53	1.21	1.96	8.76	1.52	3.10	2.30	0.78	1.39	10.74	1.17
4.5	45	3	5	2.659	2.088	0.177	5.17	1.40	1.58	8.20	1.76	2.58	2.14	0.89	1.24	9.12	1.22
		4		3.486	2.736	0.177	6.65	1.38	2.05	10.56	1.74	3.32	2.75	0.89	1.54	12.18	1.26
		5		4.292	3.369	0.176	8.04	1.37	2.51	12.74	1.72	4.00	3.33	0.88	1.81	15.25	1.30
		6		5.076	3.985	0.176	9.33	1.36	2.95	14.76	1.70	4.64	3.89	0.88	2.06	18.36	1.33
5	50	3	5.5	2.971	2.332	0.197	7.18	1.55	1.96	11.37	1.96	3.22	2.98	1.00	1.57	12.50	1.34
		4		3.897	3.059	0.197	9.26	1.54	2.56	14.70	1.94	4.16	3.82	0.99	1.96	16.69	1.38
		5		4.803	3.770	0.196	11.21	1.53	3.13	17.79	1.92	5.03	4.64	0.98	2.31	20.90	1.42
		6		5.688	4.465	0.196	13.05	1.52	3.68	20.68	1.91	5.85	5.42	0.98	2.63	25.14	1.46
5.6	56	3	6	3.343	2.624	0.221	10.19	1.75	2.48	16.14	2.20	4.08	4.24	1.13	2.02	17.56	1.48
		4		4.390	3.446	0.220	13.18	1.73	3.24	20.92	2.18	5.28	5.46	1.11	2.52	23.43	1.53
		5		5.415	4.251	0.220	16.02	1.72	3.97	25.42	2.17	6.42	6.61	1.10	2.98	29.33	1.57
		8		8.367	6.568	0.219	23.63	1.68	6.03	37.37	2.11	9.44	9.89	1.09	4.16	47.24	1.68

型号	厚度																	
6.3 63	4		4.978	3.907	0.248	19.03	1.96	4.13	30.17	2.46	6.78	7.89	1.26	3.29	33.35	1.70
	5		6.143	4.822	0.248	23.17	1.94	5.08	36.77	2.45	8.25	9.57	1.25	3.90	41.73	1.74
	6	7	7.288	5.721	0.247	27.12	1.93	6.00	43.03	2.43	9.66	11.20	1.24	4.46	50.14	1.78
	8		9.515	7.469	0.247	34.46	1.90	7.75	54.56	2.40	12.25	14.33	1.23	5.47	67.11	1.85
	10		11.657	9.151	0.246	41.09	1.88	9.39	64.85	2.36	14.56	17.33	1.22	6.36	84.31	1.93
7 70	4		5.570	4.372	0.275	26.39	2.18	5.14	41.80	2.74	8.44	10.99	1.40	4.17	45.74	1.86
	5		6.875	5.397	0.275	32.21	2.16	6.32	51.08	2.73	10.32	13.34	1.39	4.95	57.21	1.91
	6	8	8.160	6.406	0.275	37.77	2.15	7.48	59.93	2.71	12.11	15.61	1.38	5.67	68.73	1.95
	7		9.424	7.398	0.275	43.09	2.14	8.59	68.35	2.69	13.81	17.82	1.38	6.34	80.29	1.99
	8		10.667	8.373	0.274	48.17	2.12	9.68	76.37	2.68	15.43	19.98	1.37	6.98	91.92	2.03
7.5 75	5		7.412	5.818	0.295	39.97	2.33	7.32	63.30	2.92	11.94	16.63	1.50	5.77	70.56	2.04
	6		8.797	6.905	0.294	46.95	2.31	8.64	74.38	2.90	14.02	19.51	1.49	6.67	84.55	2.07
	7	9	10.160	7.976	0.294	53.57	2.30	9.93	84.96	2.89	16.02	22.18	1.48	7.44	98.71	2.11
	8		11.503	9.030	0.294	59.96	2.28	11.20	95.07	2.88	17.93	24.86	1.47	8.19	112.97	2.15
	10		14.126	11.089	0.293	71.98	2.26	13.64	113.92	2.84	21.48	30.05	1.46	9.56	141.71	2.22
8 80	5		7.912	6.211	0.315	48.79	2.48	8.34	77.33	3.13	13.67	20.25	1.60	6.66	85.36	2.15
	6		9.397	7.376	0.314	57.35	2.47	9.87	90.98	3.11	16.08	23.72	1.59	7.65	102.50	2.19
	7	9	10.860	8.525	0.314	65.58	2.46	11.37	104.07	3.10	18.40	27.09	1.58	8.58	119.70	2.23
	8		12.303	9.658	0.314	73.49	2.44	12.83	116.60	3.08	20.61	30.39	1.57	9.46	136.97	2.27
	10		15.126	11.874	0.313	88.43	2.42	15.64	140.09	3.04	24.76	36.77	1.56	11.08	171.74	2.35

续表

角钢号数	尺寸/mm b	尺寸/mm d	尺寸/mm r	截面面积/cm²	理论质量/(kg·m⁻¹)	外表面积/(m²·m⁻¹)	参考数值 x−x I_x/cm⁴	x−x i_x/cm	x−x W_x/cm³	$x_0−x_0$ I_{x_0}/cm⁴	$x_0−x_0$ i_{x_0}/cm	$x_0−x_0$ W_{x_0}/cm³	$y_0−y_0$ I_{y_0}/cm⁴	$y_0−y_0$ i_{y_0}/cm	$y_0−y_0$ W_{y_0}/cm³	$x_1−x_1$ I_{x_1}/cm⁴	z_0/cm
9	90	6	10	10.637	8.350	0.354	82.77	2.79	12.61	131.26	3.51	20.63	34.28	1.80	9.95	145.87	2.44
		7		12.301	9.656	0.354	94.83	2.78	14.54	150.47	3.50	23.64	39.18	1.78	11.19	170.30	2.48
		8		13.944	10.946	0.353	106.47	2.76	16.42	168.97	3.48	26.55	43.97	1.78	12.35	194.80	2.52
		10		17.167	13.476	0.353	128.58	2.74	20.07	203.90	3.45	32.04	53.26	1.76	14.52	244.07	2.59
		12		20.306	15.940	0.352	149.22	2.71	23.57	236.21	3.41	37.12	62.22	1.75	16.49	293.76	2.67
10	100	6	12	11.932	9.366	0.393	114.95	3.01	15.68	181.98	3.90	25.74	47.92	2.00	12.69	200.07	2.67
		7		13.796	10.830	0.393	131.86	3.09	18.10	208.97	3.89	29.55	54.74	1.99	14.26	233.54	2.71
		8		15.638	12.276	0.393	148.24	3.08	20.47	235.07	3.88	33.24	61.41	1.98	15.75	267.09	2.76
		10		19.261	15.120	0.392	179.51	3.05	25.06	284.68	3.84	40.26	74.35	1.96	18.54	334.48	2.84
		12		22.800	17.898	0.391	208.90	3.03	29.48	330.95	3.81	46.80	86.84	1.95	21.08	402.34	2.91
		14		26.256	20.611	0.391	236.53	3.00	33.73	374.06	3.77	52.90	99.00	1.94	23.44	470.75	2.99
		16		29.627	23.257	0.390	262.53	2.98	37.82	414.16	3.74	58.57	110.89	1.94	25.63	539.80	3.06
11	110	7	12	15.196	11.928	0.433	177.16	3.41	22.05	280.94	4.30	36.12	73.38	2.20	17.51	310.64	2.96
		8		17.238	13.532	0.433	199.46	3.40	24.95	316.49	4.28	40.69	82.42	2.19	19.39	355.20	3.01
		10		21.261	16.690	0.432	242.19	3.38	30.60	384.39	4.25	49.42	99.98	2.17	22.91	444.65	3.09
		12		25.200	19.782	0.431	282.55	3.35	36.05	448.17	4.22	57.62	116.93	2.15	26.15	534.60	3.16
		14		29.056	22.809	0.431	320.71	3.32	41.31	508.01	4.18	65.31	133.40	2.14	29.14	625.16	3.24

尺寸 b	d	r														
12.5 125	8	14	19.750	15.504	0.492	297.03	3.88	32.52	470.89	4.88	53.28	123.16	2.50	25.86	521.01	3.37
	10		24.373	19.133	0.491	361.67	3.85	39.97	573.89	4.85	64.93	149.46	2.48	30.62	651.93	3.45
	12		28.912	22.696	0.491	423.16	3.83	41.17	671.44	4.82	75.96	174.88	2.46	35.03	783.42	3.53
	14		33.367	26.193	0.490	481.65	3.80	54.16	763.73	4.78	86.41	199.57	2.45	39.13	915.61	3.61
14 140	10	14	27.373	21.488	0.551	514.65	4.34	50.58	817.27	5.46	82.56	212.04	2.78	39.20	915.11	3.82
	12		32.512	25.522	0.551	603.68	4.31	59.80	958.79	5.43	96.85	248.57	2.76	45.02	1 099.28	3.90
	14		37.567	29.490	0.550	688.81	4.28	68.75	1 093.56	5.40	110.47	284.06	2.75	50.45	1 284.22	3.98
	16		42.539	33.393	0.549	770.24	4.26	77.46	1 221.81	5.36	123.42	318.67	2.74	55.55	1 470.07	4.06
16 160	10	16	31.502	24.729	0.630	779.53	4.98	66.70	1 237.30	6.27	109.36	321.76	3.20	52.76	1 365.33	4.31
	12		37.441	29.391	0.630	916.58	4.95	78.98	1 455.68	6.24	128.67	377.49	3.18	60.74	1 639.57	4.39
	14		43.296	33.987	0.629	1 048.36	4.92	90.95	1 665.02	6.20	147.17	431.70	3.16	68.24	1 914.68	4.47
	16		49.067	39.518	0.629	1 175.08	4.89	102.63	1 865.57	6.17	164.89	484.59	3.14	75.31	2 190.82	4.55
18 180	12	16	42.241	33.159	0.710	1 321.35	5.59	100.82	2 100.10	7.05	165.00	542.61	3.58	78.41	2 332.80	4.89
	14		48.896	38.383	0.709	1 514.48	5.56	116.25	2 407.42	7.02	189.14	625.53	3.56	88.38	2 723.48	4.97
	16		55.467	43.542	0.709	1 700.99	5.54	131.13	2 703.37	6.98	212.40	698.60	3.55	97.83	3 115.29	5.05
	18		61.955	48.634	0.708	1 875.12	5.50	145.64	2 988.24	6.94	234.78	762.01	3.51	105.14	3 502.43	5.13
20 200	14	18	54.642	42.894	0.788	2 103.55	6.20	144.70	3 343.26	7.82	236.40	863.83	3.98	111.82	3 734.10	5.46
	16		62.013	48.680	0.788	2 366.15	6.18	163.65	3 760.89	7.79	265.93	971.41	3.96	123.96	4 270.39	5.54
	18		69.301	54.401	0.787	2 620.64	6.15	182.22	4 164.54	7.75	294.48	1 076.74	3.94	135.52	4 808.13	5.62
	20		76.505	60.056	0.787	2 867.30	6.12	200.42	4 554.55	7.72	322.06	1 180.04	3.93	146.55	5 347.51	5.69
	24		90.611	71.168	0.785	3 338.25	6.07	236.17	5 294.97	7.64	374.41	1 381.53	3.90	166.65	6 457.16	5.87

注：截面图中的 $r_1 = 1/3d$ 及表中 r 值的数据用于孔型设计，不作交货条件。

附表 2 热轧不等边角钢(GB 9788—1988)

符号意义:B——长边宽度;
b——短边宽度;
d——边厚度;
r——内圆弧半径;
r₁——边端内圆弧半径;
i——惯性半径;
I——惯性矩;
W——截面系数;
x₀——重心距离;
y₀——重心距离。

角钢号数	尺寸/mm B	b	d	r	截面面积 /cm²	理论质量 /(kg·m⁻¹)	外表面积 /(m²·m⁻¹)	$x-x$ I_x /cm⁴	i_x /cm	W_x /cm³	$y-y$ I_y /cm⁴	i_y /cm	W_y /cm³	x_1-x_1 I_{x_1} /cm⁴	y_0 /cm	y_1-y_1 I_{y_1} /cm⁴	x_0 /cm	$u-u$ I_u /cm⁴	i_u /cm	W_u /cm³	$\tan \alpha$
2.5/1.6	25	16	3	3.5	1.162	0.912	0.080	0.70	0.78	0.43	0.22	0.44	0.19	1.56	0.86	0.43	0.42	0.14	0.34	0.16	0.392
			4		1.499	1.176	0.079	0.88	0.77	0.55	0.27	0.43	0.24	2.09	0.90	0.59	0.46	0.17	0.34	0.20	0.381
3.2/2	32	20	3	3.5	1.492	1.717	0.102	1.53	1.01	0.72	0.46	0.55	0.30	3.27	1.08	0.82	0.49	0.28	0.43	0.25	0.382
			4		1.939	1.522	0.101	1.93	1.00	0.93	0.57	0.54	0.39	4.37	1.12	1.12	0.53	0.35	0.42	0.32	0.374
4/2.5	40	25	3	4	1.890	1.484	0.127	3.08	1.28	1.15	0.93	0.70	0.49	5.39	1.32	1.59	0.59	0.56	0.54	0.40	0.385
			4		2.467	1.936	0.127	3.93	1.26	1.49	1.18	0.69	0.63	8.53	1.37	2.14	0.63	0.71	0.54	0.52	0.381
4.5/2.8	45	28	3	5	2.149	1.687	0.143	4.45	1.44	1.47	1.34	0.79	0.62	9.10	1.47	2.23	0.64	0.80	0.61	0.51	0.383
			4		2.806	2.203	0.143	5.69	1.42	1.91	1.70	0.78	0.80	12.13	1.51	3.00	0.68	1.02	0.60	0.66	0.380
5/3.2	50	32	3	5.5	2.431	1.908	0.161	6.24	1.60	1.84	2.02	0.91	0.82	12.49	1.60	3.31	0.73	1.20	0.70	0.68	0.404
			4		3.177	2.494	0.160	8.02	1.59	2.39	2.58	0.90	1.06	16.65	1.65	4.45	0.77	1.53	0.69	0.87	0.402
5.6/3.6	56	36	3	6	2.743	2.153	0.181	8.88	1.80	2.32	2.92	1.03	1.05	17.54	1.78	4.70	0.80	1.73	0.79	0.87	0.408
			4		3.590	2.818	0.180	11.45	1.79	3.03	3.76	1.02	1.37	23.39	1.82	6.33	0.85	2.23	0.79	1.13	0.408
			5		4.415	3.466	0.180	13.86	1.77	3.71	4.49	1.01	1.65	29.25	1.87	7.94	0.88	2.67	0.78	1.36	0.404

型号			圆角																			
6.3/4	63	40	7	4	4.058	3.185	0.202	16.49	2.02	3.87	5.23	1.14	1.70	33.30	2.04	8.63	0.92	3.12	0.88	1.40	0.398
				5	4.993	3.920	0.202	20.02	2.00	4.74	6.31	1.12	2.71	41.63	2.08	10.86	0.95	3.76	0.87	1.71	0.396
				6	5.908	4.638	0.202	23.36	1.96	5.59	7.29	1.11	2.43	49.98	2.12	13.12	0.99	4.34	0.86	1.99	0.393
				7	6.802	5.339	0.202	26.53	1.98	6.40	8.24	1.10	2.78	58.07	2.15	15.47	1.03	4.97	0.86	2.29	0.389
7/4.5	70	45	7.5	4	4.547	3.570	0.226	23.17	2.26	4.86	7.55	1.29	2.17	45.92	2.24	12.26	1.02	4.40	0.98	1.77	0.410
				5	5.609	4.403	0.225	27.95	2.23	5.92	9.13	1.28	2.65	57.10	2.28	15.39	1.06	5.40	0.98	2.19	0.407
				6	6.647	5.218	0.225	32.54	2.21	6.95	10.62	1.26	3.12	68.35	2.32	18.58	1.09	6.35	0.98	2.59	0.404
				7	7.657	6.011	0.225	37.22	2.20	8.03	12.01	1.25	3.57	79.99	2.36	21.84	1.13	7.16	0.97	2.94	0.402
7.5/5	75	50	8	5	6.125	4.808	0.245	34.86	2.39	6.83	12.61	1.44	3.30	70.00	2.40	21.04	1.17	7.41	1.10	2.74	0.435
				6	7.260	5.699	0.245	41.12	2.38	8.12	14.70	1.42	3.88	84.30	2.44	25.37	1.21	8.54	1.08	3.19	0.435
				8	9.467	7.431	0.244	52.39	2.35	10.52	18.53	1.40	4.99	112.50	2.52	34.23	1.29	10.87	1.07	4.10	0.429
				10	11.590	9.098	0.244	62.71	2.33	12.79	21.96	1.38	6.04	140.80	2.60	43.43	1.36	13.10	1.06	4.99	0.423
8/5	80	50	8	5	6.375	5.005	0.255	41.96	2.56	7.78	12.82	1.42	3.32	85.21	2.60	21.06	1.14	7.66	1.10	2.74	0.388
				6	7.560	5.935	0.255	49.49	2.56	9.25	14.95	1.41	3.91	102.53	2.65	25.41	1.18	8.85	1.08	3.20	0.387
				7	8.724	6.848	0.255	56.16	2.54	10.58	16.96	1.39	4.48	119.33	2.69	29.82	1.21	10.18	1.08	3.70	0.384
				8	9.867	7.745	0.254	62.83	2.52	11.92	18.85	1.38	5.03	136.41	2.73	34.32	1.25	11.38	1.07	4.16	0.381
9/5.6	90	56	9	5	7.212	5.661	0.287	60.45	2.90	9.92	18.32	1.59	4.21	121.32	2.91	29.53	1.25	10.98	1.23	3.49	0.385
				6	8.557	6.717	0.286	71.03	2.88	11.74	21.42	1.58	4.96	145.59	2.95	35.58	1.29	12.90	1.23	4.13	0.384
				7	9.880	7.756	0.286	81.01	2.86	13.49	24.36	1.57	5.70	169.60	3.00	41.71	1.33	14.67	1.22	4.72	0.382
				8	11.183	8.779	0.286	91.03	2.85	15.27	27.15	1.56	6.41	194.17	3.04	47.93	1.36	16.34	1.21	5.29	0.380

续表

角钢号数	尺寸/mm B	b	d	r	截面面积/cm²	理论质量/(kg·m⁻¹)	外表面积/(m²·m⁻¹)	I_x/cm⁴	i_x/cm	W_x/cm³	I_y/cm⁴	i_y/cm	W_y/cm³	I_{x1}/cm⁴	y_0/cm	I_{y1}/cm⁴	x_0/cm	I_u/cm⁴	i_u/cm	W_u/cm³	$\tan\alpha$
								$x-x$			$y-y$			x_1-x_1		y_1-y_1		$u-u$			
10/6.3	100	63	6	10	9.617	7.550	0.320	99.06	3.21	14.64	30.94	1.79	6.35	199.71	3.24	50.50	1.43	18.42	1.38	5.25	0.394
			7		11.111	8.722	0.320	113.45	3.20	16.88	35.26	1.78	7.29	233.00	3.28	59.14	1.47	21.00	1.38	6.02	0.394
			8		12.584	9.878	0.319	127.37	3.18	19.08	39.39	1.77	8.21	266.32	3.32	67.88	1.50	23.50	1.37	6.78	0.391
			10		15.467	12.142	0.319	153.81	3.15	23.32	47.12	1.74	9.98	333.06	3.40	85.73	1.58	28.33	1.35	8.24	0.387
10/8	100	80	6	10	10.637	8.350	0.354	107.04	3.17	15.19	61.24	2.40	10.16	199.83	2.95	102.68	1.97	31.65	1.72	8.37	0.627
			7		12.301	9.656	0.354	122.73	3.16	17.52	70.08	2.39	11.71	233.20	3.00	119.98	2.01	36.17	1.72	9.60	0.626
			8		13.944	10.946	0.353	137.92	3.14	19.81	78.58	2.37	13.21	266.61	3.04	137.37	2.05	40.58	1.71	10.80	0.625
			10		17.167	13.476	0.353	166.87	3.12	24.24	94.65	2.35	16.12	333.63	3.12	172.48	2.13	49.10	1.69	13.12	0.622
11/7	100	70	6	10	10.637	8.350	0.354	133.37	3.54	17.85	42.92	2.01	7.90	265.78	3.53	69.08	1.57	25.36	1.54	6.53	0.403
			7		12.301	9.656	0.354	153.00	3.53	20.60	49.01	2.00	9.09	310.07	3.57	80.82	1.61	28.95	1.53	7.50	0.402
			8		13.944	10.946	0.353	172.04	3.51	23.30	54.87	1.98	10.25	354.39	3.62	92.70	1.65	32.45	1.53	8.45	0.401
			10		17.167	13.476	0.353	208.39	3.48	28.54	65.88	1.96	12.48	443.13	3.70	116.83	1.72	39.20	1.51	10.29	0.397
12.5/8	125	80	7	11	14.096	11.066	0.403	227.98	4.02	26.86	74.42	2.30	12.01	454.99	4.01	120.32	1.80	43.81	1.76	9.92	0.408
			8		15.989	12.551	0.403	256.77	4.01	30.41	83.49	2.28	13.56	519.99	4.06	137.85	1.84	49.15	1.75	11.18	0.407
			10		19.712	15.474	0.402	312.04	3.98	37.33	100.67	2.26	16.56	650.09	4.14	173.40	1.92	59.45	1.74	13.64	0.404
			12		23.351	18.330	0.402	364.41	3.95	44.01	116.67	2.24	19.43	780.39	4.22	209.67	2.00	69.35	1.72	16.01	0.400
14/9	140	90	8	12	18.038	14.160	0.453	365.64	4.50	38.48	120.69	2.59	17.34	730.53	4.50	195.79	2.04	70.83	1.98	14.31	0.411
			10		22.261	17.475	0.452	445.50	4.47	47.31	140.03	2.56	21.22	913.20	4.58	245.92	2.12	85.82	1.96	17.48	0.409
			12		26.400	20.724	0.451	521.59	4.44	55.87	169.79	2.54	24.95	1 096.09	4.66	296.89	2.19	100.21	1.95	20.54	0.406
			14		30.456	23.908	0.451	591.10	4.42	64.18	192.10	2.51	28.54	1 279.26	4.74	348.82	2.27	114.13	1.94	23.52	0.403

参考数值

型号	B	b	d	A/cm²	理论重量 (kg/m)	外表面积 (m²/m)	I_x	i_x	W_x	I_y	i_y	W_y	I_{x1}	y_0	I_{y1}	x_0	I_u	i_u	W_u	$\tan\alpha$
16/10	160	100	10	25.315	19.872	0.512	668.69	5.14	62.13	205.03	2.85	26.56	1362.89	5.24	336.59	2.28	121.74	2.19	21.92	0.390
			12	30.054	23.592	0.511	784.91	5.11	73.49	239.06	2.82	31.28	1635.56	5.32	405.94	2.36	142.33	2.17	25.79	0.388
			(13)	34.709	27.247	0.510	896.30	5.08	84.56	271.20	2.80	35.83	1908.50	5.40	476.42	2.43	162.23	2.16	29.56	0.385
			14	39.281	30.835	0.510	1003.04	5.05	95.33	301.60	2.77	40.24	2181.79	5.48	548.22	2.51	182.57	2.16	33.44	0.382
18/11	180	110	16	28.373	22.273	0.571	956.25	5.80	78.96	278.11	3.13	32.49	1940.40	5.89	447.22	2.44	166.50	2.42	26.88	0.376
			10	33.712	26.464	0.571	1124.72	5.78	93.53	325.03	3.10	38.32	2328.38	5.98	538.94	2.52	194.87	2.40	31.66	0.374
			12	38.967	30.589	0.570	1286.91	5.75	107.76	369.55	3.08	43.97	2716.60	6.06	631.95	2.59	222.30	2.39	36.32	0.372
			(14)	44.139	34.649	0.569	1443.06	5.72	121.64	411.85	3.06	49.44	3105.15	6.14	726.46	2.67	248.94	2.38	40.87	0.369
20/12.5	200	125	16	37.912	29.761	0.641	1570.90	6.44	116.73	483.16	3.57	49.99	3193.85	6.54	787.74	2.83	285.79	2.74	41.23	0.392
			12	43.867	34.436	0.640	1800.97	6.41	134.65	550.83	3.54	57.44	3726.17	6.02	922.47	2.91	326.58	2.73	47.34	0.390
			14	49.739	39.045	0.639	2023.35	6.38	152.18	615.44	3.52	64.69	4258.86	6.70	1058.86	2.99	366.21	2.71	53.32	0.388
			16	55.526	43.588	0.639	2238.30	6.35	169.33	677.19	3.49	71.74	4792.00	6.78	1197.13	3.06	404.83	2.70	59.18	0.385
			18																	

注：1. 括号内型号不推荐使用。

2. 截面图中的 $r_1=1/3d$ 及表中 r 值的数据用于孔型设计，不作交货条件。

附表3　热扎槽钢(GB 707—1988)

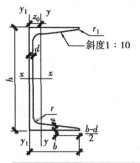

斜度1：10

符号意义：h——高度；　　　　r_1——腿端圆弧半径；

b——腿宽度；　　　　I——惯性矩；

d——腰厚度；　　　　W——截面系数；

t——平均腿厚度；　　i——惯性半径；

r——内圆弧半径；　　z_0——$y-y$轴与y_1-y_1轴间距。

型号		尺寸/mm					截面面积/cm^2	理论质量/(kg·m^{-1})	参考数值							
									$x-x$			$y-y$			y_1-y_1	z_0 /cm
	h	b	d	t	r	r_1			W_x /cm^3	I_x /cm^4	i_x /cm	W_y /cm^3	I_y /cm^4	i_y /cm	I_{y1} /cm^4	
5	50	37	4.5	7	7.0	3.5	6.928	5.438	10.4	26.0	1.94	3.55	8.30	1.10	20.9	1.35
6.3	63	40	4.8	7.5	7.5	3.8	8.451	6.634	16.1	50.8	2.45	4.50	11.9	1.19	28.4	1.36
8	80	43	5.0	8	8.0	4.0	10.248	8.045	25.3	101	3.15	5.79	16.6	1.27	37.4	1.43
10	100	48	5.3	8.5	8.5	4.2	12.748	10.007	39.7	198	3.95	7.8	25.6	1.41	54.9	1.52
12.6	126	53	5.5	9	9.0	4.5	15.692	12.318	62.1	391	4.95	10.2	38.0	1.57	77.1	1.59
14 a	140	58	6.0	9.5	9.5	4.8	18.516	14.535	80.5	564	5.52	13.0	53.2	1.70	1.07	1.71
14 b	140	60	8.0	9.5	9.5	4.8	21.316	16.733	87.1	609	5.35	14.1	61.1	1.69	121	1.67
16a	160	63	6.5	10	10.0	5.0	21.962	17.240	108	866	6.28	16.3	73.3	1.83	144	1.80
16	160	65	8.5	10	10.0	5.0	25.162	19.752	117	935	6.10	17.6	83.4	1.82	161	1.75
18a	180	68	7.0	10.5	10.5	5.2	25.699	20.174	141	1 270	7.04	20.0	98.6	1.96	190	1.88
18	180	70	9.0	10.5	10.5	5.2	29.299	23.000	152	1 370	6.84	21.5	111	1.95	210	1.84
20a	200	73	7.0	11	11.0	5.5	28.837	22.637	178	1 780	7.86	24.2	128	2.11	244	2.01
20	200	75	9.0	11	11.0	5.5	32.837	25.777	191	1 910	7.64	25.9	144	2.09	268	1.95
22a	220	77	7.0	11.5	11.5	5.8	31.846	24.999	218	2 390	8.67	28.2	158	2.23	298	2.10
22	220	79	9.0	11.5	11.5	5.8	36.246	28.453	234	2 570	8.42	30.1	176	2.21	326	2.03
25 a	250	78	7.0	12	12.0	6.0	34.917	27.410	270	3 370	9.82	30.6	176	2.24	322	2.07
25 b	250	80	9.0	12	12.0	6.0	39.917	31.335	282	3 530	9.41	32.7	196	2.22	353	1.98
25 c	250	82	11.0	12	12.0	6.0	44.917	35.260	295	3 690	9.07	35.9	218	2.21	384	1.92
28 a	280	82	7.5	12.5	12.5	6.2	40.034	31.427	340	4 760	10.9	35.7	218	2.33	388	2.10
28 b	280	84	9.5	12.5	12.5	6.2	45.634	35.823	366	5 130	10.6	37.9	242	2.30	428	2.02
28 c	280	86	11.5	12.5	12.5	6.2	51.234	40.219	393	5 500	10.4	40.3	268	2.29	463	1.95

续表

型号	尺寸/mm						截面面积 /cm²	理论质量 /(kg·m⁻¹)	参考数值							z_0 /cm
									x−x			y−y			$y_1−y_1$	
	h	b	d	t	r	r_1			W_x /cm³	I_x /cm⁴	i_x /cm	W_y /cm³	I_y /cm⁴	i_y /cm	I_{y1} /cm⁴	
a	320	88	8.0	14	14.0	7.0	48.513	38.083	475	7 600	12.5	46.5	305	2.50	552	2.24
32b	320	90	10.0	14	14.0	7.0	54.913	43.107	509	8 140	12.2	49.2	336	2.47	593	2.16
c	320	92	12.0	14	14.0	7.0	61.313	48.131	543	8 690	11.9	52.6	374	2.47	643	2.09
a	360	96	9.0	16	16.0	8.0	60.910	47.814	660	11 900	14.0	63.5	455	2.73	818	2.44
36b	360	98	11.0	16	16.0	8.0	68.110	53.466	703	12 700	13.6	66.9	497	2.70	880	2.37
c	360	100	13.0	16	16.0	8.0	75.310	59.118	746	13 400	13.4	70.0	536	2.67	948	2.34
a	400	100	10.5	18	18.0	9.0	75.068	58.928	879	17 600	15.3	78.8	592	2.81	1 070	2.49
40b	400	102	12.5	18	18.0	9.0	83.068	65.208	932	18 600	15.0	82.5	640	2.78	1 140	2.44
c	400	104	14.5	18	18.0	9.0	91.068	71.488	986	19 700	14.7	86.2	688	2.75	1 220	2.42

注:截面图和表中标注的圆弧半径 r,r_1 的数据用于孔型设计,不作交货条件。

附表 4 热扎工字钢(GB 706—1988)

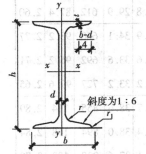

符号意义:h——高度;　　　　　r_1——腿端圆弧半径;
　　　　　b——腿宽度;　　　　　I——惯性矩;
　　　　　d——腰厚度;　　　　　W——截面系数;
　　　　　t——平均腿厚度;　　　i——惯性半径;
　　　　　r——内圆弧半径;　　　S——半截面的静矩。

斜度为1:6

型号	尺寸/mm						截面面积 /cm²	理论质量 /(kg·m⁻¹)	参考数值						
									x−x				y−y		
	h	b	d	t	r	r_1			I_x /cm⁴	W_x /cm³	i_x /cm	$I_x:S_x$ /cm	I_y /cm⁴	W_y /cm³	i_y /cm
10	100	68	4.5	7.6	6.5	3.3	14.345	11.261	245	49.0	4.14	8.59	33.0	9.72	1.52
12.6	126	74	5.0	8.4	7.0	3.5	18.118	14.223	488	77.5	5.20	10.8	46.9	12.7	1.61
14	140	80	5.5	9.1	7.5	3.8	21.516	16.890	712	102	5.76	12.0	64.4	16.1	1.73
16	160	88	6.0	9.9	8.0	4.0	26.131	20.513	1 130	141	6.58	13.8	93.1	21.2	1.89
18	180	94	6.5	10.7	8.5	4.3	30.756	24.143	1 660	185	7.36	15.4	122	26.0	2.00
20a	200	100	7.0	11.4	9.0	4.5	35.578	27.929	2 370	237	8.15	17.2	158	31.5	2.12
20b	200	102	9.0	11.4	9.0	4.5	39.578	31.069	2 500	250	7.96	16.9	169	33.1	2.06

续表

型号	尺寸/mm						截面面积/cm²	理论质量/(kg·m⁻¹)	参考数值						
									x－x				y－y		
	h	b	d	t	r	r_1			I_x/cm⁴	W_x/cm³	i_x/cm	$I_x:S_x$/cm	I_y/cm⁴	W_y/cm³	i_y/cm
22a	220	110	7.5	12.3	9.5	4.8	42.128	33.070	3 400	309	8.99	18.9	225	40.9	2.31
22b	220	112	9.5	12.3	9.5	4.8	46.528	36.524	3 570	325	8.78	18.7	239	42.7	2.27
25a	250	116	8.0	13.0	10.0	5.0	48.541	38.105	5 020	402	10.2	21.6	280	48.3	2.40
25b	250	118	10.0	13.0	10.0	5.0	53.541	42.030	5 280	423	9.94	21.3	309	52.4	2.40
28a	280	122	8.5	13.7	10.5	5.3	55.404	43.492	7 110	508	11.3	24.6	345	56.6	2.50
28b	280	124	10.5	13.7	10.5	5.3	61.004	47.888	7 480	534	11.1	24.2	379	61.2	2.49
32a	320	130	9.5	15.0	11.5	5.8	67.156	52.717	11 100	692	12.8	27.5	460	70.8	2.62
32b	320	132	11.5	15.0	11.5	5.8	73.556	57.741	11 600	726	12.6	27.1	502	76.0	2.61
32c	320	134	13.5	15.0	11.5	5.8	79.956	62.765	12 200	760	12.3	26.8	544	81.2	2.61
36a	360	136	10.0	15.8	12.0	6.0	76.480	60.037	15 800	875	14.4	30.7	552	81.2	2.69
36b	360	138	12.0	15.8	12.0	6.0	83.680	65.689	16 500	919	14.1	30.3	582	84.3	2.64
36c	360	140	14.0	15.8	12.0	6.0	90.880	71.341	17 300	962	13.8	29.9	612	87.4	2.60
40a	400	142	10.5	16.5	12.5	6.3	86.112	67.598	21 700	1 090	15.9	34.1	660	93.2	2.77
40b	400	144	12.5	16.5	12.5	6.3	94.112	73.878	22 800	1 140	15.6	33.6	692	96.2	2.71
40c	400	146	14.5	16.5	12.5	6.3	102.112	80.158	23 900	1 190	15.2	33.2	727	99.6	2.65
45a	450	150	11.5	18.0	13.5	6.8	102.446	80.420	32 200	1 430	17.7	38.6	855	114	2.89
45b	450	152	13.5	18.0	13.5	6.8	111.446	87.485	33 800	1 500	17.4	38.0	894	118	2.84
45c	450	154	15.5	18.0	13.5	6.8	120.446	94.550	35 300	1 570	17.1	37.6	938	122	2.79
50a	500	158	12.0	20.0	14.0	7.0	119.304	93.656	46 500	1 860	19.7	42.8	1 120	142	3.07
50b	500	160	14.0	20.0	14.0	7.0	129.304	101.504	48 600	1 940	19.4	42.4	1 170	146	3.01
50c	500	162	16.0	20.0	14.0	7.0	139.304	109.354	50 600	2 080	19.0	41.8	1 220	151	2.96
56a	560	166	12.5	21.0	14.5	7.3	135.435	106.316	65 600	2 340	22.0	47.7	1 370	165	3.18
56b	560	168	14.5	21.0	14.5	7.3	146.635	115.108	68 500	2 450	21.6	47.2	1 490	174	3.16
56c	560	170	16.5	21.0	14.5	7.3	157.835	123.900	71 400	2 550	21.3	46.7	1 560	183	3.16
63a	630	176	13.0	22.0	15.0	7.5	154.658	121.407	93 900	2 980	24.5	54.2	1 700	193	3.31
63b	630	178	15.0	22.0	15.0	7.5	167.258	131.298	98 100	3 160	24.3	53.5	1 810	204	3.29
63c	630	180	17.0	22.0	15.0	7.5	179.858	141.189	102 000	3 300	23.8	52.9	1 920	214	3.27

注：截面图和表中标注的圆弧半径 r,r_1 的数据用于孔型设计，不作交货条件。

参考文献

[1] 孙训芳,方孝淑,关来泰. 材料力学:Ⅰ[M]. 胡增强,郭力,江晓禹修订,5 版. 北京:高等教育出版社,2009.

[2] 刘鸿文. 材料力学:Ⅰ[M]. 北京:高等教育出版社,2004.

[3] 苟文选. 材料力学:Ⅰ[M]. 北京:科学出版社,2005.

[4] 同济大学航空航天与力学学院基础力学教学研究部. 材料力学[M]. 上海:同济大学出版社,2005.

[5] 孙仁博,王天明. 材料力学[M]. 北京:建筑工业出版社,1996.

[6] 武建华. 材料力学[M]. 重庆:重庆大学出版社,2001.

[7] 张如三,王天明. 材料力学[M]. 北京:建筑工业出版社,1997.

[8] 徐芝纶. 弹性力学:上[M]. 4 版. 北京:高等教育出版社,2008.

[9] Buchanan,George R. Mechanics of Materials[M]. Holt,Rinehart And Winston,INC,1988.

[10] R C Hibbeler. Mechanics of Materials[M]. 3rd ed. Prentice Hall,1997.

[11] James M Gere,Stephen P Timoshenko. Mechanics of Materials[M]. 4th ed. PWS Publishing Company,Boston,1997.